建筑工程甲方代表实操指南

王俊凯 李 坤 主编

步洪庆 副主编

化学工业出版社

·北京·

内 容 简 介

本书主要包括建筑工程项目甲方代表工作概述，建筑工程项目选址及申报，建筑工程项目可行性评价分析，建筑工程项目规划设计管理，建筑工程项目招标工作，建筑工程建设准备工作、目标制定及信息化平台建立，建筑工程项目建设阶段质量管理工作，工程项目进度管理，建筑工程项目合同管理工作，建筑工程项目安全检查及环境管理，建筑工程项目风险防范管理工作，建筑工程项目结算管理工作，建筑工程项目竣工管理工作等内容。

本书可供建筑工程甲方代表与参建单位各类管理人员，工程项目涉及的施工人员、监理人员、合同管理人员以及造价等相关人员参考使用。

图书在版编目（CIP）数据

建筑工程甲方代表实操指南/王俊凯，李坤主编.
—北京：化学工业出版社，2022.10（2024.4 重印）
ISBN 978-7-122-41962-0

Ⅰ.①建… Ⅱ.①王…②李… Ⅲ.①建筑工程-工程管理-指南 Ⅳ.①TU71-62

中国版本图书馆 CIP 数据核字（2022）第 142086 号

责任编辑：彭明兰　　　　　　　　　　文字编辑：徐照阳　陈小滔
责任校对：李雨晴　　　　　　　　　　装帧设计：刘丽华

出版发行：化学工业出版社（北京市东城区青年湖南街 13 号　邮政编码 100011）
印　　装：北京科印技术咨询服务有限公司数码印刷分部
787mm×1092mm　1/16　印张 18¾　字数 493 千字　　2024 年 4 月北京第 1 版第 2 次印刷

购书咨询：010-64518888　　　　　　　　　售后服务：010-64518899
网　　址：http://www.cip.com.cn

定　　价：79.80 元　　　　　　　　　　　　　　　　　版权所有　违者必究

前　言

甲方代表是建设单位委派到施工现场协调设计、监理、施工各方，并进行现场全面监督管理工作的合法代表人员，受建设单位委托，对工程的前期、施工质量、安全生产、文明施工、工程进度、工程投资、物资材料等实施全面协调监督管理。

可以说，甲方代表身具"协调管理"兼"技术管理"的角色，他代表建设单位对整个工程项目从施工准备到竣工验收全过程实行管理和监督，所以实际上也是一个总体协调者和管理者。

在协调方面，对外负责协调政府部门、建设单位和其他相关单位的关系，对内综合协调设计单位、监理单位、施工单位和使用管理部门之间的关系，确保实现整个项目按期投入使用。

在施工的时候，甲方代表不能代替监理和施工单位的质检员管理工程质量，他的工作重心应该以协调为主，但也不能放松施工质量管理，要充分利用和管理好监理和施工单位的管理人员，对整个工程进行宏观和微观方面的管理。

建筑工程甲方代表主要工作内容有如下几点。

1. 项目准备阶段

在项目准备阶段，甲方代表首先要全面了解整个工程的计划目标，对拟建工程做好现场勘查工作，时刻掌握影响现场开、停工情况；其次要了解工程各阶段进展情况，如设计图、施工委托、规划报建、施工报监、材料准备情况、施工力量等，同时要及时检查监理对工程的准备情况；最后要及时组织监理单位和施工单位审核图纸，解决图纸自身存在的问题。同时要了解熟悉各类合同。

2. 项目施工阶段

（1）质量控制方面。以监理单位为主，甲方代表的工作重点是通过对现场施工质量的巡查来了解监理工作情况，并依据相应的考核制度对监理和施工单位加以惩罚或奖励，检查监理对现场的管理情况，同时要向监理传递"质量检查要控制在第一道工序"的思路，要求监理人员及时将检查结果反馈，对关键部分关键工序和主要设备要加强检查，加大对现场施工情况的调查力度等。

（2）进度控制方面。主要是以甲方代表为主，要督促施工单位制定合理的工期安排，要求监理单位监督施工单位按照工期安排进行，并及时将结果反馈，督促监理单位检查施工单位的施工组织设计按期完成，并检查完成情况，对于监理反馈的信息要及时进行落实。

（3）投资控制及工程量控制方面。甲方代表的工作重点是建议与决策，在投资方面，甲方代表有权利和义务提出合理的建设建议以及采用合理经济的建筑材料，便于降低投资成本，对于一些更为合理的施工工艺，甲方代表应该具备一定的判断能力和决策权，对于签证要以合同为基础，并能够做到严格灵活处理；工程量管理方面，必须做好分项目按日月年的统计，主要抓好监理和施工单位日统计工作，并以记录为基础加强现场核实，核对抽查，对超出范围要做好汇报记录工作。

（4）安全方面。要求施工单位落实三级安全教育。首先，在每一项工作开展时，要求监理单位监督施工单位组织施工安全交底，在思想上每个人都要有个大体认识。其次，在施工的过程中要定期、不定期进行安全检查，对于不符合安全要求的做法要严肃处理，要及时整改到位，避免安全事故的发生。

3. 结算及竣工验收阶段

参与工程结算、工程审计、工程评优及工程初验、正式验收交接工作。验收阶段要抓好监理的预验收情况，对于验收的遗留问题要进行督促和跟进处理，并再进行复查。同时要求监理对竣工资料进行验收，督促监理仔细对资料进行审核检查，做好竣工图与现场情况的核对工作。对于合格的资料要做好验收资料的移交工作，并负责组织安排竣工验收申请报告提交等工作，负责资料真实准确合理性审核，对资料上交及时性和各环节审核跟进，加强对违规现象的监管把关。

本书首先对建筑工程甲方代表阶段性工作分别进行介绍，然后对工程的不同建设阶段甲方代表工作作详细讲解，并穿插各种常遇难题处理的应对技巧、方法和案例分析，作为建设单位代表人员的工作和应对方法跃然书中。本书具有以下特色：

① 根据最新建设理念及资料编写；

② 分阶段将甲方代表工作进行介绍；

③ 穿插相应常见实际难题加以说明；

④ 全面涵盖建筑工程甲方代表工作；

⑤ 附有相应案例供读者参考。

本书由王俊凯、李坤主编，步洪庆副主编，杨晓方、杨连喜、张秋月、杨素红、张一参与编写。

本书在编写过程中得到了很多相关专业人士的大力支持和帮助，在此一并表示感谢。由于时间仓促和编者水平有限，书中难免有不妥及疏漏之处，望广大读者批评指正。

编者

2022 年 7 月

目 录

第八章 工程项目进度管理 / 158

第十三章　建筑工程项目竣工管理工作 / 277

第一章

建筑工程项目甲方代表工作概述

甲方代表是指受业主（建设单位）委派的工程项目管理人员，职权范围内代表建设单位对工程项目进行全程监督管理、协调等工作。

甲方代表应该身具"协调管理"兼"技术管理"的角色，其代表业主对整个工程项目从施工准备到竣工验收全过程实行管理和监督，所以实际上也是一个总体协调和管理者。在协调方面，又分对外协调和对内协调，对外负责协调政府部门、业主和相关单位的关系，对内综合协调设计单位、监理单位、施工单位和使用管理部门之间的关系，确保实现整个项目按期投入使用。在施工的时候，甲方代表不可能代替监理和施工单位的质检员来管理工程质量，其工作重心应该以协调为主，但也不能放松施工管理，要充分利用和管理好监理和施工管理人员，对整个工程进行宏观和微观方面的管理。

第一节　甲方代表应具备的基本素质

作为一名甲方代表，应该具有综合专业知识、较强的管理和综合协调能力，要勤奋并积极深入现场，同时还应该有良好的人品和较强的责任心，方能顺利圆满地完成工作任务。

一、个人魅力

甲方代表如果没有适当的权利，得不到本单位领导的支持，那么，在项目整个过程中就算有好的管理方法也不能实现，在项目建设过程中可以说是步履艰难，也相当于空有虚名。而出色的个人魅力则可以赢得各方的信任与支持。

二、业务水平

甲方代表首先要深入掌握公司和部门的相关管理制度，熟悉各项工作的流程，在此基础上要有扎实的专业、技术知识和工作经验，必须不断学习、更新专业知识，同时要重视经验的积累，练就过硬的判断、解决工程技术问题的能力，这样才能更有效地开展工作，完成甲方代表的职责与任务。

三、责任心

甲方代表也是一个人，一个人无论做任何事，其实都是在做人，所从事的任何工作都体现了个人的素质。在工作中要尽可能多地体现敬业精神，尽量多地发现问题、解决问题。领导吩咐的事，及时落实到位。对在工程上发现的问题、遇到的问题进行深入研究，不能人云亦云，应做好核实工作；工作中要说到做到，要求的事情必须认真落实处理；对外围联系的工作，应主动及时处理。

四、解决现场大多数技术问题的能力

甲方代表还要具备一定的专业知识和工作经验。从技术方面来讲，作为甲方，不可能各方面的知识技能都具备，但必须要全面了解，并且精于某些方面。在施工的时候，甲方代表不可能代替监理和乙方的质量检验员管理工程质量，其工作重心应该以协调为主，但又不可以放松施工管理，所以要充分利用和管理好监理和施工管理人员，需要让他们知道他的能力，这样在管理工程时，会大大提高威信，也会赢得大家的尊重。

五、协调和处理好各方面关系的能力

① 熟悉公司内部关联部门的工作流程和部分相关基础知识，比如要了解预结算、项目开发流程等。和政府相关部门的办事人员要有一定的联系，知道最基本的办事流程，如开工报建流程、开工后的开路口涉及的园林绿化、市政管线、国防光缆等问题。做好工程项目建设能节约时间和开支。参与协调工程建设单位如勘察单位、测绘单位、设计单位、监理单位、总包单位、甲方分包单位、甲供材料供应单位、试验检测单位等公司内部关联部门之间的关系。

② 处理好与施工单位的关系，除了监管与被监管的关系外，还有协作、配合的关系，可概括为监、帮、促的关系。甲方代表除了依照工程合同、图纸、规范对施工活动认真严格监督管理之外，对其施工中的实际困难应尽其所能给予帮助解决；对施工技术上的问题要当好参谋，不能袖手旁观；对于施工单位的合法利益应给予保护。遇到事情，不要怕、不要慌、沉着冷静、厘清思路，将理论知识与自己多年的实践经验结合起来，求助单位领导和同事，协调好监理单位、设计单位、施工单位等与本工程有关的各单位之间的关系，集思广益、众志成城，问题将会得到圆满的解决！

③ 处理好与设计单位的关系。甲方代表必须尊重设计单位，在施工过程中，若由于设计与实际相比有些差异或不足，导致轴线、层高重新定位，应及时提出修改与补充意见，使设计更实际更完善，但必须征得设计单位的同意，做出书面更改通知，施工单位方可执行施工；在基础施工时，若遇到地下管线、枯井、孤石、原基础等问题，应及时做好详细记录，与施工单位和设计院进行细致探讨，寻求最佳解决方案，然后再把重要的问题反馈给公司领导做最后定夺。

④ 处理好与质量监督部门的关系。甲方代表在搞好现场管理工作的同时，还应协助、配合质量监督部门的工作，充分发挥质量监督部门权威的作用；遇与施工单位有争议不能解决的情况，应交质量监督部门来裁决，并请质量监督部门参加必要的检查；对质量监督部门所提的技术问题、处理意见及措施，应配合向施工单位解释，并协助监督执行。

⑤ 要有较强的协调能力，要让监理和施工方信服，让公司领导放心。懂得协调各合作单位和公司内部关联部门之间的关系，建立获得正确信息的有效渠道。要懂管理、会管理，管理能创造效益，这是甲方代表发布正确指令的基础。

⑥ 做好甲方供图工作，包括图纸的催办、与设计院的联系、图纸会审组织等。甲方代

表还应熟悉相关部门的工作流程和部分相关基础知识，比如要懂得预结算、项目开发流程等。作为21世纪的甲方代表，还应具备运用多媒体信息技术手段进行施工设计的能力，比如应该熟练运用AutoCAD，对现有信息技术资源进行优化处理等。除此之外，还应对施工前的图纸完全熟悉，包括建筑、结构、水电、通风、人防、消防、钢结构、节能、电梯等一系列的图纸。

⑦ 有很强的可预见能力：大部分事情都要在自己计划和预料之中，要做什么的时候心中早已有数。

六、管理能力

① 在建设工程施工期间，质量监督机构按照监督方案对工程项目施工情况进行不定期的检查，因此作为甲方代表对监理的管理也是很重要的。因为监理旁站是为了监督施工过程，同监理一样，施工方管理人员也受过专业培训，设置旁站，就是监督施工方，进而控制工程质量。同样，要防止监理因经济利益而玩忽职守。甲方代表不能仅检查表象，只做偶尔抽查，不能等问题出现了才去解决它，特别是结构隐蔽工程一旦出问题，那可就是大事，解决是很困难的。加强工地巡视同样是管理监理的一部分。

② 做好工地的"三控三管一协调工作"，主要通过对监理工作的检查来实现对质量、投资、进度、安全文明施工的有效控制，所以说，要经常对监理的工作进行检查、监督、资料抽查资料等。安全文明施工的管理甲方应给予特别关注，因为它涉及现场的形象，若做不好会影响社会信誉。

③ 甲方不是事无巨细都去管，精力上不允许，并且不利于树立监理单位在项目上的权威地位，多头领导可能会导致施工单位不知所措。

④ 另外，发现问题先不要直接找施工单位，而是发单子给监理，责成监理去处理，检查整改意见和结果。这样既可以树立威信，又可以增强监理的责任心。

七、全方面统筹处理能力

① 监理单位必须正视自己的角色定位。建设单位必须要充分发挥监理单位的作用。

② 一个建设工程项目的实施，涉及的建设任务很多，往往需要许多单位共同参与，不同的建设任务往往由不同的单位分别承担，这些单位与业主之间应该通过合同明确其承担的任务和责任以及所拥有的权利。但要注意，建设工程施工承包合同必须遵守法律。合同是甲乙双方工程管理的基石，应不偏不倚地执行合同，赏罚分明。

③ 参加施工的单位可能有几十家，如总包单位、总包的分包单位、甲分包单位、甲供材料单位，涉及的合同也有几十份，处理好甲分包、甲供单位与总包单位的关系是基础。站在甲方主导的地位上，可以要求总包单位，但是关系上不能搞得太过僵硬，不能让总包单位觉得建设单位偏向甲分包、甲供单位。

八、工程设计方面的能力

① 根据工程项目的计划，优化选择设计单位或招标选择。一个好的设计单位能提供优秀的设计，设计成果的优劣直接关系到工程的使用效果和工程造价，选择设计单位是整个工程的关键性工作。对设计方案进行技术经济分析比较，提出优化意见。

② 及时详细地了解设计工作进展情况和设计思想，提出甲方对功能的使用要求和意见，避免和减少在施工中因甲方原因出现大量的设计变更。

③ 组织好设计图纸和概算的审查工作。审核各设计阶段的设计图纸是否符合国家有关设计规范、有关设计规定要求和标准；审核施工图设计是否达到足够的深度，是否满足设计任务书中的要求，各专业设计之间有无矛盾，是否具备可施工性。

④ 办理前期工作手续。在项目前期工作中，认识到要想做一个项目，需要具备什么条件才能做得起来，才能做好；做好这项工作的重要意义是什么；项目前期工作程序是怎样的以及怎样与项目相关单位的领导和工作人员共事。

⑤ 甲方代表还应了解如何处理各单位之间的关系。如果对施工单位过于严厉，有的时候会适得其反。处理这种关系，有时候可以说是一种艺术。原则性问题决不退让，小问题可进可退，要看施工单位表现。监理单位主要关系质量问题的是专业监理工程师。如果专业监理工程师在质量上放松，应对中，最重要的是跟总监理工程师甚至是监理公司总负责人沟通，让他们对工程予以重视。

九、施工阶段的质量控制能力

① 对承包商的资质进行审核，确保其有足够的经济技术条件和信用条件。

② 对工程有关设计变更、设计图纸修改等进行审批，确保设计及施工图纸的质量。

③ 审批施工单位提交的施工方案、施工组织设计，以可靠的技术措施来保障工程质量。

④ 严格材料、设备的进场检验制度，抓好进场材料的复检工作，以保证工程质量有可靠的基础。

除了要具备上述条件外，还要努力弥补不足，力争完善自己，才能做一名称职的甲方代表。

总之，甲方代表的工作是一个系统的工程，其所涉及的部门多、行业多、项目多，烦琐的事情也多，所以要想做一个合格的甲方代表不是一件容易的事，但只要踏踏实实地做好每一项工作、每一个步骤、每一道工序，做合格的甲方代表也就差不多。作为一个合格的甲方代表要做到：

a. 通晓专业，知识广泛。

b. 深入现场，谦虚严谨。

c. 树立权威，但不越权。

d. 处事公正，为人正直。

e. 善抓矛盾，精于协调。

第二节　甲方代表的岗位职责

一、基本职责

甲方代表，应行使甲方的权利，履行责任和义务，努力掌握、运用各种有关法规、规范和标准，不断提高自身素质和文化水平，具备独立解决、处理现场实际问题的能力，对工程建设项目负直接责任。

另外，应会同监理协调、处理并完成开工前各项准备工作，具体包括：

① 认真熟悉图纸和设计引用的标准构（配）件图，会审前提出图纸存在的问题，保证工程按图施工。

② 掌握工程建设场地的状况，包括工程地质、地下管网及临近建（构）筑物等，协调处理有关事宜。

③ 审核施工组织设计（施工方案），完成施工用水、用电及电话的管线引入，满足工程施工需要。

④ 负责将工程确定的坐标及水准点书面交给乙方，工程定位以后，要进行实际复测、验定。

⑤ 对施工单位提出文明施工、安全生产的要求。

⑥ 留存一份报建手续及批件的复印件，以备有关部门检查。

⑦ 工程施工中要做到认真负责，检查、监督到位，具体要求如下：

a. 工程中使用的所有建筑材料、构（配）件使用前均要会同监理进行现场检验。实行责任人签字验收制度。

b. 确定单位工程、分部工程的质量认定等级，对存在的问题要提出书面整改意见，限期进行整改，并按有关标准进行验收。

c. 填写施工日志，隐蔽工程验收必须有监理的签字。

⑧ 对涉及设计图纸的修改、变更要有监理、甲方代表、基建办主任的签字，确认后方可实施。重大的修改、变更要上报校领导审批。

⑨ 涉及图纸的修改、变更，要督促设计单位按时修改、完善，做到及时准确，不能影响正常施工。

⑩ 对工程进度拨款，要会同工程监理认定已完工程质量合格或质量问题已处理完毕，然后签字上报，经批准后再办理拨款手续。

⑪ 负责监督、指导、协调施工现场交叉施工的有序进行，决不允许有随意乱刨、乱砸等危及建筑物安全的野蛮施工行为。

⑫ 对监理公司、施工项目经理部的现场监督、管理要积极配合，提出问题要讲究方式方法，严格管理的同时要加强服务意识。

⑬ 参加工程竣工验收、移交等事宜，负责验收后保修期内的质量问题处理、回访等项工作。

⑭ 及时向上级汇报各项工作的完成情况。

二、甲方代表的具体职责

1. 对工程方面的管理

① 配合研发中心、开发部、销售部等部门进行项目前期运作。

② 工程部全面负责工程开工前的准备及审查工作。

③ 负责工程项目和监理单位招投标工作。

④ 协调承包商、监理、设计及相关单位之间的关系。

⑤ 负责对承包商、监理、设计单位的管理工作。

⑥ 负责工程施工过程中质量、进度、现场及投资的控制管理。

⑦ 负责工程竣工验收及移交工作。

⑧ 对工程管理过程中的文件、资料进行管理。

2. 对工程经理的管理

（1）负责工程部的日常管理工作

（2）配合研发中心、开发部、销售部等部门进行项目前期运作，提出合理化建议

（3）负责组织工程的招投标工作

① 对承包商、监理单位进行考察、评价。

② 组织编制招投标文件，选择投标单位或进行邀标。

③ 组织投标单位进行现场踏勘和答疑。

④ 组织评标和开标工作，确定中标单位。

⑤ 参与合同谈判与合同的签订。

3. 负责项目管理

① 负责项目的人员管理。包括人员的调配、考核、奖惩等方面的管理。

② 项目的目标管理：对项目的整体目标进行明确下达，并将目标进行分解，做到责任到位，并对目标完成情况进行监督检查和调整。

③ 对项目施工准备、施工进度、质量、现场管理、投资控制进行审核、监督检查。

④ 对施工过程中出现的重大问题进行决策和处理。

⑤ 负责审核施工材料的选用和对材料供应商的评价。

⑥ 负责组织工程中新材料、新工艺、新结构、新技术的技术论证、审核。

⑦ 对《施工组织设计/方案》重大技术措施和经济方案的初步审查意见审核。

⑧ 对工程中出现的不合格处理方案进行审批，并对结果进行确认。

⑨ 组织竣工验收及移交。

⑩ 监督检查工程和项目文件资料的管理。

⑪ 负责各项目之间的资源调配，与工程管理相关各部门、单位进行沟通平衡。

4. 负责工程监理的管理

① 对监理单位提交的《项目监理规划》进行审核。

② 根据监理聘用合同对监理单位的工作进行监督检查和考核。

③ 对监理单位提出的工程实施与工程管理过程中的重要问题给予及时解决。协调其与相关单位之间的关系。

④ 负责监理费用控制与结算。

5. 负责与设计单位协调

① 参与设计单位的选择。

② 参与设计方案的选择工作。

③ 组织工程技术人员进行图纸预审。

④ 委托监理单位组织图纸会审，对会审中提出的共性问题和技术难题协调拟订解决办法。

⑤ 协调设计单位与相关单位之间的关系。

⑥ 对施工中各方提出的变更要求进行审查控制。

⑦ 对设计费用进行控制。

6. 负责整个施工过程中各相关单位的协调

7. 对项目经理的管理

（1）配合工程部经理做好工程前期运作及招投标工作

（2）负责项目的整体运作和管理

① 项目开工准备阶段，负责编制《项目开工监督管理计划》，并报工程部经理批准。

② 负责向各承包单位正式发出《工程施工管理配合要求》。

③ 开工准备阶段应对开工必须具备的文件和资料进行核实。

④ 组织设计图纸会审、设计交底工作，对设计交底工作的过程及结果进行检查。

⑤ 组织专业工程师对监理单位及施工单位《施工监理规划》《施工组织设计/方案》进行审查。

⑥ 组织专业工程师及相关部门对《施工组织设计/方案》中重大技术措施和经济方案进行初步审查，提出审查意见。

⑦ 对《施工组织设计/方案》中的新技术、新材料、新工艺的应用，以及可能导致工期、造价等变动的因素，结合监理单位的审查意见进行着重审核。

⑧ 对《施工组织设计》的实施情况进行监督检查纠正。

⑨ 对施工组织设计的调整及修改进行审核。

⑩ 对开工准备情况进行核实检查。

⑪ 组织临时设施的搭建。

⑫ 组织监理、施工单位进行场地移交。

⑬ 向工程部经理报送《开工申请表》。

⑭ 组织对《监理规划》进行评审。

⑮ 对《监理规划》的实施情况进行检查、监督、纠正。

⑯ 负责准备图纸会审、设计交底会。

⑰ 组织开工庆典。

⑱ 组织工程资料的报送。

⑲ 组织召开工程协调会。

⑳ 对工程中重大的不合格事项进行调查研究，提出处理意见。

㉑ 对施工安全、文明施工进行监督检查。

㉒ 对施工中的各种标识组织监督检查。

㉓ 负责协调承包商、监理单位、设计单位及有关单位之间的关系。

㉔ 按照《项目规划》和工程施工计划对项目资源进行合理调配、管理。

㉕ 组织制定质量监督计划。

㉖ 依据质量监督计划和相关文件对工程项目进行质量管理。

㉗ 对工程量及设计变更引起的工程量增减进行审核。

㉘ 对监理单位审核、汇总后的进度计划进行确认。

㉙ 负责组织工程施工计划实施情况的监督、检查、调整。

㉚ 负责对各方提出的设计变更进行审核。

㉛ 负责工程停工、复工的管理。

㉜ 负责控制工程项目施工过程投资，填制价款单。按合同进行工程款拨付。

㉝ 负责组织工程分部和单项工程的中间验收和竣工验收。

㉞ 监督检察项目文件资料的管理。

8. 土建工程管理岗位职责

① 协助工程部经理、项目经理做好工程项目的前期运作。

② 协助项目经理做好工程开工的准备工作。

③ 参与土建工程招投标工作，负责配合预算部进行标底和投标邀请书的编制。

④ 参与土建工程投标资料、文件的审查和评标工作，提出合理建议。

⑤ 负责对投标单位进行土建方面的现场答疑。

⑥ 参与图纸会审、设计交底工作，负责交底记录整理、签认和发放。跟踪处理图纸会审中提出的问题。

⑦ 审查《土建施工组织设计/方案》和《施工监理规划》。

⑧ 负责对《土建施工组织设计/方案》中重大技术措施和经济方案进行审查，提出审查意见。

⑨ 对《土建施工组织设计/方案》中的新技术、新材料、新工艺的应用，以及可能导致工期、造价等变动的因素，进行审查。

⑩ 监督检查《土建施工组织设计/方案》和《施工监理规划》实施情况。

⑪ 负责审查土建工程相关各单位提出的土建工程变更要求。

⑫ 根据工程质量监督计划和相关规范标准对土建施工质量进行控制，对承包单位与监理单位的质量完成情况进行检查考核并提出调整意见。

⑬ 根据《项目规划》和工程施工计划对土建工程的进度进行监督、检查，并根据情况提出调整意见。

⑭ 参加工程协调会与监理例会，提出和了解工程项目土建施工过程中出现的问题，进行研究讨论，提出解决办法。

⑮ 负责与设计、监理、承包商等单位的信息与资料传递和各单位的协调工作。

⑯ 负责对土建施工材料、工程机械及施工队伍的质量进行检查。

⑰ 对土建工程中出现的不合格事项进行检查，并提出处理意见。

⑱ 负责项目标识要求的执行检查及记录。

⑲ 负责土建工程的竣工验收。

9. 水暖管理岗位职责

① 协助工程部经理、项目经理做好工程项目的前期运作。

② 协助项目经理做好工程开工的准备工作。

③ 参与水暖工程招投标工作，负责配合预算部进行标底和投标邀请书的编制。

④ 参与土建工程投标资料、文件的审查和评标工作，提出合理建议。

⑤ 负责对投标单位进行水暖方面的现场答疑。

⑥ 参与图纸会审、设计交底工作，负责交底记录整理、签认和发放。跟踪处理图纸会审中提出的问题。

⑦ 审查《水暖施工组织设计/方案》和《施工监理规划》。

⑧ 负责对《水暖施工组织设计/方案》中重大技术措施和经济方案进行审查，提出审查意见。

⑨ 对《水暖施工组织设计/方案》中的新技术、新材料、新工艺的应用，以及可能导致工期、造价等变动的因素，进行审查。

⑩ 监督检查《水暖施工组织设计/方案》和《施工监理规划》实施情况。

⑪ 负责审查水暖工程相关各单位提出的水暖工程变更要求。

⑫ 根据工程质量监督计划和相关规范标准对水暖施工质量进行控制，对承包单位与监理单位的质量完成情况进行检查考核并提出调整意见。

⑬ 据《项目规划》和工程施工计划对水暖工程的进度进行监督、检查，并根据情况提出调整意见。

⑭ 参加工程协调会与监理例会，提出和了解工程项目水暖施工过程中出现的问题，并进行研究讨论，提出解决办法。

⑮ 负责与设计、监理、承包商等单位的信息与资料传递和各单位的协调工作。

⑯ 负责对水暖施工材料、工程机械及施工队伍的质量进行检查。

⑰ 对水暖工程中出现的不合格事项进行检查，并提出处理意见。

⑱ 负责项目标识要求的执行检查及记录。

⑲ 负责水暖工程的竣工验收。

10. 电气管理岗位职责

① 协助工程部经理、项目经理做好工程项目的前期运作。

② 协助项目经理做好工程开工的准备工作。

③ 参与电气工程招投标工作，负责配合预算部进行标底和投标邀请书的编制。

④ 参与电气工程投标资料、文件的审查和评标工作，提出合理建议。

⑤ 负责对投标单位进行电气方面的现场答疑。

⑥ 参与图纸会审、设计交底工作，负责交底记录整理、签认和发放。跟踪处理图纸会审中提出的问题。

⑦ 审查《电气施工组织设计/方案》和《施工监理规划》。

⑧ 负责对《电气施工组织设计/方案》中重大技术措施和经济方案进行审查，提出审查意见。

⑨ 对《电气施工组织设计/方案》中的新技术、新材料、新工艺的应用，以及可能导致工期、造价等变动的因素，进行审查。

⑩ 监督检查《电气施工组织设计/方案》和《施工监理规划》实施情况。

⑪ 负责审查工程相关各单位提出的电气工程变更要求。

⑫ 根据工程质量监督计划和相关规范标准对电气施工质量进行控制，对承包单位与监理单位的质量完成情况进行检查考核并提出调整意见。

⑬ 根据《项目规划》和工程施工计划对电气工程的进度进行监督、检查，并根据情况提出调整意见。

⑭ 参加工程协调会与监理例会，提出和了解电气工程项目施工过程中出现的问题，进行研究讨论，提出解决办法。

⑮ 负责与设计、监理、承包商等单位的信息与资料传递和各单位的协调工作。

⑯ 负责对电气工程施工材料、工程机械及施工队伍的质量进行检查。

⑰ 对电气工程中出现的不合格事项进行检查，并提出处理意见。

⑱ 负责项目标识要求的执行检查及记录。

⑲ 负责电气工程的竣工验收。

11. 现场管理岗位职责

① 协助工程部经理、项目经理做好工程项目的前期运作。

② 协助项目经理做好工程开工的准备工作。

③ 参与电气工程招投标工作，负责配合预算部进行标底和投标邀请书的编制。

④ 参与电气工程投标资料、文件的审查和评标工作，提出合理建议。

⑤ 负责对投标单位进行电气方面的现场答疑。

⑥ 参与图纸会审、设计交底工作，负责交底记录整理、签认和发放。跟踪处理图纸会审中提出的问题。

⑦ 负责《施工组织设计/方案》中重大技术措施和经济方案进行审查。

⑧ 监督检查《施工组织设计/方案》和《施工监理规划》的实施情况。

⑨ 负责审查各单位提出的相关变更要求。

⑩ 参加工程协调会与监理例会，提出和了解工程项目施工过程中出现的问题，进行研究讨论，提出解决办法。

⑪ 负责与外协单位的信息与资料的传递和各单位的协调工作。

⑫ 负责工程项目各分部分项工程之间和施工队伍之间的协调工作。

⑬ 负责对施工材料、工程机械及施工队伍的现场管理及工程的各种标识管理。

⑭ 现场安全生产、文明施工工作的组织、落实、检查、评比。

⑮ 负责项目标识要求的执行检查及记录。

⑯ 参与工程竣工验收和移交。

12. 成本管理岗位职责（含内勤资料）

① 协助工程部经理、项目经理做好工程项目的前期运作。

② 协助项目经理做好工程开工的准备工作。

③ 参与工程招投标工作，负责配合预算部进行标的和投标邀请书的编制。

④ 参与投标资料、文件的审查和评标工作。

⑤ 参与编制工程质量监督计划。

⑥ 根据成本目标编制项目成本控制计划。

⑦ 对变更引起的工程量增减进行检查确认。

⑧ 根据工程量及投资完成情况对成本进行分析，并对成本控制计划进行调整。

⑨ 对工程款的发放进行检查控制。

⑩ 参与竣工结算。

⑪ 负责工程资料、质量记录的收集整理。

⑫ 图纸、文件的发放、归档和移交。

⑬ 负责项目 ISO 9001 质量体系的内审工作。

第二章
建筑工程项目选址及申报

第一节 项目选址策划

一、场址选择基本原则及要求

1. 项目选址原则

工程项目在选址时一般应遵循以下相关原则：

① 符合国家、地区和城乡建设规划的要求。

② 满足项目对原材料、能源、水和人力供应、生产工艺、营销的要求。

③ 节约和效益的原则，尽力做到降低投资、节省运费、减少成本、提高利润。

④ 安全的原则，防洪、防震、防地质灾害与战争灾害。

⑤ 节约用地，尽量不占或少占农田。

⑥ 注意环保，以人为本，减少对生态和环境的影响。

⑦ 实事求是的原则，调查研究多个场址，进行科学分析和比选。

2. 基本要求

① 有利于场区合理布置和安全运行。场址选择应满足生产工艺要求，场区布置紧凑合理，有利于安全生产运行。

② 有利于保护环境和生态，有利于保护风景区和文物古迹。

交通运输项目选线应有利于沿线地区的经济和社会发展。技术改造项目应充分利用原有场地。

③ 减少拆迁移民。工程选址、选线应着眼于少拆迁、少移民，尽可能不靠近、不穿越人口密集的城镇或居民区。

④ 节约用地，少占耕地。建设用地应因地制宜，优先考虑利用荒地、劣地、山地和空地，尽可能不占或少占耕地，并力求节约用地。

二、场址选择应考虑的因素

1. 基本因素

场址选择应考虑的主要内容如下。

（1）场址位置 考虑拟选场址的坐落位置是否符合当地发展规划，与周边村镇、工矿企业等关系是否协调，当地政府和群众对项目场址能否接受，以及场址能否满足项目建设和生产运营的要求。

（2）占地面积　根据项目建设规模，主要建筑物、构筑物组成，参照同类项目，计算拟建项目需要占用的土地面积，考虑拟选场址面积能否满足项目的要求。分期建设的项目，占地面积应考虑留有发展余地。

（3）地形地貌气象条件　应考虑拟选场址的地形、地貌、气象条件，如标高、坡度、降水量、日照、风向等，能否满足项目建设规模和建设条件的要求，并计算挖填土石方工程量及所需工程费用。

（4）地震情况　考虑拟选场址所在地区及其周围的地震活动情况，包括地震类型、地震活动频度、震级、烈度，以及抗震设防要求。

（5）工程地质水文地质条件　考虑工程地质和水文地质条件能否满足项目建设的要求。工程地质主要研究拟选场址的地质构造、地基承载能力、有无严重不良地质地段（如溶洞、断层、软土、湿陷土等），以及是否处于滑坡区、泥石流区等。水文地质主要研究拟选场址的水文地质构造、地下水的类型及特征，土壤含水性，地下水的水位、流向、流量和涌水量等。

（6）征地拆迁移民安置条件　考虑拟选场址征地拆迁移民安置方案，包括移民数量、安置途径、补偿标准，移民迁入地情况，以及拆迁安置工作量和所需投资。

（7）交通运输条件　考虑拟选场址的交通运输条件，如港口、铁路、公路、机场、通信等，能否满足项目的需要。场址位置与铁路车站、码头、公路的距离是否适当；铁路、公路、水路的运输能力、接卸能力能否满足大宗物资的运输需要；铁路、公路的承载能力，桥梁隧道的宽度和净空高度能否满足运输超大、超高、超重设备的要求等。

（8）水电等供应条件　根据拟选场址所在地的水、电的供应（数量、质量、价格）现状及发展规划，研究其对项目的满足程度。项目场址在缺水地区的，应对可供水量和供水可靠性进行充分论证。

（9）环境保护条件　考虑拟选场址的位置能否被当地环境容量所接受，是否符合国家环境保护法规的要求。例如，不得在水源保护区、风景名胜区、自然保护区内建设项目；产生严重粉尘、气体污染的项目，场址应处于城镇的下风向；生产或使用易燃、易爆、辐射产品的项目，场址应远离城镇和居民密集区等。

（10）法律支持条件　考虑拟选场址所在地有关法规对项目建设和运营的支持程度及约束条件。境外投资项目选择场址时，应特别重视对所在国法律、法规支持条件的研究。

（11）生活设施依托条件　考虑拟选场址所在地的生活福利设施（住宅、学校、医院、文化、娱乐、体育等）满足项目需要的程度。

（12）施工条件　考虑拟选场址的施工场地、施工用电、用水等条件，能否满足工程施工的需要。

技术改造项目应研究利用企业现有场地、公用设施和辅助设施的可能性，在此基础上再进行拟建项目场址方案研究。

关于项目建设用地审批及补偿标准，可参考当地《项目建设征用土地审批及补偿办法》。

2. 具体因素

（1）居住项目选址需考虑的因素　居住项目是指供人们生活居住的房地产，包括普通住宅、高档公寓、别墅等。这类物业的购买者大都是以满足自用为目的，也有少量作为投资，出租给租客使用。居住项目主要为人们提供一个安静舒适的生活休息空间。

① 市场状况。对市场状况的调查和分析是房地产项目开发的基础，也是项目开发成败的重要影响因素。

分析该地区的房地产市场需求量和供应量，并对未来市场变化进行科学分析和预测；分析需求市场的层次结构。

② 地块背景及区域规划方向。其目的是分析地块的开发建设条件、地块规划限制条件、区域将来可能出现的各种物业类型和由此带来的潜在客户等等，为开发商提供较为详细的决策依据。

③ 自然环境。山水、湖畔、绿地等自然生态景观以及清新的空气，都是居民选择安居，也是房地产投资者在选择居住项目区位时要考虑的因素。

④ 交通条件。如果项目在市区内，周边一般都会有便捷的公共交通系统，能够满足居民日常出行的要求；如果项目在市郊，要求项目所在地要有能够便捷到达城市中心或商业、休闲区的交通条件，如地铁、轻轨、公交线路等，以便保持与市区的紧密联系。

⑤ 生活配套设施。居住项目所在地应具有较好的生活配套设施，比如菜市场、超市、医院、学校和银行等等。

⑥ 市政基础设施。居住项目应尽量依托主城区，以便共享城市中的市政配套设施，如供电、供水、供气、道路、通信线路等，完善的市政配套设施不但可为项目提供便利的建设条件和资源，也利于项目开发。

⑦ 房地产相关政策。居住项目选址应充分考虑相关政策的影响，重视国家鼓励的项目投资方向，开发商在政策导向下可以结合企业自身资源优势对地块取舍进行权衡。

⑧ 用地成本。在对某地块进行初步了解的基础上，应对地块价格进行粗略估计，结合地块规划限制条件估算项目投资成本和收益，以此衡量地块的"经济效益"。

（2）商业项目选址　商业房地产项目也称经营性房地产或收益性房地产，主要包括商业用房、写字楼、酒店、酒店式公寓等类型。

① 零售商业项目选址。零售商业项目包括各类商场、购物中心、超级市场、店铺等类型。零售商业除了考虑市政配套设施、交通条件、房地产相关政策及用地成本等因素外，还应着重考虑消费市场、商业环境、商业辐射范围、潜在商业价值、规划设计条件等因素。

② 写字楼项目选址。依照写字楼所处的位置、自然或物理状况和收益能力，专业人员通常将写字楼分为甲、乙、丙三个等级。在写字楼项目选址时，除了考虑城市规划的影响、市政基础设施条件、房地产相关政策及用地成本等因素外，还应着重考虑周边环境状况和交通便捷程度等影响因素。

（3）工业项目选址　工业项目指为人类生产活动提供入住空间的房地产，常见的包括非标准工业厂房、标准工业厂房、仓储用房、研究与发展用房（又称工业写字楼）、工业园区等。工业项目选址除了考虑房地产相关政策、用地成本以及市政配套设施等因素外，还应着重考虑以下因素：

① 城市规划。工业项目选址首先应考虑城市规划的限制。城市规划包括城市的功能分区，用地布局，综合交通体系，禁止、限制和适宜建设的地域范围等内容。

② 区域位置。工业性质决定了工业项目的选址方向，如污染性企业应建在远离城市的下风向处，如果是对居民影响不大的工业项目则考虑在城市郊区或开发区内建设，这样可以方便企业员工上下班，减轻交通压力。目前，很多城市都有成规模的开发区、保税区等吸引投资者前来投资，同时还可以享受到土地、税收等政策方面的优惠。

③ 交通条件。良好的对外交通网络能够有效地解决开发建设所需要的原材料和劳动力等资源的运输问题，保证项目顺利开发，待项目建成投产后，也能便捷地连接原材料供应基地和产品销售市场。

第二节 项目选址申报材料

对于《建设项目选址意见书》有期限的，应当在《建设项目选址意见书》有效期限届满30日前提出申请。

1. 一般项目选址申报材料

甲方申办《建设项目选址意见书》，申请人须提交选址申请，并按要求提供所规定的文件、图纸、资料进行申报。

① 所属市建设工程建设项目选址意见书申请报。

② 申请单位的工商营业执照或组织机构法人代码证（复印件）。

③ 向所在城市规划局申办《建设项目选址意见书》的申请。

④ 勘测定界图三份（电子光盘一份）。

⑤ 土地意见函。

⑥ 所属区立项批复。

⑦ 环保主管部门对该建设项目的初审意见。

⑧ 建设用地规划设计条件单。

⑨ 规划设计条件图四份。

⑩ 土地合同复印件。

⑪ 关于办理《建设项目选址意见书》的法人授权委托书及经办人身份证复印件（本人出示原件）。

⑫ 其他选址材料：

a. 重要建设工程或大、中型项目应提供可行性研究报告，或项目建议书。

b. 锅炉房、加气站、加油站项目应提供行业行政主管部门批文。

2. 对于已依法取得土地权属的历史用地，或属行政划拨用地的新征用地的项目的申报材料

① 建设项目选址意见书书面申请1份。

② 按要求填报的《建设项目选址意见书申请表》1份。

③ 经批准的建设项目建议书及其相关批准文件，或待批的建设项目可行性研究报告及其相关批准文件（属核准或备案制的项目，提交该项目属核准或备案制管理的证明材料及其他相关资料和核准意见）。

④ 如属对周围环境有特殊要求或对周边地区有一定影响和控制要求的工业项目应加送下列资料：

a. 有关工艺的基本情况，对水陆运输、能源和市政公用配套设施（包括电力、给排水、道路、燃气、通信等）的基本要求。

b. 项目建成可能对周围地区带来影响以及建设项目对周围地区建设需制约的控制要求。

c. 有关环境保护（三废处理）、卫生防疫、消防安全等要求的资料。

d. 其他特殊行业的特殊要求。

⑤ 相关专业主管部门对项目建设的意见，如环保、水利、交通、卫生防疫、消防、文物、风景区、军事部门及其他有特殊要求的行业主管部门对项目建设的要求和建议（此项视项目性质、所涉及行业管理要求而定）。

⑥ 属需进行项目规划选址论证的，提供相应规划资质的规划设计单位出具的建设项目规划选址评估报告。

⑦ 已依法取得土地使用权的，需提供原建设用地规划许可证、规划条件、土地使用权证等相关资料和批准文件。

⑧ 拟建项目位置最新测绘地形图（比例适当，具体按规划要求），附对周边用地现状、环境和选址要求及其他等必要的文字说明。

⑨ 规划部门认为需提供的其他相关图纸、资料。

《建设项目选址意见书》是城乡规划主管部门按照国家法律法规，为完善保障城乡居民交通基础建设、用地规划和城乡消防逃生进出安全，结合公民的自身历史现状、生产生活生存、商业居住生活等长期需要，根据《城乡规划法》和《土地管理法》核发。它用来合理地设置建设生活用地，指导公民利用《城乡总体规划》交通区位优势和满足生产生活居住等需要。流程为：到所在辖区居委会，申请填写《拟建工程规划许可证（原址、选址建房意见书或原址建房同意书）》后，经过消防、规划部门受理审结，对社会基础建设、自然生态和他人生产生活均无明显影响，无不良严重违法记录，经签字同意，可在规划区内或按照《城乡总体规划》有序选址建设。超过三层及以上的要有政策性手续、依法核发的准建手续、法律凭证。对以划拨方式提供国有建设用地使用权的拟建项目，在报送规划部门批准或者核准前向拟建单位核发同意选址证明文件。

《建设项目选址意见书》的主要内容应包括：拟建项目的基本情况和拟建项目规划的主要依据。拟建项目选址意见书的审批权限：拟建项目选址意见书，按拟建项目计划审批权限实行分级规划管理。县人民政府计划行政管理部门审批的拟建项目，由县人民政府规划行政主管部门核发选址意见书；地级、县级市人民政府计划行政管理部门审批的拟建项目，由该市人民政府城市规划行政主管部门核发选址意见书。

第三节　项目申报单位及程序

一、申报单位

直辖市、计划单列市人民政府计划行政管理部门审批的建设项目，由直辖市、计划单列市人民政府城市规划行政主管部门核发选址意见书。

省、自治区人民政府计划行政管理部门审批的建设项目，由项目所在地县、市人民政府城市规划行政主管部门提出审查意见，报省、自治区人民政府城市规划行政主管部门核发选址意见书。

中央各部门、公司审批的小型和限额以下的建设项目，由项目所在地县、市人民政府城市规划行政主管部门提出审查意见，报省、自治区、直辖市、计划单列市人民政府城市规划行政主管部门核发选址意见书。

国家审批的大中型和限额以上的建设项目，由项目所在地县、市人民政府城市规划行政主管部门提出审查意见，并报国务院城市规划行政主管部门备案。

城市规划行政主管部门应当对拟收购的土地进行规划审查，出具拟收购土地的选址意见书，不符合近期建设规划、控制性详细规划规定的用途的土地，不予核发选址意见书。

为保证城市规划区内的建设工程的选址和布局符合城市规划要求，根据《中华人民共和国城乡规划法》第三十六条规定，按照国家规定需要有关部门批准或者核准的建设项目，以划拨方式提供国有土地使用权的，建设单位在报送有关部门批准或者核准前，应当向城乡规划主管部门申请核发选址意见书。前款规定以外的建设项目不需要申请选址意见书。

其中，按照国家规定需要有关部门批准或者核准的建设项目是指列入《国务院投资体制改革的决定》之中的项目。符合规定要求应当申请选址意见书的或按照国办发〔2007〕64号文的规定需要国家发展改革委批准或核准的建设项目，都应当申请核发选址意见书。

二、申报程序

① 建设单位在每个工作日（周一至周六，以下同）持有关材料到规划局窗口（以下简称窗口）申报。

② 窗口工作人员在核收申报材料时，如发现有可以当场更正的错误，应当允许申请人当场更正；如发现材料不齐全或不符合要求，应当当场告知申请人需补正的全部内容。

③ 窗口工作人员在核收申报材料时，应进行项目建设报件登记并注明收件内容及日期。

④ 申报材料经窗口工作人员核收后，将申报材料转项目经办人。

⑤ 项目经办人接到窗口转来的申报材料，经审核认为需补正相关文件，一次性书面告知申请人需补正的全部内容转窗口，通知申请人补正材料后重新申报。

⑥ 申报材料经审核合格后，项目经办人进行现场勘查，符合选址要求的项目，报送市规划局报审办理。不符合规划要求的项目，由经办人填写退件说明转窗口发件。

注：自《建设项目选址意见书》发放之日起六个月内未取得《建设用地规划许可证》的，该《建设项目选址意见书》自行失效。申请人需要延续依法取得的《建设项目选址意见书》有效期限的，应当在《建设项目选址意见书》有效期限届满 30 日前提出申请。

三、项目立项审批内容

项目立项审批内容如图 2-1 所示。

四、项目立项申请书大纲示例

1. 项目立项申请书（1）

（1）说明 申请××大学重点建设项目应在科学定位、合理规划、瞄准目标、凝练方向、突出重点的原则基础上，详细阐述项目的建设好处、建设资料、经费预算、设备购置、预期总体建设目标和阶段目标，做好项目的节点安排。

（2）项目建设实行项目职责制 项目负责人的主要职责有以下几项。

① 提出本项目的建设目标和建设计划。

② 提出本项目的年度投资计划。

③ 组织本项目的建设实施，负责工程投资、工期和质量保障。

④ 协调本项目的内部关系，解决内部出现的问题。

⑤ 提出本项目建设的年度报告、年度统计。

⑥ 根据要求安排本项目理解中期检查。

⑦ 出具本项目的竣工验收申请报告，做好验收评估的各项准备工作。

（3）项目建设审批程序

① 各单位确定项目负责人，提出立项申请并填写项目申请书，带给必要的论证材料。

② 校内相关职能部门组织专家论证，专家及职能部门签署意见。

③ 学校重点建设项目领导小组最终审核批准后，发出开工建设的批复文件，并正式拨款。

④ 项目建设好处：×××。

⑤ 总体目标：×××。

⑥ 总体建设资料：

a. 分年度建设计划及阶段目标。

b. 重点建设项目经费预算总表。

c. 单位：××万元。

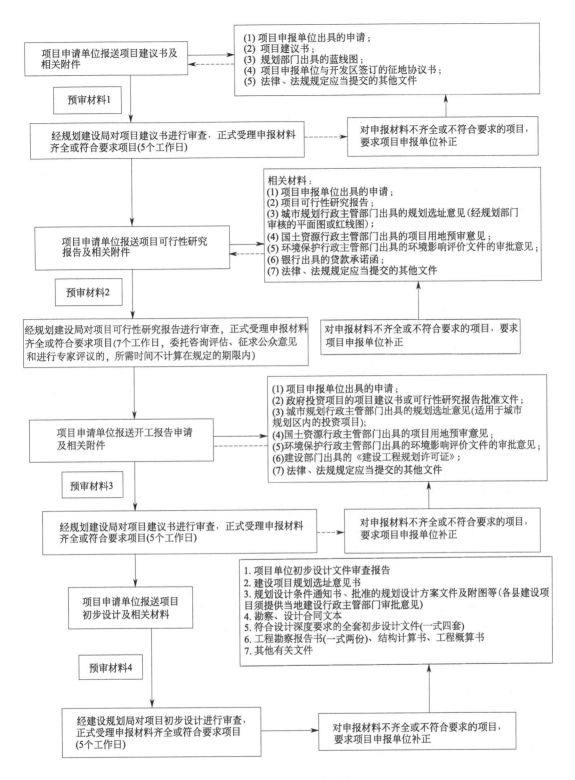

图2-1 项目立项审批内容

d. 支出预算：设备购置费；设备维修费；图书资料购置费；房屋建筑物维修费；实验材料费；测试分析加工费；租赁费；业务费合计。

e. 预算总额：××万元。

f. 分年度预算额：××年××万元；××年××万元。

g. 备注说明：×××。

Ⅰ. 项目建设严格实行预算制，申请人须认真填写《重点建设项目经费预算总表》《重点建设、项目设备购置费预算明细表》和《重点建设项目业务费预算明细表》。其中，后两个明细表均指在总预算额度内且计划在项目申请当年使用的经费；以后年度的项目使用经费计划及明细则应按"分年度预算额"在每年末学校统计下一年度经费预算时统一申报。

Ⅱ. 学校分期划拨的经费以各项目提交的当年年度预算批准额为准。各建设项目承担单位及项目负责人应确保按期执行资金的年度使用计划。

Ⅲ. 项目建设应严格按照开工建设批复文件的资料进行，不得随意变更。在建设过程中如确需变更时，务必坚持以下原则：务必向学校有关职能部门提交有充分变更理由的申请报告和论证材料，经校领导小组批准后方可实施；预期建设目标不能降低；批准建设经费额度不得突破。

Ⅳ. 学校项目建设实行严格的结项审计制度。申请下年度预算时，需提交上年度经费使用状况报告。

2. 项目立项申请书（2）

项目名称：×××。项目负责人：×××。所在单位：×××。建设日期：××年××月至××年××月。

（1）说明 申请××大学重点建设项目应在科学定位、合理规划、瞄准目标、凝练方向、突出重点的原则基础上，详细阐述项目的建设好处、建设资料、经费预算、设备购置、预期总体建设目标和阶段目标，做好项目的节点安排。

（2）项目建设实行项目职责制 项目负责人的职责是：

① 提出本项目的建设目标和建设计划。

② 提出本项目的年度投资计划。

③ 组织本项目的建设实施，负责工程投资、工期和质量保障。

④ 协调本项目的内部关系，解决内部出现的问题。

⑤ 提出本项目建设的年度报告、年度统计。

⑥ 根据要求安排本项目理解中期检查。

⑦ 出具本项目的竣工验收申请报告，做好验收评估的各项准备工作。

（3）项目建设审批程序

① 各单位确定项目负责人，提出立项申请并填写项目申请书，带给必要的论证材料。

② 校内相关职能部门组织专家论证，专家及职能部门签署意见。

③ 学校重点建设项目领导小组最终审核批准后，发出开工建设的批复文件，并正式拨款。

④ 项目建设好处：×××。

⑤ 总体目标：×××。

⑥ 总体建设资料：

a. 分年度建设计划及阶段目标。

b. ××大学重点建设项目经费预算总表。

c. 单位：××万元。

d. 支出预算：设备购置费；设备维修费；图书资料购置费；房屋建筑物维修费；实验材料费；测试分析加工费；租赁费；业务费合计。

e. 预算总额：×××万元。

f. 分年度预算额：××年××万元；××年××万元。

第四节　项目立项土地权获得及策划

一、获取项目所用土地使用权

1. 土地使用权出让

土地使用权出让，是指国家将国有土地使用权在一定年限内出让给土地使用者，由土地使用者向国家支付土地使用权出让金的行为。

土地使用权出让的最高年限为：住宅居住用地 70 年，工业用地 50 年，教育科技文化体育卫生 50 年，商业旅游娱乐 40 年，综合其他用地 50 年。期满可申请续期使用，转让或抵押年限不得超过出让合同确定的有效年限。

《中华人民共和国城镇国有土地使用权出让和转让暂行条例》规定：工业、商业、旅游、娱乐和商品住宅等经营性用地以及同一宗地有两个以上意向用地者的，应当以招标、拍卖或者挂牌方式出让。前面所述的工业用地包括仓储用地，但不包括采矿用地。

（1）招标出让　招标出让国有建设用地使用权，是指市、县人民政府国土资源行政主管部门发布招标公告，邀请特定或者不特定的自然人、法人和其他组织参加国有建设用地使用权投标，根据投标结果确定国有建设用地使用权人的行为，程序如图 2-2 所示。

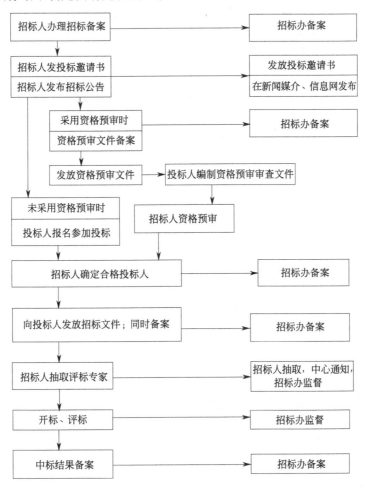

图 2-2　土地招标出让获得程序

（2）拍卖出让　拍卖出让国有建设用地使用权，是指出市、县人民政府国土资源行政主管部门发布拍卖公告，由竞买人在指定时间、地点进行公开竞价，根据出价结果确定国有建设用地使用权人的行为，如图 2-3 所示。

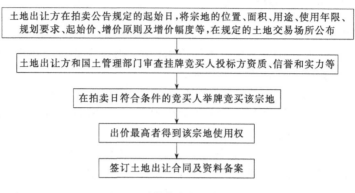

图 2-3　土地拍卖出让获得程序

（3）挂牌出让　挂牌出让国有建设用地使用权，是指市、县人民政府国土资源行政主管部门发布挂牌公告，按公告规定的期限将拟出让宗地的交易条件在指定的土地交易场所挂牌公布，接受竞买人的报价申请并更新挂牌价格，根据挂牌期限截止时的出价结果或者现场竞价结果确定国有建设用地使用权人的行为。

挂牌出让程序如图 2-4 所示。

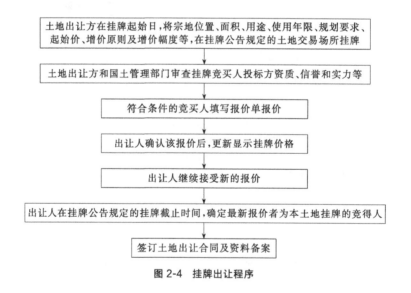

图 2-4　挂牌出让程序

2. 土地使用权划拨

土地使用权划拨是指县级以上人民政府依法批准，在土地使用者缴纳补偿、安置等费用之后将该幅土地交付其使用，或者将土地的使用权无偿交付土地使用者使用的行为。

根据《中华人民共和国城市房地产管理法》的规定，划拨土地的范围包括：国家机关和军事用地，城市基础设施和公益事业用地，国家重点扶持的能源、交通、水利等项目用地，法律行政法规规定的其他用地。

3. 土地使用权转让

土地使用权转让是获得国有土地使用权的受让人，在投资开发经营的基础上，对出让土地的再转移，土地使用权的转让是土地使用者之间的横向土地经营行为。

必须按合同的约定支付全部土地使用权出让金，取得土地使用权证书。

按照合同约定进行投资开发，属于房屋建设的，完成投资总额的 25%（不包括土地出让金）；属于成片开发的，形成工业用地或者其他建设用地条件。

出让方式：必须按合同的约定支付全部土地使用权出让金，取得土地使用权证书。

按照合同约定进行投资开发，属于房屋建设的，完成投资总额的 25%（不包括土地出让金）；属于成片开发的，形成工业用地或者其他建设用地条件。

划拨方式：需向政府报批，获得准予转让后，土地的受让方方可办理土地使用权出让手续，并缴纳土地出让金，转让方将土地收益上缴国家。

此方式多见于因企业改制和兼并收购而导致的土地使用权变更情况。

4. 土地合作

随着土地出让方式制度的改革，由于资金实力等原因，现在很多中小开发商在一级市场中"拿地"的成功性在逐年下降，从而转向其他的土地获取方式。其中，与拥有土地使用权的机构进行合作开发，可以省去一大笔土地费用，降低投资风险，这是一种目前常见的土地取得方式。土地合作的方式很多，可以以土地作价入股成立项目公司，也可以进行公司之间的并购或资产重组。

二、土地投标策划

1. 土地投标前的准备工作

土地投标前的准备工作如图 2-5 所示。

2. 土地评价指标

（1）基本的地域性指标　宏观区域、微观范围等。

（2）基本的物理性指标

① 土地规模、形态、地貌等指标；

② 城市发展及规划要求，如容积率、总面积、限高、出入口等；

③ 基础设施条件。

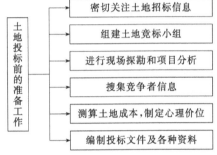

图 2-5　土地投标前准备工作

（3）基本的经济指标　土地出让费用、拆迁费用、土地获取方式及条件、土地的性价比等。

3. 竞标土地的股价

在我国现行情况下，政府开展土地使用权有偿出让的地块，主要是房地产开发用地，它可能是熟地，也可能是毛地或生地，目前以熟地居多。

假设开发法，也称为剩余法、预期开发法、开发法，是预测估价对象开发完成后的价值和后续开发建设的必要支出及应得利润，然后将开发完成后的价值减去后续开发建设的必要支出和应得利润来求取估价对象价值的方法。

（1）假设开发法估价的操作步骤

① 调查、了解待开发房地产的状况；

② 选择最佳的开发利用方式，确定开发完成后的房地产状况；

③ 估算后续开发经营期；

④ 预测开发完成后的房地产价值；

⑤ 预测后续开发建设的必要支出和应得利润；

⑥ 进行具体计算，求出待开发房地产的价值。

（2）假设开发法的基本公式　待开发房地产价值的计算公式如下：

待开发房地产价值＝开发完成后的房地产价值－后续开发成本－管理费用－销售费用－
投资利息－销售税费－开发利润－取得待开发房地产的税费

（3）运用现金流量折现法和传统方法的区别

① 传统方法。对开发完成后的房地产价值、开发成本、管理费用、销售费用、销售税费等的测算，主要是根据估价时点（通常为现在）的房地产市场状况做出的，即认为它们是静止的。

不考虑各项支出、收入发生的时间不同，而是直接相加减，但要计算投资利息，计息期通常到开发完成时止，即既不考虑预售，也不考虑延迟销售。

投资利息和开发利润都单独显现出来。

② 现金流量折现法。模拟开发过程，预测各项成本、费用等在未来发生时的金额，即要进行现金流量预测。

考虑各项支出、收入发生的时间不同，即首先要将它们折算到同一时间点上的价值（直接或最终是折算到估价时点上），然后再相加减。

折现率既包含安全收益部分（通常的利率），又包含风险收益部分（利润率）。

【例 2-1】 某 2000 亩（1 亩 $\approx 666.67 \mathrm{m}^2$）的成片荒地，适宜进行"五通一平"的土地开发后分块有偿转让；可转让土地面积的比率为 75％；附近地区与之位置相当的"五通一平"熟地的单价为 260 万元/亩；项目开发期为 3 年；将该成片荒地开发成"五通一平"熟地的开发成本、管理费用等费用为 30 万元/亩；贷款年利率为 8％；土地开发的年利润率为 10％；当地土地使用权转让中卖方需要缴纳的增值税等税费为转让价格的 6％，买方需要缴纳的契税等税费为转让权价格的 4％。请采用传统方法测算该成片荒地的总价和单价。

【解】 设该成片荒地的总价为 V：

开发完成后的熟地总价值＝260×2000×75％
＝390000（万元）

开发成本及管理费用等费用总额＝30×2000＝60000（万元）

投资利息总额＝（V＋V×4％）×［(1＋8％)³－1］＋60000×［(1＋8％)$^{1.5}$－1］
≈0.27V＋7342（万元）

转让开发完成后的熟地的税费总额＝390000×6％＝23400（万元）

土地开发利润总额＝（V＋V×4％）×3×10％＋60000×1.5×10％
＝0.312V＋9000（万元）

购买该成片荒地的税费总额＝V×4％＝0.04V（万元）

V＝390000－60000－(0.27V＋7342)－23400－(0.312V＋9000)－0.04V

V≈178951（万元）

该片荒地总价＝178951（万元）

该片荒地单价＝178951/2000≈89.48（万元/亩）

【例 2-2】 某 10 亩的"七通一平"熟地，最佳开发用途为写字楼，容积率为 2.5；土地使用权年限为 50 年，从 2007 年 11 月起计。取得该土地后即动工开发，预计开发期为 2 年。各项开发费用为：建筑安装工程费为每平方米建筑面积 2000 元，勘察设计、前期工程费以及其他工程费按建安工程费的 10％计算，管理费用为以上费用的 3％。以上费用在第一年需投入 45％，第二年需投入 55％。在第一年末需投入广告宣传等销售费用，销售费用取售价的 2％，假设各年的投入集中在年中。预计项目建成时即可全部售出，售出时的平均价格为每平方米建筑面积 4500 元。房地产交易中卖方应缴纳的增值税等税费为交易价格的 6％，买方应缴纳的契税等税费为交易价格的 4％。请采用现金流量折现法测算该宗地土地在 2007

年11月的总价及单价（折现率为12%）。

【解】 该写字楼的总建筑面积$=10\times666.67\times2.5=16666.75(\text{m}^2)$

开发完成后的总价值$=4500\times16666.75/(1+12\%)^2\approx5978.98(\text{万元})$

建筑安装工程费、勘察设计费、前期工程费、其他工程费和管理费：

$2000\times16666.75\times(1+10\%)\times(1+3\%)\times[45\%/(1+12\%)^{0.5}+55\%/(1+12\%)^{1.5}]$
$\approx3358.34(\text{万元})$

销售费用总额$=(4500\times16666.75\times2\%)/(1+12\%)^{1.5}\approx126.55(\text{万元})$

销售税费总额$=5978.98\times6\%\approx358.74(\text{万元})$

设该宗土地的总价为V，则：

购买该宗土地的税费总额$=V\times4\%=0.04V(\text{万元})$

$V=5978.98-3358.33-126.55-358.74-0.04V$

$V\approx2053.23(\text{万元})$

所以该宗土地在2007年11月的价格为：

土地总价$=2053.23(\text{万元})$

土地单价$=2053.23/10=205.323(\text{万元/亩})$

三、选址案例

1. 某超市选址

（1）案例背景

① ××××超市是由世界500强的××集团全资拥有的××××有限公司经营管理的大型仓储式购物中心，在中国从事专业的商业零售，包括大型购物中心的选址、建设和管理工作。

② 位于××市××××的××××分店于2007年11月开始试营业，其面积约13000m²。

（2）案例分析

① 地理位置和周边环境分析。该区域的发展主要依托3所高校，居住群和消费群比较单一，但消费能力属于中高档次，因此不容忽视，现已是众多零售商家追逐的热点区域。

② 交通环境分析。交通便利，四通八达，向东至××大学，向南可达××路、××大学、××园、×××庄，向西至××园，向西北可达××大学，东北可达××大学、××大学、××滩。

（3）竞争环境分析 该超市距附近某大型超市一2.2km，距某大型超市二2.4km，与某大型超市三相距更近，这4大超市在分布上呈三角形状，相互之间的距离均不超3km。由此看来，这一地区的零售业竞争形势非常激烈，但各家销售业绩均不错。

（4）商圈分析 超市消费全体一般集中在半径为2km内的范围中。在时间距离上，一般要求不超过20min的心理承受力。考虑到交通拥堵的情况，该区域这几大超市的核心商圈应不超过2km，刺激商圈应在8站的公交车程范围内（约为4km）。

（5）竞争者商圈比较 在设定各超市的核心商圈时，认为家乐福的核心商圈要大于该超市，而另一超市和该超市的核心商圈大小相仿。

由于竞争的相斥效应，认为各超市的核心商圈半径略长于与相邻超市距离的一半。

（6）核心商圈分析 核心商圈，指处在核心商圈内的消费者购物的概率同比大于其他商场，如该超市的核心商圈内，消费者去该超市的概率大于另两家大型超市，概率在60%以上。

该超市的核心商圈包括的主要区域有3所大学及科技部分地区，商圈大致呈矩形。从公交线路上看，核心商圈的公交车程不超过4站。

（7）案例总结与启示

① 该超市一般会选择消费能力旺盛、交通便利的市区。

② 超市选址存在扎堆现象。

③ 商圈的分析和定位是选址不可缺少的重要内容。

④ 冷静地进行商圈范围以内的竞争对手分析，才能知己知彼，百战不殆。

2. 上海世博会选址分析

（1）案例背景　世界博览会是由一个国家的政府主办，有多个国家或国际组织参加，以展现人类在社会、经济、文化和科技领域取得成就的国际性大型展示会。

自1851年伦敦举办第一届博览会以来，世博会因其发展迅速而享有"经济、科技、文化领域内的奥林匹克盛会"的美誉。

上海世博会选址应该体现以下要求：

① 快捷高效的综合交通运输网络体系；

② 优良的城市人居环境和亲水理念；

③ 确保"流量经济"舒畅活络的空间管理机制；

④ 适应经济全球化要求的公共安全系统；

⑤ 抵御灾害性天气的高标准防灾体系。

（2）中心城区的选址分析

① 科学选址，一直是申办世博会的"头等大事"。

② 上海市委、市政府在会场选址之初便定下以下原则：

a. 应该位于城市重点发展或改造地区，在空间上和开发时序上与城市的发展规划紧密结合，并让用于世博会的设施在日后得到有效的后续使用；

b. 场地完整，用地规模能满足举办综合性世博会的需要，并有良好的自然环境；

c. 有一定的人文资源和景观资源，有利于展示"城市，让生活更美好"的主题；

d. 有便捷的道路交通条件和完善的基础设施配套；

e. 能方便地获取与展览会有关的城市公共服务设施的有力支撑，并能充分利用城市原有设施，从而减少重复投资。

（3）中心城区的选址分析

① 专家认为，黄浦江两岸滨水区选址方案具有独特的优势，巧妙地扣住了"城市，让生活更美好"这个主题。

② 黄浦江两岸是城市新一轮旧区改造的重点地区。世博会项目的入驻，可以推动两岸产业结构调整，提高旧区改造品质，带动周边地区繁荣。

③ 黄浦江两岸地区拥有丰富的历史文化资源，它浓缩着上海近代城市的发展轨迹，是城市生活发展的真实写照。

（4）中心城区的选址分析

① 世博会后，将根据该地区的城市雏形改造博览会的空间，建造一批大型文化、会议、展览、居住、休闲娱乐、商业服务等设施，使之发展成为上海重要的文化博览中心和特色滨江居住区。

② 世博会带来上海房地产新的挑战与机遇。

a. 中心城区的选址面临的困难。

b. 中心城区高昂的土地置换成本。

c. 中心城区超高强度的交通流量压力。

d. 中心区对突发灾害性天气的承受能力相对脆弱。

e. 黄浦江水环境的治理过程较长。

第五节 场址方案选择

选址时，要对多个场址方案进行工程条件和经济性条件的比较，应对比以下内容。

（1）工程条件比选的内容　主要有占用土地种类及面积、地形地貌气候条件、地质条件、地震情况、征地拆迁移民安置条件、社会依托条件、环境条件、交通运输条件、施工条件等。

（2）经济性条件比选的内容　一是建设投资比较，主要有土地购置费、场地平整费、基础工程费、场外运输投资、场外公用工程投资、防洪工程投资、环境保护投资，以及施工临时设施费用等，应编制场址方案建设投资费用比较表，如表 2-1 所示；二是运营费用比较，包括原材料及燃料运输费、产品运输费、动力费、排污费和其他费用等，应编制场址方案运营费用比较表，见表 2-2。

经过工程条件和经济性条件的比选，提出推荐场址方案，并绘制场址地理位置图。在地形图上，标明场址的四周界址、场址内生产区、办公区、场外工程、取水点、排污点、堆场、运输线等位置，以及与周边建筑物、设施的相互位置。

▫ **表 2-1　场址方案建设投资费用比较表**　　　　　　　　　　　　　　　　单位：万元

比较内容	建设投资		
	方案 1	方案 2	方案 3
土地购置费			
土地费用			
拆迁安置费用			
……			
场地平整费			
土方工程			
石方工程			
……			
基础工程费			
基础处理费			
抗震措施费			
……			
场外运输投资			
铁路专用线			
码头			
管道			
……			
场外公用工程投资			
给水工程			
排水工程			
供电工程			
供热工程			
……			
防洪工程投资			
环境保护投资			
临时建筑设施费用			
合计			

☐ **表 2-2 场址方案运营费用比较表** 单位：万元

比较内容	运营费用		
	方案 1	方案 2	方案 3
原材料及燃料运输费			
产品运输费			
动力费			
排污费			
其他			
合计			

第三章
建筑工程项目
可行性评价分析

第一节　工程项目财务评价

工程项目的经济评价是项目的可行性研究和评估的核心内容及决策的主要依据，包括财务评价和国民经济评价。

财务评价是指在国家现行财税制度和价格体系的条件下，计算项目范围内的效益与费用；分析项目的盈利能力、清偿能力；以考察项目在财务上的可行性。

一、主要目的

① 从企业或项目角度出发，分析投资效果，判明企业投资所获得的实际利益。

② 为企业制定资金规划。

③ 为协调企业利益和国家利益提供依据。

二、主要内容

① 在对投资项目的总体了解和对市场、环境、技术方案充分调查与掌握的基础上，收集预测财务分析的基础数据，用若干基础财务报表归纳整理。

② 编制资金规划与计划。

③ 计算和分析财务效果。

三、财务评价内容与步骤

财务评价是在确定的建设方案、投资估算和融资方案的基础上进行财务可行性研究。财务评价的主要内容与步骤如下。

① 选取财务评价基础数据与参数，包括主要投入品和产出品财务价格、税率、利率、汇率、计算期、固定资产折旧率、无形资产和递延资产摊销年限，生产负荷及基准收益率等基础数据和参数。

② 计算销售（营业）收入，估算成本费用。

③ 编制财务评价报表，主要有：财务现金流量表、损益和利润分配表、资金来源与运

用表、借款偿还计划表。

④ 计算财务评价指标，进行盈利能力分析和偿债能力分析。

⑤ 进行不确定性分析，包括敏感性分析和盈亏平衡分析。

⑥ 编写财务评价报告。

四、财务评价基础数据与参数选取

财务评价的基础数据与参数选取是否合理，直接影响财务评价的结论，在进行财务分析计算之前，应做好这项基础工作。

1. 财务价格

财务评价是对拟建项目未来的效益与费用进行分析，应采用预测价格。预测价格应考虑价格变动因素，即各种产品相对价格变动和价格总水平变动（通货膨胀或者通货紧缩）。由于建设期和生产经营期的投入产出情况不同，应区别对待。基于在投资估算中已经预留了建设期涨价预备费，因此建筑材料和设备等投入品，可采用一个固定的价格计算投资费用，其价格不必年年变动。生产运营期的投入品和产出品，应根据具体情况选用固定价格或者变动价格进行财务评价。

（1）固定价格 这是指在项目生产运营期内不考虑价格相对变动和通货膨胀影响的不变价格，即在整个生产运营期内都用预测的固定价格，计算产品销售收入和原材料、燃料动力费用。

（2）变动价格 这是指在项目生产运营期内考虑价格变动的预测价格。变动价格又分为两种情况，一是只考虑价格相对变动引起的变动价格；二是既考虑价格相对变动，又考虑通货膨胀因素引起的变动价格。采用变动价格是预测在生产运营期内每年的价格都是变动的。为简化起见，有些年份也可采用同一价格。

进行盈利能力分析，一般采用只考虑相对价格变动因素的预测价格，计算不含通货膨胀因素的财务内部收益率等盈利性指标，不反映通货膨胀因素对盈利能力的影响。

进行偿债能力分析，预测计算期内可能存在较为严重的通货膨胀时，应采用包括通货膨胀影响的变动价格计算偿债能力指标，反映通货膨胀因素对偿债能力的影响。

在财务评价中计算销售（营业）收入及生产成本所采用的价格，可以是含增值税的价格，也可以是不含增值税的价格，应在评价时说明采用何种计价方法。本书财务评价报表均是按含增值税的价格设计的。

2. 税费

财务评价中合理计算各种税费，是正确计算项目效益与费用的重要基础。财务评价涉及的税费主要有增值税、资源税、消费税、所得税、城市维护建设税和教育费附加等。进行评价时应说明税种、税基、税率、计税额等。如有减免税费优惠，应说明政策依据以及减免方式和减免金额。

① 增值税是对生产、销售商品或者提供劳务的纳税人实行抵扣原则，就其生产、经营过程中实际发生的增值额征税的税种。财务评价的销售收入和成本估算均含增值税，项目应缴纳的增值税等于销项税减进项税。

② 消费税是以消费品（或者消费行为）的流转额为课税对象的税种。在财务评价中，一般按销售额乘以消费税税率计算。

③ 城市维护建设税和教育费附加是以增值税和消费税为税基乘以相应的税率计算。

④ 资源税是对开采自然资源的纳税人征税的税种。通常按应课税矿产的产量乘以单位税额计算。

⑤ 所得税是按应纳税所得额乘以所得税税率计算。

3. 利率

借款利率是项目财务评价的重要基础数据，用以计算借款利息。采用固定利率的借款项目，财务评价直接采用约定的利率计算利息。采用浮动利率的借款项目，财务评价时应对借款期内的平均利率进行预测，采用预测的平均利率计算利息。

4. 汇率

财务评价汇率的取值，一般采用国家外汇管理部门公布的当期外汇牌价的卖出、买入的中间价。

5. 项目计算期选取

财务评价计算期包括建设期和生产运营期。生产运营期，应根据产品寿命期（矿产资源项目的设计开采年限）、主要设施和设备的使用寿命期、主要技术的寿命期等因素确定。财务评价的计算期一般不超过 20 年。

有些项目的运营寿命很长，如水利枢纽，其主体工程是永久性工程，其计算期应根据评价要求确定。对设定计算期短于运营寿命期较多的项目，计算内部收益率、净现值等指标时，为避免计算误差，可采用年金折现、未来值折现等方法，将计算期结束以后年份的现金流入和现金流出折现至计算期末。

6. 生产负荷

生产负荷是指项目生产运营期内生产能力发挥程度，也称生产能力利用率，以百分比表示。生产负荷是计算销售收入和经营成本的依据之一，一般应按项目投产期和投产后正常生产年份分别设定生产负荷。

7. 财务基准收益率（i_c）设定

财务基准收益率是项目财务内部收益率指标的基准和判据，也是项目在财务上是否可行的最低要求，也用作计算财务净现值的折现率。如果有行业发布的本行业基准收益率，即以其作为项目的基准收益率；如果没有行业规定，则由项目评价人员设定。设定方法：一是参考本行业一定时期的平均收益水平并考虑项目的风险因素确定；二是按项目占用的资金成本加一定的风险系数确定。设定财务基准收益率时，应与财务评价采用的价格相一致，如果财务评价采用变动价格，设定基准收益率则应考虑通货膨胀因素。

资本金收益率，可采用投资者的最低期望收益率作为判据。

五、销售收入与成本费用估算

1. 销售收入估算

销售（营业）收入是指销售产品或者提供服务取得的收入。生产多种产品和提供多项服务的，应分别估算各种产品及服务的销售收入。对不便于按详细的品种分类计算销售收入的，可采取折算为标准产品的方法计算销售收入。应编制销售收入、销售税金及附加估算表。

2. 成本费用估算

成本费用是指项目生产运营支出的各种费用。按成本计算范围，分为单位产品成本和总成本费用；按成本与产量的关系，分为固定成本和可变成本；按财务评价的特定要求，分为总成本费用和经营成本。成本估算应与销售收入的计算口径对应一致，各项费用应划分清楚，防止重复计算或者低估费用支出。

（1）总成本费用估算　总成本费用是指在一定时期（如一年）内因生产和销售产品发生的全部费用。总成本费用的构成及估算通常采用以下两种方法。

① 产品制造成本加企业期间费用估算法，计算公式为：

$$总成本费用＝制造成本＋销售费用＋管理费用＋财务费用$$

其中，制造成本＝直接材料费＋直接燃料和动力费＋直接工资＋其他直接支出＋制造费用

② 生产要素估算法，是从估算各种生产要素的费用入手，汇总得到总成本费用。将生产和销售过程中消耗的外购原材料、辅助材料、燃料、动力，人员工资福利，外部提供的劳务或者服务，当期应计提的折旧和摊销，以及应付的财务费用相加，得出总成本费用。采用这种估算方法，不必计算内部各生产环节成本的转移，也较容易计算可变成本和固定成本，计算公式为：

$$总成本费用＝外购原材料、燃料及动力费＋人员工资及福利费＋外部提供的劳务及$$
$$服务费＋修理费＋折旧费＋矿山维简费（采掘、采伐项目计算此项费$$
$$用）＋摊销费＋财务费用＋其他费用$$

（2）经营成本估算　经营成本是项目评价特有的概念，用于项目财务评价的现金流量分析。经营成本是指总成本费用扣除固定资产折旧费、矿山维简费、无形资产及递延资产摊销费和财务费用后的成本费用。计算公式为：

$$经营成本＝总成本费用－折旧费－矿山维简费－无形资产及递延资产摊销费－财务费用$$

（3）固定成本与可变成本估算　财务评价进行盈亏平衡分析时，需要将总成本费用分解为固定成本和可变成本。固定成本是指不随产品产量及销售量的增减发生变化的各项成本费用，主要包括非生产人员工资、折旧费、无形资产及递延资产摊销费、修理费、办公费、管理费等。可变成本是指随产品产量及销售量增减而成正比例变化的各项费用，主要包括原材料、燃料、动力消耗、包装费和生产人员工资等。

长期借款利息应视为固定成本，短期借款如果用于购置流动资产，可能部分与产品产量、销售量相关，其利息可视为半可变半固定成本，为简化计算，也可视为固定成本。

（4）编制成本费用估算表　分项估算上述各种成本费用后，编制相应的成本费用估算表，包括总成本费用估算表和各分项成本估算表。

六、新设项目法人项目财务评价

新设项目法人项目财务评价的主要内容，是在编制财务报表的基础上进行盈利能力分析、偿债能力分析和抗风险能力分析。

1. 编制财务评价报表

财务评价报表主要有财务现金流量表、损益和利润分配表、资金来源与运用表、借款偿还计划表等。

（1）财务现金流量表　分为：

① 项目财务现金流量表，用于计算项目财务内部收益率及财务净现值等评价指标；

② 资本金财务现金流量表，用于计算资本金收益率指标；

③ 投资各方财务现金流量表，用于计算投资各方收益率。

（2）损益和利润分配表　用于计算项目投资利润率。表中损益栏目反映项目计算期内各年的销售收入、总成本费用支出、利润总额情况；利润分配栏目反映所得税税后利润以及利润分配情况。

（3）资金来源与运用表　用于反映项目计算期各年的投资、融资及生产经营活动的资金流入、流出情况，考察资金平衡和余缺情况。

（4）借款偿还计划表　用于反映项目计算期内各年借款的使用、还本付息，以及偿债资

金来源，计算借款偿还期或者偿债备付率、利息备付率等指标。

2. 盈利能力分析

盈利能力分析是项目财务评价的主要内容之一，是在编制现金流量表的基础上，计算财务内部收益率、财务净现值、投资回收期等指标。其中财务内部收益率为项目的主要盈利性指标，其他指标可根据项目特点及财务评价的目的、要求等选用。

（1）财务内部收益率（FIRR） 财务内部收益率是指项目在整个计算期内各年净现金流量现值累计等于零时的折现率，它是评价项目盈利能力的动态指标。其表达式为：

$$\sum_{t=1}^{n}(CI-CO)_t(1+FIRR)-t=0$$

式中　　CI——现金流入量；

　　　　CO——现金流出量；

$(CI-CO)_t$——第 t 年的净现金流量；

　　　　n——计算期年数。

财务内部收益率可根据财务现金流量表中净现金流量，用试差法计算，也可采用专用软件的财务函数计算。

按分析范围和对象不同，财务内部收益率分为项目财务内部收益率、资本金收益率（即资本金财务内部收益率）和投资各方收益率（即投资各方财务内部收益率）。

① 项目财务内部收益率，是指考察确定项目融资方案前（未计算借款利息）且在所得税前整个项目的盈利能力，供决策者进行项目方案比选和银行金融机构进行信贷决策时参考。

由于项目各融资方案的利率不尽相同，所得税税率与享受的优惠政策也可能不同，在计算项目财务内部收益率时，不考虑利息支出和所得税，是为了保持项目方案的可比性。

② 资本金收益率，是以项目资本金为计算基础，考察所得税税后资本金可能获得的收益水平。

③ 投资各方收益率，是以投资各方出资额为计算基础，考察投资各方可能获得的收益水平。

项目财务内部收益率（FIRR）的判别依据，应采用行业发布或者评价人员设定的财务基准收益率（i_c），当 $FIRR \geqslant i_c$ 时，即认为项目的盈利能力能够满足要求。资本金和投资各方收益率应与出资方最低期望收益率对比，判断投资方收益水平。

（2）财务净现值（FNPV） 财务净现值是指按设定的折现率 i_c 计算的项目计算期内各年净现金流量的现值之和。计算公式为：

$$FNPV = \sum_{t-1}^{n}(CI-CO)_t(1+i_c)^{-t}$$

式中　　CI——现金流入量；

　　　　CO——现金流出量；

$(CI-CO)_t$——第 t 年的净现金流量；

　　　　n——计算期年数；

　　　　i_c——设定的折现率。

财务净现值是评价项目盈利能力的绝对指标，它反映项目在满足按设定折现率要求的盈利之外，获得的超额盈利的现值。财务净现值等于或者大于零，表明项目的盈利能力达到或者超过按设定的折现率计算的盈利水平。一般只计算所得税前财务净现值。

（3）投资回收期（P_t） 投资回收期是指以项目的净收益偿还项目全部投资所需要的时间，一般以年为单位，并从项目建设起始年算起。若从项目投产年算起，应予以特别注明。

其表达式为:

$$\sum_{t=1}^{P_t} (CI - CO)_t = 0$$

投资回收期可根据现金流量表计算,现金流量表中累计现金流量(所得税前)由负值变为 0 时的时点,即为项目的投资回收期。计算公式为:

$$P_t = 累计净现金流量开始出现正值的年份数 - 1 + \frac{上年累计净现金流量的绝对值}{当年净现金流量值}$$

投资回收期越短,表明项目的盈利能力和抗风险能力越好。投资回收期的判别标准是基准投资回收期,其取值可根据行业水平或者投资者的要求设定。

(4)投资利润率 投资利润率是指项目在计算期内正常生产年份的年利润总额(或年平均利润总额)与项目投入总资金的比例,它是考察单位投资盈利能力的静态指标。将项目投资利润率与同行业平均投资利润率对比,判断项目的获利能力和水平。

3. 偿债能力分析

根据有关财务报表,计算借款偿还期、利息备付率、偿债备付率等指标,评价项目借款偿债能力。如果采用借款偿还期指标,可不再计算备付率,如果计算备付率,则不再计算借款偿还期指标。

(1)借款偿还期 借款偿还期是指以项目投产后获得的可用于还本付息的资金,还清借款本息所需的时间,一般以年为单位表示。这项指标可由借款偿还计划表推算。不足整年的部分可用内插法计算。指标值应能满足贷款机构的期限要求。

借款偿还期指标旨在计算最大偿还能力,适用于尽快还款的项目,不适用于已约定借款偿还期限的项目。对于已约定借款偿还期限的项目,应采用利息备付率和偿债备付率指标分析项目的偿债能力。

(2)利息备付率 利息备付率是指项目在借款偿还期内,各年可用于支付利息的税息前利润与当期应付利息费用的比值,即:

利息备付率=税息前利润/当期应付利息费用

其中,税息前利润=利润总额+计入总成本费用的利息费用;当期应付利息是指计入总成本费用的全部利息。

利息备付率可以按年计算,也可以按整个借款期计算。利息备付率表示项目的利润偿付利息的保证倍率。对于正常运营的企业,利息备付率应当大于 2,否则,表示付息能力保障程度不足。

(3)偿债备付率 偿债备付率是指项目在借款偿还期内,各年可用于还本付息资金与当期应还本付息金额的比值,即:

偿债备付率=可用于还本付息资金/当期应还本付息金额

可用于还本付息的资金,包括可用于还款的折旧和摊销,在成本中列支的利息费用,可用于还款的利润等。当期应还本付息金额包括当期应还贷款本金及计入成本的利息。

偿债备付率可以按年计算,也可以按整个借款期计算。偿债备付率表示可用于还本付息的资金偿还借款本息的保证倍率。偿债备付率在正常情况应当大于 1。当指标小于 1 时,表示当年资金来源不足以偿付当期债务,需要通过短期借款偿付已到期债务。

七、既有项目法人项目财务评价

既有项目法人项目财务评价与新设项目法人项目财务评价的主要区别,在于它的盈利能力评价指标，前者是按"有项目"和"无项目"对比，采取增量分析方法计算。偿债能力评价指标，一般是按"有项目"后项目的偿债能力计算，必要时也可按"有项目"后既有法人整体的偿债能力计算。评价步骤与内容如下。

1. 确定财务评价范围

一般来说，拟建项目是在企业现有基础上进行的，涉及范围可能是企业整体改造，也可能是部分改建，或者扩建、新建项目。因此，应科学划分和界定效益与费用的计算范围。如果拟建项目建成后能够独立经营，形成相对独立的核算单位，项目所涉及的范围就是财务评价的对象；如果项目投产后的生产运营与现有企业无法分开，也不能单独计算项目发生的效益与费用，应将整个企业作为项目财务评价的对象。

2. 选取财务评价数据

对既有项目法人项目的财务评价，采用"有无对比"进行增量分析，主要涉及下列三种数据。

① "有项目"数据，是预测项目实施后各年的效益与费用状况的数据。

② "无项目"数据，是预测在不实施该项目的情况下，原企业各年的效益与费用状况的数据。

③ "增量"数据，是指"有项目"数据减"无项目"数据的差额，用于增量分析。

进行"有项目"与"无项目"对比时，效益与费用的计算范围、计算期应保持一致，具有可比性。为使计算期保持一致，应以"有项目"的计算期为基准，对"无项目"的计算期进行调整。在一般情况下，可假设通过追加投资（局部更新或者全部更新）使"无项目"时的生产运营期延长到与"有项目"的计算期相同，并在计算期末将固定资产余值回收。在某些情况下，假设通过追加投资延长其寿命期，在技术上不可行或者经济上明显不合理时，可以使"无项目"的生产运营适时终止，其后各年的现金流量为零。

3. 编制财务报表

既有项目法人项目财务评价，应按增量效益与增量费用的数据，编制项目增量财务现金流量表、资本金增量财务现金流量表。按"有项目"的效益与费用数据，编制项目损益和利润分配表、资金来源与运用表、借款偿还计划表。各种报表的编制原理和科目设置与新设项目法人项目的财务报表基本相同，不同之处是表中有关数据的计算口径有所区别。

4. 盈利能力分析

盈利能力分析指标、表达式和判别依据与新设项目法人项目基本相同。

5. 偿债能力分析

根据财务评价报表，计算借款偿还期或者利息备付率和偿债备付率，分析拟建项目自身偿还债务的能力。

计算出的项目偿债能力指标，表示项目用自身的各项收益（包括折旧）抵偿债务的最大能力，显示项目对企业整体财务状况的影响。项目最大偿债能力与项目债务实际还款方式和责任不同。因为，项目的债务是由既有法人借入并负责偿还的，计算出的项目偿债能力指标，可以给既有法人两种提示：一是靠拟建项目自身收益可以偿还债务，不需要另筹资金偿还；二是拟建项目自身收益不能偿还债务，需要另筹资金偿还债务。

同样道理，计算出的拟建项目偿债能力指标，对银行等金融机构也显示两种情况，一是拟建项目自身有偿债能力；二是拟建项目自身无偿债能力，需要企业另外筹资偿还。由于银行贷款是贷给企业法人而不是贷给项目的，银行评审时，一般是根据企业的整体资产负债结构和偿债能力决定是否贷款。有的时候，虽然项目自身无偿债能力，但是整个企业信誉好，偿债能力强，银行也可能给予贷款；有的时候，虽然项目有偿债能力，但企业整体信誉差，负债高，偿债能力弱，银行也可能不予贷款。银行等金融机构决定是否贷款，需要考察企业的整体财务能力，评价有企业的财务状况和各笔借款的综合偿债能力。为了满足债权人要求，企业不仅需要提供项目建设前3~5年企业的主要财务报表，还需要编制企业在拟建项目建设期和投产后3~5年内的损益和利润分配表、资金来源与运用表、资产负债表、企业借款偿还计划表，分析企业偿债能力。

八、不确定性分析

项目评价所采用的数据大部分来自估算和预测，有一定程度的不确定性。为了分析不确定因素对经济评价指标的影响，需要进行不确定性分析，估计项目可能存在的风险，考察项目的财务可靠性。根据拟建项目的具体情况，有选择地进行敏感性分析、盈亏平衡分析。

1. 敏感性分析

通过分析、预测项目主要不确定因素的变化对项目评价指标的影响，找出敏感因素，分析评价指标对该因素的敏感程度，并分析该因素达到临界值时项目的承受能力。一般将产品价格、产品产量（生产负荷）、主要原材料价格、建设投资、汇率等作为考察的不确定因素。

敏感性分析有单因素和多因素敏感性分析两种。单因素敏感性分析是对单一不确定因素变化的影响进行分析；多因素敏感性分析是对两个或两个以上互相独立的不确定因素同时变化的影响进行分析。通常只要求进行单因素敏感性分析。敏感性分析结果用敏感性分析表和敏感性分析图表示。

（1）编制敏感性分析表和绘制敏感性分析图　敏感性分析图如图3-1所示，图中每一条斜线的斜率反映内部收益率对该不确定因素的敏感程度，斜率越大敏感度越高。一张图可以同时反映多个因素的敏感性分析结果。每条斜线与基准收益率线的相交点所对应的横坐标为不确定因素变化率，图3-1中C_1、C_2、C_3、C_4等即为该因素的临界点。

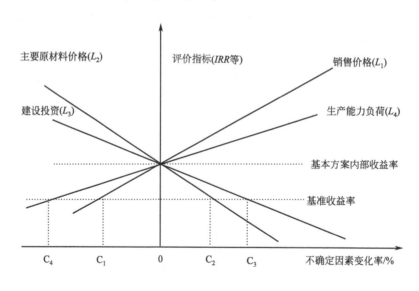

图3-1　敏感性分析图

敏感性分析表如表3-1所示。表中所列的不确定因素是可能对评价指标产生影响的因素，分析时可选用一个或多个因素。不确定因素的变化范围可自行设定。可根据需要选定项目评价指标，其中最主要的评价指标是财务内部收益率。

序号	不确定因素	变化率/%	内部收益率	敏感系数	临界点(%)	临界值
1	产品产量(生产负荷)					
2	产品价格					
3	主要原材料价格					
4	建设投资					
5	汇率					

（2）计算敏感度系数和临界点

① 敏感度系数。单因素敏感性分析可用敏感度系数表示项目评价指标对不确定因素的敏感程度。计算公式为：

$$E = \Delta A / \Delta F$$

式中　ΔF——不确定因素 F 的变化率，%；

　　　ΔA——不确定因素 F 发生 ΔF 变化率时，评价指标 A 的相应变化率，%；

　　　E——评价指标 A 对于不确定因素 F 的敏感度系数。

② 临界点。临界点是指项目允许不确定因素向不利方向变化的极限值。超过极限，项目的效益指标将不可行。例如当产品价格下降到某值时，财务内部收益率将刚好等于基准收益率，此点称为产品价格下降的临界点。临界点可用临界点百分比或者临界值分别表示某一变量的变化达到一定的百分比或者一定数值时，项目的效益指标将从可行转变为不可行。临界点可用专用软件的财务函数计算，也可由敏感性分析图直接求得近似值。

2. 盈亏平衡分析

盈亏平衡分析实际上是一种特殊形式的临界点分析。进行这种分析时，将产量或者销售量作为不确定因素，求取盈亏平衡时临界点所对应的产量或者销售量。盈亏平衡点越低，表示项目适应市场变化的能力越强，抗风险能力也越强。盈亏平衡点常用生产能力利用率或者产量表示。

用生产能力利用率表示的盈亏平衡点 BEP（%）为：

BEP（%）＝年固定总成本/（年销售收入－年可变成本－年销售税金及附加－
年增值税）×100%

用产量表示的盈亏平衡点 BEP（产量）为：

BEP（产量）＝年固定总成本/（单位产品销售价格－单位产品可变成本－
单位产品销售税金及附加－单位产品增值税）

两者之间的换算关系为：

$$BEP（产量）＝BEP（%）×设计生产能力$$

盈亏平衡点应按项目投产后的正常年份计算，而不能按计算期内的平均值计算。项目评价中常使用盈亏平衡分析图表示分析结果，如图 3-2 所示。

敏感性分析可以帮助找到关键的不确定性因素，但不能回答这些不确定因素变化发生的概率。如果需要对不确定性因素进行深入分析，应采用概率分析等方法。

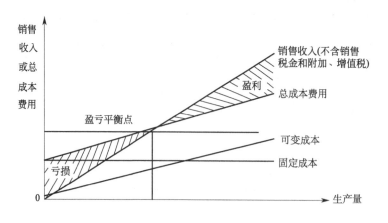

图 3-2 盈亏平衡分析图

九、非盈利性项目财务评价

非盈利性项目是指为社会公众提供服务或者产品，不以盈利为主要目的投资项目，包括公益事业项目、行政事业项目和某些基础设施项目。这些项目的显著特点是为社会提供服务或者使用功能，不收取费用或者只收取少量费用。这类项目的财务评价方法与盈利性项目有所不同，一般不计算项目的财务内部收益率、财务净现值、投资回收期，对于使用借款又有收入的项目，可计算借款偿还期指标。非盈利性项目财务评价内容与指标如下。

1. 单位功能（或者单位使用效益）投资

这项指标是指建设每单位使用功能所需的投资，如医院每张病床的投资，学校每个就学学生的投资，办公用房项目每个工作人员占用面积的投资。

单位功能（或者单位使用效益）投资＝建设投资/设计服务能力或设施规模

进行方案比较时，在功能相同的情况下，一般以单位投资较小的方案为优。

2. 单位功能运营成本

这项指标是指项目的年运营费用与年服务总量之比，如污水处理厂项目处理每吨污水的运营费用，以此考察项目运营期间的财务状况。

单位运营成本＝年运营费用/年服务总量

其中，年运营费用＝运营直接费用＋管理费用＋财务费用＋折旧费用；年服务总量指拟建项目建设规模中设定的年服务量。

3. 运营和服务收费价格

这项指标是指向服务对象提供每单位服务收取的服务费，以此评价收费的合理性。评价方法一般是将预测的服务价格与消费者承受能力和支付意愿，以及政府发布的指导价格进行对比。

4. 借款偿还期

一些负债建设且有经营收入的非盈利性项目，应计算借款偿还期，考核项目的偿债能力。

第二节 国民经济评价

在合理配置国家资源的前提下，从国家整体的角度，分析计算项目对国民经济的净贡献，以考察项目的经济合理性。

一、国民经济评价的内容

财务评价是从项目角度考察项目的盈利能力和偿债能力，在市场经济条件下，大部分项目财务评价结论可以满足投资决策要求。但有些项目需要进行国民经济评价，从国民经济角度评价项目是否可行。需要进行国民经济评价的项目主要是铁路、公路等交通运输项目，较大的水利水电项目，国家控制的战略性资源开发项目，动用社会资源和自然资源较大的中外合资项目，以及主要产出物和投入物的市场价格不能反映其真实价值的项目。

国民经济评价的研究内容主要是识别国民经济效益与费用，计算和选取影子价格，编制国民经济评价报表，计算国民经济评价指标并进行方案比选。

二、国民经济效益与费用识别

项目的国民经济效益是指项目对国民经济所作的贡献，分为直接效益和间接效益。项目的国民经济费用是指国民经济为项目付出的代价，分为直接费用和间接费用。

1. 直接效益与直接费用

直接效益是指由项目产出物直接生成，并在项目范围内计算的经济效益。一般表现为增加项目产出物或者服务的数量以满足国内需求的效益；替代效益较低的相同或类似企业的产出物或者服务，使被替代企业减产（停产）从而减少国家有用资源耗费或者损失的效益；增加出口或者减少进口从而增加或者节支的外汇等。

直接费用是指项目使用投入物所形成，并在项目范围内计算的费用。一般表现为其他部门为本项目提供投入物，需要扩大生产规模所耗用的资源费用；减少对其他项目或者最终消费投入物的供应而放弃的效益；增加进口或者减少出口从而耗用或者减少的外汇等。

2. 间接效益与间接费用

间接效益与间接费用是指项目对国民经济做出的贡献与国民经济为项目付出的代价中，在直接效益与直接费用中未得到反映的那部分效益与费用。通常把与项目相关的间接效益（外部效益）和间接费用（外部费用）统称为外部效果。

外部效果的计算范围应考虑环境及生态影响效果，技术扩散效果和产业关联效果。为防止外部效果计算扩大化，项目的外部效果一般只计算一次相关效果，不应连续计算。

3. 转移支付

项目的某些财务收益和支出，从国民经济角度看，并没有造成资源的实际增加或者减少，而是国民经济内部的"转移支付"，不计作项目的国民经济效益与费用。转移支付的主要内容包括：

① 国家和地方政府的税收；

② 国内银行借款利息；

③ 国家和地方政府给予项目的补贴。

如果以项目的财务评价为基础进行国民经济评价时，应从财务效益与费用中剔除在国民经济评价中计作转移支付的部分。

三、影子价格的选取与计算

影子价格是进行项目国民经济评价，计算国民经济效益与费用时专用的价格，是指依据一定原则确定的，能够反映投入物和产出物真实经济价值，反映市场供求状况，反映资源稀缺程度，使资源得到合理配置的价格。进行国民经济评价时，项目的主要投入物和产出物价格，原则上都应采用影子价格。

1. 市场定价货物的影子价格

随着我国市场经济发展和贸易范围的扩大，大部分货物的价格由市场形成，价格可以近似反映其真实价值。进行国民经济评价可将这些货物的市场价格加上或者减去国内运杂费等，作为投入物或者产出物的影子价格。

① 外贸货物影子价格，是以口岸价为基础，乘以影子汇率加上或者减去国内运杂费和贸易费用。

投入物影子价格(项目投入物的到厂价格)＝到岸价(CIF)×影子汇率＋国内运杂费＋贸易费用
产出物影子价格(项目产出物的出厂价格)＝离岸价(FOB)×影子汇率－国内运杂费－贸易费用

贸易费用是指外经贸机构为进出口货物所耗用的，用影子价格计算的流通费用，包括货物的储运、再包装、短途运输、装卸、保险、检验等环节的费用支出，以及资金占用的机会成本，但不包括长途运输费用。贸易费用，一般用货物的口岸价乘以贸易费率计算。

贸易费率由项目评价人员根据项目所在地区流通领域的特点和项目的实际情况测定。

② 非外贸货物影子价格，是以市场价格加上或者减去国内运杂费作为影子价格。投入物影子价格为到厂价，产出物影子价格为出厂价。

2. 政府调控价格货物的影子价格

有些货物或者服务不完全由市场机制形成价格，而是由政府调控价格，例如由政府发布指导价、最高限价和最低限价等。这些货物或者服务的价格不能完全反映其真实价值。在进行国民经济评价时，应对这些货物或者服务的影子价格采用特殊方法确定。确定影子价格的原则，投入物按机会成本分解定价，产出物按消费者支付意愿定价。

① 电价作为项目投入物的影子价格，一般按完全成本分解定价，电力过剩时按可变成本分解定价。电价作为项目产出物的影子价格，可按电力对当地经济边际贡献率定价。

② 铁路运价作为项目投入物的影子价格，一般按完全成本分解定价，对运能富裕的地区，按可变成本分解定价。

③ 水价作为项目投入物的影子价格，按后备水源的边际成本分解定价，或者按恢复水功能的成本计算。水价作为项目产出物的影子价格，按消费者支付意愿或者按消费者承受能力加政府补贴计算。

3. 特殊投入物的影子价格

项目的特殊投入物是指项目在建设、生产运营中使用的劳动力、土地和自然资源等。项目使用这些特殊投入物所发生的国民经济费用，应分别采用下列方法确定其影子价格。

(1) 影子工资　影子工资反映国民经济为项目使用劳动力所付出的真实代价，由劳动力机会成本和劳动力转移而引起的新增资源耗费两部分构成。劳动力机会成本是指劳动力如果不就业于拟建项目而从事于其他生产经营活动所创造的最大效益。它与劳动力的技术熟练程度和供求状况（过剩与稀缺）有关，技术越熟练，稀缺程度越高，其机会成本越高，反之越低。新增资源耗费是指项目使用劳动力，由于劳动者就业或者迁移而增加的城市管理费用和城市交通等基础设施投资费用。

(2) 土地影子价格　土地影子价格反映土地用于该拟建项目后，不能再用于其他目的所放弃的国民经济效益，以及国民经济为其增加的资源消耗。土地影子价格按农用土地和城镇土地分别计算。

① 农用土地影子价格是指项目占用农用土地后国家放弃的收益，由土地的机会成本和占用该土地而引起的新增资源消耗两部分构成。土地机会成本按项目占用土地后国家放弃的该土地最佳可替代用途的净效益计算。土地影子价格中新增资源消耗一般包括拆迁费用和劳

动力安置费用。

农用土地影子价格可从机会成本和新增资源消耗两方面计算，也可在财务评价中土地费用的基础上调整计算。后一种具体做法是，属于机会成本性质的费用，如土地补偿费、青苗补偿费等，按机会成本的计算方法调整计算；属于新增资源消耗费用，如拆迁费用、剩余劳动力安置费用、养老保险费用等，按影子价格调整计算；属于转移支付的，如粮食开发基金、耕地占用税等，应予以剔除。

② 城镇土地影子价格通常按市场价格计算，主要包括土地出让金、征地费、拆迁安置补偿费等。

（3）自然资源影子价格　各种自然资源是一种特殊的投入物，项目使用的矿产资源、水资源、森林资源等都是对国家资源的占用和消耗。矿产等不可再生自然资源的影子价格按资源的机会成本计算，水和森林等可再生自然资源的影子价格按资源再生费用计算。

四、国民经济评价报表编制

编制国民经济评价报表是进行国民经济评价的基础工作之一。国民经济效益费用流量表有两种，一是项目国民经济效益费用流量表；二是国内投资国民经济效益费用流量表。项目国民经济效益费用流量表以全部投资（包括国内投资和国外投资）作为分析对象，考察项目全部投资的盈利能力；国内投资国民经济效益费用流量表以国内投资作为分析对象，考察项目国内投资部分的盈利能力。

国民经济效益费用流量表一般在项目财务评价基础上进行调整编制，有些项目也可以直接编制。

1. 在财务评价基础上编制国民经济效益费用流量表

以项目财务评价为基础编制国民经济效益费用流量表，应注意合理调整效益与费用的范围和内容。

（1）剔除转移支付　将财务现金流量表中列支的销售税金及附加、增值税、国内借款利息作为转移支付剔除。

（2）计算外部效益与外部费用　根据项目的具体情况，确定可以量化的项目外部效益和外部费用。分析确定哪些是项目重要的外部效果，需要采用什么方法估算，并保持效益费用的计算口径一致。

（3）调整建设投资　用影子价格、影子汇率逐项调整构成投资的各项费用，剔除涨价预备费、税金、国内借款建设期利息等转移支付项目。

进口设备价格调整通常要剔除进口关税、增值税等转移支付。建筑工程费和安装工程费按材料费、劳动力的影子价格进行调整；土地费用按土地影子价格进行调整。

（4）调整流动资金　财务账目中的应收、应付款项及现金并没有实际耗用国民经济资源，在国民经济评价中应将其从流动资金中剔除。如果财务评价中的流动资金是采用扩大指标法估算的，国民经济评价仍应按扩大指标法，以调整后的销售收入、经营费用等乘以相应的流动资金指标系数进行估算；如果财务评价中的流动资金是采用分项详细估算法进行估算的，则应用影子价格重新分项估算。

根据建设投资和流动资金调整结果，编制国民经济评价投资调整表。

（5）调整经营费用　用影子价格调整各项经营费用，对主要原材料、燃料及动力费用用影子价格进行调整；对劳动工资及福利费，用影子工资进行调整。编制国民经济评价经营费用调整表。

（6）调整销售收入　用影子价格调整计算项目产出物的销售收入。编制国民经济评价销售收入调整表。

（7）调整外汇价值　国民经济评价各项销售收入和费用支出中的外汇部分，应用影子汇率进行调整，计算外汇价值。从国外引入的资金和向国外支付的投资收益、贷款本息，也应用影子汇率进行调整。

编制项目国民经济效益费用流量表和国内投资国民经济效益费用流量表。

2. 直接编制国民经济效益费用流量表

有些行业的项目可能需要直接进行国民经济评价，判断项目的经济合理性。可按以下步骤直接编制国民经济效益费用流量表。

① 确定国民经济效益、费用的计算范围，包括直接效益、直接费用和间接效益、间接费用。

② 测算各种主要投入物的影子价格和产出物的影子价格（交通运输项目国民经济效益不按产出物影子价格计算，而是采用由于节约运输时间、费用等计算效益），并在此基础上对各项国民经济效益和费用进行估算。

③ 编制国民经济效益费用流量表。

五、国民经济评价指标计算

根据国民经济效益费用流量表计算经济内部收益率和经济净现值等评价指标。

1. 经济内部收益率（EIRR）

经济内部收益率是反映项目对国民经济净贡献的相对指标，它表示项目占用资金所获得的动态收益率，也是项目在计算期内各年经济净效益流量的现值累计等于零时的折现率。其表达式为：

$$\sum_{t=1}^{n}(B-C)_t(1+EIRR)^{-t}=0$$

式中　B——国民经济效益流量；

C——国民经济费用流量；

$(B-C)_t$——第 t 年的国民经济净效益流量；

n——计算期。

经济内部收益率等于或者大于社会折现率，表示项目对国民经济的净贡献达到或者超过要求的水平，应认为项目可以接受。

2. 经济净现值（ENPV）

经济净现值是反映项目对国民经济净贡献的绝对指标，是用社会折现率将项目计算期内各年的净效益流量折算到建设期初的现值之和。计算公式为：

$$ENPV=\sum_{t=1}^{n}(B-C)_t(1+i_s)^{-t}$$

式中　i_s——社会折现率。

项目经济净现值等于或者大于零，表示国家为拟建项目付出的代价可以得到符合社会折现率要求的社会盈余，或者除得到符合社会折现率要求的社会盈余外，还可以得到以现值计算的超额社会盈余。经济净现值越大，表示项目所带来的经济效益的绝对值越大。

按分析效益费用的口径不同，可分为整个项目的经济内部收益率和经济净现值，国内投资经济内部收益率和经济净现值。如果项目没有国外投资和国外借款，全投资指标与国内投资指标相同；如果项目有国外资金流入与流出，应以国内投资的经济内部收益率和经济净现值作为项目国民经济评价的评价指标。

六、国民经济评价参数

国民经济评价参数是国民经济评价的基础。正确理解和使用评价参数，对正确计算费用、效益和评价指标，以及比选优化方案具有重要作用。国民经济评价参数体系有两类，一类是通用参数，如社会折现率、影子汇率和影子工资等，这些通用参数由有关专门机构组织测算和发布；另一类是货物影子价格等一般参数，由行业或者项目评价人员规定。

1. 社会折现率 (i_s)

社会折现率是用以衡量资金时间价值的重要参数，代表社会资金被占用应获得的最低收益率，并用作不同年份资金价值换算的折现率。社会折现率可根据国民经济发展多种因素综合测定。各类投资项目的国民经济评价都应采用有关专门机构统一发布的社会折现率作为计算经济净现值的折现率。社会折现率可作为经济内部收益率的判别标准。根据对我国国民经济运行的实际情况、投资收益水平、资金供求状况、资金机会成本以及国家宏观调控等因素综合分析，目前社会折现率取值为 10%。

2. 影子汇率

影子汇率是指能正确反映外汇真实价值的汇率。在国民经济评价中，影子汇率通过影子汇率换算系数计算，影子汇率换算系数是影子汇率与国家外汇牌价的比值。投资项目投入物和产出物涉及进出口的，应采用影子汇率换算系数调整计算影子汇率。根据目前我国外汇收支状况、主要进出口商品的国内价格与国外价格的比较、出口换汇成本以及进出口关税等因素综合分析，目前我国的影子汇率换算系数取值为 1.08。

3. 影子工资

影子工资是项目使用劳动力，社会为此付出的代价。影子工资由劳动力的边际产出和劳动就业或者转移而引起的社会资源耗费两部分构成。在国民经济评价中影子工资作为国民经济费用计入经营费用。

影子工资一般是通过影子工资换算系数计算。影子工资换算系数是影子工资与项目财务评价中劳动力的工资和福利费的比值。根据目前我国劳动力市场状况，技术性工种劳动力的影子工资换算系数取值为 1，非技术性工种劳动力的影子工资换算系数取值为 0.8。

第三节　工程项目环境影响评价

环境影响评价是在研究确定场址方案和技术方案中，调查研究环境条件，识别和分析拟建项目影响环境的因素，研究提出治理和保护环境的措施，比选和优化环境保护方案。

一、环境影响评价基本要求

工程建设项目应注意保护场址及其周围地区的水土资源、海洋资源、矿产资源、森林植被、文物古迹、风景名胜等自然环境和社会环境。项目环境影响评价应坚持以下原则。

① 符合国家环境保护法律、法规和环境功能规划的要求。

② 坚持污染物排放总量控制和达标排放的要求。

③ 坚持"三同时"原则，即环境治理设施应与项目的主体工程同时设计、同时施工、同时投产使用。

④ 力求环境效益与经济效益相统一，在研究环境保护治理措施时，应从环境效益与经济效益相统一的角度进行分析论证，力求环境保护治理方案技术可行和经济合理。

⑤ 注重资源综合利用，对环境治理过程中项目产生的废气、废水、固体废弃物，应提出回水处理和再利用方案。

二、环境条件调查

环境条件主要调查以下几方面的状况。

（1）自然环境　调查项目所在地的大气、水体、地貌、土壤等自然环境状况。

（2）生态环境　调查项目所在地的森林、草地、湿地、动物栖息、水土保持等生态环境状况。

（3）社会环境　调查项目所在地居民生活、文化教育卫生、风俗习惯等社会环境状况。

（4）特殊环境　调查项目周围地区名胜古迹、风景区、自然保护区等环境状况。

三、影响环境因素分析

影响环境因素分析，主要是分析项目建设过程中破坏环境，生产运营过程中污染环境，导致环境质量恶化的主要因素。

1. 污染环境因素分析

分析生产过程中产生的各种污染源，计算排放污染物数量及其对环境的污染程度。

（1）废气　分析气体排放点，计算污染物产生量和排放量、有害成分和浓度，研究排放特征及其对环境危害程度。应编制废气排放一览表，如表3-2所示。

▫ 表3-2　废气排放一览表

序号	车间或装置名称	污染源名称	产生量/(m³/h)	排放量/(m³/h)	组成及特性数据					排放特征			排放方式
					成分名称	数量				温度/℃	压力Pa	高度/m	
						kg/h		mg/m³					
						产生	排放	产生	排放				
1													
2													
3													

（2）废水　分析工业废水（废液）和生活污水的排放点，计算污染物产生量与排放数量、有害成分和浓度，研究排放特征、排放去向及其对环境危害程度。应编制废水排放一览表，如表3-3所示。

▫ 表3-3　废水排放一览表

序号	车间或装置名称	污染源名称	产生量/(m³/h)	排放量/(m³/h)	组成及特性数据			排放特征		排放方式
					成分名称	数量		温度/℃	压力/Pa	
						mg/L				
						产生量	排放量			
1										
2										
3										

（3）固体废弃物　分析计算固体废弃物产生量与排放量、有害成分及其对环境造成的污染程度。应编制固体废弃物排放一览表，如表3-4所示。

▣ **表3-4　固体废弃物排放一览表**

序号	车间或装置名称	固体废弃物名称	产生数量/(t/a)	组成及特性数据	固体废弃物处理方式	排放数量/(t/a)
1						
2						
3						

（4）噪声　分析噪声源位置，计算声压等级，研究噪声特征及其对环境造成的危害程度。应编制噪声源一览表，如表3-5所示。

▣ **表3-5　噪声源一览表**

序号	噪声源位置	噪声源名称	台数	技术参数（规格型号）	噪声特征			声压级/dB(A)		
					连续	间断	瞬间	估算值	参考值	采用值
1										
2										
3										

（5）粉尘　分析粉尘排放点，计算产生量与排放量，研究组分与特征、排放方式及其对环境造成的危害程度。应编制粉尘排放一览表，如表3-6所示。

▣ **表3-6　粉尘排放一览表**

序号	车间或装置名称	粉尘名称	产生数量/(t/a)	排放数量/(t/a)	组分及特性数据	排放方式
1						
2						
3						
4						

（6）其他污染物　分析生产过程中产生的电磁波、放射性物质等污染物发生的位置、特征，计算强度值及其对周围环境的危害程度。

2. 破坏环境因素分析

分析项目建设施工和生产运营对环境可能造成的破坏因素，预测其破坏程度，主要包括以下方面：

① 对地形、地貌等自然环境的破坏。

② 对森林草地植被的破坏，如引起的土壤退化、水土流失等。

③ 对社会环境、文物古迹、风景名胜区、水源保护区的破坏。

四、环境保护措施

在分析环境影响因素及其影响程度的基础上，按照国家有关环境保护法律、法规的要求，研究提出治理方案。

1. 治理措施方案

应根据项目的污染源和排放污染物的性质，采用不同的治理措施。

（1）废气污染治理　可采用冷凝、吸附、燃烧和催化转化等方法。

（2）废水污染治理　可采用物理法（如重力分离、离心分离、过滤、蒸发结晶、高磁分离等）、化学法（如中和、化学凝聚、氧化还原等）、物理化学法（如离子交换、电渗析、反渗透、气泡悬上分离、汽提吹脱、吸附萃取等）、生物法（如自然氧池、生物滤化、活性污泥、厌氧发酵）等方法。

（3）固体废弃物污染治理　有毒废弃物可采用防渗漏池堆存；放射性废弃物可采用封闭固化；无毒废弃物可采用露天堆存；生活垃圾可采用卫生填埋、堆肥、生物降解或者焚烧方式处理；利用无毒害固体废弃物加工制作建筑材料或者作为建材添加物，进行综合利用。

（4）粉尘污染治理　可采用过滤除尘、湿式除尘、电除尘等方法。

（5）噪声污染治理　可采用吸声、隔声、减振、隔振等措施。

（6）建设和生产运营引起环境破坏的治理　对岩体滑坡、植被破坏、地面塌陷、土壤劣化等，应提出相应治理方案。

在可行性研究中，应在环境治理方案中列出所需的设施、设备和投资。

2. 治理方案比选

对环境治理的各局部方案和总体方案进行技术经济比较，并作出综合评价。比较、评价主要有以下内容。

（1）技术水平对比　分析对比不同环境保护治理方案所采用的技术和设备的先进性、适用性、可靠性和可得性。

（2）治理效果对比　分析对比不同环境保护治理方案在治理前及治理后环境指标的变化情况，以及能否满足环境保护法律法规的要求。

（3）管理及监测方式对比　分析对比各治理方案所采用的管理和监测方式的优缺点。

（4）环境效益对比　将环境治理保护所需投资和环保设施运行费用与所获得的收益相比较，效益费用比值较大的方案为优。

治理方案经比选后，提出推荐方案，并编制环境保护治理设施和设备表。

第四节　工程项目风险分析

投资项目风险分析是在市场预测、技术方案、工程方案、融资方案和社会评价论证中已进行的初步风险分析的基础上，进一步综合分析识别拟建项目在建设和运营中潜在的主要风险因素，揭示风险来源，判别风险程度，提出规避风险对策，降低风险损失。

一、风险因素识别

项目风险分析贯穿于项目建设和生产运营的全过程。在可行性研究阶段应着重识别以下风险：

1. 市场风险

市场风险一般来自三个方面：一是市场供需实际情况与预测值发生偏离；二是项目产品市场竞争力或者竞争对手情况发生重大变化；三是项目产品和主要原材料的实际价格与预测价格发生较大偏离。

2. 资源风险

资源风险主要指资源开发项目，如金属矿、非金属矿、石油、天然气等矿产资源的储量、品位、可采储量、工程量等与预测发生较大偏离，导致项目开采成本增加，产量降低或者开采期缩短。

3．技术风险

项目采用技术（包括引进技术）的先进性、可靠性、适用性和可得性与预测方案发生重大变化，导致生产能力利用率降低，生产成本增加，产品质量达不到预期要求等。

4．工程风险

工程地质条件、水文地质条件与预测发生重大变化，导致工程量增加、投资增加、工期拖长。

5．资金风险

资金供应不足或者来源中断导致项目工期拖期甚至被迫终止；利率、汇率变化导致融资成本升高。

6．政策风险

政策风险主要指国内外政治经济条件发生重大变化或者政府政策做出重大调整，项目原定目标难以实现甚至无法实现。

7．外部协作条件风险

交通运输、供水、供电等主要外部协作配套条件发生重大变化，给项目建设和运营带来困难。

8．社会风险

预测的社会条件、社会环境发生变化，给项目建设和运营带来损失。

9．其他风险

其他风险如设计风险、合同履行风险、项目参与人员人文风险等。

二、风险评估方法

1．风险等级划分

风险等级按风险因素对投资项目影响程度和风险发生的可能性大小进行划分，风险等级分为一般风险、较大风险、严重风险和灾难性风险。

（1）一般风险　风险发生的可能性不大，或者即使发生，造成的损失较小，一般不影响项目的可行性。

（2）较大风险　风险发生的可能性较大，或者发生后造成的损失较大，但造成的损失程度是项目可以承受的。

（3）严重风险　有两种情况，一是风险发生的可能性大，风险造成的损失大，使项目由可行变为不可行；二是风险发生后造成的损失严重，但是风险发生的概率很小，采取有效的防范措施，项目仍然可以正常实施。

（4）灾难性风险　风险发生的可能性很大，一旦发生将产生灾难性后果，项目无法承受。

2．风险评估方法

风险评估可采用多种方法。可行性研究阶段应根据项目具体情况和要求选用以下方法。

（1）简单估计法

① 专家评估法。这种方法是以发函、开会或其他形式向专家咨询，对项目风险因素及其风险程度进行评定，将多位专家的经验集中起来形成分析结论。为减少主观性和偶然性，评估专家的人数一般不少于10位。具体操作上，可先请每位专家凭借经验独立对各类风险因素的风险程度做出判断，然后将每位专家的意见归集起来进行分析，将风险程度按灾难性风险、严重风险、较大风险、一般风险进行分类，并编制项目风险因素和风险程度分析表，如表3-7所示。

▢ 表 3-7　风险因素和风险程度分析表

序号	风险因素名称	风险程度				说明
		灾难性	严重	较大	一般	
1	市场风险					
1.1	市场需求量					
1.2	竞争能力					
1.3	价格					
2	资源风险					
2.1	资源储量					
2.2	品位					
2.3	采选方式					
2.4	开拓工程量					
3	技术风险					
3.1	先进性					
3.2	适用性					
3.3	可靠性					
3.4	可得性					
4	工程风险					
4.1	工程地质					
4.2	水文地质					
4.3	工程量					
5	资金风险					
5.1	汇率					
5.2	利率					
5.3	资金来源中断					
5.4	资金供应不足					
6	政策风险					
6.1	政治条件变化					
6.2	经济条件变化					
6.3	政策调整					
7	外部协作条件风险					
7.1	交通运输					
7.2	供水					
7.3	供电					
8	社会风险					
9	其他风险					

② 风险因素取值评定法。这种方法是通过估计风险因素的最乐观值、最悲观值和最可能值，计算期望值，将期望值的平均值与已确定方案的数值进行比较，计算两者的偏差值和偏差程度，据以判别风险程度。偏差值和偏差程度越大，风险程度越高。具体方法如表 3-8 所示。

▢ 表 3-8　××风险因素取值评定表

已确定方案值：

专家号	最乐观值 (A)	最悲观值 (B)	最可能值 (C)	期望值（D） $D=[(A)+4(C)+(B)]/6$
1				
2				
3				
…				
n				
期望平均值				
偏差值				
偏差程序				

注：1. 表中期望平均值 $=\left[\sum\limits_{i=1}^{n} D_i\right]/n$

式中　i——专家号；

　　　n——专家人数。

2. 表中偏差值＝期望平均值－已确定方案值。

3. 表中偏差程度＝偏差值/已确定方案值。

简单估计法只能对单个风险因素判断其风险程度。若需要研究风险因素发生的概率和对项目的影响程度，应进行概率分析。

（2）概率分析　概率分析是运用概率方法和数理统计方法，对风险因素的概率分布和风险因素对评价指标的影响进行定量分析。

概率分析，首先预测风险因素发生的概率，将风险因素作为自变量，预测其取值范围和概率分布；再将选定的评价指标作为因变量，测算评价指标的相应取值范围和概率分布，计算评价指标的期望值以及项目成功的概率。

概率分析一般按以下步骤进行。

① 选定一个或几个评价指标，通常是将财务内部收益率、财务净现值等作为评价指标。

② 选定需要进行概率分析的风险因素，通常有产品价格、销售量、主要原材料价格、投资额以及外汇汇率等。针对项目的不同情况，通过敏感性分析，选择最为敏感的因素进行概率分析。

③ 预测风险因素变化的取值范围及概率分布。一般分为两种情况：一是单因素概率分析，即设定一个自变量因素变化，其他因素均不变化，进行概率分析；二是多因素概率分析，即设定多个自变量因素同时变化，进行概率分析。

④ 根据测定的风险因素值和概率分布，计算评价指标的相应取值和概率分布。

⑤ 计算评价指标的期望值和项目可接受的概率。

⑥ 分析计算结果，判断其可接受性，研究减轻和控制风险因素的措施。

风险因素概率分布的测定是概率分析的关键，也是进行概率分析的基础。例如，将产品售价作为概率分析的风险因素，需要测定产品售价的可能区间和在可能区间内各价位发生变化的概率。风险因素概率分布的测定方法，应根据评价需要以及资料的可得性和费用条件来选择，或者通过专家调查法确定，或者用历史统计资料和数理统计分析方法进行测定。

评价指标的概率分布可采用理论计算方法或者模拟计算方法。风险因素概率服从离散型分布的，可采用理论计算法，即根据数理统计原理，计算出评价指标的相应数值、概率分布、期望值方差、标准差等；当随机变量的风险因素较多，或者风险因素变化值服从连续分布，不能用理论计算法计算时，可采用模拟计算法，即以有限的随机抽样数据，模拟计算评价指标的概率分布，如蒙特卡洛模拟法。

三、风险防范对策

风险分析的目的是研究如何降低风险程度或者规避风险，减少风险损失。在预测主要风险因素及其风险程度后，应根据不同风险因素提出相应的规避和防范对策，以期减小可能的损失。在可行性研究阶段可能提出的风险防范对策主要有以下几种：

1. 风险回避

风险回避是彻底规避风险的一种做法，即断绝风险的来源。它对投资项目可行性研究而言，意味着可能彻底改变方案甚至否定项目建设。例如，风险分析显示产品市场存在严重风险，若采取回避风险的对策，应做出缓建或者放弃项目的建议。需要指出，回避风险对策，在某种程度上意味着丧失项目可能获利的机会，因此只有当风险因素可能造成的损失相当严重或者采取措施防范风险的代价过于昂贵，得不偿失的情况下，才应采用风险回避对策。

2. 风险控制

风险控制是对可控制的风险提出降低风险发生可能性和减少风险损失程度的措施，并从技术和经济相结合的角度论证拟采取控制风险措施的可行性与合理性。

3. 风险转移

风险转移是将项目可能发生风险的一部分转移出去的风险防范方式。风险转移可分为保险转移和非保险转移两种。保险转移是向保险公司投保，将项目部分风险损失转移给保险公司承担；非保险转移是将项目的一部分风险转移给项目承包方，如项目技术、设备、施工等可能存在风险，可在签订合同中将部分风险损失转移给合同方承担。

4. 风险自担

风险自担是将可能的风险损失留给拟建项目自己承担。这种方式适用于已知有风险存在，但可获高利回报且甘愿冒险的项目，或者风险损失较小，可以自行承担风险损失的项目。

第五节　工程项目可行性研究实例

一、工程项目可行性研究总论

1. 项目概要

（1）项目名称　本项目暂定名称为×××××××××。

（2）项目承办单位　本项目由××××××房地产开发集团有限公司开发承办。公司董事长为×××，总经理为×××，本项目由×××总经理总负责。

（3）项目主管部门　本项目行政主管部门为××市××区人民政府，×市建委及其他房地产开发项目管理的有关部门，项目投资经营主体为×××××房地产开发有限公司。

（4）项目拟建地点　本项目建设用地位于××××市东南，××××市×××区×××××村与××××村交界地段。该建设场地属××市××区管辖。

（5）项目用地概况　本项目建设用地面积为 50.31 公顷，部分为耕地，部分为荒地。场地内有零星农用蔬菜大棚，场地基本平整，自然坡度为 0.20%～0.30%。

（6）项目可行性研究概况　本项目可行性研究由××××房地产开发有限公司及××××建筑设计院共同承担。可行性研究的依据为国家现行工程规划建设法规及规范、计划开发土地的合同及权证文件，拟建场地基础技术资料，市场调查资料，政府有关主管部门指令，批准文件以及国家相关的法律法规。可行性研究的主要内容包括：投资开发项目的工程建设方案、开发总投资估算、市场调查结果及分析、投资效益分析等诸多方面研究，并得出此次投资开发项目是否可行的研究结论。

2. 项目背景

（1）项目提出背景　本项目为××××房地产开发项目中的一项。市、区两级政府按照"十七大"指出"努力使全体人民学有所教、劳有所得、病有所医、老有所养、住有所居"的精神和××××市及×××区经济发展的需要，市、区两级政府决定委托××××房地产开发有限公司建设大型以老年公寓为中心的综合居住社区。该项目目前已完成土地征购，现在进入项目策划及前期工作。鉴于市、区两级政府尽早开工的要求，目前基建项目已进入项目立项审批、工程详细规划设计等项工作，整个项目计划 2008 年初开工建设，五年内全部完成并交付使用。

（2）承建投资方式　本项目由××××房地产公司独家承担投资风险、独家筹措资金开发建设。投资方式全部为现金投入，资金筹措通过自有资金投入、银行信贷及商品房屋预售三条渠道解决。

（3）承建单位背景　××××集团下设××××房地产开发公司、××××建筑安装工程公司、××××物业管理有限责任公司、××××农牧林综合开发有限责任公司及××××宾馆有限责任公司。××集团注册资本金为人民币 2 亿元，年可完成房地产开发建设投资额为人民币 3 亿元，年开发及施工能力为 100 万平方米。

二、工程项目市场调查及需求预测

1. ××××市房地产形势

（1）经济适用房情况　经济适用房建设力度加大，1～9 月××××市在房地产开发投资中，经济适用房投资增长迅速，比重加大，完成投资 36778 万元，比上年增长 287.5%，占商品住宅投资的比重为 7.56%，比上年提高了 4.02 个百分点，是××××市历史上对经济适用房投资最多的一年。

1～9 月经济适用房施工面积为 114.38 万平方米，与上年同比增长 196.6%；占住宅施工面积的 13.85%，比上年提高 3.59 个百分点。在施工面积中新开工面积 6.36 万平方米，与上年同比下降 58.4%；竣工面积 14.53 万平方米，与上年同比增长 69.54%。

1～9 月，××××市经济适用房实际销售面积 1.45 万平方米，与上年同比下降78.86%（去年重点解决旧城区拆迁改造安置用房量大）；空置一年以上面积 0.95 万平方米，与上年同比下降了 48.9%。

（2）房地产开发投资情况

① 完成投资情况：1～9 月××××市完成房地产开发投资 63.1 亿元，比去年同期增长65.18%，比上月增长 61%。其中，商品房建设投资 48.68 亿元，占完成房地产开发投资的77.15%，比去年同期增长 76.3%。

② 投资用途构成：1～9 月，××××市房地产投资构成为：住宅 48.68 亿元，占房地产投资的 77.14%，比去年同期增加 6.93 个百分点；办公楼 2.31 亿元，占房地产投资的3.66%，比去年同期增长 17.85%；商业营业用房 9.81 亿元，占房地产投资的 15.54%，比去年同期增长 56.96%；其他 2.31 亿元，占房地产投资的 3.65%，比去年同期下降了27.1%；新增固定资产 27.37 亿元，比去年同期增加 23.28 亿元。

③ 当年资金到位情况：1～9 月，××××市房地产开发当年到位资金 757668 万元，比上年同期增长 85.67%。从资金来源情况看，国内贷款 79035 万元，占到位资金的 10.43%；企业自筹资金 382914 万元，占到位资金的 50.4%；其他资金 292519 万元，占到位资金的38.61%；利用外资占到位资金的 0.42%。国内贷款和自筹资金比去年同期分别下降 2.92和 11.11 个百分点，其他资金增长幅度较大，为 13.63%。与上年同比国内贷款增长 112%；利用外资增长 100%；自筹资金增长 52.2%；其他资金增长 186.81%。

（3）土地供应情况　1～9 月，土地开发投资 2.57 亿元，与上年同比增长 6.53%；购置土地费 10.98 亿元，与上年同比下降 15.46%。

1～9 月完成开发土地面积 140.35 万平方米，购置土地面积 134.34 万平方米，待开发土地面积 298.17 万平方米。与上年同比完成开发土地面积和购置土地面积分别减少 10.41万平方米和 121.64 万平方米，待开发土地面积增长 92.02 万平方米（表 3-9）。

▢ 表 3-9　2007 年 9 月与 2006 年 9 月土地供应增长情况　　　　　　　　　　　单位：万平方米

	2007 年 9 月	2006 年 9 月	2007 年比 2006 年增减
本年完成开发土地面积	140.35	150.76	−10.41
待开发土地面积	298.17	206.15	92.02
本年购置土地面积	134.34	255.98	−121.64

（4）商品房施工、新开工及竣工情况　1～9 月，××××市房屋施工面积为 1112.56万平方米，与上年同比增长 93.15%。其中，商品住宅施工面积为 825.95 万平方米，占施

工面积的 74.24%，与上年同比增长 119.74%；办公楼、商业营业用房和其他用房施工面积分别为 62.74 万平方米、170 万平方米和 53.87 万平方米，与上年同比分别增长 23.33%、41.37%和 85.63%。

1～9 月，在商品房施工面积中新开工面积 255.15 万平方米，与上年同比下降 20.26%。其中，商品住宅为 225.13 万平方米，与上年同比下降 12.93%；办公楼、商业营业用房和其他用房分别为 8.34 万平方米、12.78 万平方米和 8.89 万平方米，与上年同比办公楼增长 77%，商业营业用房和其他用房分别下降 72.18%和 17.76%。

1～9 月商品房竣工面积 159.97 万平方米，与上年同比增长 278.54%。其中，商品住宅竣工面积为 106.65 万平方米，与上年同比增长 282.4%；办公楼、商业营业用房和其他用房分别为 21.97 万平方米、24.25 万平方米和 7.09 万平方米，与上年同比分别增长 1404.79%、106.03%和 521.93%（表 3-10）。

▫ 表 3-10 2007 年 9 月、 2006 年 9 月房屋施工、新开工、竣工情况

施工、新开工、竣工房屋面积	施工面积/万平方米		新开工面积/万平方米		竣工面积/万平方米	
	2007 年 9 月	2006 年 9 月	2007 年 9 月	2006 年 9 月	2007 年 9 月	2006 年 9 月
房屋建筑面积合计	1112.56	576.02	255.15	319.98	159.97	42.26
按用途分：						
（1）住宅	825.95	375.87	225.13	258.55	106.65	27.89
（2）办公楼	62.74	50.87	8.34	4.69	21.97	1.46
（3）商业营业用房	170	120.25	12.78	45.93	24.25	11.77
（4）其他	53.87	29.02	8.89	10.81	7.09	1.14

（5）房屋销售情况 1～9 月，××××市商品房实际销售面积 63.42 万平方米，与上年同比增长 1.63%，与 1～8 月相比增长 18.65%。其中，商品住宅销售面积 48.45 万平方米，同比增长 7.1%，与 1～8 月相比增长 20.37%。

商品房竣工面积比销售面积多 96.55 万平方米；商品住宅竣工面积比销售面积多 58.2 万平方米。

与 1～8 月相比，商品房销售面积增加 9.97 万平方米；商品住宅销售面积增加 8.2 万平方米；办公楼实际销售面积增加 0.77 万平方米；商业营业用房实际销售面积增加 0.92 万平方米；其他用房销售面积增加 0.03 万平方米。

（6）商品房空置面积 截至 9 月底，商品房空置一年以上面积为 29 万平方米，与去年同比增长 2.69%，与 8 月底相比增加了 5.48 万平方米。其中，商品住宅空置一年以上面积 14.04 万平方米，占商品房空置面积的 48.41%，同比增长了 30.56%；办公用房空置一年以上面积 4.83 万平方米，占商品房空置面积的 16.66%，同比下降了 37%；商业营业用房空置一年以上面积 8.81 万平方米，占商品房空置面积的 32.58%，同比增长了 3.16%；其他用房空置一年以上面积 1.32 万平方米，占商品房空置面积的 4.55%，同比增长了 7.3%。

2. 销售价格

根据××××市场状况及××××集团近几年来各小区，各种等级和功能房屋的销售经验综合分析，本项目拟建房屋价格确定如下：

① 经济适用住宅销售价格：2000 元/m²。

② 老年公寓销售价格：3000 元/m²。

③ 多层商品住宅销售价格：3000 元/m²。

④ 高层商品住宅销售价格：4000 元/m²。

⑤ 商业建筑销售价格：6000 元/m²。

⑥ 学校幼儿园假定出让价格：2500 元/m²。

三、建设条件

（1）场地条件　××××工程建设场地基本平整，场地南北长度约 1000m，东西长度约 500m，场地北高南低，自然坡度基本在 0.03% 范围内，场地东为拟建 20m 红线的规划路，场地南为拟建 40m 红线的世纪十路，场地西为 100m 红线的二环路，场地北为拟建 40m 红线的滨河路及拟建 20m 红线的党校北路，拟建 24m 红线的党校南路东西向横穿地块，场地内无应拆除的建筑物及构筑物。工程建设场地紧临城市主干道，项目建成后交通将极为便捷。

（2）供水条件　本项目供水水源为城市自来水供水管网，目前二环路已建成自来水城市管道，建设时及建成后可直接接入使用。

（3）污水排放条件　本项目建设时及建成后所排放污水为生活污水，生活污水经化粪池处理后直接排入城市污水管道。在已建成的、设有城市污水排水管道的项目，其污水排水管道可供污水排放使用。

（4）雨水排放条件　本项目不设雨水排水管网系统，雨水利用地面坡度排至小区道路，而后排向城市道路，由城市道路雨水收集系统汇入城市雨水管网。

（5）供热条件　本项目利用城市集中供热系统作为热源，目前二环路已铺设有热力二期供热管道可以使用。

（6）燃气供应条件　本项目以天然气作为居民生活燃料，地域内拟建规划道路将设有天然气管道，可直接入户使用。

（7）供电、电信条件　本项目利用城市高压供电系统供电，目前项目周边及区内的城市道路城市高压电缆均已建成，本社区设开闭所一座，高压电网经箱式变压器降压后直接进入用户。城市通信及宽带网情况大致相同。

四、工程规划设计方案

1. 工程规划

（1）规划布局　××××四季居住社区是一个综合居住社区，社区内兼有老年公寓及为老年公寓提供医疗保健服务的配套设施、学校、幼儿园、商业建筑、经济适用住宅和商品住宅用房。根据××××四季居住社区详细规划设计要求，该区段主要为住宅建筑，结合城市商业布局，临街布置商业建筑，其主要功能为餐饮、商品零售及服务行业。

（2）给水工程规划　××××四季居住社区工程设计供水量为 8000m³/日，设计最高用水量为 670m³/h。给水管道采用 PPR 给水塑料管道，直埋敷设，采用树枝状管网供水。高层建筑高层部分另网供水。

（3）热力工程规划　××××四季居住社区工程供热总负荷为 82.60MW。利用城市热力管网作为热源，设换热站两座，室外管线采用无缝钢管，硬聚氨酯发泡塑料保温，硬塑料套筒保护套，直埋敷设。

（4）电气工程规划　本项目用电总负荷 47200kW，由城市高压网直接引入，经箱式变压器降压后进入各楼。

（5）通信工程规划　固定电话配置标准按 60 线/百人标准配置，通信线路包括电信业务、数据通信、移动通信、有线电视、交通监管及小区智能化网络通信等线路，通信线路采用直埋方式敷设。

2. 建筑设计

① 按国家建设相关部门商品住宅性能认定 AA 级标准考虑。

② 尽量采用成套技术。

③ 按节能建筑标准设计。

3. 技术指标

① 规划用地面积：50.31ha。

② 建筑总面积：1180000m²。

③ 容积率：2.34。

④ 绿地率：35%。

五、投资估算

1. 投资估算范围

本次投资估算范围按常规房地产开发项目投资范围估算，项目内的部分城市基础设施，如煤气调压站、换热机房的设备部分、通信中继站、高压电力开闭所等项目设施不列入投资估算范围。

2. 投资估算

（1）土地购置费用　土地购置费用包括土地征购费、出让金及契税、各种补偿等项费用。为简化计算，各种费用一并并入单价。××××四季工程土地购置费用如表 3-11 所示。

▣ **表 3-11　土地征地费用估算表**　　　　　　　　　　　　　　　　　　单位：万元

××庄征地费	4870.50	
×××村征地费	600.00	
×××村征地费	4642.50	
小计	10113.00	
征地费单价	13.41	
出让金	37710.00	50.00 万元/亩
土地总费用	47823.00	
土地单方成本	63.41	

（2）前期工程费用估算（表 3-12）

▣ **表 3-12　前期工程费用估算**　　　　　　　　　　　　　　　　　　单位：万元

序号	项目	金额	估算说明
1	规划、设计、可研费	2076.80	
2	水文、地质勘察费	472.00	可研费（可行性研究费用）按建安工程总造价的
3	道路费		0.15%～0.2%计，住宅设计费按工程概算投资额的
4	供水费		2.2%～3.5%计，其他按工程概算投资额的 0.3%～
5	供电费		0.8%计
6	土地平整费	100.00	
7	其他		
	合计	2648.80	

（3）基础设施建设费（表 3-13）

表 3-13　基础设施建设费估算表　　　　　　　　　　　　　　　　　　　单位：万元

序号	项目	建设费用	接口费用	合计
1	供电工程	1200.00		
2	供水排污工程	525.00	1393.00	
3	供气工程	975.00	3000.00	
4	供暖工程	525.00	9440.00	
5	小区道路工程	837.00		
6	路灯工程	637.50		
7	小区绿化工程(含环卫)	1408.68		
8	通信工程			
9	智能化工程	1770.00		
10	其他(有线工程)			
11	消防工程	1602.00		
	合计	9480.18	13833.00	23313.18

（4）建筑安装工程费用（表 3-14）

表 3-14　建筑安装工程费用估算表

项目	建筑面积 /m²	建筑工程费		设备采购费用		安装工程费费		金额合计/万元
		单价/万元	金额/万元	单价/万元	金额/万元	单价/万元	金额/万元	
老年公寓	30000	950	2850.00		200.00			3050.00
经济适用住房	200000	900	18000.00					18000.00
多层商品住宅	400000	950	38000.00					38000.00
高层商品住宅	400000	1400	56000.00		2800.00			58800.00
商店	130000	1500	19500.00		1400.00			20900.00
中小学校	5000	1000	500.00		150.00			650.00
幼儿园	5000	1000	500.00		150.00			650.00
其余配套建筑	10000	1200	12000.00					12000.00
合计	1180000		147350.00		4700.00			152050.00

（5）公共配套设施建设费用（表 3-15）

表 3-15　公共配套设施建设费用估算表　　　　　　　　　　　　　　　单位：万元

序号	项目	金额	估算说明
1	居委会	85.00	
2	派出所	200.00	
3	托儿所		
4	幼儿园		
5	公共厕所	115.00	
6	停车场		
7	其他		
	合计	400.00	

（6）开发期税费（表 3-16）

表 3-16　开发期税费估算表　　　　　　　　　　　　　　　　　　　　　单位：万元

序号	项目	金额	估算说明
1	土地使用税		
2	市政支管线分摊费		
3	供电贴费		

序号	项目	金额	估算说明
4	用电权费		
5	分散建设市政公用设施建设费	1888.00	
6	绿化建设费		
7	电话初装费		
8	墙改基金		
9	散装水泥保证金		
10	建安工程劳保调节费	2322.50	
11	人防费	2360.00	
	合计	6570.50	

（7）其他费用（表 3-17）

⊡ **表 3-17 其他费用估算表**　　　　　　　　　　　　　　　　　　　　　单位：万元

序号	项目	金额	估算说明
1	临时用地	133.50	
2	临建费	141.60	
3	定额编制费	568.65	
4	工程合同预算或标底审查费	663.30	
5	招标管理费	227.40	
6	总承包管理费	2950.00	
7	合同公证费	225.00	
8	施工执照费		
9	工程质量监督费	568.65	
10	工程监理费	1231.95	
11	竣工图编制费	337.20	
12	工程保险费		
13	基桩检测费		
	合计	7047.25	

（8）总投资汇总（表 3-18）

⊡ **表 3-18 总投资汇总表**　　　　　　　　　　　　　　　　　　　　　　单位：万元

序号	项目	金额	估算说明
1	土地费用	47823.00	
2	工程前期费用	2648.80	
3	基础设施建设费	9480.18	
4	建筑安装工程费用	152050.00	
5	公共配套设施建设费用	400.00	
6	开发期税费	6570.50	
7	其他费用	7047.25	
8	小计	226019.73	
9	不可预见费	6780.59	
	合计(8＋9)	232800.32	

（9）静态投资总额

① 静态直接投资总额：232800.32 万元；

② 单方直接投资：1972.88 元/m²；

③ 单方可售房屋直接投资：2076.72 元/m²；

④ 扣除土地款项后单方投资：1567.60 元/m；

⑤ 扣除土地款项后单方可售房屋直接投资：1650.11 元/m²。

六、项目实施进度计划

1. 实施进度计划总体划分构想

××××居住社区整个工程计划分五年完成，室外工程及环境工程与建设工程同步进行、同步交工。第六年仅做未售房屋销售工作及其他善后工作。

2. 2008 年度工程计划

2008 年度内将完成整个项目立项、前期手续审批、项目可行性研究、规划设计、部分开工地段工程地质勘察、开工地段土地整理、部分项目施工图设计、开工项目招投标及部分项目施工。

3. 2009 年度工程计划

2009 年度内计划建成部分房屋并开始销售。室外配套项目同步施工。

4. 2010～2012 年度工作计划

各年度内按计划建成部分房屋并开始销售。室外配套项目同步施工。

5. 2013 年度工作计划

整个社区全部竣工并交付使用，销售尾房，各年度计划完成开发量见表 3-19。

□ 表 3-19　各年度计划完成开发量　　　　　　　　　　　　　　　　　　单位：m²

项目	规模	2008 年完成量	2009 年完成量	2010 年完成量	2011 年完成量	2012 年完成量
老年公寓	30000	20000	10000			
经济适用住房	200000	50000	50000	50000	50000	
多层商品住宅	400000	80000	80000	80000	80000	80000
高层商品住宅	400000	80000	80000	80000	80000	80000
商店	130000	10000	30000	30000	30000	30000
中小学校	5000	2000	3000			
幼儿园	5000	2000	3000			
其余配套建筑	10000	5000	5000			
合计	1180000	249000	261000	240000	240000	190000

七、资金筹措及用款计划

1. 用款计划估算方式

为简化各年度用款计划的计算，各年度用款按以下原则计算。

① 建安工程资金投入量按单方成本与完成工作量之积确定。

② 计价用单方成本不含土地购置费用。

③ 当年开工且当年竣工的项目按该项目全价投入计入投资资金。

④ 当年开工次年竣工项目，当年投入资金量按该项目投资价款 50% 计入投资，其余50% 计入次年资金投入。

为简化计算起见，计价单方成本按综合单方成本计算，不另区分结构形式。单方含地价成本为 1972.88 元/m²，扣除地价后计价单方成本为 1567.60 元/m²。

2. 用款计划

各年度用款计划见表 3-20。

用款项目名称	总用款量	2008年用款	2009年用款	2010年用款	2011年用款	2012年用款
土地费用	47823.00	47823.00				
老年公寓	4702.80	3135.20	1567.60			
经济适用住房	31352.00	7838.00	7838.00	7838.00	7838.00	
多层商品住宅	62704.00	12540.80	12540.80	12540.80	12540.80	12540.80
高层商品住宅	62704.00	12540.80	12540.80	12540.80	12540.80	12540.80
商店	20378.80	1567.60	4702.80	4702.80	4702.80	4702.80
中小学校	783.80	313.52	470.28			
幼儿园	783.80	313.52	470.28			
其余配套建筑	1567.60	783.80	783.80			
合计	232799.80	86856.24	40914.36	37622.40	37622.40	29784.40

3. 资金筹措方案

本项目计划以三条渠道筹集解决建设用资金，首先是银行信贷。按一般筹资惯例，银行信贷占总投资百分之四十。本项目静态直接投资总额约为232800.0万元，计划通过银行信贷解决90000.00万元，信贷比例为38.66%；其次是由企业自筹资金方式解决部分资金。本项目计划通过企业自筹解决50000.00万元，其中2008年度筹款50000.00万元；2009年度后不再筹款，自筹资金共占投资比例为21.48%；第三是房屋预售及销售款项。本项目房屋预售及销售款项全部用于再投资直至项目完成。

4. 资金现金流量计划

各年度现金流量计划见表3-21。

□ 表 3-21 各年度现金流量计划表 单位：万元

用款项目名称	2008年	2009年	2010年	2011年	2012年	2013年	合计
静态开发投资	86856.24	40914.36	37622.40	37622.40	29784.40		232799.80
建设期贷款利息	7200.00	7200.00	7200.00	7200.00	7200.00		
售房营业税金	2145.00	4592.50	4785.00	4620.00	4345.00	2035.00	22522.50
所得税			4747.05	10988.20	12040.24	11355.30	39130.79
银行还贷款					90000.00		
抽回自有资金						50000.00	
现金流出	96201.24	52706.86	54354.90	60430.60	143369.63	13390.00	
现金流入	179000.00	166298.76	200591.90	230236.99	248806.38	142436.70	
自有资金	50000.00						
银行贷款	90000.00						
销售收入	39000.00	83500.00	87000.00	84000.00	79000.00	37000.00	
上年转入		82798.76	113591.90	146236.99	169806.38	105436.75	79046.70

八、经济分析

1. 销售收入分析

（1）销售价格

① 经济适用住宅销售价格：2000元/m²；

② 老年公寓销售价格：3000元/m²；

③ 多层商品住宅销售价格：3000元/m²；

④ 高层商品住宅销售价格：4000元/m²；

⑤ 商业建筑销售价格：6000元/m²；

⑥ 学校幼儿园假定出让价格：2500 元/m²。

（2）销售收入分析　根据实际销售情况看，一般情况当年竣工现房当年可销售量为30%～60%，次年销售量可达到40%～70%。计划销售量计算详见表 3-22，销售利润预测详见表 3-23。

▢ 表 3-22　计划销售量计算表

年份	类别	老年公寓	经济适用住房	多层商品住宅	高层商品住宅	商店	中小学校	幼儿园	合计
2008 年度	销售量/m²	10000	25000	40000	40000	5000			120000
	销售金额/万元	3000.00	5000.00	12000.00	16000.00	3000.00			39000.00
2009 年度	销售量/m²	15000	50000	80000	80000	20000	2000	2000	249000
	销售金额/万元	4500.00	10000.00	24000.00	32000.00	12000.00	500.00	500.00	83500.00
2010 年度	销售量/m²	5000	50000	80000	80000	30000	3000	3000	251000
	销售金额/万元	1500.00	10000.00	24000.00	32000.00	18000.00	750.00	750.00	87000.00
2011 年度	销售量/m²		50000	80000	80000	30000			240000
	销售金额/万元		10000.00	24000.00	32000.00	18000.00			84000.00
2012 年度	销售量/m²		25000	80000	80000	30000			215000
	销售金额/万元		5000.00	24000.00	32000.00	18000.00			79000.00
2013 年度	销售量/m²			40000	40000	15000			95000
	销售金额/万元			12000.00	16000.00	9000.00			37000.00
	合计/万元	9000.00	40000.00	120000.00	160000.0	78000.00	1250.00	1250.00	409500.0

▢ 表 3-23　销售利润预测表　　　　　　　　　　　　　　　　　　　单位：万元

项目	2008 年	2009 年	2010 年	2011 年	2012 年	2013 年	合计
销售收入	39000.00	83500.00	87000.00	84000.00	79000.00	37000.00	409500.0
销售税金 5.5%	2145.00	4592.50	4785.00	4620.00	4345.00	2035.00	22522.50
静态建设投资	86856.24	40914.36	37622.40	37622.40	29784.40		232799.80
建设期贷款利息	7200.00	7200.00	7200.00	7200.00	7200.00		36000.00
销售费用 1.5%	585.00	1252.50	1305.00	1260.00	1185.00	555.00	6142.50
总支出	96786.24	53896.36	44432.40	50702.40	42514.40	2590.00	290921.80
当年销售利润	−57786.24	29603.64	42567.60	33297.60	36485.60	34410.00	
累计销售利润	−57786.24	−28182.60	14385.00	47682.50	84168.10	118578.10	118578.10
所得税(33%)			4747.05	10988.20	12040.24	11355.30	
累计所得税			4747.05	15735.25	27775.49	39130.48	
税后利润			9637.95	31947.24	56392.61	79447.61	79447.61
税前投资总利润率							50.93%
税后投资总利润率							34.13%
税前自有资金投资总利润率							237.15%
税后自有资金投资总利润率							158.89%

为简化计算起见，本项目按以下原则计定销量：即当年竣工面积可销售 50%，其余50%转入下年度销售。

2. 银行贷款还本付息计划

整个项目自 2008 年至 2012 年均属投资阶段，真正获利年度为 2012 年，因而，项目计划 2012 年内一次偿清全部银行贷款本金，银行贷款利息按年度偿还，还本付息计算见表 3-24。

☐ 表 3-24　还本付息计算表　　　　　　　　　　　　　　　　　　　　　单位：万元

项　　目	2008 年	2009 年	2010 年	2011 年	2012 年	合计
年初借款累计	90000.00	90000.00	90000.00	90000.00	90000.00	90000.00
当年借款	90000.00	90000.00	90000.00	90000.00	90000.00	
本年应付利息	7200.00	7200.00	7200.00	7200.00	7200.00	36000.00
本年还本付息	7200.00	7200.00	7200.00	7200.00	97200.00	
本年还本	0	0	0	0	90000.00	90000.00
年末付息	7200.00	7200.00	7200.00	7200.00	7200.00	
年末累计借款	90000.00	90000.00	90000.00	90000.00	0	

3. 风险分析

（1）盈亏平衡

$$销售面积盈亏平衡点 = \frac{总成本}{平均价格（1-税率）}$$

$$= \frac{232800.0}{3470.33 \times (1-0.055)}$$

$$\approx 709872（m^2）$$

占总销售面积的 60.15%。

$$销售价格盈亏平衡点 = \frac{总成本}{销售量（1-税率）}$$

$$= \frac{232800.0}{1180000 \times (1-0.055)}$$

$$\approx 2087.70（元/m^2）$$

占总销售价格的 60.15%。

盈亏平衡分析表明，项目销售总量达到 709872m² 时或平均价格达到 2087.70 元/m² 时方可保本，安全系数 39.85% 属保险水平比较高的项目。

（2）敏感性分析

建设投资敏感性分析和平均价格敏感性分析分别见表 3-25 和表 3-26。

☐ 表 3-25　建设投资敏感性分析表

项目	基本方案	成本加 10%	成本减 10%
销售总额/万元	409500.0	409500.0	409500.0
销售税金（5.5%）/万元	22522.50	22522.50	22522.50
销售费用/万元	6142.50	6142.50	6142.50
总投资/万元	290921.80	320013.98	261829.62
销售利润/万元	118578.10	89486.02	147670.38
所得税（33%）/万元	39130.48	29530.38	48731.22
税后利润/万元	79447.61	59955.63	98939.16
税前投资总利润率/%	50.93	27.96	56.39
税后投资总利润率/%	34.13	18.73	37.78
自筹资金利润率（税前）/%	237.15	178.97	295.34
自筹资金利润率（税后）/%	158.89	119.91	197.87

⊡ 表 3-26 平均价格敏感性分析表

项目	基本方案	价格增加 10%	价格减少 10%
销售总额/万元	409500.0	450450.00	368550.00
销售税金(5.5%)/万元	22522.50	24774.75	20270.25
销售费用/万元	6142.50	6756.75	5528.25
总投资/万元	290921.80	293788.29	288055.29
销售利润/万元	118578.10	156661.71	80494.71
所得税(33%)/万元	39130.48	51698.36	26563.25
税后利润/万元	79447.61	104963.35	53931.46
税前投资总利润率/%	50.93	53.32	27.94
税后投资总利润率/%	34.13	35.72	18.72
自筹资金利润率(税前)/%	237.15	313.32	160.98
自筹资金利润率(税后)/%	158.89	209.92	107.86

九、结论

通过上述计算分析得出如下结论：本项目可行。在本次可行性研究当中，数据采集、成本核算、销售价格确定采用相对保守的标准和数据，以求得利润水平的真实性。在实际操作过程中，如采取科学和严谨的态度，其建设成本、资金投入量仍有下降的空间，从而获得更多的效益。另外从社会效益与主环境效益方面讲，也是一个很好的投资项目。

第四章
建筑工程项目规划设计管理

第一节 工程项目设计管理的内容

一、设计管理的概念

设计管理的定义最早于 1966 年由英国设计师 Michael Farry 提出，他在《设计管理》一书中指出"设计管理是在界定设计问题，寻找合适设计师，且尽可能地使设计师在既定的预算内及时解决设计问题"。他把设计管理视为解决设计问题的一项功能，它是一种设计管理的导向，而不单单是管理的导向。Michael 把设计管理者的具体工作内容做出了以下总结：

① 给各个设计专业、部门以及单位提出设计进度规划；

② 制定详细的设计周期进度表；

③ 估算项目各专业的建设成本费用；

④ 以满足市场需求为前提解决设计进程中的各种问题；

⑤ 建设完整的专业咨询团队，以满足各专业的需求；

⑥ 组织好各专业、各部门、各施工单位，实现最高效的沟通与协作团队；

⑦ 设计管理要服务项目全过程。

1968 年，美国建筑师 Peter 认为："设计管理与其他项目管理形态基本相同"，指出设计管理涉及一般管理的基本原则，包含决策、计划、组织、指导以及控制的过程。管理的目的是高效。1994 年，美国建筑师 Turner 把设计管理划分为以下五个部分：

① 设计管理者应具备设计的基础知识；

② 设计管理的组织架构；

③ 发展商设计部门的管理；

④ 设计师具有管理知识；

⑤ 设计项目管理。

在英国和美国开设的设计管理课程大致分为两类：一类是让设计者参与到学习管理课程中，偏重管理，目的是让设计者能够参与、协调项目的规划和进度；另一类是在管理课程中加入设计知识，偏重设计部分，主要是为管理者提供设计基础。

二、项目设计管理的目的和意义

工程设计管理的目的是结合市场需求，以协调为主将各个专业有效结合，主要任务是在前期对项目进行详细的调研和评估，在进程中对各阶段的设计进度进行跟踪管理并对图纸进行审核优化，对设计选用的材料及质量进行合理筛选，寻求最合适的沟通协调方法，保证项目的高效进行，有效控制设计质量、进度和投资三大目标。

随着建筑工程数量的不断增加，对于如何提高项目进展速度、更好地规划项目进度、设计阶段是最为重要的，在很大程度上影响着工程项目的质量、投资以及进度等各方面。提高项目管理水平，保证工程质量，缩短项目施工周期，完善项目总体规划，都要求设计管理的协调沟通。因此，综合来讲，在建设项目中实施设计管理可以提高工程的经济效益和社会效益。

三、设计管理的范围

项目设计管理的范围是对项目进行相应的定义和控制。它涵盖了用以确保项目能够按照要求内容完成所涉及的所有过程，其中包括确定项目需求、制定项目范围计划、实施范围管理、核实项目范围、控制范围变更等内容。

确定项目设计的范围，要编写并提交正式的项目设计管理范围说明书和范围管理计划，是建设项目全面管理、全程规划以及最终决策的基础。这对于单个项目或复杂项目中各级项目的开展都是非常必要的。

范围定义的方法就是分解工作结构，提高效率。主要是把项目的最终成果划分为一个个阶段和部分，将复杂的工作内容分解成方便管理的较小的独立单元项目，再将这些单位的责任赋予相应的具体专业人员或部门，直至满足设计项目控制的最低层次。这些单元项目之间彼此联系，甚至存在某种程度上的相似之处，因此在项目资源和项目工作之间建立起了一种目标明确的责任制度关系，形成职能责任矩阵。这种框架结构具有层次性，简单的项目分为三级：项目、子项目、工作。复杂或者大型的项目，则需要分为五到六级，每一级别都不断使项目更加细化和明确。

1. 建立工作分解结构的主要步骤

（1）确定项目总目标　根据项目合同的具体要求和相关规范要求，确定项目的最终目标以及相应要交付的项目成果。

（2）确定项目分层目标　使用 WBS 分层数，详细分解每一层的项目工作结构。

（3）划分项目各个建设阶段　将设计项目的全过程依次划分为相对独立又相互联系的单元阶段，包括前期调研、设计、预算、施工、验收等阶段。

（4）建立项目组织结构　设计项目结构中的人员包括所有参与项目的工作人员或单位，以及项目进程中的各个专业人员。

（5）确定项目组成结构　根据项目总目标和每个阶段的分层目标，将项目的最终成果和阶段性目标成果进行分解，严格按照不同阶段的要求逐步进行规划和设计。

2. 项目设计的范围

项目设计的范围核实是项目的利益相关者（如项目客户、项目执行者和发起者）对设计项目范围做出的最终审核和确定的过程。核实的过程要求重新审查项目以及项目中各部分的构成，以确保项目准确无误地完成。如果项目被提前终止，那么项目范围核实应该将项目已完成的部分核实，确定项目设计完成的层次和程度，最终形成审核文件。

项目范围变更控制就是对设计项目范围可能存在的变化加以控制，主要包括：

① 判断项目范围是否已经发生变化；

② 对造成项目范围变化的原因加以控制，以保证项目的变化朝有益的方向进行；

③ 当项目范围发生实质性变化时，对其进行管理控制。项目范围变更必须与其他相关的控制相结合，比如项目的进度控制、成本控制、施工质量控制等。

在项目的开发阶段，要对项目进行两方面的规划。一方面是对范围进行设计、规划和确定，对项目的过程需求进行项目计划书的编写，形成项目设计阶段管理的基础。项目计划书是对项目之后的设计招标文件以及设计任务书管理的依据和设计招标的基础。另一方面是对不同项目设计做出针对性的项目管理范围。

四、设计管理的原则

项目设计管理的具体原则如下。

（1）及时性原则　在精益生产中引申为"只在需要的时候，按需要的量，生产所需的产品"。在设计项目管理中即为项目提供的产品功能满足现实的功能需求。明确项目设计的目标和范围，确定项目的价值，尽量减少与项目无关的设计工作。

（2）系统化原则　针对项目设计工作、项目目标和项目进展，形成系统性结构，使功能和设计工作有机联系，配合项目进度，实现项目系统性目标。

（3）无缝化原则　无缝化原则是指在项目设计范围的部门之间、专业人员之间、工作任务之间、设计阶段之间都能够联系紧密，达到无缝化连接，贯穿一体。处理好设计工作各部分之间的紧密性和一致性是完成项目的重中之重。

（4）专注原则　项目设计的范围管理一定要专注于项目本身，只有和项目目标一致的设计功能才是有价值的。符合建筑师个人喜好但不满足项目本身需求或是与项目最终目标不一致的功能是一种负价值活动。从最初设计到材料采购、项目施工等都必须满足项目需求，符合项目最初目标和使命。

（5）简化原则　设计项目范围管理在项目要求内应尽可能地简单、细化。简化是项目成功的关键，是设计工作顺利进行的基础。项目设计的成功要做到简单易行，便于施工、安装和维修，同时材料的提供也应准确及时，这样才能极大地缩短项目周期，提高项目质量，降低项目成本。

五、设计管理的进度控制

1. 设计阶段进度控制的意义和工作程序

项目工程进度控制的重要内容是对设计阶段的进度控制。项目工程的建设进度控制目标是建设工期，项目设计主要划分为设计前期、方案设计、初步设计和施工图设计几个阶段，大型或是比较复杂的项目还要有技术设计阶段，设计阶段进度的控制是为了保障施工阶段的进度，同时也为后期的建设实施阶段打好基础。设计进度控制是施工进度控制的前提，如果设计阶段进度把控不到位就会直接影响到项目建设总目标进度的推进。为了能够缩短项目建设周期，设计项目管理单位或人员应该跟设计单位进行充分的沟通协调和合理的安排，使建设进度能够按照规划进度进行。从另一方面来说，设计进度控制也是施工建设、材料采购和设备供应的前提。此外，还要考虑到建设项目相关部门的文件审核时间，这也关系到了整个建设项目是否能够顺利进行，在规划时间内是否能实现，是否可以按期完成的管理保障。

项目设计阶段进度控制的主要任务是对初步设计、施工图设计的控制，项目设计管理单位要审核项目所有相关图纸的进度，在初步设计后进行优化设计，在项目全过程中都要跟踪审核这些设计的执行情况，将计划进度和实际进度进行实时跟踪汇报并加以修正，重新修订进度计划。如果发现项目进程落后于进度表，那么项目管理单位要发现问题并及时采取措施进行有效解决。

2. 设计阶段进度控制目标

项目设计阶段进度控制的最终目标是按规划进度表完成项目。在确定工程项目的总目标时，要考虑到设计周期、图纸修改、施工周期、材料采购等时间，将这些都控制在项目周期内。为了有效地控制项目进度，需要对总目标进行分解，划分到每个专业的不同专业人员身上，保证高效率、高质量地完成每个小目标，形成设计阶段的项目工作结构分解。

项目设计准备阶段的主要工作内容有：修订规划设计条件、收集设计基础资料、选定设计单位、签订设计合同等，这些都应该有明确的时间界限，每个目标都有进度规划，要严格地按照时间进度表进行项目的设计规划。设计项目是否能够顺利进行，是否能按照规或进度进行设计，与设计前期的准备阶段目标实现时间关系极大。

初步设计阶段应根据建设单位提供的基础资料和基本要求进行设计编写。初步设计和预算批准后，就可以为后续工作（如确定项目投资额、签订各项合同、控制建设工程拨款、进行施工设备预定、施工图设计等）提供主要依据。

技术设计应该根据初步设计进行编写，技术设计和预算批准后就成为建设项目施工和拨款的基础依据。为了保证项目建设总目标的实现，要根据建设项目的实际情况和具体问题决定初步设计的合理性，制定项目技术设计周期。这个时间段内，除了要考虑设计和评审以外，还要考虑到各种文件的报批时间。

施工图设计根据已经批准的初步设计文件，对建设项目各单项工程及建筑群体组成进行详细的设计，绘制施工图、工程预算书，作为工程施工和采购的依据。

以上都是设计控制的阶段性分目标，为了高效地控制项目建设进度，可以将项目纾解，制定分目标，进行各个目标的时间进度规划，然后对其进行监督。这样就完成了设计控制目标从总目标到分目标分解完成的系统性体系。

六、设计进度的影响因素

建设工程设计是多专业、多方面协调配合的工作项目，在建设工程项目设计过程中，对设计进度的影响因素有很多。

（1）建设意图及要求发生改变　建设工程设计是为满足建设单位的要求和意图进行设计的，所有的工程设计最终结果都是体现建设单位的意图。因此，在设计过程中，若建设单位有需求和意图发生改变，那么设计必须变更以满足建设单位的要求，这些都会影响到建设工程设计的进度。

（2）设计审批时间　建设工程设计是分阶段进行的，如果其中有任何一个阶段出现问题，如初步设计的审核不能顺利通过，那么就会影响到下一阶段施工图设计的进度。因此，设计审批时间也会在一定程度上影响到建设工程设计的进度。

（3）设计各专业之间协调配合　建设工程设计是一个庞大的、多专业、多方面协调配合的工作，因此，如果建设单位、设计单位、施工单位、监管单位任何一个环节出现协调沟通的问题，必然会影响到建设工程设计的进度。

（4）工程变更　当建设工程设计采用分阶段分解的方式进行时，很多因素和每一个阶段都可能发生可预见或者不可预见的工程变更，最终影响到建设工程项目各阶段设计的进度。

（5）材料代用、设备选用失误　材料代用、设备选用的失误会导致项目在施工过程中发生失误，从而要进行重新设计，这也会影响到建设工程项目设计的进度。

第二节　工程项目设计内容

一、决策设计

在项目投资决策，包括项目区位选择、财务测算、风险分析、项目盈亏平衡及现金流分析等，这些内容直接决定了项目的成败。该阶段设计管理的首要工作是帮助业主明确和确定项目设计目标，在设计、质量、进度和成本之间寻找最优平衡点，并在之后每一个阶段的具体实施中做好以下几点。

（1）加强市场调研，完善调研内容　通过广泛的市场调研、考察，充分了解国家、地方相关法规、政策，全面收集和科学整理市场数据，借鉴同行业的数据，并根据实际情况，结合潜在的市场需求及投资预期，确定可能的投资项目，为投资的可行性分析提供全面有效的数据支撑，为整个项目打好基础。

（2）完成开发概念方案设计工作　在该阶段应完成概念方案的设计，包括项目的业态策划及空间规划、项目实施流程、项目建设分期、项目环境测评等。

（3）核算技术、经济等相关数据参数　依据已经形成的多种建设方案，计算出相关的技术、经济参数指标，例如项目总建筑面积、容积率、建筑密度、各业态面积比例等，并初步提出项目投资估算等相关数据。

（4）对比分析经济指标　依据整理计算获得的相关参数，运用精确的计算和科学的分析手段，对多方案展开全方位对比分析，客观判断各方案的利弊，针对各方案存在的问题提供相对应的改善措施和应对策略。

（5）筛选出最佳方案　在完成对项目相关技术参数指标的全面评估后，逐步完善规划，发现概念方案中可能存在的缺陷，制定出最优方案。

二、勘察设计

岩土工程勘察是指根据建设工程的要求，查明、分析、评价建设场地的地质、环境特征和岩土工程条件，编制勘察文件的活动。其目的主要是查明工程地质条件，分析存在的地质问题，对建筑地区做出工程地质评价。岩土工程勘察结论不仅是进行上部建筑设计的重要依据，也是项目选址以及可行性研究的重要依据。

1. 勘察阶段划分

一般项目岩土工程勘察可分为可行性研究勘察（选址勘察）、初步勘察和详细勘察三个阶段，对场地工程地质条件复杂或有特殊要求的项目，或施工期间需要针对某一特定问题进行专项研究的项目，还需要进行补充勘察或施工勘察。

2. 各阶段的勘察内容

（1）可行性研究勘察阶段　可行性研究勘察阶段应对拟建场地的稳定性和适宜性做出评价，为项目选址和可行性研究分析提供有力的数据支撑。其主要工作内容包括：

① 搜集区域地质、地形地貌、地震、矿产，当地工程地质、岩土工程和建设经验等资料。

② 在搜集和分析已有资料的基础上，进行现场踏勘了解场地的地层、构造、岩性、不良地质作用及地下水等工程地质条件。拟建场地复杂、现有资料不能满足要求时，应进行工程地质测绘和必要的勘探工作。有两个及以上场地备选时应进行比选分析。

（2）初步勘察阶段　初步勘察阶段应对场地内拟建建筑地段的稳定性做出评价，为项目初步设计提供依据。其主要工作内容包括：

① 搜集拟建工程的方案资料、工程地质及岩土工程资料和场地地形图。

② 初步探明地质构造、地层情况、岩土工程特性和地下水埋藏条件等。

③ 查明场地不良地质作用的成因、分布、规模、发展趋势，并做出稳定性评价。

④ 初步判定地下水和土对建筑材料的腐蚀性。

⑤ 对抗震设防地区的场地，应做地震效应评价。

⑥ 季节性冻土地区应调查场地标准冻深。

⑦ 对于高层建筑项目，还应对地基基础方案、基坑支护方案以及降水方案进行初步分析评价。

（3）详细勘察阶段　详细勘察阶段应提出详细的岩土工程资料和设计施工所需的岩土参数，对建筑地基做出岩土工程评价，并对建筑地基形式、基础类型、基坑支护、工程降水以及不良地质作用防治等提出建议，为项目施工图设计提供依据。其主要工作包括：

① 搜集项目建筑总平面图、地形图、建筑性质、规模、层数、结构形式、基础形式、荷载参数、变形要求等资料。

② 查明不良地质作用类型、成因、分布范围、危害程度，并提出整治方案。

③ 查明建筑范围内土层类型、分布、深度、工程特性，分析评价地基稳定性、均匀性、承载力。

④ 提供地基变形参数、预估建筑物的变形特征。

⑤ 查明埋藏的河道、沟浜、墓穴、孤石等对工程不利的埋藏物。

⑥ 查明地下水的埋藏条件，提供地下水位及变化幅度。

⑦ 在季节性冻土地区，提供标准冻深。

⑧ 判定水和土对建筑材料的腐蚀性。

岩土工程勘察质量的高低直接关系着项目建设质量的好坏，尤其是对项目设计的合理性和经济性起着至关重要的作用，因此做好岩土工程勘察工作是做好一个项目的基础。

三、设计任务书编制

设计任务书是建设项目进行设计的具体要求，是提交给设计单位的技术文件，是建设项目设计工作的大纲，是进行方案设计、初步设计、施工图设计的重要依据，也是评判设计质量的重要依据。

1. 设计任务书编制的依据

① 批准的建设项目可行性研究报告；

② 规划局批复的宗地图；

③ 规划局下发的项目规划要点；

④ 国家有关标准及地方有关法规、规范、规程、标准等。

2. 设计任务书编制的内容

① 项目概况：包括项目区位、地块现状、周边配套、交通状况、地块总体建设指标等。

② 项目定位：包括目标客户群体定位、市场定位、建筑风格定位、形象定位等。

③ 规划设计要求：包括规划设计原则及指导思想、规划指标要求、规划布局要求、开发顺序要求、道路交通要求、空间与园林景观要求、配套设施要求等。

④ 建筑设计要求：包括建筑风格要求、建筑设计技术措施要求等。

⑤ 其他专业要求：包括结构专业要求、电气专业要求、给排水专业要求、暖通专业要求、动力专业要求、总图专业要求等。

⑥ 限额设计要求：包括结构含钢量限额要求、建筑外立面限额要求、景观限额要求、装修限额要求等。

⑦ 各阶段设计成果要求：包括方案阶段成果要求、初步设计阶段成果要求、施工图设计阶段成果要求等。

⑧ 各阶段设计工期要求：包括方案阶段工期要求、初步设计阶段工期要求、施工图设计阶段工期要求等。

四、方案设计

建筑方案设计是指在建筑项目实施之前，根据项目要求和所给定的条件确立项目设计主题、项目构成、内容和形式的过程。建筑方案设计工作是建筑设计的最初阶段，为初步设计、施工图设计奠定了基础，是具有创造性的关键环节。建设单位进行方案阶段设计管理的目的在于规范方案设计流程，确保与设计单位沟通到位、及时有效，为领导层决策提供及时有效的信息和方案，为报建、成本测算提供所需设计文件，为初步设计做好准备。

1. 方案设计阶段需要解决的问题

（1）项目定位　项目定位是指建设项目在国家和地区相关的法律、法规和规划的指导下，根据本项目所在区域的经济、政治、人文和风俗习惯等，依据项目本身自有的特点和对未来市场发展趋势的判断，结合项目本身特有的其他制约因素，找到适合于该项目的客户群体，在客户群体消费特征的基础上，进一步进行产品定位的过程。项目定位准确与否直接关系到未来项目的销售业绩，因此方案设计阶段首先要解决的就是项目定位问题，只有项目定位准确，后面的设计工作才会更有针对性。项目定位的基础是充分的市场调研和准确的投资测算，根据企业利润最大化的原则，最终用数据投票来确定项目定位。

（2）规划布局　项目定位确定后，为了实现项目定位和企业利润最大化，项目业态规划、地形分析、区位交通分析、配套分析、景观分析、日照分析、经济技术指标分析等工作组合起来就构成了项目规划布局。项目整体规划布局，首先，应该满足各建设行政主管部门的各项规划要求，比如规划局下发的规划设计指标必须满足、教育局下发的配套教育资源必须满足等要求。其次，要实现企业利润最大化，例如容积率指标必须用到极致，配套人防面积在政策允许范围内尽可能做到最小等。规划布局阶段的工作最关键的一点是充分理解建设主管各部门政策的深层含义，如何在合规与企业利润最大化两者间找到平衡点，才是建设单位进行高效设计管理的重要目标。

（3）建筑风格　建筑风格是指建筑设计中在内容和外形方面所反映的特征，主要在于建筑的平面布局、形态构成、艺术处理和手法运用等方面所显示的独创和完美的意境。建筑风格的确定在项目设计过程中的作用不言而喻，说起一个项目，首先在大家脑海中呈现的便是建筑的外形和文化元素特征，这就是建筑风格的重要体现。另外建筑风格的确定对于项目命名的确定和项目档次的提升也有着牵一发而动全身的作用。项目设计过程中，建筑风格的确定不仅要听取设计单位对于建筑风格的理解，而且要结合项目营销策略和项目受众的接受程度等方面综合考虑。一个项目建筑风格可以是两种不同风格的结合，但这种结合不能是生搬硬套，而应该是相互融合，汲取不同风格的精华和优势，从而给客户留下深刻的印象，产生强烈的反响。

（4）单体方案　单体方案是项目总体定位、整体规划布局和建筑风格确认后的具体化操作。定位如何体现，规划如何落地，风格如何展现，这些最终都将在单体建筑方案中表达，因此单体方案是承接初步设计阶段的重要过程。单体方案的主要工作是确定单体效果、确定单体平面布局、确定单体经济技术指标等。其中确定单体效果即是解决建筑风格如何展现的问题；确定单体平面布局是解决总体规划布局是否合理的问题，同时也是解决客户基本需求的问题；确定单体经济技术指标是为了复核总体规划布局中总经济技术指标能否实现。

（5）成本测算　方案阶段成本测算的主要工作是根据方案设计阶段所提供的方案设计文件进行投资估算。其目的主要是与可研阶段的投资估算进行比较，如果出入过大，需报请建设单位研讨，调整设计方案。当然在设计方案比选阶段，也会利用各方案投资估算与产出比较，进而为确定最终方案提供数据支撑。

2. 方案阶段需要提交的设计成果

（1）设计说明书　设计依据：与方案设计有关的政府批文、法律法规及规范、标准、方案设计任务书、项目可行性报告等。

设计基础资料：包括气象条件、地形地貌、水文地质、地震区划、地质勘查初步资料等。

简述建设单位和政府相关部门对项目方案设计的要求。

（2）方案设计的范围和内容　包括功能项目和配套设备设施的情况。

（3）工程概况　包括总建筑面积、总投资额、可容纳总人数以及设计标准等级等。

（4）主要经济技术指标　包括总用地面积、总建筑面积及各分项建筑面积、建筑基底面积、绿地面积、容积率、绿地率、建筑密度、停车位数等，以及主要建筑或核心建筑的层数、层高和总高度等控制性指标；根据不同的建筑功能，还应表述能反映工程规模的主要技术经济指标，如住宅的套型、套数及每套的建筑面积、使用面积，旅馆建筑中的客房数和床位数，医院建筑中的门诊人次和病床数等指标；当工程项目（如城市居住区规划）另有相应的设计规范或标准时，技术经济指标应按其规定执行。

五、初步设计

初步设计是方案设计的延伸与深化，是施工图设计的基础和纲领，也是建设单位项目成本控制与施工招采准备的重要参考依据。进行初步设计阶段管理的目的在于规范初步设计流程，确保方案阶段的成果得到延续和深化，为报批报建、整理项目投资概算提供所需的设计文件，为施工图设计做好准备。

1. 初步设计阶段需要解决的问题

规划报建：规划报建是指从项目规划方案确定到规划部门核发项目《建设工程规划许可证》阶段的所有工作。规划报建并非官方术语，它不仅包含向规划部门的报建，同时也涵盖了向消防、人防、环保、市政、自来水、供电、燃气、园林、安审等部门的报建，是一个极其复杂繁琐的过程。初步设计阶段，设计部门的主要任务就是向各个主管单位报建时提供符合相应单位要求的设计文件。因此这一阶段设计部门管理工作的重点应该是充分学习理解各主管部门的报建要求文件并督促设计单位按时保质完成相关设计文件的制作。

项目概算：初步设计阶段另一项重要的任务就是根据相关初步设计文件编制项目概算。其主要目的是为了评判设计工作是否按照定额设计的原则贯彻执行。如果项目概算与投资估算相比超额过多，成本部门有权要求设计部门对现有设计进行相应的修改。因此设计管理部门在初步设计阶段除了控制好设计质量及进度外，还应时刻关注项目成本的变化是否在允许范围之内，如果因为概算超标造成设计修改，而影响到报建进度，将会对整个项目的进度产生巨大的影响。

2. 初步设计阶段需要提交的设计成果

（1）设计说明书　设计依据：包括法律法规、政府部门批文、可研报告、方案文件、项目所在地气象、地质条件、配套设施及交通条件、各部门报建要求等文件。

项目建设规模和设计范围：包括工程设计规模及项目组成、分期建设情况、设计范围与分工等。

设计要点综述：包括环保、防火、交通组织、节能、用地分配、人防等的设计原则，使用新材料、新技术的情况等。

总指标：包括总用地面积、总建筑面积及其他经济指标。

设计审批时需要解决的问题：包括各政府部门协同工作的问题、投资方面的问题、设计标准选用问题、基础资料与实际不相符影响进度问题。

（2）总平图 设计说明：包括设计依据、场地概述、总平面布置、竖向设计、交通组织、主要经济技术指标等。

场地概述：包括场地区位、场地地形地貌、场地内原有建筑物（构筑物）拆除及保留情况，概述与总平面设计不利的因素（地震、湿陷性、岩溶、滑坡等）。

总平面图：包括保留的地形地物、场地红线、坐标、场地四邻及道路位置、主要建筑物位置、名称、层数、建筑间距、道路广场的主要坐标、停车场及停车位，消防车道及高层消防登高场地布置，绿化景观及休闲设施的布置，主要经济技术指标等。

竖向布置图：包括场地道路、地面及其关键性标高、建筑物的室内外设计标高、主要道路广场的起点、变坡点、转折点、终点的设计标高以及场地的控制性标高等。

交通组织：包括与城市道路的关系、基地人流车流组织、路网结构、出入口、停车场布置及停车位数量确定、道路主要设计技术条件等。

六、施工图设计

施工图设计是指从初步设计文件经政府主管部门审批通过到全套施工图设计文件交付，并完成相关施工图技术交底的设计工作阶段。施工图设计文件是项目具体实施的依据，与项目质量、进度、安全都息息相关，同时也是项目预算编制和施工招标的依据，因此做好这一阶段的设计管理工作至关重要。建设单位进行施工图设计阶段管理的目的在于规范施工图设计流程，确保方案和初步设计的成果能得到延续和深化，为施工招标、编制项目预算提供所需的设计文件，为项目的顺利实施打下坚实的基础。

1. 施工图设计阶段需要解决的问题

规划建筑方案具体落地：施工图设计阶段主要任务就是将项目方案具体落地，因此在方案阶段和初步设计阶段一些没有具体落地的问题都必须在这一阶段得到解决。如果确有部分方案细节由于现阶段技术原因无法落地实施的，必须会同方案设计单位协商解决，必要时可以修改方案和初步设计的部分细节做法，以保证项目顺利实施。

2. 施工图设计阶段需要提交的设计成果

（1）各专业施工图 总平面图：包括用地范围、道路红线、建筑红线；场地四邻及原有规划道路的位置、主要建筑物的位置名称、层数、坐标；广场、停车场、运动场地、道路、无障碍设施的位置坐标；竖向布置图；管网综合图；绿化景观布置图等。

建筑专业施工图：包括设计说明、各层平面图、立面图、剖面图、楼梯节点详图等。

结构专业施工图：包括设计说明、基础平面图、基础详图、结构平面图、构件详图、楼梯及节点详图、幕墙结构图、钢结构等。

给排水专业施工图：包括设计说明、给排水综合平面图、各层平面图、系统图、局部设施图、详图等。

电气专业施工图：包括设计说明、电气总平面图、变配电站、配电照明、建筑设备监控系统及系统集成、防雷接地及安全、火灾自动报警系统等。

暖通专业施工图：包括设计说明、平面图、通风空调剖面图、通风空调机房平面图、机房剖面图、系统图、立管图、详图等。

（2）各专业计算书 建筑专业计算书：包括节能计算书、消防计算书等。

结构专业计算书：包括计算总信息、荷载信息、构件信息、输出构件配筋信息、基础计算书、楼梯计算书等。

给排水专业计算书：包括生活及消防水量计算书等。

电气专业计算书：包括用电负荷计算书、设备选型计算书等。

暖通计算书：包括空调计算书、通风计算书等。

（3）项目预算书和施工图预算　项目预算书：包括封面、签署页（扉页）、目录、编制说明、建设项目总预算表、单项工程综合预算表、单位工程预算书。

施工图预算：项目施工图交付后，项目成本部门会依据施工图纸进行项目预算编制，因此项目预算准确与否与项目施工图的质量关系密切，如果设计质量较差造成后期变更较多，就会造成预算与施工实际成本差异较大，因此为了提高设计质量，有必要赋予成本部门对设计质量评价的权利，当项目实际成本远超预算时，可将设计质量评价调低。同时项目预算也是施工招标的重要依据，因此施工图设计进度的快慢也直接关系到整个项目整体进度。

七、优化设计

很多工程人一听到设计优化这个词，就直接和降成本、抠钢筋联系到了一起，这其实是进入了一个误区。确实现阶段有很多优化打着"优化设计"的幌子，干的就是死抠规范下限、从施工图中抠钢筋的工作，但这不是真正的优化。从价值工程的概念出发，在功能不降低的前提下，成本更低，则价值更高；或者成本相同的前提下，功能提升则价值更高；抑或者在成本略有提高的前提下，功能有大幅度提升则价值更高。以此判断，在工程项目中，不加区分，按照规范底线抠钢筋的做法，虽然成本可能会略有降低，但其造成的后果是降低了建筑的安全度。用价值工程的理论来分析，成本略有下降，但功能却大幅降低，反倒是价值降低了。

1. 优化设计的原则

（1）合理性　设计优化应建立在合理的基础上，不降低功能即合理。比如一个高端楼盘项目，设计方为了提升楼盘档次，将外墙设计为石材幕墙，因石材幕墙价格太高，为降低成本改成铝塑板幕墙，可以节约30％的成本。但是因为铝塑板的质感和天然石材差很多，成本是降低了，但高端楼盘的档次一下子就拉低了，因此不合理。那怎样优化才算合理呢？设计方采用的是新疆的天然石材，由于天气和环保的原因，新疆的矿山每年只能开采半年，其他时间都要封矿，因此采用新疆石材不仅运费价格高，而且货源不能保证，会造成工期延误。而改为福建石材，质地品相与新疆石材相当，路程近，而且地处南方，环保压力不大，不仅运费可以节省，而且货源也充足，可以按照项目进度及时供货，这样从进度和成本两个方面都有利，这就是合理的优化。

（2）可行性　优化措施不能仅停留在设计图纸上，必须结合项目当地的地方性法规、规范和施工技术水平等，能执行、可操作。例如，中国北方地区以土质地基为主，CFG 桩处理地基承载力较低区域的方法应用非常普遍，但在南方地区以淤泥地基为主的区域就不能采用这种地基处理办法。

（3）前置性　设计优化在项目实施过程中尽可能前置。最好的设计优化阶段是方案设计阶段，方案阶段确定的建筑风格、建筑总体布局、单体建筑体型等对后期施工图各个专业的影响都非常大，所以优化在方案阶段介入，才能让设计优化有更大的发挥空间，优化的效果也要比施工图设计阶段介入显著得多。

2. 各阶段优化设计具体措施

（1）方案设计阶段优化　总体规划布局优化：建筑单位成本总的来说地下远大于地上，人防远大于非人防。因此总体布局的优化主要体现在：

① 地下面积尽量少。目前项目地下空间主要用于停车和设备用房，因此在满足规划停车位要求和设备使用的前提下，尽可能减少地下空间，一层地下室能满足的坚决不建两层。

② 人防面积尽量少。每个项目的人防面积跟建筑密度和基地面积有关，因此在同样容积率的要求下，尽可能降低建筑密度和基底面积，以减少人防面积。

建筑风格优化：大多数建筑风格都是通过外立面的线条来区分表达的，但有些线条在施工图阶段实施起来是非常麻烦的，不仅会造成建筑成本的增加，而且会增加不少的人力成本，所以选择建筑风格时，尽量选择线条简单容易实现的。

单体建筑平面优化：这里主要是建筑体型，建筑体型规则与否，直接关系到施工图设计阶段的算量和建筑节能，因此在满足建筑效果的前提下，尽可能选用体型简单、规则的单体平面。

（2）初步设计阶段优化　建筑材料优化：建筑材料在项目成本中所占比例较大，因此建筑材料有不小的优化空间，包括外墙材料、保温材料、门窗材料、防水材料、幕墙材料等。

结构方案优化：主体结构在项目成本中占比也相当大，在初步设计阶段结构方案将明确，因此应提前介入进行优化。包括结构形式选择、构件尺寸大小、选用材料等级等都有较大优化空间。

设备方案优化：选取合适的设备用房位置，使设备路线最短；选择合适的设备形式，例如供暖系统是采用中央空调还是采用集中供暖；选择适当的设备型号，包括变压器、水泵、风机等。

（3）施工图设计阶段优化　如果设计优化在方案和初步设计阶段已经充分介入并结合设计方案提出了相应的优化措施，那么施工图设计阶段的优化空间已经非常小了，主要是一些细节做得是否到位的问题。比如建筑节点做法，结构二次构件的做法，设备专业管线布置等。

八、设计方面各专业沟通协调

目前国内建设项目普遍存在设计周期短，报批报建手续繁琐等问题，因此如何提高设计工作效率是各位设计管理工作者都必须要面对的问题。设计工作涉及专业很多，既有前期的建筑、结构、给排水、电气、暖通、总图等，也有后期的幕墙、智能化、灯光、标示标牌、景观园林等，这么多专业交叉，唯有使各专业能统一协调调度才是提高工作效率的最有效办法。

1. 各专业协调调度

项目设计负责人负责制：与该项目设计相关的所有问题均由项目设计负责人负责，包括设计进度控制、质量控制、成本控制、后期服务以及各专业协调调度。所有的专业协调问题都通过项目经理来协调处理，不需要其他相关人员参与就能保证，各设计专业不至于接收到多重命令而无所适从，甚至出现相互扯皮的现象。

责权利统一：要保证项目设计负责人负责制能顺利有效实施，并提高管理效率，必须赋予项目设计负责人与责任对等的权利。首先，项目经理是各专业参与人员的直接评价人，各专业设计配合度的高低由项目经理直接打分，年终各专业参与人员评优评先直接与分数高低挂钩。其次，由于参与专业多，项目设计负责人承担的责任重大，因此要保证设计管理高效，必须为项目设计负责人制定公平且便于操作的考核体系，考核优秀，给予相应的物质和精神奖励，考核不合格，给予相应的处罚。

垂直化管理：为了提高各专业协调调度的效率，管理路径越短越好，尽量实行垂直化管理，各专业参与人员只对项目设计负责人负责，每个人只有一个直接领导，这样的管理模式就便于指令的执行，提高执行效率。

2. 利用工具提高各专业调度的效率

利用 BIM 软件等协同设计软件辅助管理。用合适的软件进行设计管理不仅能提高设计管理的效率，而且能减少设计图纸中的错误。举一个最简单的例子，没有利用协同设计软件时，设备专业在出图之前，往往都需要建筑专业提供最终版的图纸进行套底图，但是建筑专业在向设备专业提图之后，可能会改动某些细节部分，这样就会造成建筑专业图纸与设备专业图纸不符的现象，但利用协同设计软件之后，这种顾虑就没有了。因为所有专业都是在协同平台上进行设计的，建筑专业做任何修改，在平台上都会自动更新，也就是说即使建筑专业在出图之前又改动了部分细节，协同平台会自动将修改文件更新，相关设备专业的底图也会随之修改。

九、设计评审

设计评审是对各阶段设计文件的审查，是为了避免出现设计深度不足以及设计错误等问题进行的质量控制手段。这里所说的设计评审主要是建设单位内部评审。

1. 方案设计阶段设计评审

（1）评审程序　项目经理组织内部评审会对设计单位提交的方案设计成果进行评审并提出修改意见。设计负责人（建设单位负责设计管理的人员）、成本负责人、营销负责人、物业负责人以及分管领导参加评审会并形成决议。设计负责人整理总结，形成方案设计评审会议纪要，相关参会人员会签。

设计负责人整理并向设计单位提交修改意见，设计单位应根据评审意见对方案进行修改完善，设计负责人负责评审意见在设计方案中落实，在规定期限内进行设计方案调整。

设计负责人对设计单位修改后的方案进行审核签收。设计负责人、营销负责人、成本负责人以及分管领导进行会签。

（2）评审要点　设计负责人及相关专业人员检查方案文件，落实其是否满足国家政策、规范和公司要求。重点审查方案设计文件是否满足设计任务书要求。必要时，结构专业人员应对方案进行结构试算比选，以评审结构方案合理性、经济性。

成本负责人检查方案设计文件各分项是否突破成本测算要求，且应根据调整完善后的设计方案进行项目分项成本匡算。

营销负责人检查设计方案是否满足项目产品定位要求，以及是否满足产品类型、户型面积、比例、建筑风格建议的合理性。

物业负责人检查设计方案中是否存在客户投诉风险，并检查方案是否满足物业管理模式要求。

（3）评审标准　设计深度要求：图纸深度是否满足设计任务书和规划报建的要求。

规范要求：方案设计是否满足国家相关设计规范要求，包括消防、规划、环保、电力、市政、燃气等方面的规范和主管部门的文件。

成本要求：工程概算是否在允许范围之内。

建设单位要求：建设单位的特殊要求是否满足，比如概念主题是否突出、品牌要求等是否显示。

2. 初步设计阶段评审

（1）评审程序　设计负责人组织内部评审会对设计单位提交的初步设计成果进行评审并提出修改意见。设计负责人、成本负责人、营销负责人、报建负责人以及分管领导参加评审会并形成决议。设计负责人整理总结，形成初步设计评审会议纪要，相关参会人员会签。

设计负责人整理并向设计单位提交修改意见，设计单位应根据评审意见对初步设计文件进行修改完善，设计负责人负责评审意见在初步设计文件中落实。在规定期限内进行初步设计文件调整。

设计负责人对设计单位修改后的初步设计文件进行审核签收。设计负责人、营销负责人、成本负责人以及分管领导进行会签。

（2）评审要点　设计负责人及相关专业人员检查初步设计文件，落实其是否满足国家政策、规范和公司要求。重点审查初步设计文件是否满足设计任务书要求。平面布局、结构选型、基础形式选择、各种设备选型是否合理。

成本负责人检查初步设计文件各分项是否突破成本估算要求，且应根据调整完善后的初步设计文件进行项目成本概算编制。

营销负责人检查初步设计文件是否延续设计方案的思想风格，产品类型、户型面积、比例是否符合营销的需求和建议。

报建负责人检查初步设计文件设计深度是否满足各种报建深度的需要。

（3）评审标准　设计深度要求：图纸深度是否满足设计任务书和规划报建的要求。

规范要求：初步设计是否满足国家相关设计规范要求，包括消防、规划、环保、电力、市政、燃气等方面的规范和主管部门的文件。

成本要求：确定成本构成，并确认项目概算是否在允许范围之内。

建设单位要求：初步设计文件是否延续方案设计中的精髓和闪光点，是否对方案意见进行了修改，是否贯彻了业主意图、实现品牌策略。

3. 施工图设计阶段评审

（1）评审程序　设计负责人组织公司相关部门进行施工图评审并形成决议。参会人员包括：设计负责人、成本负责人、营销负责人、工程负责人、物业负责人、分管领导。

设计负责人负责整理评审记录，并会同相关部门会签。

设计负责人将评审中发现的问题汇总并提交设计单位进行修改补充，设计负责人负责跟进评审意见的落实，施工图文件修改补充。

设计负责人对设计单位修改后的施工图设计文件进行审核签收，设计负责人、营销负责人、成本负责人、工程负责人以及分管领导进行会签，总经理审核后定稿。

（2）评审要点　设计负责人及相关专业设计人员重点检查设计深度及设计质量，特别注意采用供应商供货及安装的分部或专项设计，例如游泳池水下照明、监控系统等，这些往往缺少施工图，项目结束后也无竣工图，造成验收不合格。

成本负责人检查设计成果是否符合项目成本概算要求，并编制完成项目成本预算。

报建负责人检查设计成果是否满足消防、规划、人防等部门的要求并达到报建深度。

工程负责人检查施工图细部做法是否满足施工现场的要求。

物业负责人检查物业服务用房是否能满足物业工作的需求。

（3）评审标准　设计图纸是否满足国家相关法律规范的要求；

设计图纸深度是否达到国家要求和公司要求；

各专业施工图之间是否存在相互矛盾，设备布置与周边环境是否相冲突；

设计图中是否存在施工技术能力和现场条件难以解决的技术和工艺难点；

特殊结构或新型材料是否能满足施工需要；

图中选用的设备是否存在不合理或有质量瑕疵的问题；

是否突破项目成本；

施工图中产品类型与销售宣传是否一致；

设备选型、装修标准是否与销售宣传一致。

本节所讲的设计阶段设计服务是全过程设计管理中非常重要的一部分，也是设计管理最核心的部分所在。由于该部分涉及的专业知识量非常大，因此在这里我们只能从管理的层面加以简单的阐述，以便于非专业的设计管理人员对设计过程能有个整体的概念，至于其中各个环节深层技术层面的专业知识，还需要借助其他专业书籍来答疑解惑。

十、设计造价控制

项目设计阶段造价控制主要是指在保证项目前期预定目标的情况下，采取相应措施确保设计阶段工程造价的有效控制。包含事前控制（投资估算）、事中控制（项目概算、预算）、事后控制（竣工决算）三个阶段的内容。具体如下：

在项目投资估算的基础上，进一步结合项目设计具体实施方案、初步设计，出具项目概算，针对项目概算与前期投资估算的对比分析，给出意见，指导项目设计阶段的具体工作。

结合概算估算的分析意见，划分各单项、专项项目的直接费用，提出设计限额，对实施方案做出对比分析，确定项目施工图设计方案。

施工图设计完成后，由预算编制人员编制项目施工图预算，并与前期概算、设计限额进行对比分析。必要时对施工图设计进行优化修改。

竣工后的决算与预算对比分析。

1. 设计方案比选

设计方案比选是设计阶段的重要环节，包含工程既定目标的实现程度和各实现程度下的技术经济指标的情况。通过技术比较与经济分析、项目投资效益评价，平衡技术先进与经济合理间的关系，使两者协调统一，在满足经济技术指标的同时实现既定项目功能等预定目标的重要措施。

设计方案比选一般采用技术经济目标分析，即将技术目标与经济指标有机结合。按照实现工程功能效果，针对不同技术方案，分析其经济指标，从而选出经济效果最优的方案，亦即在确定技术目标的前提下，以经济性为考核指标作出选择。

（1）方案比选的具体操作步骤　按照实现功能、技术标准、投资估算文件的要求，结合项目所在位置等因素，由设计团队或者若干设计团队给出可能的多个方案。

从这多个方案中，根据实现工程功能效果的程度遴选出几个较为满意的方案作为选择目标方案。

根据设计方案评价目标，明确比选的任务和若干关键项和次关键项，并确定各关键项与次关键项所占的比分权重。

对备选方案按照上述权重进行打分。

根据各备选方案的得分情况，选择出设计方案中最优的方案。

再对落选方案的部分关键项和次关键项的得分情况进行分析，对已选方案中提出优化建议。

项目设计全过程管理负责人召集相关设计团队、造价分析管理团队、建设单位共同商讨，确定实施方案和优化意见。

（2）设计方案的比选方法　设计方案的比选一般有单指标法、多指标法和综合因素评选法。

单指标法是采用单一指标作为评价标准对设计方案进行综合分析与评价的方法。但是这个单指标并非唯一指标，常用指标有综合费用法、设计使用年限总费用法、价值工程法等。即固定其他因素，单一考察上述指标的方法选择出最优方案。

多指标法是采用几个关键指标，根据其重要程度确定其在评价过程的权重、确定评价分值，对备选方案进行评价，选择最优方案。

综合因素评选法是多指标评价法的一个特例，即扩大指标选项，给出考察项的分值，对各备选方案进行细致评价，选择最优方案。当然这个方法需要更多的工作投入和涉及面更广的技术人员的参与，也带来更长的评价周期，一般用于相对较复杂、规模更大的项目。

（3）设计方案优化　设计方案优化能促进设计质量的不断提升，针对项目本身达到了更优的经济技术效果，对行业来讲也提高了设计技术力量的锻炼与培养。在设计方案比选的过程中会发现各方案某些方面的优点，汲取众长，使最终的实施方案集众方案之长。也能显露出工程设计过程中的一些难点和重点，在后期的设计过程中能针对这些难点和重点采取有效措施，解决难点，突出重点，从而做出各方面都相对完善的设计成果（最优设计文件）。

2. 限额设计

限额设计是指依据批准的可行性研究报告、批准的项目投资估算（批准的设计概算）确定的主要技术经济指标，分析并罗列出工程主要材料、设备的单方含量，指导施工图设计（初步设计）阶段的执行过程，即为限额设计。限额设计可以有效控制工程造价和项目投资，但不是过分压低工程造价，降低钢筋、混凝土等主材含量，甚至突破设计规范、规定的所谓的"限额设计""设计优化"等概念，而是正面的、积极主动的工程造价控制措施。

限额设计的前提是不能降低工程设计标准，不能减少或者降低工程使用功能、工程规模，即在投资额度不变的情况下，实现使用功能和建设规模的最大化。限额设计存在于工程设计的各个阶段，但是施工图设计文件是工程设计阶段的最终成果，是施工图预算编制的最主要依据，也可以说是施工图预算与工程结算、决算等工程造价成果的最根本的决定性因素。因此施工图设计阶段的限额设计非常重要，本节主要阐述施工图设计阶段的限额设计。

限额设计强调的是工程技术与经济的统一，需要项目设计人员（团队）与工程造价分析管理人员（团队）密切配合。项目设计人员（团队）在施工图设计时，需要考虑工程项目设计使用年限内的总成本，考虑工程造价的各种影响因素，对各专业技术方案进行比较分析，选用最优化的技术方案；工程造价分析管理人员（团队）及时配合设计人员（团队）进行技术经济分析、论证，共同完成对项目工程造价的控制。

首先，确定施工图设计阶段的设计限额。依据批准后的设计概算文件，分解提取出各子项工程中建筑、结构、电气、给排水、暖通等专业的主要造价控制指标，比如建筑专业涉及的门窗、保温材料、防水材料、外墙饰面材料等；结构专业相关的各型号钢筋（钢材）、混凝土、填充墙块材等主要建筑材料；公用设备专业的管材、线材、电气设备、暖气通风设备、给排水设备、消防设备设施等的单方含量。结合初步设计阶段的设计深度，综合考虑施工图设计阶段与初步设计阶段的主要差异等因素确定相关主材、设备的单方含量（数量），即为设计限额的确定，一般是有一定的弹性范围，考虑在初步设计阶段未能涉及的深化设计内容。设计限额是限额设计工作的目标，一旦确定不可随意改动。

其次，严格执行施工图设计阶段设计限额。施工图设计工作前期各专业技术措施的制定是决定限额设计执行的关键所在，因此各专业技术措施必须要结合前期制定的设计限额进行编写，后交施工图设计各专业总工、造价分析管理人员商讨确定。施工图设计各专业工种在施工图设计过程中要时刻对照限额设计目标，不做无谓的放大（缩小），不对使用功能和标准做过大的调整，按照既定目标进行细节的设计把控，进行技术选择的比对，在经济技术指标方面做足分析论证比选工作。限额设计中，各专业工种的横向联系与配合也需要协调统一，工程技术经济指标与技术方案的实现是一个有机整体，也要防止为片面追求工程技术经济指标而偏废其他，限额设计只有在满足各项功能要求和各专业既定目标要求的情况下才是有效的。

施工图设计完成后，结合施工图预算成果文件，对施工图设计的技术经济指标进行论证，分析施工图预算是否满足设计限额要求，某种意义上也是对限额设计工作的有效性作出最终的检验与评判。

3. 设计概算的编制与审核

（1）设计概算的内容　设计概算包含单位工程概算、子项工程综合概算、项目总概算三个层级。其中单位工程概算含单位工程的工程直接费、间接费、利润、税金及设备和工具购置费用；子项工程综合概算即为该子项各单位工程概算的综合；而项目总概算是各子项综合概算的累加，再计入其他费用、预备费、建设期利息、经营性项目流动资金等。当项目为单个子项时，项目总概算即包含单位工程概算、项目总概算两个层级。工程设计概算是初步设计文件的重要组成部分。

单位工程概算：单位工程是具有独立设计文件，能独立组织施工作业，但不具有独立使用功能或者生产能力的工程项目，是子项工程的组成部分。单位工程概算是以初步设计文件为依据，按照规定规则、程序，计算出单位工程费用的成果文件，是子项工程综合概算的组成部分。按其工程性质分为建筑工程概算和设备安装工程概算两类。建筑工程概算含地基处理、土建、电气（含强、弱电）、给排水、通风、采暖、空调、智能化、海绵城市专项及附属幕墙（如有）、附属构筑物等工程概算；设备及安装工程概算包含电梯等机械设备、电气设备、消防设备、热力设备、工器具的购置及相关安装工程概算等。

子项工程综合概算：子项工程是具有独立设计文件，施工完成后具有独立使用功能或者生产能力的工程项目，即为各单位工程的集合。如一所学校包含教学楼、实验楼、体育馆、食堂、学生宿舍楼、教师宿舍楼、场区道路、室外操场、游泳馆等子项。子项工程概算以初步设计文件为依据，按照规定规则、程序，汇总各单位工程概算计算出的子项工程费用成果文件，是项目总概算的组成部分。

项目总概算：项目总概算是立项项目若干子项工程概算集合汇总、其他费用概算、项目预备费概算、建设期利息概算和经营性项目流动资金概算的汇编。

这三个层级归纳下来最基本的数据是单位工程概算。

2016版《建筑工程设计文件编制深度规定》中第3.10节对设计概算的具体包含内容也进行了编列，内容详尽，此处不再罗列。

（2）设计概算的编制

① 设计概算编制依据与要求。

设计概算编制依据：包括国家以及项目所在地政府的相关法律、法规、制度、规程、标准等要求；初步设计文件和费用资料。其中初步设计文件包含涉及各专业的设计说明、技术图纸、设备清单、材料清单等。

设计概算编制要求：应考虑项目所在地的主材、一般材料、设备的具体价格和供应情况，并合理预期相关价格浮动；还应考虑项目施工条件等。

② 单位工程概算的编制。

单位工程概算包括单位建筑工程概算和单位设备安装工程概算两部分。单位建筑工程概算的编制方法有概算定额法、概算指标法、参照类似工程预算法等；单位设备安装工程概算的编制方法有预算单价法、扩大单价法、设备占比法及综合吨位指标法等。

a. 单位建筑工程概算的编制方法。

概算定额法：概算定额法又称为扩大单价法，是套用概算定额编制建筑工程概算的方法。在初步设计达到《建筑工程设计文件编制深度规定》的前提下，可以计算出具体概算分部、分项的工程量，套用概算定额，编制出概算文件，具体流程如下：

收集相关技术资料，熟悉工程初步设计成果文件，掌握相关施工程序和施工方案。

按照概算定额，列出各分部分项的条目，按照初步设计成果文件计算工程量，这一步也是非常重要的一步，所有工程量确保数据计算准确，严格按照工程量计算规则进行；计算完成后填入概算表。

确定各分部分项工程的概算定额单价。填入概算表，并分析出各类材料、设备台班、人工等指标，后将这些指标填入工料、人工分析表中。

计算单位工程材料、人工、设备台班等费用，并且统计汇总。完成直接工程费费用清单。

按照当地的相关规定和取费标准，计算出措施费。然后汇总直接费与措施费，再结合当地人工、材料信息价格进行调整，即完成直接费费用统计。

计算间接费、利润、税金。根据前期完成的直接费并结合各项取费标准，计算出间接费、利润和税金。

统计以上的直接费、间接费、利润和税金即为单位工程概算额，然后编写概算编制说明，即完成了单位概算的编制。

概算指标法：概算指标法是用拟建子项的建筑面积乘以条件相同或相近工程的概算指标计算出直接工程费，然后计算出措施费、间接费、利润和税金，统计出单位工程概算的方法。这种方法只能是近似的概算数值，如果参照的相同或相似工程与该工程差异较大或者时间上相差较大时，采用概算指标法与概算定额法计算数值会偏差较大，一般不建议采用。

参照类似工程预算法：参照类似工程预算法是利用各种条件相近或类似的已经完成预算的工程预算资料编制设计概算的方法。与上述概算指标法类似，也是存在各种条件的限制，虽然可以结合两个项目时间上材料价格差异进行适当调整，但其准确性相对于直接采用项目初步设计文件编制出的单位工程概算会存在一些偏差。

b. 单位设备安装工程概算编制方法。

单位设备安装工程概算包含单位设备、工器具购置费概算和单位设备安装工程费概算两部分。

单位设备、工器具购置费概算是根据初步设计成果文件列出的设备清单，采集设备价格，汇总出设备总价，然后按照规定的设备运输及其他费用费率算出相关费用，与设备总价合计的费用以及统计工程所需工器具购置费两项汇总而成。

单位设备安装工程费概算同样是根据初步设计成果文件，安装工程概算定额编制而成。先根据初步设计成果文件计算安装工程具体各分部分项工程量，套用安装工程概算定额，分析出相关的人工、材料、设备清单，根据项目所在地的信息价进行必要的价差调整，得出相对准确的单位设备安装工程费用清单，即完成了单位设备安装工程费概算的编制。

③ 子项工程综合概算的编制。

子项工程综合概算是由组成该子项工程的各专业单位工程概算汇总而成，因此单位工程设计概算的准确性决定了子项工程综合概算的准确性。子项工程综合概算文件包括编制说明和综合概算表（包括各单位工程设计概算表、建筑材料表）两部分。

a. 编制说明一般应放于综合概算表之前，包含以下内容：

工程概况：建设项目的名称、工程性质、使用功能、所处地理位置、预计建设周期、主要工程量以及工程需要特殊说明的其他情况等。

编制依据：国家以及项目所在地政府的相关法律、法规、制度、规程、标准等规定，初步设计成果文件，采用的概算编制定额与版本，主材、设备的建设地价格信息文件等。

概算编制方法。

主要材料、设备清单表格。

主要经济技术指标：项目概算投资额、各分项投资额、单位经济技术指标等。

工程费用计算数据表格：各单位工程概算计算表格，配套工程概算计算表格，其他涉及工程费用的计算表格等。

设备材料费用、费率计算表格和取用费率的依据文件等。

其他一些需要特殊注明的文字说明。

b. 综合概算表。综合概算表是根据子项工程所涵盖的各单位工程概算等基础性资料，按照国家或部委规定的统一表格进行编制。综合概算一般包括建筑工程费用、安装工程费用、设备及工器具购置费。

④ 项目总概算的编制。

项目总概算是初步设计文件的重要组成部分，是自项目筹建到项目竣工交付使用预计所需总费用的文件。包括各子项工程综合概算、工程建设其他费用、建设期各阶段费用利息、预备费和经营性项目铺底流动资金概算等，按照规定的统一表格编制而成。

项目总概算包含以下具体文件：

编制说明。

总概算表。

各子项工程综合概算表。

工程建设其他费用概算表。

主要建筑、安装材料汇总表。

一般添加封面、签字（章）页、概算目录等并装订成册。

（3）设计概算的审查　设计概算是确定建设工程造价的重要步骤，其审查是一个重要环节，以确保设计概算的完整性、准确性、合理性。

① 设计概算审查的内容。

审查内容主要包括设计概算编制的依据、设计概算编制的深度、设计概算编制的内容。

设计概算编制依据的审查重点包含编制依据的合法性，编制依据必须是政府主管部门批准的文件、规定、规程、规范等，采用概算定额的地域是否与工程所在地相符，采用概算定额的版本是否是现行定额，材料信息价是否准确等。

设计概算编制深度是否满足现行的《建筑工程设计文件编制深度规定》，编制说明、编制方法和具体的概算文件是否满足对应的深度要求等。

设计概算编制组成内容是否完整；计价依据文件是否适用；工程量计算是否准确；设备规格、数量、配置标准是否准确；各项费用的取费费率标准是否满足国家相关部门的规定等。

② 设计概算审查的方法。

采用一些业内成熟的方法对设计概算进行审查，是提高审查效率，确保审查质量的前提。较成熟的审查方法有：

a. 分析对比法，通过与类似建设规模、性质、标准的项目人工、主材设备数量、机械单价等概算指标进行对比分析，可以发现其中存在的问题，找出偏差的原因。

b. 关键设备、主要材料的查询核实法，通过对主材或者主要设备的量进行分析，找出关键主材、设备计算中存在的问题等。

c. 分类整理法，对各子项项目做横向对比分析，类似子项关键材料、设备分类统计分析，发现是否有明显不符的数据等。

d. 联合审查法，结合设计单位、承包单位、造价咨询机构、邀请专家等联合审查，发现问题数据等。

③ 设计概算审查的意义。

设计概算审查可以确保设计概算数据的准确性，确保资金预算、筹措数据有一个真实准确的依据；还可以促进后期施工图设计的经济合理性；促进设计单位严格执行相关设计规范、标准等概算编制规定和费用标准；促进工程造价的准确性、完整性，避免出现重大疏漏和任意扩大（缩小）建设规模等情况的产生。

第三节 工程项目设计实例

某住宅小区规划设计实例探析

一、工程概述

某住宅小区项目，规划建筑容积率：2.5以下（含2.5）。建筑密度：25%以下（含25%）。绿地率：40%以上（含40%）。建筑高度：建筑总高度控制在100m以下（含100m）。

用地性质：居住用地。其中应配建建筑面积1000m²的农贸超市；170000m²的经济适用房；幼儿园一所，建筑面积3300m²；卫生服务站1所，建筑面积300m²；文体活动站1个，社区居委会1个，每处50m²；公共厕所3处，每处50m²；文化活动中心一处，建筑面积300m²；物业管理3个，每处300m²；

项目位于某市×××路以西，×××路以东，××路以南，×××路以北，地块中有×××路东西贯通，西面为在建已封顶的该市新一中，还规划有小学和星级酒店。基地为较规则的长方形，东西向宽约为360m，南北向进深约为790m。该项目共规划设计64栋楼，其中有35栋高层住宅楼，层数为22～33层，28栋6层住宅楼；1栋3层幼儿园；沿街布置2层商业，商业一层层高为4.5m，二层层高3.6m；住宅层高2.9m。地上总建筑面积约为632500m²。高层地下分三处集中设计一层地下室，总建筑面积约为66000m²，以满足停车位和人防要求。商业招牌位、空调位、广告位一次性设计到位。

二、地理位置和现状

该项目，现状地形平整，用地内无保留价值的建筑。基地临城市规划主干道，地块西面为40m宽的×××路，南面、北面均为24m宽的×××路及××路，东面为50m宽的×××路，中部×××路宽40m。位置优越，交通便捷。周边环境主要为在建中的学园区，规划配套设施齐全。

三、规划设计

1. 规划设计指导思想

① 以建设现代居住空间环境为规划目标，在满足住宅的经济性、居住性、舒适性、安全性和耐久性的前提下，创造一个布局合理、功能齐备、交通便捷、环境优美的现代社区。

② 设计体现生态原则、文化原则与效益原则，力求塑造一个具有幽雅环境、文化内涵、经济效益和鲜明个性的现代生活居住空间。

③ 协调周边相关环境，尊重城市原有肌理，合理确定功能布局，将建筑群体展示并融合于城市环境，与周边其他建筑形成新的城市体系，并起到积极作用。

④ 适应土地开发与建设实际，面向住宅消费市场，正确处理规划中社会效益与经济效益、超前性与操作性之间的关系。

2. 规划总平面设计

① 规划主旨：本规划以人为中心，以整体社会效益、经济效益与环境效益三者统一为基准点，为居民塑造都市中自然优美、舒适便捷、卫生安全的现代社区。

② 整体布局：注重规划设计品质，强调整体性和有机性。根据本地块地形方正的特点，

结合本小区的高端设计定位，A、B 地块从总平面设计到单体设计都考虑使用相对对称的方式，以体现庄重和大气的感觉。因此，我们以地块中心为中轴线，将南北入口广场、中心花园、组团花园、步行廊道放在中轴线上，健身休闲场地和其他住宅都以此中轴线尽量对称布置。小区主入口后退用地红线约 15 米，以形成开阔的入口广场空间，将小区的入口部分处理得大气尊贵。C 地块高层住宅楼考虑布置于地块北部及西部，多层住宅灵活布置，既充分利用有利朝向，又避免联排的兵营式布局，使整个建筑群错落有致。中心花园，组团花园，步行廊道，健身休闲场地等以幽、隐、逸、趣的设计理念自然有序地布置。整个小区商业配套服务设施沿街布置。造型上采用汉风与现代结合的方式，局部后退或退台的处理，有利于形成商业街的氛围。

③ 小组团化邻里社区：合理的组团规模，是构筑和谐社区的必要条件。在本项目中：依据基地方正地形特点，利用原有地貌肌理，地势，水体，道路等，将地块自然划分为 A 区、B 区、C-1 区、C-2 区四个组团，建筑排布顺应地势景观以及朝向的变化，在各个区块内形成意趣盎然的空间形态，并在此基础上，将景观加以优化，创造具有更加丰富的空间层次，步移景异，形态自然，充分利用基地资源，创造优质人居环境，为居住者赢取空间、建筑、景观与生活四者充分交融的宜人社区。

④ 住宅布局：小区共有 35 栋高层住宅、28 栋多层住宅楼，高层住宅底层除局部沿街商铺外全部架空以获得最大限度的景观资源及通透感，因地制宜，使住宅与环境融为统一整体。多层住宅布局强调空间塑造灵活布置，通过住宅单体的造型和空间限定，并结合户外绿化环境设计，创造空间丰富，亲近自然且具有人情味的居住环境。

⑤ 项目规划要求配置的集中商业（农贸超市）、文化活动中心、居委会、卫生服务站及小区卫生服务中心等分布在住宅底层。

⑥ 所有规划建筑物均控制在规划建筑红线内，日照分析、退距、间距同样符合规范、规定要求。

3. 道路交通系统

① 小区道路采用完全人车分流的设计理念，地面停车集中设置在北侧沿街和小区东侧。系统考虑了不同类型车辆的地面停车方案，同时不影响小区内的环境。对于小区内住宅的停车，采用进入小区直接进地下车库的方式。这些出入口的设置使小区车辆在最短的距离内进入地下车库，最大限度地减小对小区内部纯人行环境的影响。消防车道系统采用整个小区环通方式，结合小区人车分流高品质理念，道路采用 4 米宽的沥青路面，部分将道路景观化。平时是人行的尺度，同时满足紧急消防车道的标准。既保证了消防道路的通顺，又减少了交通噪声对住户的干扰，而且提高了行人的舒适性。

② 机动车停车指标为地上 2255 辆，地下 1608 辆，合计 3863 辆。非机动车停车指标合计 12876 辆。

4. 建筑设计

① 建筑设计符合国家现行的有关标准、规范，满足使用功能的要求，在使用上具有较大的适应性和灵活性；各功能分区既相互独立又有机联系，便于统一管理。

② 建筑沿街部分首层设置为临街商铺、商场，利用周边城市道路及 A、B 分区自然形成东西贯通的商业步行街，充分挖掘该地块的商业潜能；二层设置商场；二层以上为住宅。

③ 高层产品考虑布置于地块北部及西部，多层住宅的空间布置灵活，既充分利用有利朝向又避免联排的兵营式布局，使整个建筑群错落有致。住宅户型设计合理经济，充分考虑朝向及花园景观因素，利用自然通风、采光，降低能耗，组织好穿堂风。同时大阳台、多阳台设计使业主的生活更显舒适宜人。精彩的园林设计，精心的景象安排，使每一扇窗户都成为一个景框，将风景融入生活。实现了南北通透，客厅与主卧室均朝南且面向最佳观景的花

园式家园居住理想。

④ 户型比例，大户型单位 $120\sim130m^2$，占总户型 20％左右；中户型单位 $80\sim110m^2$，占总户型 40％左右；小户型单位 $60\sim80m^2$，占总户型 40％左右。

⑤ 建筑与空间形象鲜明，力求建筑艺术与现代科技的有机结合。建筑造型立意汉风、内涵丰富、简洁明快；具有继承性和前瞻性，强调统一和谐。设计重点在建筑的顶部、外墙和底部的细部刻画上。整体以冷色调为主，汉风坡屋顶采用灰瓦，外墙面设计上采用灰白搭配的典雅造型与简约处理手法相结合的方式，在大面积深浅不同的灰色中跳跃局部鲜亮色彩，产生既有对比又和谐统一的效果。整个立面设计清新明快，建筑的立面带有浓厚的汉风，表达出不断超越的人文精神和力量。汉风的特征：建筑形体稳重平和，建筑特色经久不衰，最为重要的是带有浓厚的中国文化气息。

四、消防设计

1. 总平面布置

① 小区消防总平面布置分 A、B、C 三个区，每个分区设两个以上出入口，并在两层沿街商业部分长度不超过 150m 或总长不超过 220m 设置一个穿过建筑的消防车道，消防车道宽不小于 4m，净高不小于 4m，距高层建筑外墙不小于 5m。

② 每幢高层建筑主体至少有一长边或超过 1/4 周长的主楼落地，沿建筑两个长边或环绕建筑设消防车道，消防车道转弯半径 9m，车道宽不小于 4m，并沿建筑长边或建筑主体 1/4 周长设消防登高面，消防登高面结合消防车道设计，登高面处消防车道宽 6m，距离建筑大于 5m。

③ 本工程建筑物与周边建筑物均满足消防要求：高层与其他高层建筑的距离均大于 13m；与其他多、低层建筑的距离大于 9m；多层与其他多、低层建筑的距离大于 6m。

2. 建筑设计

① 本工程地上高层建筑为一类高层建筑，耐火等级为一级。住宅每部楼梯均通至屋面，疏散楼梯底层有安全通道直通室外。单元式住宅楼梯在屋面可连通，剪刀梯住宅中，剪刀梯两个梯位的前室均分开设置，并在屋顶通过走道连通。

② 沿街布置两层商业与住宅按规范设置防火分隔，其疏散与住宅疏散完全分开。

③ 住宅每层设一个防火分区。

④ 地下室设置自动灭火系统，耐火等级均为一级，每个机动车库防火分区都有两个或两个以上直通室外的人员安全出入口，各人员安全出入口均设有甲级防火门，疏散距离均小于 60m。每个非机动车库设有两个或两个以上直通室外的人员安全出入口。其余防火分区都有一个或一个以上直通室外的人员安全出入口和一个通往相邻分区的连通口。

⑤ 地下室共三处，总建筑面积 $66000m^2$，地下室平时作为小汽车停放库及非机动车停放库，战时作为人防。车库的防火分类均为 I 类，耐火等级为一级。建筑构件燃烧性能及耐火极限均以国家规范为设计依据。各防火分区人员安全出口及疏散距离均按照规范严格设置。机动车停放库每个防火分区满足建筑面积小于 $4000m^2$（设喷淋）的要求，非机动车停放库每个防火分区建筑面积均小于 $1000m^2$。

⑥ 防火墙上设置的防火门均为甲级防火门；各层防烟楼梯及消防前室的疏散门均为乙级防火门；地下室通风设备机房为甲级防火门；管井检查门均为丙级防火门。所有防火门均向疏散方向开启。

⑦ 高层住宅首层沿街部分设置为临街商铺的设有直接开向室外的疏散口；二层局部设置为商场每个防火分区面积均小于 $2000m^2$，设自动喷水灭火系统，满足防火分区划分的面

积要求。

3. 建筑物内疏散走道及安全出口的设置

① 建筑首层各个临街商铺均设有直接开向室外的疏散门。

② 二层局部设置为商场，疏散门宽、疏散走道及疏散楼梯的宽度均能满足使用及疏散要求，按商业部分最多人数计算疏散门宽、疏散走道及疏散楼梯的宽度，设置两个以上出入口直接向室外疏散。防火分区内，房间门至最近的外部出口或楼梯间的最大距离≤30m，满足规范的要求；位于袋形走廊的房间门至最近的外部出口或楼梯间的最大距离≤20m，满足规范要求。

③ 通往地下室的楼梯与地上层共用楼梯时，在首层与地下层的出入口处，设置耐火极限不低于2.00h的隔墙及乙级防火门隔开，并设有明显标志。

④ 各层疏散口、疏散走道及疏散楼梯均设置疏散诱导标志且能满足规范及使用要求。首层疏散外门的总宽度符合疏散宽度要求。

⑤ 地下汽车库内最远工作点到楼梯间的最大距离≤60m（设自动喷淋），满足规范的要求。

4. 消防电梯

高层住宅楼每栋各设置一台消防电梯。消防电梯与防烟楼梯均设置前室，独立设置时均≥4.5m²，合用前室面积均≥6m²。

五、总结

建筑规划反映本地的城市文化和地区风貌，也是项目成功与否的关键。要打造高品位小区就必须注重整体规划与单体设计环节，必须对方案精心设计反复推敲，才能做出文化内涵丰富，艺术性强的作品。根据不同项目特定的环境精心设计，注重协调性、和谐性、耐看性，防止单调沉闷，尽量做到流畅大方，简洁明朗，虚实有度，刚柔相济，有节奏韵律感和时代特征，才可以经得起时间的考验。

第五章
建筑工程项目招标工作

第一节　工程项目招标基本原则及程序

一、招投标的概念

招标是指招标人事前公布工程、货物或服务等发包业务的相关条件和要求，通过发布广告或发出邀请函等形式，召集自愿参加竞争者投标，并根据事前规定的评选办法选定承包商的市场交易活动。在建筑工程施工招标中，招标人要根据投标人的投标报价、施工方案、技术措施、人员素质、工程经验、财务状况及企业信誉等方面进行综合评价，择优选择承包商，并与之签订合同。

投标就是投标人根据招标文件的要求，提出完成发包业务的方法、措施和报价，竞争取得业务承包权的活动。

二、招投标的主体

工程招投标的主体是指进行工程招标、投标活动的法人或其他组织，即招标人和投标人。

1. 招标人

招标人是指提出招标项目，进行招标活动的法人或非法人组织，主要有以下两种类型。

（1）法人　法人是指法律赋予相应人格，具备民事权利能力及民事行为能力并且能够依法独立享有民事权利、承担民事义务的社会组织。例如：企业法人、机关法人、事业单位法人、社会团体法人。

（2）非法人组织　非法人组织是指不具备法人条件的组织，主要有法人的分支机构、不具备法人资格的联营体、合伙企业及个人独资企业等。

2. 投标人

投标人是指响应招标、参加投标竞争的法人或非法人组织。

依法招标的科研项目、创意方案等智力技术服务允许自然人参加投标的，自然人也可以作为投标人。

此外，倘若招标文件允许，也可以由两个及以上的单位组成联合体进行投标。

三、招投标活动的基本原则

建设工程招投标活动的基本原则，就是建设工程招投标活动应遵循的普遍的指导思想或准则。根据《中华人民共和国招标投标法》（以下简称《招投标法》）规定，这些原则包括公开、公平、公正和诚实信用。

（1）公开原则　公开原则就是要求招投标活动具有高度的透明性，招标信息、招标程序必须公开，即必须做到招标通告公开发布，开标程序公开进行，中标结果公开通知，使每一个投标人获得同等的信息，在信息量相等的条件下进行公平的竞争。

（2）公平原则　公平原则要求给予所有投标人以完全平等的机会，使每一个投标人享有同等的权利并承担同等的义务，招标文件和招标程序不得含有任何对某一方歧视的要求或规定。

（3）公正原则　公正原则就是要求在选定中标人的过程中，评标机构的组成必须避免任何倾向性，评标标准必须完全一致。

（4）诚实信用原则　诚实信用原则也称诚信原则，要求招投标当事人应以诚实、守信的态度行使权利、履行义务，以维护双方的利益平衡。双方当事人都必须以尊重自身利益的同等态度尊重对方利益，同时必须保证自己的行为不损害第三方利益和国家、社会的公共利益。《招投标法》规定应该实行招标的项目不得规避招标，招标人和投标人不得有串通投标、泄露标底、骗取中标、非法转包等行为。

四、施工招标的程序

工程项目施工招标的每一个步骤都要按照相关法律法规的要求进行。图 5-1 所示为施工项目公开招标的程序。

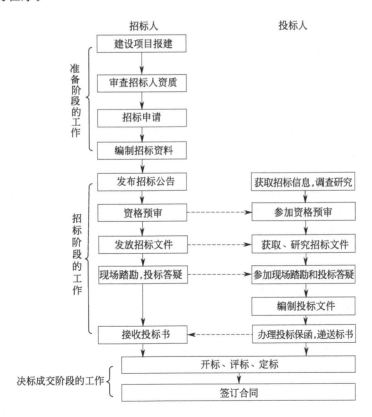

图 5-1　施工项目公开招标的程序

邀请招标的程序与公开招标基本相同。不同之处在于：邀请招标不需要公开发布招标公告，而是向被邀请的对象发出投标邀请书，也不需要进行资格预审。

第二节　工程项目报建及招标申请

一、项目报建

工程项目报建，是指工程项目的建设单位在工程开工前一定期限内向建设行政主管部门（或由建设工程招标投标管理机构代管）申报工程项目，办理项目登记手续。建设工程项目报建的范围为各类房屋建筑、土木工程、设备安装、管道线路敷设、装饰装修等，新建、扩建、改建、迁建、恢复建设的基本建设及技术改造项目。

工程项目报建的内容主要包括：

① 工程名称；

② 建设地点；

③ 建设内容；

④ 投资规模；

⑤ 资金来源；

⑥ 当年投资额；

⑦ 工程规模；

⑧ 计划开工、竣工日期；

⑨ 发包方式；

⑩ 基建班子及工程筹建情况；

⑪ 项目建议书或可行性研究报告批准书。

二、招标人资质审查和招标申请

各地一般规定，招标人进行招标，要向招投标管理机构填报招标申请书。招标申请书经批准后，方可以编制招标文件、评标定标办法和标底，并将这些文件报招投标管理机构批准。招标人或招标代理人也可在申报招标申请书时，一并将已经编制完成的招标文件、评标定标办法和标底报招投标管理机构批准。经招投标管理机构对上述文件进行审查认定后，方可发布招标公告或发出投标邀请书。

招标申请书是招标人向政府主管机构提交的要求开始组织招标的一种文书。其主要内容包括：招标工程具备的条件、招标的工程内容和范围、拟采用的招标方式和对投标人的要求、招标人或者招标代理人的资质等。制作或填写招标申请书，是一项实践性很强的基础工作，要充分考虑不同招标类型的不同特点，按照规范化的要求进行。进行招标申请时，招投标管理机构的审查内容如下。

（1）对招标人的资格进行审查　主要是查验招标人是否具有编制招标文件与组织评标的能力，符合条件的方可准许其自行招标，否则将要求其委托招标代理。所谓招标人具有编制招标文件与组织评标的能力，是指招标人具有与招标项目规模和复杂程度相适应的技术、经济方面的专业人员。

（2）对招标项目所具备的条件进行审查　符合条件的方准许其进行施工招标。

（3）对项目的招标方式进行审查　凡依法必须招标的项目，没有特殊情况必须公开招标。有特殊原因需要采用邀请招标或议标的，必须依据《招投标法》《工程建设项目施工招标投标办法》以及其他法律法规的规定进行严格审查。

第三节　工程项目招标资料及公告发布

一、编制招标资料

编制依法必须进行招标的项目的资格预审文件和招标文件，应当使用国务院发展改革部门会同有关行政监督部门制定的标准文本，以及国务院有关行政监督部门制定发布的行业标准文本。即当下的《中华人民共和国房屋建筑和市政工程标准施工招标文件》（以下简称《标准施工招标文件》）和《中华人民共和国房屋建筑和市政工程标准施工招标资格预审文件》（以下简称《标准施工招标资格预审文件》）。

工期在 12 个月以内、技术相对简单且设计和施工不是由同一承包人承担的小型项目，可以采用 2012 年编制的《中华人民共和国简明标准施工招标文件》；设计和施工一起发包给同一承包人实施的，可以使用 2012 年编制的《中华人民共和国标准设计施工总承包招标文件》。

1. 招标公告和资格预审公告

招标公告或资格预审公告应当至少载明下列内容：

① 招标人的名称和地址；

② 招标项目的内容、规模、资金来源；

③ 招标项目的实施地点和工期；

④ 获取招标文件或者资格预审文件的时间、地点、方式；

⑤ 递交招标文件或资格预审文件的时间和方式；

⑥ 对投标人的资格条件要求；

⑦ 其他必要内容。

《标准施工招标资格预审文件》和《标准施工招标文件》提供的资格预审公告和招标公告见表 5-1、表 5-2。资格预审文件和招标文件编制完成后，要报招标管理机构审查，审查同意后方可刊登资格预审（投标报名）公告、招标公告。

▢ 表 5-1　资格预审公告

资格预审公告

_____（项目名称）_____标段施工招标
资格预审公告(代招标公告)

1. 招标条件

　　本招标项目_____（项目名称）已由_____（项目审批、核准或备案机关名称）以_____（批文名称及编号）批准建设，项目业主为_____，建设资金来自_____（资金来源），项目出资比例为_____，招标人为_____，招标代理机构为_____。项目已具备招标条件，现进行公开招标，特邀请有兴趣的潜在投标人(以下简称申请人)提出资格预审申请。

2. 项目概况与招标范围

　　_____[说明本次招标项目的建设地点、规模、计划工期、合同估算价、招标范围、标段划分(如果有)等]。

3. 申请人资格要求

　　3.1　本次资格预审要求申请人具备_____资质，_____(类似项目描述)业绩，并在人员、设备、资金等方面具备相应的施工能力,其中,申请人拟派项目经理须具备_____专业_____级注册建造师执业资格和有效的安全生产考核合格证书,且未担任其他在施建设工程项目的项目经理。

3.2 本次资格预审_____(接受或不接受)联合体资格预审申请。联合体申请资格预审的,应满足下列要求:_____。

3.3 各申请人可就本项目上述标段中的_____(具体数量)个标段提出资格预审申请,但最多允许中标_____(具体数量)个标段(适用于分标段的招标项目)。

4. 资格预审方法

本次资格预审采用_____(合格制/有限数量制)。采用有限数量制的,当通过详细审查的申请人多于_____家时,通过资格预审的申请人限定为_____家。

5. 申请报名

凡有意申请资格预审者,请于_____年_____月_____日至_____年_____月_____日(法定公休日、法定节假日除外),每日上午_____时至_____时,下午_____时至_____时(北京时间,下同),在_____(有形建筑市场/交易中心名称及地址)报名。

6. 资格预审文件的获取

6.1 凡通过上述报名者,请于_____年_____月_____日至_____年_____月_____日(法定公休日、法定节假日除外),每日上午_____时至_____时,下午_____时至_____时,在_____(详细地址)持单位介绍信购买资格预审文件。

6.2 资格预审文件每套售价_____元,售后不退。

6.3 邮购资格预审文件的,需另加手续费(含邮费)_____元。招标人在收到单位介绍信和邮购款(含手续费)后_____日内寄送。

7. 资格预审申请文件的递交

7.1 递交资格预审申请文件截止时间(申请截止时间,下同)为_____年_____月_____日_____时_____分,地点为_____(有形建筑市场/交易中心名称及地址)。

7.2 逾期送达或者未送达指定地点的资格预审申请文件,招件人不予受理。

8. 发布公告的媒介

本次资格预审公告同时在_____(发布公告的媒介名称)上发布。

9. 联系方式

招 标 人:_____	招标代理机构:_____
地　　址:_____	地　　址:_____
邮　　编:_____	邮　　编:_____
联 系 人:_____	联 系 人:_____
电　　话:_____	电　　话:_____
传　　真:_____	传　　真:_____
电子邮件:_____	电子邮件:_____
网　　址:_____	网　　址:_____
开户银行:_____	开户银行:_____
账　　号:_____	账　　号:_____

_____年_____月_____日

▣ **表5-2 招标公告**

<table>
<tr><td colspan="2" align="center">**招标公告(未进行资格预审)**</td></tr>
<tr><td colspan="2" align="center">_____(项目名称)_____ **标段施工招标公告**</td></tr>
</table>

1. 招标条件

本招标项目_____(项目名称)已由_____(项目审批、核准或备案机关名称)以_____(批文名称及编号)批准建设,招标人(项目业主)为_____,建设资金来自_____(资金来源),项目出资比例为_____。项目已具备招标条件,现对该项目的施工进行公开招标。

2. 项目概况与招标范围

_____[说明本招标项目的建设地点、规模、合同估算价、计划工期、招标范围、标段划分(如果有)等]。

3. 投标人资格要求

3.1 本次招标要求投标人须具备_____资质,_____(类似项目描述)业绩,并在人员、设备、资金等方面具有相应的施工能力,其中,投标人拟派项目经理须具备_____专业_____级注册建造师执业资格,具备有效的安全生产考核合格证书,且未担任其他在施建设工程项目的项目经理。

3.2 本次招标_____(接受或不接受)联合体投标。联合体投标的,应满足下列要求:_____
_____。

3.3 各投标人均可就本招标项目上述标段中的_____(具体数量)个标段投标,但最多允许中标_____(具体数量)个标段(适用于分标段的招标项目)。

4. 投标报名

凡有意参加投标者,请于___年___月___日至___年___月___日(法定公休日、法定节假日除外),每日上午___时至___时,下午___时至___时(北京时间,下同),在_____(有形建筑市场/交易中心名称及地址)报名。

5. 招标文件的获取

5.1 凡通过上述报名者,请于___年___月___日至___年___月___日(法定公休日、法定节假日除外),每日上午___时至___时,下午___时至___时,在_____(详细地址)持单位介绍信购买招标文件。

5.2 招标文件每套售价_____元,售后不退。图纸押金_____元,在退还图纸时退还(不计利息)。

5.3 邮购招标文件的,需另加手续费(含邮费)_____元。招标人在收到单位介绍信和邮购款(含手续费)后_____日内寄送。

6. 投标文件的递交

6.1 投标文件递交的截止时间(投标截止时间,下同)为___年___月___日___时___分,地点为_____(有形建筑市场交易中心名称及地址)。

6.2 逾期送达的或者未送达指定地点的投标文件,招标人不予受理。

7. 发布公告的媒介

本次招标公告同时在_____(发布公告的媒介名称)上发布。

8. 联系方式

招 标 人:_____	招标代理机构:_____
地 址:_____	地 址:_____
邮 编:_____	邮 编:_____
联 系 人:_____	联 系 人:_____
电 话:_____	电 话:_____
传 真:_____	传 真:_____
电子邮件:_____	电子邮件:_____
网 址:_____	网 址:_____
开户银行:_____	开户银行:_____
账 号:_____	账 号:_____

___年___月___日

2. 资格预审文件

根据《标准施工招标资格预审文件》规定,资格预审文件一般包括下列内容:第一章资格预审公告;第二章申请人须知;第三章资格审查办法;第四章资格预审申请文件格式;第五章项目建设概况。

其中,第四章资格预审申请文件格式包括以下内容。

① 资格预审申请函。

② 法定代表人身份证明。

③ 授权委托书。

④ 联合体协议书。

⑤ 申请人基本情况表。

⑥ 近年财务状况表,需是经过会计师事务所或者审计机构审计的财务会计报表,包括近年资产负债表、近年损益表、近年利润表、近年现金流量表以及财务状况说明书。

⑦ 近年完成的类似项目情况表。

⑧ 正在施工的和新承接的项目情况表。

⑨ 近年发生的诉讼和仲裁情况。

⑩ 其他材料，如：近年不良行为记录情况；在建工程以及近年已竣工工程合同履行情况；拟投入主要施工机械设备情况表；拟投入项目管理人员情况表。

3. 招标文件

根据《标准施工招标文件》规定，招标文件一般包括下列内容：第一章招标公告（或投标邀请书）；第二章投标人须知；第三章评标办法；第四章合同条款及格式；第五章工程量清单；第六章图纸；第七章技术标准和要求；第八章投标文件格式。

其中，投标人须知的正文包括以下内容。

（1）项目概况

（2）资金来源和落实情况

（3）招标范围、计划工期和质量要求

（4）投标人资格要求（适用于未进行资格预审的）　包括投标人应具备承担本标段施工的资质条件、能力和信誉，如：资质条件、财务要求、业绩要求、信誉要求、项目经理资格及其他要求。

投标人须知前附表规定接受联合体投标的，除应符合上述要求外，还应满足以下要求。

① 联合体各方应按招标文件提供的格式签订联合体协议书，明确联合体牵头人和各方权利义务。

② 由同一专业的单位组成的联合体，按照资质等级较低的单位确定资质等级；联合体各方不得再以自己名义单独或参加其他联合体在同一标段中投标。

投标人不得存在下列情形之一：

a. 为招标人不具有独立法人资格的附属机构（单位）；

b. 为本标段前期准备提供设计或咨询服务的，但设计施工总承包的除外；

c. 为本标段的监理人；

d. 为本标段的代建人；

e. 为本标段提供招标代理服务的；

f. 与本标段的监理人或代建人或招标代理机构同为一个法定代表人的；

g. 与本标段的监理人或代建人或招标代理机构相互控股或参股的；

h. 与本标段的监理人或代建人或招标代理机构相互任职或工作的；

i. 被责令停业的；

j. 被暂停或取消投标资格的；

k. 财产被接管或冻结的；

l. 在最近三年内有骗取中标，或严重违约，或重大工程质量问题的。

（5）投标人准备和参加投标活动发生的费用承担规定

（6）保密要求

（7）语言文字规定

（8）计量单位规定

（9）踏勘现场安排

（10）投标预备会安排

（11）工程分包限制

（12）允许投标文件偏离招标文件某些要求的范围和幅度

4. 标底和招标控制价

（1）标底　标底是建筑安装工程造价的一种表现形式。它是由招标人或其委托的造价咨询机构根据招标项目的具体情况编制的关于工程造价的预期心理价格，往往作为评标的参考依据。

招标人可以自行决定是否编制标底，如果编制，一个招标项目只能有一个标底。标底应在招标文件发出前编制完成，在开标前保密。

接受委托编制标底的中介机构不得参加受托编制标底项目的投标，也不得为该项目的投标人编制投标文件或者提供咨询。

（2）招标控制价　招标控制价是招标人根据国家或省级、行业建设主管部门颁发的有关计价依据和办法，以及拟定的招标文件和招标工程量清单，结合工程具体情况编制的招标工程的最高投标限价。招标人不得规定最低投标限价。

国有资金投资的建设工程招标，招标人必须编制招标控制价；投标人的报价不得超过控制价；控制价应公开。

招标控制价应由招标人负责编制，当招标人不具备相应能力时，可委托造价咨询机构进行编制。

二、发布资格预审公告或招标公告

采用公开招标方式的，招标人要在报刊、广播、电视、电脑网络等大众传媒，或工程交易中心公告栏上发布资格预审公告或招标公告。信息发布所采用的媒体，应与潜在投标人的分布范围相适应，不相适应的是一种违背公正原则的违规行为。如国际招标的应在国际性媒体上发布信息，全国性招标的就应在全国性媒体上发布信息，否则即被认为是排斥潜在投标人。必须强调的是，依法必须进行招标的项目的资格预审公告和招标公告，应当在国务院发展改革部门依法指定的媒介发布，如"中国招标投标公共服务平台"，或项目所在地省级电子招标投标公共服务平台。

在不同媒介发布的同一招标项目的资格预审公告或者招标公告的内容应当一致。指定媒介发布依法必须进行招标的项目的境内资格预审公告、招标公告，不得收取费用。

发布招标公告有两种做法：一是实行资格预审（即在投标前进行资格审查）的，用资格预审公告代替招标公告，即只发布资格预审公告。通过发布资格预审公告，邀请投标人。二是实行资格后审（即在开标后进行资格审查）的，不发资格审查公告，而只发招标公告。通过发布招标公告，招请投标人。各地的做法，习惯上都是在投标前对投标人进行资格审查，这应属于资格预审，但常常不太注意对资格预审公告和招标公告在使用上的区分。

根据《招标公告和公示信息发布管理办法》（国家发展改革委第10号令）的规定，招标人或其委托的招标代理机构有下列行为之一的，由国家发展计划委员会和有关行政监督部门责令改正，并视情节依照《招投标法》和有关规定处罚：

① 依法必须公开招标的项目不按照规定在指定媒介发布招标公告和公示信息；

② 在不同媒介发布的同一招标项目的资格预审公告或者招标公告的内容不一致，影响潜在投标人申请资格预审或者投标；

③ 资格预审公告或者招标公告中有关获取资格预审文件或者招标文件的时限不符合招标投标法律法规规定；

④ 资格预审公告或者招标公告中以不合理的条件限制或者排斥潜在投标人。

采用邀请招标方式的，招标人要向3个以上具备承担招标项目的能力、资信良好的特定的承包商发出投标邀请书。

【例5-1】　资格预审公告发布实例

××市用地方财政投资修建一市政道路。由于投资额较大，依法必须以招标的方式选择施工单位。招标人在国家及地方指定媒体上发布了资格预审公告。在购买资格预审文件后的3日内，资格预审申请人A向招标人提出了质疑，认为资格预审文件中关于"中央、军队在本省的施工单位和外省市进本省的施工单位还应持有本省建设厅注册登记或审批手续的证明文件"的规定，属于歧视性条款，严重违背了招标的公平、公正的原则。对于申请人 A 提出的质疑，招标人在收到其质疑函后做出了答复："外省市投标人进入本省参与投标应该遵守本省的相关规定。"申请人 A 经查阅，发现该省建设厅颁发的文件中明确规定：中央、军队在本省的施工单位和外省市进本省的施工单位还应持有本省建设厅注册登记或审批手续的证明文件。

【分析】

本案中，该省建设厅文件以及资格预审文件中明确规定中央、军队在本省的施工单位和外省市进本省的施工单位还应持有本省建设厅注册登记或审批手续的证明文件，直接违反了《招投标法》第六条关于依法必须进行招标的项目，其招标投标活动不受地区或者部门的限制，任何单位和个人不得违法限制或者排斥本地区、本系统以外的法人或者其他组织参加投标的规定。按《中华人民共和国立法法》，上述条款违反了其上位法《招投标法》规定，属于无效条款。

第四节　工程项目资格预审及招标文件发放

一、资格预审

1. 资格预审的概念和目的

资格预审就是招标人通过对投标人按照资格预审通告或招标公告的要求提交或填报的有关资格预审文件和资料的审查，确定合格投标人的活动。

通过资格预审，招标人对申请参加投标的潜在投标人进行资质条件、业绩、信誉、技术、资金等多方面情况进行资格审查，只有在资格预审中被认定为合格的潜在投标人（或合格申请人），才可以参加投标。

资格预审的目的是为了排除那些不合格的投标人，进而降低招标人的采购成本，提高招标工作效率。

了解投标单位的技术和财务实力及管理经验，限制不符合要求条件的单位盲目参加投标，对业主来说，可以通过资格预审淘汰不合格或资质不符的投标人，减少评审阶段的工作时间，减少评审费用；对施工企业来说，不够资质的企业不必浪费时间与精力，可以节约投标费用。

2. 资格预审的内容

在获得招标信息后，有意参加投标的单位应根据资格预审公告的要求，携带有关证明材料到指定地点报名并接受资格预审。资格预审主要审查潜在投标人是否符合下列条件：

① 具有独立订立合同的权利；

② 具有履行合同的能力，包括专业、技术资格和能力，资金、设备和其他物质设施状况，管理能力，经验、信誉和相应的从业人员；

③ 没有处于被责令停业、投标资格被取消、财产被接管和冻结、破产状态；

④ 在最近三年内没有骗取中标和严重违约及重大工程质量问题；

⑤ 法律、行政法规规定的其他资格条件。

3. 资格预审的程序

（1）编制资格预审文件

（2）发布资格预审公告

（3）发放资格预审文件　资格预审文件的发放时间不得少于5日。

（4）澄清资格预审文件　招标人可以对已发出的资格预审文件进行必要的澄清或者修改。澄清或者修改的内容可能影响资格预审申请文件的，招标人应当在提交资格预审申请文件截止时间至少3日前，以书面形式通知所有获取资格预审文件的潜在投标人；不足3日的，招标人应当顺延提交资格预审申请文件的截止时间。

当资格预审文件、资格预审文件的澄清或修改等在同一内容的表述上不一致时，以最后发出的书面文件为准。申请人如有疑问，应在规定的时间前以书面形式，要求招标人对文件进行澄清。招标人则应在规定的时间前，以书面形式将澄清内容发给所有购买资格预审文件的申请人，但不指明澄清问题的来源。申请人收到澄清通知后，应在规定的时间内以书面形式通知招标人，确认已收到该通知。

（5）申请人提交资格预审文件　从停止发放资格预审文件之日到提交文件的截止日，不得少于5日。

（6）评审资格预审文件　招标人应当组建资格审查委员会，负责审查资格预审申请文件。资格审查委员会及其成员应当遵守《招投标法》和《招投标法实施条例》中有关评标委员会及其成员的规定。

招标人应当在资格预审文件中载明资格预审的资格条件、评审标准和方法。招标人不得改变载明的资格条件，或者以没有载明的资格条件对潜在投标人进行资格审查。

资格预审有合格制与有限数量制两种办法，适用于不同的条件。

合格制。合格制是指凡符合资格预审文件规定的资格条件的投标申请人，即取得相应投标资格。其优点是：投标竞争性强，有利于获得更多、更好的投标人和投标方案；对满足资格条件的所有投标申请人公平、公正。缺点是：投标人可能较多，从而加大招标和评标工作量，浪费社会资源。

有限数量制。当潜在投标人过多时，可采用有限数量制。招标人在资格预审文件中既要规定投标资格条件、评审标准和评审方法，又应明确通过资格预审的投标申请人数量。一般采用综合评估法对投标申请人的资格条件进行量化打分，然后根据分值高低排序，并按规定的限制数量由高到低确定合格申请人。目前除各行业部门规定外，尚未统一规定合格申请人的最少数量，原则上满足3家以上。采用有限数量制有利于降低招投标活动的社会综合成本，但在一定程度上可能限制了潜在投标人的范围，降低投标竞争性。

【例5-2】　工程施工招标项目资格审查实例

某地政府投资工程采用委托招标方式组织施工招标。依据相关规定，资格预审文件采用当下《中华人民共和国标准施工招标资格预审文件》编制。招标人共收到了16份资格预审申请文件，其中2份资格申请文件系在资格预审申请截止时间后2分钟收到。招标人按照以下程序组织了资格审查。

1.组建资格审查委员会，由审查委员会对资格预审申请文件进行评审和比较。审查委员会由5人组成，其中招标人代表1人，招标代理机构代表1人，政府相关部门组建的专家库中抽取技术、经济专家3人。

2.对资格预审申请文件外封装进行检查，发现2份申请文件的封装、1份申请文件封套盖章不符合资格预审文件的要求，这3份资格预审申请文件为无效申请文件。审查委员会认为只要在资格审查会议开始前送达的申请文件均为有效。这样，2份在资格预审申请截止时间后送达的申请文件，由于其外封装和标识符合资格预审文件要求，为有效资格预审申请文件。

3.对资格预审申请文件进行初步审查。发现有1家申请人使用的施工资质为其子公司资质，还有1家申请人为联合体申请人，其中1个成员又单独提交了1份资格预审申请文件。审查委员会认为这3家申请人不符合相关规定，不能通过初步审查。

4. 对通过初步审查的资格预审申请文件进行详细审查。审查委员会依照资格预审文件中确定的初步审查事项，发现有一家申请人的营业执照副本（复印件）已经超出了有效期，于是要求这家申请人提交营业执照的原件进行核查。在规定的时间内，该申请人将其重新申办的营业执照原件交给了审查委员会核查，确认合格。

5. 审查委员会经过上述审查程序，确认了10份资格预审申请文件通过了审查，并向招标人提交了资格预审书面审查报告，确定了通过资格审查的申请人名单。

问题：

1. 招标人组织的上述资格审查程序是否正确？为什么？如果不正确，给出一个正确的资格审查程序。

2. 审查过程中，审查委员会的做法是否正确？为什么？

3. 如果资格预审文件中规定确定7名资格审查合格的申请人参加投标，招标人是否可以在上述通过资格预审的10人中直接确定，或者采用抽签方式确定7人参加投标？为什么？正确的做法应该怎样做？

【解析】 1. 本案中，招标人组织资格审查的程序不正确。

一般而言，对资格预审申请文件的封装和标识进行检查，不属于资格审查委员会的职责，而是招标人的职责。

正确的资格审查程序为：

（1）招标人组建资格审查委员会；

（2）对资格预审申请文件进行初步审查；

（3）对资格预审申请文件进行详细审查；

（4）确定通过资格预审的申请人名单；

（5）完成书面资格审查报告。

2. 审查过程中，审查委员会第1、2和4步的做法不正确。

第1步资格审查委员会的构成比例不符合招标人代表不能超过三分之一、政府相关部门组建的专家库专家不能少于三分之二的规定，因为招标代理机构的代表参加评审，视同招标人代表。

第2步中对2份在资格预审申请截止时间后送达的申请文件评审为有效申请文件的结论不正确，不符合市场交易中的诚信原则，也不符合《中华人民共和国标准施工招标资格预审文件》（2007年版）的精神。

第4步中查对原件的目的仅在于审查委员会进一步判定原申请文件中营业执照副本（复印件）的有效与否，而不是判断营业执照副本原件是否有效。

3. 招标人不可以在上述通过资格预审的10人中直接确定，或者采用抽签方式确定7人参加投标，因为这些做法不符合评审活动中的择优原则，限制了申请人之间平等竞争，违反了公平竞争的招标原则。

（7）资格预审文件的修改 在资格预审文件的评审过程中，招标人发现资格预审文件中存在偏差、错误或遗漏的问题，可以在申请人须知前附表规定的时间前，以书面形式通知申请人修改资格预审文件。申请人收到修改的通知后，应在规定的时间内以书面形式向招标人确认。

（8）通知和确认 经资格预审后，招标人应在申请人须知前附表规定的时间内，向资格预审合格的申请人发出资格预审合格通知书，告知获取招标文件的时间、地点和方法，同时向资格预审不合格的申请人告知资格预审结果。资格预审不合格的申请人不得参加投标。申请人收到通知后，应进行书面确认。合格投标人名单一般要报当地招投标管理机构复查。

《招投标法实施条例》第三十二条规定，招标人不得以不合理的条件限制、排斥潜在投标人或者投标人。招标人有下列行为之一的，属于以不合理条件限制、排斥潜在投标人或者投标人：

① 就同一招标项目向潜在投标人或者投标人提供有差别的项目信息；

② 设定的资格、技术、商务条件与招标项目的具体特点和实际需要不相适应或者与合同履行无关；

③ 依法必须进行招标的项目以特定行政区域或者特定行业的业绩、奖项作为加分条件或者中标条件；

④ 对潜在投标人或者投标人采取不同的资格审查或者评标标准；

⑤ 限定或者指定特定的专利、商标、品牌、原产地或者供应商；

⑥ 依法必须进行招标的项目非法限定潜在投标人或者投标人的所有制形式或者组织形式；

⑦ 以其他不合理条件限制、排斥潜在投标人或者投标人。

有上述行为的要根据《招投标法》的第五十一条的规定进行处罚。

4. 联合体的资格预审

两个以上法人或者其他组织可以组成一个联合体，以一个投标人的身份共同投标。

投标人可以单独参加资格预审，也可以作为联合体的成员参加资格预审，但不允许投标人参加同一个项目的一个以上的投标，任何违反这一规定的资格预审申请书将被拒绝。

联合体各方应当具备承担招标项目的相应能力，国家有关规定或者招标文件对投标人资格条件有规定的，联合体各方均应当具备规定的相应资格条件。由同一专业的单位组成的联合体，按照资质等级较低的单位确定资质等级。

联合体各方应当签订共同投标协议，明确约定各方拟承担的工作和责任，并将共同投标协议连同投标文件一并提交招标人。联合体中标的，联合体各方应当共同与招标人签订合同，就中标项目向招标人承担连带责任。

联合体参加资格预审的，应符合下列要求。

① 联合体的每一个成员均须提交与单独参加资格预审的单位要求一样的全套文件。

② 在资格预审文件中必须规定，资格预审合格后，作为投标人将参加投标并递交合格的投标文件。该投标文件连同后来的合同应共同签署，以便对所有联合体成员作为整体和独立体均具有法律约束力。在提交资格审查有关资料时，应附上联合体协议，该协议中应规定所有联合体成员在合同中共同的和各自的责任。

③ 预审文件须包括一份联合体各方计划承担的合同额和责任的说明。联合体的每一成员须具备执行它所承担的工程的充足经验和能力。

④ 预审文件中应指定一个联合体成员作为主办人（或牵头人），主办人应被授权代表所有联合体成员接受指令，并且由主办人负责整个合同的全面实施。

联合体如果达不到上述要求，其提交的资格预审申请将被拒绝。资格预审后，任何联合体的组成和其他的任何变化，须在投标截止日之前征得招标人或招标代理人的书面同意。经审查合格的联合体，不得再分开或加入其他联合体。

5. 资格后审

对于投标人的资格审查，除了资格预审以外，还可以采用资格后审。资格后审是指在开标后对投标人进行的资格审查。招标人可以根据招标项目特点自主选择采用资格预审或者资格后审办法。

资格后审通常放在开标后的初步评审阶段。评标委员会根据招标文件规定的投标资格条件对投标人资格进行评审，投标资格评审合格的投标文件进入详细评审。

采用资格后审的优点是可以避免资格预审的工作环节，缩短招标时间，有利于节约招标费用。缺点是在投标人过多时会增加评标工作量。

资格后审主要适用于邀请招标，以及潜在投标人数量不多的公开招标。

二、发放招标文件

经资格审查合格后，由招标人或招标代理人通知合格者到指定网站下载招标文件，参加投标。招标人向经审查合格的投标人分发招标文件及有关资料。公开招标实行资格后审的，直接向投标报名者分发招标文件和有关资料。

招标文件发出后，招标人不得擅自变更其内容。对于依法必须招标的项目，若确需进行必要的澄清、修改或补充的，招标人应当在招标文件要求的提交投标文件的截止时间至少 15 天前，书面通知所有获得招标文件的投标人。该澄清或修改的内容应作为招标文件的组成部分。

有些项目会要求投标人在获取招标文件前，向招标人提交投标保证金。

投标保证金是招标人为了防止发生投标人不递交投标文件，或递交毫无意义或未经充分、慎重考虑的投标文件，或投标人中途撤回投标文件，或中标后不签署合同等情况的发生而设定的一种担保形式。其目的是约束投标人的投标行为，保护招标人的利益，维护招投标活动的正常秩序，这也是国际上的一种习惯做法。

投标保证金的收取和缴纳办法，应在招标文件中说明。投标保证金可采用现金、支票、银行汇票，也可以是银行出具的银行保函。投标保证金的额度，根据工程投资大小由建设单位在招标文件中确定。《工程建设项目施工招标投标办法》（七部委令第 30 号）规定：投标保证金一般不得超过招标项目估算价的 2%。投标保证金的有效期与投标有效期一致。

投标保证金的直接目的虽是保证投标人对投标活动负责，但其一旦缴纳和接受，对双方都有约束力。如果投标人未按规定的时间要求递交投标文件，在投标有效期内撤回投标文件，经开标、评标获得中标后不与招标人订立合同的，投标保证金都会被没收。而且，投标保证金被没收并不能免除投标人因此而应承担的赔偿和其他责任，招标人有权就此向投标人或投标保函出具者索赔，或要求其承担其他相应的责任。对于中标的投标人，在依中标通知书签订合同时，招标人原额退还其投标保证金。对于未中标的投标人，在签订合同后，招标人原额退还其投标保证金。

招标人收取投标保证金后，如果不按规定的时间要求接受投标文件，在投标有效期内拒绝投标文件，中标人确定后不与中标人订立合同的，则要双倍返还投标保证金。而且，双倍返还投标保证金并不能免除招标人因此而应承担的赔偿和其他责任，投标人有权就此向招标人索赔或要求其承担其他相应的责任。

第五节　工程项目现场踏勘及准备

一、现场踏勘

招标人组织投标人踏勘现场的目的在于了解工程场地和周围环境情况，以获取投标人认为有必要的信息。投标人在踏勘现场中如有疑问，应在投标预备会前以书面形式向招标人提出，给招标人留有解答时间。

踏勘现场主要应了解以下内容：

① 施工现场是否达到招标文件规定的条件；

② 施工现场的地理位置、地形和地貌；

③ 施工现场的地质、土质、地下水位、水文等情况；

④ 施工现场气候条件，如气温、湿度、风力、年雨雪量等；

⑤ 现场环境，如交通、饮水、污水排放、生活用电、通信等；

⑥ 工程在施工现场的位置与布置；

⑦ 临时用地、临时设施搭建等。

【例 5-3】 现场踏勘实例

某项目招标人规定于某日上午 9:30 在某地点集合后，组织现场踏勘，采用了以下组织程序：

1. 潜在投标人在规定的地点集合。在上午 9:30，招标人逐一点名潜在投标人是否派人到达集合地点，结果发现有两个潜在投标人还没有到达集合地点。与这两个潜在投标人电话联系后确认他们在 10 分钟后可以到达集合地点，于是征求已经到场的潜在投标人，将出发时间延长 15 分钟。

2. 组织潜在投标人前往项目现场。

3. 组织现场踏勘，按照准备好的介绍内容，带着潜在投标人边走边介绍。有一个潜在投标人在踏勘中发现有两个污水井，询问该污水井及相应管道是否要保护。招标人明确告诉该投标人需要保护，因其为市政污水干线管路。

其他潜在投标人就各自的疑问分别进行询问，招标人逐一进行了澄清或说明。随后结束了现场踏勘。

4. 招标人针对潜在投标人提出的问题进行了书面澄清，在投标截止时间 15 日前发给了所有招标文件的收受人。

5. 现场踏勘结束后 3 日，有两个潜在投标人提出上次现场踏勘有些内容没看仔细，希望允许其再次进入项目现场踏勘，同时也希望招标人就其关心的一些问题进行介绍。招标人对此表示同意，在规定的时间，这两个潜在投标人在招标人的组织下再次进行了现场踏勘。

问题：

1. 招标人的组织程序是否存在问题？说明理由。

2. 招标人组织过程中是否存在不足？说明理由。

【解析】 1. 本案中，招标人在组织过程中，第 1、5 两步存在问题。

第 1 步中，招标人逐一点名确认潜在投标人是否派人到场参与现场踏勘活动的做法，违反了《招投标法》规定的招标人不得向他人透露已获取招标文件的潜在投标人的名称、数量等需要保密的信息的规定。

第 5 步中，招标人组织投标人中的两个潜在投标人踏勘项目现场的做法，违反了《工程建设项目施工招标投标办法》中，招标人不得单独或者分别组织任何一个投标人进行现场踏勘的规定。

2. 本案中，招标人的组织过程存在不足。如第 3 步中，招标人的准备不充分，没有安排好一个统一的路线，没有将本次招标涉及的现场条件进行一个完整的介绍，比如案例中潜在投标人询问的污水井、污水管道问题等，就属于该类问题。同时为了保证参与现场踏勘活动的潜在投标人了解招标人介绍的信息，招标人的介绍应针对参加了现场踏勘的所有潜在投标人进行介绍，以保证招标投标活动的公平性原则。

二、投标预备会

投标预备会又称为答疑会议，其目的在于澄清招标文件中的疑问，解答投标人对招标文件和现场踏勘中提出的问题。

在投标预备会上，招标人除解答投标人的问题外，必要时还应对图纸进行交底和解释。会议应形成会议纪要，一般会议纪要应报招投标管理机构核准。若允许会后提问的，提问应采用书面形式，解答也应采用书面形式，招标人应保证所有书面解答都在同一时刻发给所有投标人。如需要修改或补充招标文件内容的，招标单位可根据情况延长投标截止时间。

投标预备会主要议程如下：

① 介绍参加会议单位和主要人员；

② 介绍问题解答人；

③ 解答投标单位提出的问题；

④ 通知有关事项。

三、接收投标文件

投标文件是投标单位在充分领会招标文件要求，进行现场踏勘和调查的基础上所编制的投标文书，是对招标文件提出的要求的响应和承诺。

招标人应确定投标人编制投标文件需要的合理时间。依法必须招标的项目，自招标文件开始发出之日起至投标人递交投标文件的截止之日止，最短不得少于 20 日。

《招投标法》第二十八条规定，投标人应当在招标文件要求提交投标文件的截止时间前，将投标文件送达投标地点。在招标文件要求提交投标文件的截止时间后送达的投标文件，招标人应当拒收。

《招投标法》还规定，招标人收到投标文件后，应当签收保存，不得开启。《工程建设项目施工招标投标办法》（七部委第 30 号令）进一步在第三十八条中规定，招标人收到投标文件后，应当向投标人出具标明签收人和签收时间的凭证，在开标前任何单位和个人不得开启投标文件。

第六节　工程项目开标、评标及定标

一、开标

1. 开标会议

开标应当在招标文件规定的时间、地点公开进行。开标会议由招标人主持，并在招投标管理机构的监督下进行，还可以邀请公证机关对开标全过程进行公证。

参加开标会议的人员，包括招标人或招标人代表、投标人的法定代表人或其委托的代理人、招投标管理机构的监管人员，可能还有公证人员。许多地方规定投标书中指定的项目负责人（如项目经理等）应参加会议。招标文件中规定应出席会议的投标方人员未按时出席开标会议的，其投标文件有可能被视为无效标。评标组织成员不得参加开标会议。

2. 开标会议议程

开标会议的议程如下。

① 参加开标会议的人员签到。

② 招标人主持开标会议。会议主持人宣布开标会议开始，同时宣布开标纪律，开标人、唱标人、记录人和监标人名单，评标定标办法。如果设有标底的，在开标时公布标底。

③ 由招标人代表、招标投标管理机构的人员和公证员核查投标人提交的与标书评分有关的证明文件原件，确认后加以记录。

④ 检验投标文件的密封性。由投标人或其委托的代表核查投标文件，检视其密封、标志、签署等情况，经确认无误后，宣布核查检视结果，并当众启封投标文件。凡未按招标文件和有关规定进行密封、标志、签署的投标书将被拒绝。

⑤ 由唱标人进行唱标。唱标是指当众宣读投标人名称、投标报价、工期、质量、投标

保证金、优惠条件等投标书的主要内容。

⑥ 由投标人的法定代表人或其委托代理人核对开标会议记录，并签字确认开标结果。

开标会议的记录人员应现场起草开标会议记录，将开标会议的全过程和主要情况，特别是投标人参加会议的情况、对投标文件的核查检视结果、开启并宣读的投标文件和标底的主要内容等，当场记录在案，并请投标人的法定代表人或其委托的代理人核对无误后签字确认。开标会议记录应存档备查。投标人在开标会议记录上签字后，即退出会场。至此，开标会议结束，转入评标阶段。

3. 开标过程中应确认的无效投标文件

在开标过程中，遇到投标文件有下列情形之一的，应当确认为无效：

① 逾期送达的；

② 未按招标文件的要求密封的。

至于涉及投标文件实质性未响应招标文件的，应当留待评标时由评标组织评审、确认投标文件是否有效。开标过程中被确认无效的投标文件，一般不再启封或宣读，并且无效标的确认工作，应在开标会议上当众进行，由参加会议的人员监督，经招投标管理机构认可后宣布。

由于在开标过程中部分投标书被确认为无效标，有效投标不足三个使得投标明显缺乏竞争的，应当重新招标。

二、评标

1. 评标组织

评标由依法组建的评标委员会在招投标管理机构和公证机构监督下进行。评标委员会向招标人推荐中标候选人或者根据招标人的授权直接确定中标人。

评标委员会由招标人负责组建。评标委员会成员名单一般应于开标前确定，在中标结果确定前应当保密。

评标委员会由招标人或其委托的招标代理机构熟悉相关业务的代表，以及有关技术、经济等方面的专家组成，成员人数为五人以上的单数，其中技术、经济等方面的专家不得少于成员总数的三分之二。

评标委员会设有负责人的，负责人由评标委员会成员推举产生或者由招标人确定。

评标委员会负责人与评标委员会的其他成员有同等的表决权。

《招投标法实施条例》规定，除《招投标法》第三十七条第三款规定的特殊招标项目外，依法必须进行招标的项目，其评标委员会的专家成员应当从评标专家库内相关专业的专家名单中以随机抽取的方式确定。任何单位和个人不得以明示、暗示等方式指定或者变相指定参加评标委员会的专家成员。

依法必须招标的项目的招标人，非因《招投标法》和《招投标法实施条例》规定的事由，不得更换依法确定的评标委员会成员。更换评标委员会的专家成员也应当依照上述规定进行。

评标过程中，评标委员会成员有回避事由、擅离职守，或者因健康等原因不能继续评标的，应当及时更换。被更换的评标委员会成员作出的评审结论无效，由更换后的评标委员会成员重新进行评审。

评标专家应符合下列条件：

① 从事相关专业领域工作满八年并具有高级职称或者同等专业水平；

② 熟悉有关招投标的法律法规，并具有与招标项目相关的实践经验；

③ 能够认真、公正、诚实、廉洁地履行职责。

有下列情形之一的，不得担任评标委员会成员：

① 投标人或者投标人主要负责人的近亲属；

② 项目主管部门或者行政监督部门的人员；

③ 与投标人有经济利益关系，可能影响对投标公正评审的；

④ 曾因在招标、评标以及其他与招投标有关的活动中从事违法行为而受过行政处罚或刑事处罚的。

评标委员会成员有上述情形之一的，应当主动提出回避。

有关的法律法规规定，招标人应当向评标委员会提供评标所必需的信息，但不得明示或者暗示其倾向或者排斥特定投标人。

评标委员会成员应当依照《招投标法》和《招投标法实施条例》的规定，按照招标文件规定的评标标准和方法，客观、公正地对投标文件提出评审意见。招标文件没有规定的评标标准和方法不得作为评标的依据。

评标委员会成员不得私下接触投标人，不得收受投标人给予的财物或者其他好处，不得向招标人征询确定中标人的意向，不得接受任何单位或者个人明示或者暗示提出的倾向或者排斥特定投标人的要求，不得有其他不客观、不公正履行职务的行为。

评标委员会成员和与评标活动有关的工作人员，不得透露对投标文件的评审和比较、中标候选人的推荐情况以及与评标有关的其他情况。上述与评标活动有关的工作人员，是指评标委员会成员以外的，因参与评标监督工作或者事务性工作而知悉有关评标情况的所有人员。

2. 评标工作内容

评标委员会对投标文件审查、评议主要包括以下内容。

（1）投标人资格审查（适用于资格后审项目） 投标人资格审查是按照招标文件约定的合格投标人的资格条件。审查投标人递交的投标文件中关于投标人资格和合格条件部分的相关资料，对投标人的资格进行定性的判断，即合格或不合格。对于投标人资格审查不合格的投标，应当否决，不再进行任何后续评审。

（2）清标 住房和城乡建设部标准文件规定，在不改变投标文件实质性内容的前提下，评标委员会应当对投标文件进行基础性数据分析和整理（简称为清标），从而发现并提取其中可能存在的对招标范围理解的偏差、投标报价的算术性错误、错漏项、投标报价构成不合理、不平衡报价等存在明显异常的问题，并就这些问题整理形成清标成果。评标委员会对清标成果审议后，决定需要投标人进行书面澄清、说明或补正的问题，形成质疑问卷，向投标人发出问题澄清通知（包括质疑问卷）。

在不影响评标委员会成员的法定权利的前提下，评标委员会可委托由招标人专门成立的清标工作小组完成清标工作。在这种情况下，清标工作可以在评标工作开始之前完成，也可以与评标工作平行进行。清标工作小组成员应为具备相应执业资格的专业人员，且符合有关法律法规对评标专家的回避规定和要求，不得与任何投标人有利益、上下级等关系，不得代行依法应当由评标委员会及其成员行使的权利。清标成果应当经过评标委员会的审核确认，经过评标委员会审核确认的清标成果视同是评标委员会的工作成果，并由评标委员会以书面方式追加对清标工作小组的授权，书面授权委托书必须由评标委员会全体成员签名。

清标的主要工作内容一般包括：

① 偏差审查，对照招标文件，查看投标人的投标文件是否完全响应招标文件；

② 符合性审查，对投标文件中是否存在更改招标文件中工程量清单内容进行审查；

③ 计算错误审查，对投标文件的报价是否存在算术性错误进行审查；

④ 合理价分析，对工程量大的单价和单价过高或过低的项目进行重点审查；

⑤ 对措施费用合价包干的项目单价，要对照施工方案的可行性进行审查；

⑥ 对工程总价、各项目单价及要素价格的合理性进行分析、测算；

⑦ 对投标人所采用的报价技巧，要辩证地分析判断其合理性；

⑧ 对在清标过程中发现清单不严谨的情况，进行妥善处理。

（3）初步评审（适用于未设定清标环节的项目）　初步评审即"符合性及完整性评审"。在详细评审前，评标委员会应根据招标文件的要求，审查每一投标文件是否对招标文件提出的所有实质性要求和条件作出响应。响应招标文件的实质性要求和条件的投标文件，应该与招标文件中包括的全部条款、条件和规范相符，无重大偏离或保留。

① 根据招标文件，审查并逐项列出投标文件的全部投标偏差。

② 将投标偏差区分为重大偏差和细微偏差。重大偏差是指对工程的承包范围、工期、质量、实施产生重大影响，或者对招标文件中规定的招标人的权利及投标人的义务等方面造成重大的削弱或限制，而且纠正这种偏差或保留将会对其他投标人的竞争地位产生不公正的影响。

③ 将存在重大偏差的投标文件视为未能对招标文件作出实质性响应，而作无效标处理。不允许相关投标人通过修正或撤销其不符合要求的差异，或保留而使其成为响应性的投标，且不再参与后续的任何评审。

④ 书面要求存在细微偏差的投标人在评标结束前予以补正。拒不补正的，在详细评审时可以对细微偏差作不利于该投标人的量化处理。

⑤ 审查报价的合理性。设置"招标控制价"或"拦标价"的项目，初步评审时，超过"招标控制价"或"拦标价"的投标报价将被招标人拒绝，或者由评标委员会判定为无效标，该投标人的投标文件将不予进行后续评审。

（4）详细评审　因为工程项目的不同，详细评审的内容也不同。

通过详细评审，除根据招标人授权直接确定中标人外，评标委员会按照经评审的价格由低到高或量化打分由高到低的顺序向招标人推荐中标候选人。

投标文件中有含义不明确的内容、明显文字或者计算错误，评标委员会认为需要投标人作出必要澄清、说明的，应当书面通知该投标人。投标人的澄清、说明应当采用书面形式，并不得超出投标文件的范围或者改变投标文件的实质性内容。评标委员会不得暗示或者诱导投标人作出澄清、说明，不得接受投标人主动提出的澄清、说明。澄清和确认的问题须经法定代表人或授权代理人签字，澄清问题的答复作为投标文件的组成部分，但不允许更改投标报价或投标文件的其他实质性内容。

评标和定标应当在投标有效期内完成。不能在投标有效期内完成评标和定标的，招标人应当通知所有投标人延长投标有效期。拒绝延长投标有效期的投标人有权收回投标保证金。同意延长投标有效期的投标人应当相应延长其投标担保的有效期，但不得修改投标文件的实质性内容。因延长投标有效期造成投标人损失的，招标人应当给予适当补偿，但因不可抗力需延长投标有效期的除外。

招标文件应当载明投标有效期。投标有效期从提交投标文件截止日起计算。

3. 评标办法

《房屋建筑和市政基础设施工程施工招标投标管理办法》规定，评标可以采用综合评估法、经评审的最低投标价法或者法律法规允许的其他评标办法。

综合评估法适用于大型建设工程或是技术非常复杂、施工难度很大的工程；而经评审的最低投标价法一般适用于具有通用技术、性能标准，或对其技术、性能无特殊要求的施工招标和设备材料采购类招标项目。

《标准施工招标文件》第三章"评标办法"分别规定了经评审的最低投标价法和综合评估法两种评标方法，供招标人根据招标项目具体特点和实际需要选择适用。招标人选择适用综合评估法的，各评审因素的评审标准、分值和权重等由招标人自主确定。国务院有关部门对各评审因素的评审标准、分值和权重等有规定的，从其规定。

"评标办法"前附表应列明全部评审因素和评审标准，并在前附表及正文标明投标人不满足其要求即导致标书无效的全部条款。

（1）经评审的最低投标价法　经评审的最低投标价法是指对符合招标文件规定的技术标准，满足招标文件实质性要求的投标，按招标文件规定的评标价格调整方法，将投标报价以及相关商务部分的偏差作必要的价格调整和评审，即价格以外的有关因素折成货币或给予相应的加权计算，以确定最低评标价或最佳的投标。经评审的最低投标价的投标应当推荐为中标候选人，但是投标价格低于成本的除外。

如何确定投标报价是否低于成本呢？目前常见的方法如下。

其一，要对总价合理性进行评审。

开标后，计算机辅助系统对各投标人的投标报价是否存在漏项或擅自修改招标人发出的工程量清单等进行检查，对不可竞争费用及税金进行核实。经检查和核实，发现投标人的投标报价存在漏项或擅自修改招标人发出的工程量清单，未按规定的费率、税率标准计取不可竞争费用和税金的，该投标人的投标将被拒绝，其投标报价不参与合理投标报价下限的计算。

计算机辅助系统完成检查核实工作后，计算合理投标报价的下限，确定具有评标资格的投标人。合理投标报价下限的计算方法为：对所有已接受的投标人的投标报价，去掉一个最低投标报价后，计算算术平均值，再对其中低于或等于该算术平均值的投标人的投标报价（不含已去掉的最低投标报价），计算第二次算术平均值，并以第二次算术平均值作为合理投标报价的下限。投标报价在第一次算术平均值以上和第二次算术平均值以下的投标人取消评标资格，不再参与后续评审（但仍计入有效标总数）。

其二，需要对分部分项工程量清单综合单价进行评审。

将投标报价的总价在第一次算术平均值以下和第二次算术平均值以上的投标人的分部分项工程量清单综合单价，进行算术平均所得出的算术平均值，作为评审分部分项工程量清单项目综合单价是否低于成本的参照依据。

根据招标控制价中的分部分项工程量清单综合单价、合价，取价值高的评审子项，对投标文件相对应的分部分项工程量清单综合单价进行评审。当投标人的某项经评审的分部分项工程量清单综合单价，低于各投标人相对应的分部分项工程量清单综合单价的算术平均值的一定百分比（不含）时，即判定该评审子项低于成本价。

纳入评审的分部分项工程量清单综合单价、合价的价值总和，应当占所有分部分项工程量清单总价的70%。对投标人纳入评审的分部分项工程量清单综合单价，低于各投标人相对应的综合单价算术平均值一定百分比的综合单价项数，占一定比例以上的，应当按投标报价低于成本处理。

其三，采用上述类似方法对措施项目清单报价和主要材料单价进行评审，不符要求的做投标报价低于成本处理。

评标委员会判定投标人的投标报价低于成本的，其投标人不得推荐为中标候选人；评标委员会成员在判定投标报价是否低于成本发生分歧时，以超过三分之二的多数评标专家的意见作为判断依据。

对于经评审的最低投标价法的含义理解，我们必须抓住对两个关键词"经评审"与"最低"的理解。招标人招标的目的，是在完成该合同任务的条件下，获得一个最经济的投标，经评审的投标价格最低才是最经济的投标。

"投标价格"最低不一定是最经济的投标，所以采用"评标价"最低投标是科学的。评标价是一个以货币形式表现的衡量投标竞争力的定量指标。它除了考虑投标价格因素外，还综合考虑质量、工期、施工组织设计、企业信誉、业绩等因素，并将这些因素应尽可能加以量化折算为一定的货币额，加权计算得到。所以"经过评审的投标价格"在实际操作中可以理解为：评审过程中以该标书的报价为基数，将报价之外需要评定的要素按预先规定的折算方法换算为货币价值，按照招标书对招标人有利或不利的原则，在其报价上增加或减少一定金额，最终构成评标价格。

《评标委员会和评标方法暂行规定》规定，根据经评审的最低投标价法完成详细评审后，评标委员会应当拟定一份"标价比较表"，连同书面评标报告提交招标人。"标价比较表"应当载明投标人的投标报价、对商务偏差的价格调整和说明，以及经评审的最终投标价。评审价格最低的投标书为最优的标书。

经评审的投标价格是评标时使用的，不是给承包人的实际支付价，在与中标人签订合同时，还是以中标人的投标报价作为合同价，实际支付价也仍为承包人的投标报价。

【例 5-4】 经评审的最低投标价法

某建设工程项目合同的专用条款约定计划工期 500 日，预付款为签约合同价的 20%，月工程进度款为月应付款的 85%，保修期为 18 个月。招标文件许可的偏离项目和偏离范围见表 5-3，评标价的折算标准见表 5-4。

☐ **表 5-3 招标文件许可的偏离项目和偏离范围一览表**

许可偏离项目	许可偏离范围
工期	450 日≤投标工期≤540 日
预付款额度	15%≤投标额度≤25%
工程进度款	75%≤投标额度≤90%
综合单价遗漏	单价遗漏项数不多于 3 项
综合单价	在有效投标人该子目综合单价平均值的 10%内
保修期	18 个月≤投标保修期≤24 个月

☐ **表 5-4 评标价的折算标准**

折算因素	折算标准
工期	在计划工期 500 天基础上，每提前或推后 10 日调增或调减投标报价 6 万元
预付款额度	在预付款 20%额度基础上，每少 1%调减投标报价 5 万元，每多 1%调增 10 万元
工程进度款	在进度付款 85%基础上，每少 1%调减投标报价 2 万元，每多 1%调增 4 万元
综合单价遗漏	调增其他投标人该遗漏项最高报价
综合单价	每偏离有效投标人该子目综合单价平均值的 1%，调增该子目价格的 0.2%
保修期	在 18 个月的基础上每延长一个月调减 3 万元

如某投标人投标报价为 5800 万元，不存在算术性错误，其工期为 450 日历天，预付款额度为投标价的 24%，进度款为 80%，其综合单价均在该子目其他投标人综合单价 10%内，无单价遗漏项，且保修期为 24 个月，则该投标人的评标价为：

5800 万元－6 万元/10 日×(500－450)日＋10 万元/1%×(24%－20%)－2 万元/1%×(85%－80%)－3 万元/月×6 个月＝5782(万元)。

（2）综合评估法 不宜采用经评审的最低投标价法的招标项目，一般应当采取综合评估法进行评审。根据综合评估法，推荐最大限度地满足招标文件中规定的各项综合评价标准的投标人为中标候选人。

衡量投标文件是否最大限度地满足招标文件中规定的各项评价标准，一般采取量化打分的方法。需量化的因素及其权重在招标文件中明确规定。对技术部分和商务部分进行量化后，评标委员会对这两部分的量化结果进行加权，计算出每一投标的综合评估分。然后按照总分的高低进行排序，推荐出中标候选人。

如何确定商务标量化打分的评标基准价呢？常见的做法如下。

评标基准价的计算方式：以各有效投标中去掉一个最高报价和一个最低报价以后的各投标人的投标报价的算术平均值，乘以一定百分比为评标基准价。但最高报价和最低报价仍为有效报价。

【例5-5】 综合评估法（百分法）

某工程建设项目采用公开招标方式招标，有A、B、C、D、E、F共6家企业参加投标，经资格预审6家企业都满足招标人要求。该工程的评标委员会由1名招标人代表和6名从专家库中抽取的评标专家共7名委员组成。招标文件中规定的评标方法如下：

技术标共计40分，其中施工方案15分、总工期8分、工程质量6分、项目班子6分、企业信誉5分。技术标各项内容的得分为：在各评委打分的基础上去掉一个最高分和一个最低分后的算术平均值。技术标合计得分不满28分者，不再评其商务标。

商务标共计60分。以控制价的50%加上企业报价的算术平均数的50%作为基准价，但是最高（最低）报价高于（低于）次高（次低）报价的15%者，在计算企业报价的算术平均数时不给予考虑，且商务标得分为15分。以基准价为满分（60分），报价比基准价每下降1%的，扣1分，最多扣10分；报价比基准价每增加1%的，扣2分，且扣分不保底。

评分的最小单位为0.5分，计算结果保留两位小数。

6家企业的报价和控制价汇总见表5-5。

□ **表5-5 6家企业的报价和控制价汇总表** 单位：万元

投标企业	A	B	C	D	E	F
报价	13656	11108	14303	13098	1324.1	14125

注：控制价为13790万元。

评标过程如下：

1. 技术标的评审 6家企业技术标中的施工方案部分得分见表5-6。

□ **表5-6 6家企业施工方案得分及平均分**

评委	一	二	三	四	五	六	七	平均得分
A	13.0	11.5	12.0	11.0	11.0	12.5	12.5	11.9
B	14.5	13.5	14.5	13.0	13.5	14.5	14.5	14.1
C	12.0	10.0	11.5	11.0	10.5	11.5	11.5	11.2
D	14.0	13.5	13.5	13.0	13.5	14.5	14.5	13.7
E	12.5	11.5	12.0	11.0	11.5	12.5	12.5	12.0
F	10.5	10.5	10.5	10.0	9.5	11.0	10.5	10.4

A企业分别去掉一个最高分13.0分和一个最低分11.0分，其余五个得分的算术平均值为 (11.5+12.0+11.0+12.5+12.5)/5=11.9(分)，以此类推，可得其余企业的施工方案平均分（表5-6）。

根据表5-6的计算方法，可得技术标中的总工期、工程质量、项目班子和企业信誉四项的得分，见表5-7。

表 5-7　6家企业技术标其他项得分及合计

投标单位	施工方案	总工期	工程质量	项目班子	企业信誉	合计
A	11.9	6.5	5.5	4.5	4.5	32.9
B	14.1	6.0	5.0	5.0	4.5	34.6
C	11.2	5.0	4.5	3.5	3.0	27.2
D	13.7	7.0	5.5	5.0	4.5	35.7
E	12.0	7.5	5.0	4.0	4.0	32.5
F	10.4	8.0	4.5	4.0	3.5	30.4

由于 C 企业的技术标仅得 27.2 分，小于 28 分的最低限，按规定不再继续评审其商务标，实际上投标已被否决。

2. 商务标的评审。

计算最高报价与次高报价的比例：$(14303-14125)/14125 \approx 1.3\% < 15\%$

计算最低报价与次低报价的比例：$(13098-11108)/13098 \approx 15.2\% > 15\%$

故而最低报价 B 企业的报价 11108 万元在计算基准价时不给予考虑。则基准价为：

$$13790 \times 50\% + (13656+13098+13241+14125)/4 \times 50\% = 13660(万元)$$

5 家企业的商务标得分见表 5-8。

表 5-8　5家企业商务标得分

投标企业	报价/万元	报价与基准价的比例/%	扣分/分	得分/分
A	13656	$(13656/13660) \times 100 \approx 99.97$	$(100-99.97) \times 1 = 0.03$	59.97
B	11108			15.00
D	13098	$(13098/13660) \times 100 \approx 95.89$	$(100-95.89) \times 1 = 4.11$	55.89
E	13241	$(13241/13660) \times 100 \approx 96.93$	$(100-96.93) \times 1 = 3.07$	56.93
F	14125	$(14125/13660) \times 100 \approx 103.40$	$(103.40-100) \times 2 = 6.80$	53.20

3. 5 家企业的综合得分见表 5-9。

表 5-9　5家企业的综合得分　　　　　　　　　　　　　　　　　　　　单位：分

投标企业	技术标得分	商务标得分	综合得分
A	32.9	59.97	92.87
B	34.6	15.00	49.60
D	35.7	55.89	91.59
E	32.5	56.93	89.43
F	30.4	53.20	83.60

根据综合评估法的定标原则，综合得分最高的中标，故应推荐 A 企业为第一中标候选人。

根据综合评估法完成评标后，评标委员会应当拟定一份"综合评估比较表"，连同书面评标报告提交招标人。"综合评估比较表"应当载明投标人的投标报价、所作的任何修正、对商务偏差的调整、对技术偏差的调整、对各评审因素的评估以及对每一投标的最终评审结果。

根据招标文件的规定，允许投标人投备选标的，评标委员会可以对排名中标人所投的备选标进行评审，以决定是否采纳备选标。不符合中标条件的投标人的备选标不予考虑。

对于划分有多个单项合同的招标项目，招标文件允许投标人为获得整个项目合同而提出优惠的，评标委员会可以对投标人提出的优惠进行审查，以决定是否将招标项目作为一个整体合同授予中标人。将招标项目作为一个整体合同授予的，整体合同中标人的投标应当最有利于招标人。

作为评标的结果，评标委员会应最终确定一至三位中标候选人。但当招标人有要求时，评标委员会也可直接确定最终中标人。

4. 评标报告

评标委员会在评标过程中发现的问题，应当及时作出处理或者向招标人提出处理建议，并做书面记录。

评标委员会完成评标后，应当向招标人提出书面评标报告，并抄送有关行政监督部门。评标报告应当如实记载以下内容：

① 基本情况和数据表；

② 评标委员会成员名单；

③ 开标记录；

④ 符合要求的投标一览表；

⑤ 无效标情况说明；

⑥ 评标标准、评标方法或者评标因素一览表；

⑦ 经评审的价格或者评分比较一览表；

⑧ 经评审的投标人排序；

⑨ 推荐的中标候选人名单与签订合同前要处理的事宜；

⑩ 澄清、说明、补正事项纪要。

评标报告由评标委员会全体成员签字。对评标结论持有异议的评标委员可以书面方式阐述其不同意见和理由。评标委员会成员拒绝在评标报告上签字且不陈述其不同意见和理由的，视为同意评标结论。评标委员会应当对此做出书面说明并记录在案。

向招标人提交书面评标报告后，评标委员会即告解散。评标过程中使用的文件、表格以及其他资料应当及时归还招标人。

三、定标

定标即确定中标人。中标人的投标应当符合下列条件之一。

① 采用综合评估法评标的，投标文件能够最大限度地满足招标文件中规定的各项综合评价标准；

② 采用经评审的最低投标价法评标的，投标文件能够满足招标文件的实质性要求，并且经评审的投标价格最低，但是投标价格低于成本的除外。

在确定中标人之前，招标人不得与投标人就投标价格、投标方案等实质性内容进行谈判。

招标人根据评标委会提出的书面评标报告和推荐的中标候选人来确定中标人。招标人也可以授权评标委员会直接确定中标人。

《招投标法实施条例》的第五十四条规定，依法必须进行招标的项目，招标人应当自收到评标报告之日起3日内公示中标候选人，公示期不得少于3日。投标人或者其他利害关系人对依法必须进行招标的项目的评标结果有异议的，应当在中标候选人公示期间提出。招标人应当自收到异议之日起3日内作出答复；作出答复前，应当暂停招投标活动。

《招投标法实施条例》第六十条规定，投标人或者其他利害关系人认为招投标活动不符合法律、行政法规规定的，可以自知道或者应当知道之日起10日内向有关行政监督部门投诉。投诉应当有明确的请求和必要的证明材料。

四、中标通知与合同签订

中标人确定后，招标人应当向中标人发出中标通知书（表5-10），同时通知未中标人，并与中标人在发出中标通知后的30日之内签订合同。

中标通知书对招标人和中标人具有法律约束力。中标通知书发出后，招标人改变中标结果，或者中标人放弃中标的，应当承担法律责任。中标人不在规定时间内及时与招标人签订合同的，招标人有权没收其投标保证金。当招标文件规定有履约保证金或履约保函（表5-11）时，中标人应在规定期限内及时提交，否则也将被视为放弃中标而被没收投标保证金。

招标人应当与中标人按照招标文件和中标人的投标文件订立书面合同。招标人不得向中标人提出压低报价、增加工作量、缩短工期，或其他违背中标人意愿的要求，以此作为发出中标通知书和签订合同的条件。招标人与中标人不得再行订立背离合同实质性内容的其他协议。

招标人与中标人签订合同后5日内，应当向中标人和未中标的投标人退还投标保证金。

▫ **表5-10　中标通知书**

中标通知书
＿＿＿＿＿＿＿＿＿（中标人名称）：
你方于＿＿＿＿＿＿＿＿＿（投标日期）所递交的＿＿＿＿＿＿＿＿＿（项目名称）＿＿＿＿＿＿＿＿＿标段施工投标文件已被我方接受,被确定为中标人。
中标价：＿＿＿＿＿＿＿＿＿元。
工期：＿＿＿＿＿＿＿＿＿日历天。
工程质量:符合＿＿＿＿＿＿＿＿＿标准。
项目经理：＿＿＿＿＿＿＿＿＿（姓名）。
请你方在接到本通知书后的＿＿＿＿＿日内到＿＿＿＿＿＿＿＿＿（指定地点）与我方＿＿＿＿＿＿＿＿＿签订施工承包合同,在此之前按招标文件第二章"投标人须知"第7.3款规定向我方提交履约担保。
特此通知。
招标人：＿＿＿＿＿＿＿＿＿（盖单位章）
法定代表人：＿＿＿＿＿＿＿＿＿（签字）
＿＿＿年＿＿＿月＿＿＿日

▫ **表5-11　履约保函**

履约担保
＿＿＿＿＿＿＿＿＿（发包人名称）：
鉴于＿＿＿＿＿＿＿＿＿（发包人名称,以下简称"发包人"）接受＿＿＿＿＿＿＿＿＿（承包人名称,以下称"承包人"）于＿＿＿年＿＿＿月＿＿＿日参加＿＿＿＿＿＿＿＿＿（项目名称）＿＿＿＿＿＿＿＿＿标段施工的投标。我方愿意无条件地、不可撤销地就承包人履行与你方订立的合同,向你方提供担保。
1. 担保金额人民币(大写)＿＿＿＿＿＿＿＿＿元(￥＿＿＿＿＿＿＿＿＿)。
2. 担保有效期自发包人与承包人签订的合同生效之日起至发包人签发工程接收证书之日止。
3. 在本担保有效期内,因承包人违反合同约定的义务给你方造成经济损失时,我方在收到你方以书面形式提出的在担保金额内的赔偿要求后,在7天内无条件支付。
4. 发包人和承包人按《通用合同条款》第15条变更合同时,我方承担本担保规定的义务不变。
担保人：＿＿＿＿＿＿＿＿＿（盖单位章）
法定代表人或其委托代理人：＿＿＿＿＿＿＿＿＿（签字）
地　　　址：＿＿＿＿＿＿＿＿＿＿＿＿＿＿＿＿＿＿＿
邮政编码：＿＿＿＿＿＿＿＿＿＿＿＿＿＿＿＿＿＿＿
电　　　话：＿＿＿＿＿＿＿＿＿＿＿＿＿＿＿＿＿＿＿
传　　　真：＿＿＿＿＿＿＿＿＿＿＿＿＿＿＿＿＿＿＿
＿＿＿年＿＿＿月＿＿＿日

第七节 某项目招标工作实例

一、项目概况

① 工程名称：×××××职教园区建设项目。

② 工期要求：工期不得超过 7 个月，项目体量较大，施工任务繁重。

③ 工程质量要求：符合国家及行业现行质量验收规范及标准，一次性验收合格。

④ 工程承包方式：本项目采用包工包料（甲供材料除外）的方式进行承包。

⑤ 招标条件：土地、规划等各项审批流程已完成、资金已落实、设计施工图具备、三通一平完成，具备招标条件。

二、前期招标方案策划

本项目前期招标方案策划内容包含：项目专业工程特点分析，项目招标所需要的条件和资料；项目资质资格条件要求；商务及合同条款中应明确的要点（初步建议）；评标办法中的侧重点；本单项工程招标的注意事项等。这里只把原策划方案中的主体工程作为分析重点进行描述，其他专业工程不在此赘述：

建筑工程是指各类结构形式的民用建筑工程、工业建筑工程、构筑物工程以及相配套的道路、通信、管网管线等设施工程。工程内容包括地基与基础、主体结构、建筑屋面、装修装饰、建筑幕墙、附建人防工程以及给水排水及供暖、通风与空调、电气、消防、智能化、防雷等配套工程。

（1）招标所需要的条件和资料

① 招标人已依法设立；

② 项目资金来源已落实，具备开始实施所要求的资金；

③ 取得立项批复或投资备案文件；

④ 初步设计及概算批准文件；

⑤ 取得工程规划许可证；

⑥ 取得用地批准书或国有土地使用证或国土部门关于已完成征地的其他证明文件；

⑦ 设计单位关于图纸和技术资料已满足施工需要的证明；

⑧ 清单及拦标价编制完成并已审查通过。

（2）资质资格条件要求（初步建议） 各级建筑工程施工总承包资质的业务范围如下。

① 特级企业：可承担各类房屋建筑工程的施工。

② 一级企业：可承担单项合同额 3000 万元以上的下列建筑工程的施工：

a. 高度 200m 以下的工业、民用建筑工程；

b. 高度 24.0m 以下的构筑物工程。

③ 二级企业：详见《建筑业企业资质标准》规定。

④ 三级企业：详见《建筑业企业资质标准》规定。

注：单项合同额 3000 万元以下且超出建筑工程施工总承包二级资质承包工程范围内的建筑工程的施工，应由建筑工程施工总承包一级资质企业承担。

在编制资格预审文件或招标文件时，根据本项目的具体情况来确定相对应的房屋建筑工程施工总承包资质等级。

（3）商务合同条款中应明确的要点（初步建议）

① 对审定的新增项目综合单价所产生的工程造价，承包人给予发包人一定的优惠，其优惠比例为与投标报价与拦标价相比的优惠比例相同。

② 承包人在投标书中承诺的设备、材料生产厂家、产地、质量、规格、型号等承包人不得擅自更改；承包人若需更改，必须经发包人书面认可，但必须按下列原则进行调价：材料、设备采购价低于原投标报价的，结算时综合单价给予相应调低；材料、设备采购价高于原投标报价的，结算时综合单价不予调整。

③ 招标文件中各专业工程设备及主材必须明确参考品牌、使用档次、型号、参数等重要技术指标，要求看样订货，严格执行材料进场制度。

（4）评标办法中的侧重点

① 明确证照审查范围；

② 明确初步评审的通过条件（或否决投标条件）；

③ 参考××省建设厅××建［2004］×××号文《关于印发〈××省房屋建筑和市政基础设施工程施工招标工程量清单评标（暂行）办法〉的通知》制定评标办法，一般采用工程量清单计价方式招标，结合项目特点及要求，经招标人审核后确定具体评审内容。

三、具体招标实施方案

（1）发包模式及资格要求　与招标人、行业主管部门多角度沟通后，根据住房和城乡建设部新的《建筑业企业资质等级标准》规定，×××省住建厅要求部分已经包含在施工总承包范围内的专业工程，不得再采用平行发包模式招标，招标人最终决定采用施工总承包模式进行国内公开招标。按资质管理规定，本项目要求投标人须具备建筑工程施工总承包一级及以上资质；其他资格条件如企业及个人业绩、项目负责人资格等，要求具备与本项目等同的施工技术及管理能力；财务状况良好，具有良好的银行资信和商业信誉，提供近一年的经会计师事务所审计的财务报表及审计报告。

（2）资格审查方式　资格预审方式对技术复杂、施工组织管理难度大、专业化程度要求高的施工项目而言，可以在资格预审阶段对投标单位资格、能力、信誉方面提前进行筛选后再组织招标，对招标人选择到更优质的承包方多了一道保障，同时可以节约大量社会资源和成本。介于本项目特点，项目策划方案中招标代理机构建议本项目采用资格预审方式，以便招标人了解潜在投标人的企业实力，包括财务状况、技术实力和以往从事类似工程的施工经验等，从而减少评标阶段的工作量、缩短评标时间、提高招标效率及质量。经过了解，当地政府基于公开、公平、公正原则考虑，资格预审审查方式的审批流程比较严谨，需由招标人根据招标项目特点及符合相关规定的资格预审条件提出资格预审申请，报经当地建设行政主管部门核实申报理由，经当地建设行政主管部门同意后，再报当地同级人民政府部门审批，当地同级人民政府部门审批通过后，方可采用资格预审招标方式。所以经过充分沟通，招标人决定采用资格后审方式进行招标。

（3）招标范围划分　根据项目实施情况可以打包整体招标，也可以分标段或分项目分别招标。本项目总投资约57000万元，工期紧，项目体量较大，既要确保工期，又要将横向交叉作业的管理难度减少。与招标人协商后最终分为两个标段分别进行招标，其中：

一标段招标范围：十三栋宿舍、宿舍之间门厅、连廊及食堂A和食堂B的土建、电气给排水、消防、通风空调工程、室内装修及室外装修工程，总建筑面积约156003.22m²，具体内容详见设计图纸及工程量清单。

二标段招标范围：八栋宿舍、宿舍之间门厅、连廊及食堂C的土建、电气给排水、消防、通风空调工程、室内装修及室外装修工程，总建筑面积约97916.07m²，具体内容详见设计图纸及工程量清单。

（4）评标办法　参考××省建设厅××建〔2004〕×××号文《关于印发〈××省房屋建筑和市政基础设施工程施工招标工程量清单评标（暂行）办法〉的通知》制定评标办法，采用工程量清单计价方式招标，商务权重值为0.75。本项目分部分项工程量清单繁多，评标工作量较大。

四、项目开（评）标

（1）开标　经过紧张忙碌的报名、招标、发标、补遗答疑等过程，项目如期开标。项目开标期间××省尚未全面开展电子招投标业务，各标段参与人数众多，现场纸质投标文件堆积如山。原件查验、标书收取不得有任何纰漏，时间一分一秒就过去了，原件查验不完怎么办？开标还得准时，分头行动继续验。准点报时后开始拆封标书、唱标、导入广联达电子评标光盘，唱标持续了两小时，嗓子冒烟仍旧没唱完。紧急调整：唱标表中的分部分项工程费、措施费、规费、税金等不唱大写报价金额，只唱总报价的大小写金额，一点调整把进度加快了很多。

（2）评标　由于沟通不畅，交易中心和招标人抽取的评委老早就到位，但唱标没结束，整个评标工作只能顺延，评委等没了耐心，情绪来了，牵一发而动全身，多米诺骨牌效应产生。在初步评审过程中，还出现形式评审、资格评审和响应性评审各环节的否决投标条件理解不一致的情况，评委各执己见，整个评标现场略显尴尬。由于初步评审是通过性审查，在评标活动中当属重中之重，来不得半点马虎。当投标人数众多，项目体量过大，招标要求细致严密时，评审工作量是呈几何倍数增长的。所以建议招标代理机构最好按照开标顺序提前给投标人进行编号，再根据编号把投标文件安排给相应的评委，同时评委之间组成可以互相检查及监督的帮扶小组。这样既客观公平，又有利于招标代理机构统计通过初步审查阶段进入详细评审阶段的投标人名单。由于部分投标单位名称仅一字之差，评委语速较快，听觉稍有不慎极易混淆，发现错误重新核对一遍，费时费力累人累己，很容易引起大家情绪波动。名单以编号来罗列，能快速准确地识别出投标单位，出错概率变小。

（3）团队　评标结束通宵达旦，所有人筋疲力尽，评委、监督、工作人员付出了极大的辛勤和汗水，团队的每个成员既要职责分明又要相互配合，有大局观、懂规则讲秩序。作为团队的核心负责人应该先定下目标，分解到细节，判断出缓急，有应急预案，果断而稳健，若磐石般从容不迫。

五、总结

1. 全局比细节重要

通过组织投标单位众多的复杂项目开、评标活动后，深刻体会到作为项目负责人，对大型会议现场组织及工作人员的分工安排、应急措施、随机应变的综合能力至关重要。全局观必须贯穿始终，包括开标内容及时间的控制、抽取评委的时点把握、评标用表及相关软硬件设施准备工作的精细程度、投标人的情绪安抚和技巧、评委意见冲突时的缘由斟酌及缓和过渡。牵一发而动全身，时间节点太早或太晚都会导致一系列连锁反应。细节处理是血肉，全局观是骨架，在框架搭建之初，要站高望远，兵来将挡水来土掩，见招拆招。骨架起来后，细腻之处也要像工匠一样打理。所以说，一个具备工匠素养且还能纵览全局的人才是非常难得的。

2. 沟通比技巧重要

招标代理机构在招标文件编审过程中，常常需要面对各色人等，由于每个人角度和位置不同，作为中介服务机构，除了掌握法律法规的基本常识外，还需要对技术及合同条款理解有度、评标办法与资格条件的设置相互呼应、各章节的逻辑关系和层次推理具备一定的技能和技巧。如何站在招标人的角度进行风险和利弊的分析，明确控制难点和不确定因素，如何对项目的认知和判断统一思想、在行业主管部门报备过程中承上启下等都要靠沟通来实现。只有熟悉项目特点，充分了解资格条件设定缘由及依据，对模棱两可的问题和解决办法心里有准备，通过良好沟通，是可以让棘手的事情逐步疏通和化解，事半功倍。

3. 成长比成功重要

在项目实施过程中，招标代理机构尽心尽力，总期望进展顺利。获得成功和好评。但实际情况永远是做比想难，如果遇到失败怎么办，笔者认为：不要因为害怕失败而止步不前，失败获得的教训往往更深刻，学会反省和思考，透过表象挖掘更深层的原因，做事都是以人为载体进行，了解更丰富的人性，寻找问题的核心。当你越来越成熟周到、心中有数的时候，你会看到自己的成长。所以成功不是做人的唯一标准，每一步都在成长远比成功重要得多。

4. 接受改变比墨守成规重要

在工程项目市场竞争中，企业及个人时刻面对生存与发展的压力，招标代理机构要加倍珍惜手上的业务，充分利用好各种资源。随着招标项目类型多样化，业务精细化，各领域无边界化，知识体系融会贯通。在新领域的服务中，招标人及地方行政主管部门的各项具体要求、政策法规的应用落实、电子招投标流程、信息平台关联互动都需不断学习更新，在与人打交道中保持主动学习、心态平和、换位思考的主观意识，通过多层次和多维度的交流，顺利完成招标工作。

第六章
建筑工程建设准备工作、目标制定及信息化平台建立

第一节　工程项目施工准备

一、开工前的前期手续办理

① 办理用地手续和收集用地资料，包括用地的土地证、拆迁或移除地面地下的障碍物（完成拆迁），收集周边、地下的建筑物、构筑物、管线图纸和所有人、使用人的使用状态资料，施工期间如出现损坏、纠纷，甲方要出面协调和赔偿。收集工程建设地区的水文气象资料。

② 做好地质勘探、施工图设计的组织工作，准备好施工用的图纸和地勘资料，如需要还应补充土壤氡检测、地灾评估、环境评估、矿覆评估与补偿、文物勘探等资料。

③ 办理审图手续，包括施工图审核，规划审图，消防审核，给水排水审图，变配电、燃气、供暖、人防、防雷、节能等的图纸报审工作。

④ 办理报建手续，包括建设用地规划、工程规划、施工许可证、人防、消防、环保、城管交通等申报。质量监督、安全监督委托签订监理合同有时候要办监测、材料检验检测、工程款支付担保、不用红砖保证等手续。

⑤ 办理临时用水、用电、排污、道路使用、施工噪声（灰尘）排放的申报手续，并确定接驳口、出入口，配备必要的设置、设备、管线等。临时用水、用电、场外道路等申请由甲方解决，工地内由施工方负责。

⑥ 由甲方分包出去的分包队伍、甲供材料、检验监测单位，确定好进场的时间。如白蚁防治、市政管网、燃气、电信，甲方要计划其进场的施工节点，或者事先确定好单位，由总包单位安排协调各分包施工进场的时间。

⑦ 准备好各单位的通信录，将各单位相关责任人、现场负责人的联系电话汇编并发给所有必要的人员。

⑧ 准备一份施工单位进场须知，进场须知应包括告知甲方现场负责人员的权限、监理权限、相应的监理管理要求，签证手续、索赔手续、工程款申报手续，工地管理安全条例，各种处罚条款（将合同中的条款摘录下来）。

⑨ 红线、坐标和水准控制点的确认，与政府相关部门确认红线、坐标控制点，要拿到正规的政府文件和由政府确认的桩点，当施工单位进场时做好移交手续。

⑩ 拟订施工备案资料收集计划，并已开始收集整理相关的资料，包括甲方、施工方、监理方的资料。

二、工程施工场地移交管理

① 工程施工场地移交。施工单位进场前，建设单位应完成场地通电、通路、通水、土地平整的"三通一平"条件。

建设单位会同施工单位对施工现场进行踏勘，对可能损坏的周围建筑物、构筑物、市政设施和管线制定相应的保护措施，进行施工现场移交，并提供以下资料：

a. 施工现场及毗邻区域地上、地下管线资料；

b. 相邻建筑物、构筑物、地下工程有关资料；

c. 规划部门签发的建筑红线验线通知书；

d. 水准点、坐标点等原始资料；

e. 其他资料。

② 施工单位进场后，建设单位或者发包单位应当指定施工现场总代表人，施工单位应当指定项目经理，并分别将总代表人和项目经理的姓名及授权事项书面通知对方。

③ 建设工程实行总包和分包的，由总包单位负责施工现场的统一管理，分包单位应当服从总包单位的统一管理。总包单位可以受建设单位的委托，负责协调该施工现场内由建设单位直接发包的其他单位的施工现场活动。

三、围挡及临时建筑物搭建

1. 现场施工围挡搭建要求

施工围挡高度及工地入口门楼式样，应按当地政府建设管理部门有关建设工程文明施工标准化的统一要求搭建。

2. 现场工程标牌设置

施工现场应设置工程标牌（五牌一图）。工程标牌为施工总平面布置图、工程概况牌、文明施工管理牌、组织网络牌、安全纪律牌、防火须知牌。工程概况牌设置在工地围挡的醒目位置上，载明项目名称，规模，开竣工日期，施工许可证号，建设单位，设计单位，质量、安全监督单位，施工单位，监理单位和联系电话等。

3. 工程临时建筑物的搭建

临时建筑物包括：办公用房、宿舍、食堂、仓库、卫生间、淋浴室等。临时建筑物搭建要求稳固、安全、整洁，并满足消防要求，应具备良好的防潮、通风、采光等性能。办公用房与宿舍用房应分区搭建，并应与施工作业区隔离。

四、现场施工场地平面布置

① 搞好"五通一平"：通给水、通排水、通电、通网络、通场内环路、平整场地。严格按照图纸所示，清理工地范围内妨碍施工的各种构筑物、障碍物，为临时工程、基础工程和主体工程施工创造条件。

② 建造临时设施：按照施工总平面图的布置，建造临时设施，为正式开工准备好生产、办公、生活、居住和储存等临时用房。

③ 安装、调试施工机具：按照施工机具需要量计划，组织施工机具进场，根据施工总平面图将施工机具安置在规定的地点或仓库。对于固定的机具要进行就位、搭棚、接电源、

保养和调试等工作。对所有施工机具都必须在开工之前进行检查和试运转。

④ 做好建筑构（配）件、制品和材料的储存和堆放：按照建筑材料、构（配）件和制品的需要量计划组织进场，根据施工总平面图规定的地点和指定的方式进行储存和堆放。

⑤ 及时提供建筑材料的试验申请计划：按照工序流程顺序，依据建筑材料的需要量计划，及时提供建筑材料的试验申请计划。如钢材的力学性能和化学成分等试验，混凝土或砂浆的配合比和强度等试验，做好钢筋、混凝土等外购施工材料的预订工作。

⑥ 设置消防、保安设施：按照施工组织设计的要求，根据施工总平面图的布置，建立消防、保安等组织机构和有关的规章制度，布置安排好消防、保安等措施。

⑦ 做好施工区域内现有市政管网和周围的建（构）筑物的保护。

⑧ 落实现场文明施工管理组织机构及责任人。

五、办理施工许可证手续

工程开工前，建设单位应当向工程所在地办理施工许可证手续。申请领取施工许可证应当具备下列条件，并提交相应的证明文件。

① 已经办理该建筑工程用地批准手续。

② 在城市规划区的建筑工程，已经取得建设工程规划许可证。

③ 施工场地已经基本具备施工条件。需要拆迁的，其拆迁进度符合施工要求。

④ 依法确定施工企业，已签订施工合同并备案。按照规定应该招标的工程没有招标，应该公开招标的工程没有公开招标，或者肢解发包工程，将工程发包给不具备相应资质条件的以及违反法律法规要求的工程项目，所确定的施工企业无效。

⑤ 有满足施工需要的施工图纸及技术资料，施工图设计文件已按规定审查合格。

⑥ 有保证工程质量和安全的具体措施。施工企业编制的施工组织设计中有根据建筑工程特点制定的相应质量、安全技术措施，专业性较强的工程项目编制了专项质量、安全施工组织设计，经施工单位技术负责人审查签署意见，委托监理的工程还需经总监理工程师签字，并已按规定办理工程质量、安全监督手续。

⑦ 按照规定应该委托监理的工程已委托监理。

⑧ 建设资金已经落实。

⑨ 法律、法规规定的其他条件。

六、工程开工条件

1. 发包人开工前完成的工作

（1）提供施工场地

① 施工现场。发包人应及时完成施工场地的征用、移民、拆迁工作，按专用合同条款约定的时间和范围向承包人提供施工场地。施工场地包括永久工程用地和施工的临时占地，施工场地的移交可以一次完成，也可以分次移交，以不影响单位工程的开工为原则。

② 经地下管线和地下设施的相关资料。发包人应按专用合同条款约定及时向承包人提供施工场地范围内地下管线和地下设施等有关资料。地下管线包括供水、排水、供电、供气、供热、通信、广播电视等的埋设位置，以及地下水文、地质等资料。发包人应保证资料的真实、准确、完整，但不对承包人据此判断、推论错误导致编制施工方案的后果承担责任。

③ 现场外的道路通行权。发包人应根据合同工程的施工需要，负责办理取得出入施工场地的专用和临时道路的通行权，以及取得为工程建设所需修建场外设施的权利，并承担有

关费用。

（2）组织图纸会审及设计交底　发包人应根据合同进度计划，组织设计单位向承包人和监理人对提供的施工图纸和设计文件进行交底，以便承包人制定施工方案和编制施工组织设计。

（3）开工时间确定　考虑到不同行业和项目的差异，标准施工合同工程项目可根据实际情况在合同协议书或专用条款中约定。

2. 承包人开工前完成的工作

① 现场查勘。签订合同协议书后，承包人应对施工场地和周围环境进行查勘，核对发包人提供的有关资料，并进一步收集相关的地质、水文、气象条件，交通条件，风俗习惯以及其他与完成合同工作有关的当地资料，以便编制施工组织设计和专项施工方案。

② 编制施工实施计划。施工组织设计中应针对深基坑工程、地下暗挖工程、高大模板工程、高空作业工程、深水作业工程、大爆破工程的施工编制专项施工方案。对于前 3 项危险性较大的分部分项工程的专项施工，还需经 5 人以上专家论证方案的安全性和可靠性。

③ 施工现场内的运输道路和临时工程的施工。

④ 施工测量控制网控制点的施测。

⑤ 提出开工申请。承包人的施工前期准备工作满足开工条件后，向监理人提交工程开工报审表。开工报审表应详细说明按合同进度计划正常施工所需的施工道路、临时设施、材料设备、施工人员等施工组织措施的落实情况以及工程的进度安排。

3. 监理人开工前完成的工作

（1）审查承包人的实施方案

① 审查的内容。监理人对承包人报送的施工组织设计、质量管理体系、环境保护措施进行认真的审查，批准或要求承包人对不满足合同要求的部分进行修改。

② 审查进度计划。监理人对承包人的施工组织设计中的进度计划进行审查，不仅要看施工阶段的时间安排是否满足合同要求，更应评审拟采用的施工组织、技术措施能否保证计划的实现。监理人审查后，应在专用条款约定的期限内，批复或提出修改意见，否则该进度计划视为已得到批准。经监理人批准的施工进度计划称为"合同进度计划"。

监理人为了便于工程进度管理，可以要求承包人在合同进度计划的基础上编制并提交分阶段和分项的进度计划，特别是合同进度计划关键线路上的单位工程或分部工程详细施工计划。

③ 合同进度计划。合同进度计划是控制合同工程进度的依据，对承包人、发包人和监理人均有约束力：要求承包人按计划施工；发包人的材料供应、图纸发放等不应造成施工延误；监理人应按照计划进行协调管理。合同进度计划的另一重要作用是，施工进度受到非承包人责任原因的干扰后，作为判定是否应给承包人顺延合同工期的主要依据。

（2）开工通知

① 发出开工通知的条件。当发包人的开工前期工作已完成且临近约定的开工日期时，应委托监理人按专用条款约定时间向承包人发出开工通知。如果约定的开工日期已届至但发包人应完成的开工配合义务尚未完成（如现场移交延误），由于监理人不能按时发出开工通知，则要顺延合同工期并赔偿承包人的相应损失。

如果发包人开工前的配合工作已完成且约定的开工日期已届至，但承包人的开工准备还不满足开工条件，监理人仍应按时发出开工的指示，合同工期不予顺延。

② 开工通知的发出。监理人征得发包人同意后，应在开工日期 7 日前向承包人发出开工通知，合同工期自开工通知中载明的开工日起计算。

第二节　工程项目目标制定

一、项目全面管控

① 项目的管理要达到全面管控能力的要求，应具备以下四方面的核心要素。

a. 要有明确的项目管理目标。项目的每个人要有一个做事的目标，要让他知道去完成哪方面的任务，完成的目标是否明确，会导致项目人员做事的结果完全不同。所以，项目开始前，项目负责人一定首先要让项目成员知道他们做事的目标。

b. 使用专业人才做专业的事。项目要用优秀的、努力做事的专业人才做专业部门的负责人，专业的事情由专业的人才来完成。在项目管理中，人的要素非常重要，项目中要有足够能干和优秀的专业人员做核心骨干，才能做出好的结果。

c. 制定管理制度和工作流程。项目要有完善的做事流程和管理制度，使管理工作标准化。也就是按照管理活动的规律，对于管理工作中经常重复出现的内容，制定出标准工作程序和标准工作方法，作为管理工作的办事原则。建立并实施完善优质的制度和流程，员工的做事方法、次序和工作安排能力就会显著提高，让项目管理效率有质的提升。

d. 激励员工迎接挑战。项目应为员工提供一个可发展的平台或空间，要"人尽其才，物尽其用"，要给员工一种较高的价值期望，使员工处于最理想的状态去做好一项工作。调动员工积极因素，就可提高管理效率。项目必须考虑到考核制度与奖罚制度相结合，围绕项目的总体目标，层层分解，逐级落实职责权限范围。

② 项目应加强事前管控的管理。在项目实施前，项目管理机构应在项目总咨询师主持下组织有关人员编制完成《全过程工程咨询实施规划》，该实施规划应具有指导性、实用性，经企业技术负责人批准后，该规划将作为项目工程咨询服务的纲领性文件落实。一个好的实施规划对项目的管控至关重要。

③ 切实落实，做好事中管控。项目正式启动后，全面落实《全过程工程咨询实施规划》，制定《项目目标管理责任书》。项目部以文件为依据对管理人员的工作进行指导、监督及过程管控。充分发挥项目团队的积极性、创造性，尽一切合理手段，实现企业确定的各项责任目标。任何一项工作要有人去完成，项目用专业人士去管理，有利于实现工程项目管理过程中效率和效益的最大化，也是提高项目管理质量的必要手段和确保项目顺利完成的有力保证。项目的事中管控是项目工程咨询工作的重要部分，也是项目成功的关键。

④ 事后检查考核评价不可缺。企业有关部门对项目部提供服务，进行科学的监督、指导和控制。项目部按照企业确定的目标、授予的权限、配备的资源努力完成项目目标。项目的造价控制目标、进度控制目标、质量控制目标、安全管理目标及管理服务目标等，在目标责任书中规定得清晰、明确，项目部应清楚地知道自己该做什么、做到什么程度、如何达到。企业管理部门通过对项目完成目标进行定期或不定期的检查、考核及评价，指导项目机构提高对项目的综合管控能力。

⑤ 项目管理机构首先应有一个优秀的领导者，并有为了实现合同目标而主持制定的详细完成计划。项目总咨询师对项目进行有效的日常管理，进行项目具体的事务决策，保证了项目目标的实现。项目总咨询师是项目机构中很重要的一个角色，是项目任务完成与否的关键性人物。项目总咨询师需要有很好的决策能力、领导能力、社交与谈判能力、应变能力和业务技术能力，应有较宽的知识面，要具备相应的综合分析与写作能力。

⑥ 项目管理是一项组织严密、细致全面的工作，项目的成功与否归根到底是人的管理。项目成功的背后除了有一个优秀的项目总咨询师，还要有一个优秀的项目管理团队。整个团

队的团结、协作、专业特长的发挥，在项目的管理和运作过程中起着重要作用。加强项目团队的建设，充分发挥团队精神和项目成员的积极性，能够较大地提升项目管控能力，保证项目的运作成功。

二、工程项目实现目标制定

① 项目管理者需要在项目开始时依据合同将项目的管理目标明确出来，并将合同总目标进行分解，分解目标的完成计划落实到岗位。注意编制完成目标任务要清晰，可以分步实现。制定完成目标任务要限定完成的时间，列出可能会碰到的困难和障碍以及相应的解决办法。

② 项目管理者制定目标时，应注意完成目标的方法不要与实际脱节，通过落实目标责任，让参与项目的人员全身心投入，大家都朝着一个目标努力。目标任务应明确何时开始，何时结束，完成任务的步骤和顺序，什么人、什么时间对完成目标任务进行过程检查，最后由谁来验收。

③ 目标制定出来以后，一定要通过各种渠道，如会议、个别沟通等，让项目所有人员都了解各自完成的目标，如项目质量、安全、进度、造价、环保等方面。

④ 目标实现过程中遇到困难，应共同寻求解决的途径和方法，分析现实与目标之间的差距，随时纠偏或修正目标，把有效的目标传达给所有执行人员，寻求共同点，共同完成目标，并使用激励方法等。

⑤ 项目管理目标的实施仅有目标控制的详细计划是不够的，过程中要随时总结、修正和调整，要组织人去完成、落实和检查。关于实现目标采取的方法、措施，应注意以下几项工作内容。

a. 要设立目标任务完成的控制节点，这项工作是计划的一部分，是完成目标的保障。

b. 要设立完成目标任务的时间表，目标完成要有时限要求，完成目标任务不能拖延。

c. 有完成目标任务的检查机制，企业管理部门要定期或不定期地检查目标完成过程中的执行情况。

d. 执行过程中存在问题应及时反馈，随时纠偏，必要时调整目标、计划及资源的分配。

三、工程项目管理沟通

① 项目管理机构可采用信函、邮件、文件、会议、口头交流、工作交底以及其他媒介沟通方式与项目相关方进行沟通，重要事项的沟通结果应书面确认。项目管理机构需依据项目管理规划、合同文件、相关法规、类似惯例和项目具体情况进行沟通。

② 项目各方的管理机构需加强项目信息的交流，提高信息管理水平，有效运用计算机信息管理技术进行信息收集、归纳、处理、传输与应用工作，建立有效的信息交流和共享平台，提高执行效率，减少和避免分歧。

③ 项目管理机构应制定沟通程序和管理要求，明确沟通责任、方法和具体要求。包括与参建单位各主体组织管理层及派驻现场人员之间的沟通，与项目部内部各部门和相关成员之间的沟通，与政府管理职能部门和相关社会团体之间的沟通等。

④ 项目管理机构应在其他方需求识别和评估的基础上，按项目运行的时间节点和不同需求细化沟通内容，界定沟通范围，明确沟通方式和途径，并针对沟通目标准备相应的预案。项目管理机构应当针对项目不同实施阶段的实际情况，及时调整沟通计划和沟通方案。

⑤ 项目管理机构收集项目各相关方共享的核心信息、项目内部信息和项目相关方的有关信息，编制发布项目进展报告、项目实施情况说明、存在的问题及风险、拟采取的措施、

预期效果或前景。

⑥ 项目管理机构应建立项目相关方沟通管理机制，健全项目协调制度，确保组织内部与外部各个层面的交流与合作。将沟通管理纳入日常管理计划，沟通信息，协调工作，避免和消除在项目运行过程中的障碍、冲突和不一致，实现相互之间沟通的零距离和运行的有效性。

⑦ 在项目运行过程中，项目管理机构应分阶段、分层次、有针对性地进行组织人员之间的交流互动，增进了解，避免分歧，进行各自管理部门和管理人员的协调工作。

⑧ 项目沟通与协调工作包括组织之间和个人之间两个层面。通过沟通需形成人与人、事与事、人与事的和谐统一。针对消除冲突和障碍可采取下列方法：选择适宜的沟通与协调途径，进行工作交底，明确项目目标和实施措施。

⑨ 项目管理机构是项目各相关方沟通管理的基本主体，其沟通活动需贯穿项目日常管理的全过程。易发生冲突和不一致的事项主要体现在合同管理方面。项目管理机构需确保行为规范和履行合同，保证项目运行节点交替的顺畅。

四、工程项目会议

1. 项目管理例会

项目管理单位除日常随时与建设单位保持沟通外，还应定期召开项目管理协调例会。项目管理单位与建设单位的协调会，由项目管理单位项目经理负责，每周一次，项目管理单位项目经理和相关人员参加，使项目管理单位及其成员充分理解建设单位的意图和管理理念，及时向建设单位报告工程实施情况并提供充分的、准确的信息，协助建设单位处理相关事宜。

2. 内部工作例会

① 项目管理单位内部工作例会由项目管理单位项目经理主持，全体成员参加。

② 例会每周召开一次，主要总结上周的工作，计划下周的工作，并对相关事项进行研究和安排。

③ 例会一般定在每周一上午召开，如遇特殊情况，会议时间另行安排。

3. 第一次工地会议

① 建设工程第一次工地会议由项目管理单位项目经理或建设单位主持召开，项目管理公司项目经理和主要成员参加。

② 项目管理单位项目经理应主动协同建设单位开好第一次工地会议。

③ 第一次工地会议应包括：建设单位、工程监理单位和施工单位对各自人员及分工、开工准备、监理例会的要求等情况进行沟通和协调。

④ 要求监理单位做好会议记录，起草第一次工地会议纪要，经项目监理机构负责人审核签名后送与会各方代表会签；然后以正式文件分送与会各方。

⑤ 会议纪要明确开工前尚存在问题的内容、处理责任人、承诺完成时间，并确定或初步确定开工时间。

⑥ 对于第一次工地会议中未能完成和完善事项，跟踪、督促相关公司尽快落实完成。

4. 监理例会和专题会议

① 工程例会每周召开一次，会议由总监或总监代表主持，参加会议各方为建设单位、项目管理单位、勘察设计单位、监理单位、施工单位等相关公司。参加会议人员为各公司项目负责人或专业负责人。

② 监理例会内容。

a. 检查上次监理例会议定事项的落实情况，分析未完事项原因。

b. 安全生产及安全隐患整改状况。

c. 本周工程质量、进度与控制；技术事宜；变更事宜；工程量核定及工程款支付事宜；索赔与延期；解决需要协调的有关事项；其他有关事宜。

d. 下周计划安排、施工措施及其他。

e. 每次召开的监理例会，由监理单位整理，在次日形成会议纪要书面文件，发送各与会公司执行。

f. 项目管理单位对监理例会质量以及责任方落实会议决定事项的力度进行督促。

g. 工程实施过程中遇到需要专题研究或需要尽快处理事项时，由相关公司随时召开专题会议研究处理。

5. 工程管理协调会和专题协调会

① 工程管理协调会根据需要随时召开，如：

a. 工程建设过程中阶段性部署、检查；

b. 遇到问题或各参建方之间存在分歧需要项目管理单位协调时；

c. 其他需要时。

② 工程管理协调会由项目管理单位项目经理或建设单位主持，建设单位代表和其他参建方负责人及相关人员参加。会议内容、时间、地点和参会人员由项目管理单位提前通知。

③ 工程管理协调会和工程管理专题协调会召开完毕，要及时印发会议纪要，会议议定事项，由相关公司执行；其实施情况由项目管理单位负责督办落实。

6. 外部会议

① 政府主管部门主持的、需要项目管理单位参加的会议，由项目管理单位项目经理安排人员参加。

② 代表项目管理单位参加外部会议人员要做好会议记录，并负责将会议的有关情况向项目管理单位项目经理汇报，必要时在项目管理单位内部做好会议传达并跟进落实，及时向有关部门反馈。

第三节　工程项目信息化建立

一、项目信息化管理简述

① 工程项目的信息包括在项目决策过程、实施过程（设计准备、设计、施工和物资采购过程等）和运行过程中产生的信息，以及其他与项目建设有关的信息，它包括项目的组织类信息、管理类信息、经济类信息、技术类信息和法规类信息。

② 项目的信息管理是通过对各个系统、各项工作和各种数据的管理，使项目的信息能方便和有效地获取、存储、存档、处理和交流。项目信息管理的目的是通过有效的项目信息传输的组织和控制，为项目建设的增值服务。

③ 信息管理指的是信息传输的合理组织和控制，应用信息技术提高建筑业生产效率，以及应用信息技术提升建筑业行业管理和项目管理的水平和能力，是 21 世纪建筑业发展的重要课题。

④ 信息技术是人们用来获取信息、传递信息、存储信息、处理信息、显示信息、分配信息的技术。主要包括：计算机技术，网络技术，通信技术，数据库技术，多媒体技术，微电子技术，自动化技术，人工智能技术等。

⑤ 工程项目管理信息技术的应用，主要是以集中监视、控制和管理为目的的一项综合管理体系，信息技术的应用可确保工程管理在实施过程中信息传递的快捷、及时和通畅，与传统工程管理方法相比可大大增加项目管理的透明度。

⑥ 项目管理人员通过信息技术的应用，为用户提供项目各方面信息，实现信息共享、协同工作、过程控制、实时管理，可更加全面地了解工程项目的全貌，及时发现问题，使各方面的协调能够更为流畅，使项目的总目标更易于完成和实现。

⑦ 项目信息流量大，采用传统的管理模式，难度较大，且运作效率低。若运用信息技术，基于互联网并结合项目信息管理平台、建筑信息模型、云计算、大数据及物联网等，可有效提高管理效率，易于完成项目管理目标。

⑧ 工程管理全过程工程咨询服务模式，是对工程的管理实行全过程、全权负责的服务模式。这种管理模式更适用于采用工程信息技术进行信息化管理，尤其是对大型、群体工程项目的管理有较好的效果。

⑨ 在大型、群体工程的管理中，如仍沿用传统的管理模式进行工程管理，可能会因工程庞大、事务繁杂和管理不当，而引发工期滞后、成本增加等问题。应用信息技术，采用科学的管理方法，可提高工程管理效率，降低运行成本，从而增强竞争优势。

⑩ 信息技术在工程管理全过程工程咨询服务模式中的应用，主要从两个方面做起。一是建立工程项目管理信息网络平台、项目信息门户（PIP）；二是应用并推广使用建筑信息模型（BIM）。

⑪ 信息技术在工程项目管理中的应用还有：使用视频监控系统；工人平安卡门禁管理；管理人员指纹考勤机管理；工程会议使用 PPT；使用进度控制软件（Project）；使用便携式平板电脑（如 iPad）；移动智能终端设备（手机）；使用先进的检测工具。

⑫ 大型、群体工程的项目管理单位构建项目信息门户（PIP）应用信息网络平台，可将众多参建单位通过这个公共平台汇集在一起，共同工作。项目管理单位应用这个信息网络平台，改变以往传统点对点的信息传递方式，采取统一、透明化管理，提高工程管理效率。

⑬ 工程管理全过程工程咨询服务模式，在大型、群体工程应重视应用并推广使用建筑信息模型（BIM），该项工作应从设计阶段而不是从施工阶段抓起，将 BIM 的应用贯穿工程管理始终，其目的是及时发现图纸设计中存在的问题，减少图纸设计中存在的错误，提高建筑工程施工质量，减少返工量，确保工期目标实现，更便于精细化管理。

⑭ 住房和城乡建设部在 2008 年下发的《关于大型工程监理单位创建工程项目管理企业的指导意见》的通知中，将"掌握先进、科学的项目管理技术和方法，拥有先进的工程项目管理软件，具有完善的项目管理程序、作业指导文件和基础数据库，能够实现工程项目的科学化、信息化和程序化管理"列为监理企业在工程项目管理转型中较重要的内容。

⑮ 住房和城乡建设部在 2013 年实施的《建设工程监理规范》（GB/T 50319—2013）第 1.0.8 条款提及"建设工程监理宜实施信息化管理"。条文说明中强调"工程监理单位不仅自身实施信息化管理，还可根据建设工程监理合同的约定协助建设单位建立信息管理平台，促进建设工程各参与方基于信息平台协同工作"。

⑯ 国外某些国家或地区对信息技术的应用较早，20 世纪 80 年代已经开始。我国在 2000 年以后才开始采用，但由于计算机、网络设备及通信工具方面的障碍，这些年在大型工程项目才开始有较多的应用，信息技术的推广已引起政府的广泛重视，并大力推动。

⑰ 20 世纪 90 年代后期到 21 世纪初期，美国及德国等国家信息技术和网络技术得到了快速发展，研发了基于 PIP 的项目管理信息平台，并且在工程建设领域得到广泛的应用。

⑱ 在美国，80% 的建筑业都应用了 BIM 技术，政府也出台了相应标准；在日本，BIM 的应用已扩展到全国范围，并上升到政府推进层面；在韩国，政府制定了 BIM 的应用标准，

要求业主、设计师采用 BIM 技术时必须执行标准。

⑲ 我国的一些大型工程项目，尤其在石化行业的工程管理实践中，信息技术有较多的应用，并取得可喜的效果。

⑳ 目前，我国在工程管理信息技术方面的应用条件已经成熟，计算机和网络技术已经普及，并接近国际先进水平。近些年，一些软件公司针对我国工程项目管理的特点加大研发力度，已经有了符合我国国情的工程项目管理应用软件，并在国内大型、群体的工程管理中，得到了广泛应用。

㉑ 工程项目管理单位使用信息技术，推行信息化管理，构建信息管理网络平台。通过信息技术的应用减轻管理人员的负担，降低管理费用，并提高工作效率；通过信息管理网络平台的建立，透明的管理必将得到业主的支持和信赖。

㉒ 工程项目管理单位使用先进的管理技术和方法降低管理成本，在竞争的方式中获得更多业务，优胜劣汰。让业主选择更有优势的工程管理单位，大量使用信息技术为其服务是今后建设工程咨询行业的发展方向。

二、项目信息管理平台建立

① 项目信息门户（PIP），是基于互联网建立的一个开放性的工作平台，为项目各参建方提供项目信息沟通、协调与协作的高效率协同工作环境。将项目管理方面的信息汇集在这个公共平台，参建各方共享平台上的信息进行协同工作。这一方面有助于提高工作效率，另一方面可以提高管理水平。

② 项目信息门户（PIP）的应用，不仅是一种技术工具和手段，而且是基本建设项目管理在信息时代的一个重大组织变革。

③ 项目信息门户系统的主要特征及优点。

特征：项目信息共享与交流；项目各方的协同工作。

优点：传统信息传递方式，信息以点对点方式传递，较为烦琐；PIP 信息传递方式，信息以点对面方式传递，更加快捷。

④ 项目信息门户系统应用的主要功能。

a. 通知与桌面管理：变更提醒，公告发布，团队目录，书签管理。

b. 文档管理：文档查询，版本控制，文档的上传下载，在线审阅。

c. 文档在线修改：项目参与各方可以在其权限范围内通过 Web 界面对中央数据库中的各种格式的文档（包括 CAD）直接进行修改。

d. 工作流管理：业务流程的全部或部分自动化，即根据业务规则在参与方之间自动传递文档、信息或者任务。

e. 项目协同工作：项目邮件，实时在线讨论，BBS 视频会议。

f. 项目管理：任务管理，项目日历，进度控制，投资控制。

g. 在线录像：在施工现场的某些关键部位安装摄像头，使得项目参与各方能够通过 PSWS 的 Web 界面实时查看施工现场，从而为施工问题提供解决方案、解释设计意图或者只是简单地监控现场施工。

三、建筑信息模型（BIM）应用

① 建筑信息模型（BIM），是以三维数字技术为基础，集成项目各种相关信息的工程数据模型，模型对工程项目相关信息进行详尽表达。

② 通俗地讲，BIM 技术就是将工程图纸的平、立、剖面，以及水、电、暖通等各专业

图纸进行立体化整合，整合过程中及时发现问题并进行修改，是工程图纸的二次设计。最后，将整合完成后的立体模型数据信息与工程参建各方进行共享。

③ Autodesk 公司是 BIM 技术在中国的倡导者和发起者，国内大型工程项目建设中都在应用 BIM 技术，BIM 技术的应用，将是建筑业未来发展的大趋势。

④ BIM 系列软件的应用。

a. AutodeskRevit 系列软件。AutodeskRevit 是一款 Autodesk 公司研发专为建筑信息模型（BIM）构建的三维建筑信息模型建模软件，软件由 Revitarchitecture（建筑）、Revitstructure（结构）、RevitMEP（设备）三款组件组合，形成以三维软件操作平台搭建三维建筑信息模型的工具。

b. Navisworks 系列软件。Navisworks 是 Autodesk 公司在 BIM 领域中，在完成 BIM 模型和信息创建后，用于设计协调、施工过程管理及信息集成应用的重要一环，是发挥 BIM 模型和数据管理价值的重要体现。Navisworks 的各项功能对项目进行虚拟建造、模拟、查看及碰撞检测，是减少项目浪费、提升效率，同时显著减少设计变更、有效控制工程成本的关键应用。

c. Navisworks 软件施工模拟功能将模型与 Project 进度进行关联，施工进度模拟演示形成 4D 进度计划，这样可以更直观地检查出时间设置是否合理，有利于全方位协调和管理工作。

⑤ BIM 软件的主要特征及优点。

a. 通过三维建模，解决项目存在的参与方众多、分支系统复杂、信息量大、有效传递困难、成本控制难度大等问题；

b. 设计与施工各工种面对模型的集成策划，跨专业的数据共享，传递建筑信息，进行管道冲撞检查；

c. 可以在任何时刻、对任何构件做任意修改，软件会在平、立、剖、三维等所有地方自动修正设计；

d. 帮助项目的最高决策者对项目进行合理的协调、规划和控制。

⑥ 建筑信息模型（BIM）的应用展望。

第一个变革：个人电脑和互联网普及的信息革命。

第二个变革：建筑景观对于 CAD 的引用——二维。

第三个变革：3Dmax 等建筑三维软件的引用——三维。

第四个变革：BIM 系统的引进——建筑信息全模型（覆盖了二维、三维的各种建筑信息，包括内部的、外部景观的、地理信息的等）。

四、现场视频监控设置

① 现场定点布置网络高清摄像头，通过移动端、PC 端对项目工地各出入口、作业面等重点区域进行 24 小时实时监控，管理者可掌握项目施工现场和施工进度情况，跟踪生产进度，实时查看工人工作状态，为项目形象进度信息的获取及安全管控提供支撑。

② 施工现场设置中央监控室，通过监视屏查看施工现场情况，或通过电脑及智能手机进入互联网用户界面，选择要查看的监控点，调整摄像头的角度和范围，得到现场施工的视频信息，实现工程质量、进度及安全等全方位监视。管理者在办公室使用电脑，或在远程使用智能手机就可以随时了解工程施工情况，并对工程施工中存在的问题进行管理和控制。

③ 视频监控系统的设置。

a. 对工地出入口、现场车辆通行、人流进出等情况进行监控；

b. 对现场施工的细节部分进行缩放检视，检查现场质量、安全及文明施工情况；

c. 录制现场监视信息并存储，可随时检索回放。

④ 视频监控系统优点。

a. 降低管理成本，提高企业管理效率。采用视频监控系统可适当减少现场管理人员数量，及时发现违规和不文明施工现象，降低事故发生的频率，提高现场安全和质量管理效率。

b. 落实岗位职责，便于调查和明确责任。视频监控的设置，在很大程度上提高了施工人员的责任心和工作积极性，促进规范操作，便于统一管理。施工过程存储备份，发生不可预测事件，也便于查明原因，明确事故责任。

c. 管理辅助工具，获取长远效益。视频监控系统是计算机技术在工程建设领域应用的提升，有效地辅助项目管理水平的提高，使管理者及时了解和掌握施工过程信息，做出高效决策，提升工程监管层次。

⑤ 必须安装摄像机的部位。

a. 工地车辆出入口：用于监控文明施工、车辆出入、工地治安等情况。

b. 会议室或公共活动室：用于监控安全管理人员到岗履职、从业人员安全教育等情况。

c. 房屋建筑工程施工区域内的较高位置：用于监控施工作业面的整体情况。该摄像机的安装部位应随着施工建筑物的升高而升高。

d. 危大工程的施工作业区：用于监控危大工程施工作业情况及安全管理人员现场履职情况。

e. 其他施工作业区域：动土施工作业全区域、监督部门认定需重点监控的其他施工作业区域等。

⑥ 施工现场具体安装部位由建设、施工、监理单位按以上安装部位的原则共同确认。按规定只需安装两个摄像机的项目应以会议室或公共活动室、房屋建筑工程施工区域内的较高位置，这两个部位优先安装。

⑦ 摄像机类型。

a. 摄像机安装部位中，工地车辆出入口、会议室或公共活动室等部位应安装普通高清摄像机或高速球形摄像机；房屋建筑工程施工区域内的较高位置、危大工程的施工作业区、其他施工作业区域等部位，应安装高速球形摄像机。

b. 工地所安装的摄像机基本技术参数不得低于有关要求。

⑧ 视频监控系统的使用。

a. 建设、施工、监理等单位可通过视频监控系统对施工现场的施工作业活动进行监控管理。

b. 区建设行政主管部门、施工安全监督机构等单位可通过视频监控平台进行视频监控，实现对施工现场远程动态监督。

c. 未来将接入区、市相关智慧系统，供其他职能部门共享。

⑨ 监督管理。

a. 区建设行政主管部门、施工安全监督机构应大力推进视频监控系统的建设和使用，并在日常监督工作中，查看视频监控画面，监督各管辖工地视频监控系统的运行状况。

b. 区建设行政主管部门、施工安全监督机构应充分利用视频监控平台，加强对施工现场施工状况、责任人员到岗履职情况的监督。

五、进场门禁实名设定

① 建设工程开工前，信息采集单位在项目入口安装门禁管理系统，参建单位人员进入

施工现场通过门禁管理系统时，将实名采集进场人员信息。采集的实名信息即时上传到信息管理系统，并实现数据共享，通过终端设备查询可及时了解参建单位人员的进出现场情况。

② 门禁管理通过在工地大门口设置闸机，对施工现场进行封闭管理，进入现场人员必须通过刷卡、人脸识别或瞳孔识别等方式确认后进入，门口的大屏幕上显示进入人的基本信息，管理系统直接录入并上传终端设备便于管理者查看。

③ 通过对进场人员的门禁管理系统应用，实现对项目参建各方，尤其对施工单位进场工人的实名登记，及时记录和掌握工人进场情况，为施工单位项目部保障现场施工提供数据和决策依据。

④ 门禁管理系统实现对施工人员、监管人员的信息采集、统计，对其信息进行甄别，便于规范工地从业人员的考勤与行为管理。门禁管理系统通过以下方法进行信息采集：

a. 借助人员二代身份证读卡设备、IC 卡、人脸及瞳孔识别等技术，门禁终端及管理平台实现人员实名登记管理；

b. 借助门禁设备终端及管理平台实现人员出入记录获取及统计；

c. 借助安全教育终端及管理平台实现人员安全教育信息录入及统计。

⑤ 实名制人员管理对劳务及项目人员身份的管控，涵盖了实名认证、考勤进出、现场施工、安全教育等多个维度。为了便于安全管理，可依据角色分配不同的权限：

a. 项目管理部人员，可以在办公区、施工区、生活区出入；

b. 建筑工人，可在施工区、生活区出入。

⑥ 门禁管理实时上传进场人员数据，登录管理平台后，工程管理者和总包单位管理者通过查询，能够实时掌握现场实际人数以及人员进出现场情况，对信息进行分析、汇总，提高了管理效率。

⑦ 门禁管理系统是项目管理的重要组成部分。参建单位主要管理人员是否到岗，直接影响工程的质量、进度及安全。通过门禁管理系统可有效控制主要管理者的出勤率，堵塞了替代打卡管理上的漏洞。

六、智慧工地管理系统建立

① 智慧工地主要指的是充分利用最新的互联网、物联网、云计算及大数据等技术来改变施工项目现场参建各方的交互方式、工作方式和管理模式，持续改进工程质量、进度、成本，以合理的资源投入，实现项目效益最大化，满足客户需求，实现价值最大化。

② "智慧工地"是一种崭新的工程现场一体化管理模式，是互联网＋与传统建筑行业的深度融合。它充分利用移动互联、物联网、云计算、大数据等新一代信息技术，围绕人、机、料、法、环等各方面关键因素，彻底改变传统建筑施工现场参建各方现场管理的交互方式、工作方式和管理模式，为建设集团、施工企业、政府监管部门等提供工地现场管理信息化解决方案。

③ 智慧工地，它聚焦工程施工现场，紧紧围绕人、机、料、法、环等关键要素，综合运用物联网、云计算、大数据、移动计算和智能设备等软硬件信息技术，与施工生产过程相融合，对工程质量、安全等生产过程以及商务、技术等管理过程加以改造，提高工地现场的生产效率、管理效率和决策能力等，实现工地的数字化、精细化、智慧化生产和管理。

④ 大力推进智能化管理，加快建设工程智能监管平台和视频监控系统的推广应用，满足"智慧工地"的管理要求。"智慧工地"的管理应做好以下工作。

a. 质量安全信息化管理。参建单位的项目管理人员均应开通 APP 账号，应用 APP 开展施工现场的施工质量管理、施工安全管理，每日上传质量安全管理信息。

b. 视频监控。实现现场全景监控（在制高点安装并运行视频监控设备）。主要作业场区安装、运行视频监控设备（包括施工作业面、物料堆放区、钢筋加工区、吊装区、基坑）。现场出入口安装、运行视频监控设备（包括人行出入口、车行出入口），人员进出工地时，摄像头会对刷卡人员进行抓拍，将资料存档。视频监控摄像头具有前端 AI 图像识别性能，实现人员不戴安全帽、吸烟等违章行为识别，起火点红外监测，越界监测，区域入侵监测，抓拍报警等功能。

c. 实名闸机。安装实名闸机设备，通过人脸或瞳孔识别进入，绑定身份信息。实名闸机数量应满足最大进场作业人员数量需求，要求至少 1 通道/100 人。每天无法识别放行的人数不大于 2 人。现场实时登录查询考勤结果。

d. 重大危险源监控。项目场地内每台塔吊是否安装并运行监控黑匣子。项目场地内全部电气线路分箱（直接从总箱接出的分箱）是否全部安装并运行电气线路监测仪。深基坑、高边坡的变形破坏监测数据，安装远程实时全自动监测预警系统，接入监管平台。高大模板与支架的变形破坏监测数据，安装远程实时全自动监测预警系统，接入监管平台。

e. 大型起重设备监控。现场部署平臂塔吊两台以上交叉作业，应安装塔吊防碰撞系统，在塔吊运行至禁区时发出预警提示，防止碰撞等危险情况发生；施工升降机应安装人脸识别系统，只有培训上岗的电梯操作工的脸才能被识别，其余非专业人员若操作，系统将发出警报，杜绝因工人私自操作导致的安全事故。

f. 高速人脸识别。针对人流量大的工地，其识别效率为 30 帧/s，准确率达到 99%，针对移动和静止的人员均能检测和识别，支持多人同时监测，劳务工人可小跑进入工地，有效地保证了进出的效率。该系统支持黑名单功能，针对设为黑名单的工人可禁止其进入工地。同时，针对劳务工人是否佩戴安全帽、周界入侵提醒、滞留徘徊、遗留物进行设定。

g. 扬尘与噪声监测系统。工地出入口应按规定安装 TSP 在线自动监测设施系统。将各种环境监测传感器（PM2.5、PM10、噪声、风速、风向、空气温湿度等）的数据进行实时采集传输，依据客户需求将数据实时展示在现场 LED 屏、平台 PC 端及移动端，便于管理者远程实时监管现场环境数据并能及时做出决策。TSP 在线监测设备，应接入全市统一监测、监管平台，实现 TSP 数据实时监测、实时上传，及时监控并控制扬尘污染。

七、移动便携及终端设备准备

1. 平板电脑
项目主要管理及监督人员应每人配备一台便携式平板电脑。平板电脑体积小、质量轻，易于携带，在工程项目管理中利用存储的施工图纸及 BIM，便于现场巡查、检查时使用。其无线网络技术与项目信息管理平台、视频监控系统、平安卡管理系统等结合，更有助于项目管理人员在远程监控施工现场情况，提高管理工作效率。

2. 智能手机应用
智能手机使用其无线网络技术，登录项目信息管理平台、视频监控系统、平安卡管理系统等，可实时掌握工程动态，有助于项目管理人员在远程监控施工现场情况，提高管理工作效率。

3. 配备卡片式数码相机
管理人员每人配备一台数码相机，随时收集质量、进度及安全管理过程中发生的各种影像资料，建立影像资料库，并有针对性地保存可能出现有潜在索赔倾向的洽商、设计变更，记录施工前后现场的实际照片，作为日后反索赔管理的依据。这项工作有利于工程的可追溯性。

4. 常用的建设工程检测工具

工程检测工具的使用，能够提高管理人员的工作效率和监管力度，发现质量管理过程中存在的漏洞和问题，对工程质量的监管较为重要。

① 检测仪器：全站仪、经纬仪、水平仪、激光铅直仪。

② 测厚仪：防水卷材、镀锌钢板。

③ 电子卡尺：钢筋、钢管壁厚、管径。

④ 激光测距仪：尺寸、距离的测量。

⑤ 混凝土回弹仪：混凝土强度的检测。

⑥ 涂层测厚仪：漆膜厚度检测。

⑦ 超声波测厚仪：金属型材、管材壁厚的检测。

⑧ 工程检测套件：检测尺、直角检测尺、楔形塞尺、磁力线坠、卷线器等。

第七章

建筑工程项目建设阶段质量管理工作

第一节 工程项目技术质量管理基本要求

一、基本要求

① 建设、勘察、设计、施工、监理、检测等单位依法对工程质量负责。其中，建设单位（含房地产开发企业，下同）对工程质量负总责。

② 勘察、设计、施工、监理、检测等单位应当依法取得资质证书，并在其资质等级许可的范围内从事建设工程活动。

③ 建设、勘察、设计、施工、监理等单位的法定代表人应当签署授权委托书，明确各自工程项目负责人。项目负责人应当签署工程质量终身责任承诺书。法定代表人和项目负责人在工程设计使用年限内对工程质量承担相应责任。

④ 从事工程建设活动的专业技术人员应当在注册许可范围和聘用单位业务范围内从业，对签署技术文件的真实性和准确性负责，依法承担质量安全责任。

⑤ 工程一线作业人员应当按照相关行业职业标准和规定经培训考核合格，特种作业人员应当取得特种作业操作资格证书。工程建设有关单位应当建立健全一线作业人员的职业教育、培训制度，定期开展职业技能培训。

⑥ 施工单位、建设单位等参建主体，应完善质量决策、保证、监督机制，强化内控管理，全面建立自我约束、持续改进、有效运转的质量管理体系。

⑦ 工程完工后，建设单位应当组织勘察、设计、施工、监理等有关单位进行竣工验收。工程竣工验收合格后，方可交付使用。

二、甲方单位的质量管理要求

① 建设单位依法申请领取施工许可证，未取得施工许可证的，不得开工。

② 建设单位应在开工前书面通知各参建方，明确项目质量管理组织机构以及项目负责人、技术（质量）负责人等岗位职责、项目质量管理制度。关键岗位人员发生变更的要办理变更手续，并重新通知到位。

③ 建设单位应按规定办理工程质量监督手续，留存监督交底记录。

④ 建设单位不得肢解发包工程。

⑤ 建设单位应按规定委托具有相应资质的检测单位进行检测工作。

⑥ 建设单位应对施工图设计文件报审图机构审查，审查合格后方可使用。

⑦ 建设单位对有重大修改、变动的施工图设计文件，应重新进行报审，审查合格后方可使用。

⑧ 建设单位及时组织图纸会审、设计交底工作。

⑨ 按合同约定，由建设单位采购的建筑材料、建筑构配件和设备的质量应符合要求。

⑩ 建设单位不得指定应由承包单位采购的建筑材料、建筑构配件和设备，或者指定生产厂、供应商。

⑪ 严禁明示或者暗示设计、施工等单位违反工程建设强制性标准，降低工程质量。

⑫ 科学确定合理工期，房屋建筑工程混凝土结构施工每层工期原则上不得少于 5 日。确需压缩工期的，提出保证工程质量和安全的技术措施及方案，经专家论证通过后方可实施。建设单位要求压缩工期的，因压缩工期所增加的费用由建设单位承担，随工程进度款一并支付。

⑬ 施工合同应明确质量目标和质量奖罚措施，不应只罚不奖。

⑭ 建设单位在开工前向施工单位下达"住宅工程质量常见问题专项治理任务书"，明确治理目标，组织审批施工专项治理方案，明确专项治理费用和奖罚措施，建设过程中及时督促参建各方落实专项治理责任。

⑮ 按合同约定及时支付工程款。

第二节　工程项目质量管理体系及流程

一、工程项目质量管理的责任体系

《建设工程质量管理条例》规定建设单位、勘察单位、设计单位、施工单位及工程监理单位需依法对工程项目质量负责。表 7-1 列举了部分各单位应承担的质量责任和义务。

二、施工质量控制系统

（1）按工程实体质量形成过程的时间阶段划分

① 施工准备控制：指在各工程对象正式施工活动开始前，对各项准备工作及影响质量的各因素进行控制，这是确保施工质量的先决条件。

② 施工过程控制：在施工过程中对实际投入的生产要素质量及作业技术活动的实施状态和结果所进行的控制，包括作业者发挥技术能力过程的自控行为和来自有关管理者的监控行为。

③ 竣工验收控制：它是指对于通过施工过程所完成的具有独立的功能和使用价值的最终产品（单位工程或整个工程项目）及有关方面（例如质量文档）的质量进行控制。

（2）按工程实体形成过程中物质形态转化的阶段划分

① 对投入的物质资源质量的控制。

② 施工过程质量控制：在使投入的物质资源转化为工程产品的过程中，对影响产品质量的各因素、各环节及中间产品的质量进行控制。

表 7-1　工程项目参与各方应承担的质量责任和义务

建设单位	勘察、设计单位	施工单位	监理单位
1. 应将工程发包给具有相应资质的单位，不得将建设工程肢解发包。 2. 应当依法对工程项目的勘察、设计、施工、监理等行招标。 3. 不得迫使承包方以低于成本的价格竞标，不得任意压缩合理工期。 4. 实行监理的建设工程，应当委托具有相应资质的监理单位进行监理。 5. 领取施工许可证前，应当按照国家有关规定办理工程质量监督手续。 6. 收到建设工程竣工报告后，应当组织相关单位进行竣工验收。 7. 应当严格按照国家有关档案管理的规定，及时收集、整理工程项目各环节的文件资料，建立健全工程项目档案	1. 依法取得资质证书，并在其资质等级许可的范围内承揽工程。 2. 必须按照工程建设强制性标准进行勘察、设计，并对其质量负责。 3. 设计单位应当根据勘察成果文件进行建设工程设计。 4. 设计单位在设计文件中选用的建筑材料、建筑构配件和设备，应当注明规格、型号、性能等技术指标。 5. 设计单位应当就审查合格的施工图设计文件向施工单位做出详细说明。 6. 设计单位应当参与建设工程质量事故分析，并对因设计造成的质量事故，提出相应的技术处理方案	1. 依法取得资质证书，在其资质等级许可的范围内承揽工程。 2. 对建设工程的施工质量负责。 3. 按照工程设计图纸和施工技术标准施工，不得擅自修改工程设计。 4. 必须照工程设计要求及相关规定，对建筑材料等进行检验，检验应当有书面记录和专人签订。 5. 建立、健全施工质量的检验制度，做好隐蔽工程的质量检查和记录。 6. 对施工中出现质量问题的建设工程或者竣工验收不合格的建设工程，应当负责返修。 7. 建立、健全教育培训制度，加强对职工的教育培训	1. 依法取得资质证书，并在其资质等级许可的范围内承揽业务。 2. 与被监理工程的施工承包单位以及建筑材料、设备供应等单位有隶属关系或者其他利害关系的，不得承担该项建设工程的监理业务。 3. 应当依照法律、法规以及有关技术标准、设计文件和建设工程承包合同，代表建设单位对施工质量实施监理，并对施工质量承担监理责任。 4. 应当选派具备相应资格的总监理工程师和监理工程师进驻施工现场。 5. 监理工程师应当按照工程监理规范的要求，采取旁站、巡视和平行检验等形式，对建设工程实施监理

③ 对完成的工程产出品质量的控制与验收。在上述三个阶段的系统过程中，前两个阶段对于最终产品质量的形成具有决定性的作用，而所投入的物质资源的质量控制对最终产品质量又具有举足轻重的影响。所以，在质量控制的系统过程中，无论是对投入物质资源的控制，还是对施工及安装生产过程的控制，都应当对影响工程实体质量的五个重要因素方面，即对施工有关人员因素、材料（包括半成品、构配件）因素、机械设备因素（生产设备及施工设备）、施工方法（施工方案、方法及工艺）因素以及环境因素等进行全面的控制。

（3）按工程项目施工层次划分的系统控制过程　通常，任何一个大、中型工程建设项目可以划分为若干层次。例如，对于建筑工程项目按照国家标准可以划分为单位工程、分部工程、分项工程、检验批等层次；而对于诸如水利水电、港口交通等工程项目，则可划分为单项工程、单位工程、分部工程、分项工程等几个层次。各组成部分之间的关系具有一定的施工先后顺序的逻辑关系。显然，施工作业过程的质量控制是最基本的质量控制，它决定了有关检验批的质量；而检验批的质量又决定了分项工程的质量。

三、施工质量控制的工作程序

在施工阶段的全过程中，监理工程师要进行全过程、全方位的监督、检查与控制，不仅涉及最终产品的检查、验收，而且涉及施工过程的各环节及中间产品的监督、检查与验收。

在每项工程开始前，承包单位须做好施工准备工作，然后填报《工程开工/复工报审表》

及附件，报送监理工程师审查。若审查合格，则由总监理工程师批复准予施工。

在施工过程中，监理工程师应督促承包单位加强内部质量管理，严格质量控制，施工作业过程均应按规定工艺和技术要求进行，在每道工序完成后，承包单位应进行自检，自检合格后，填报《＿＿报验申请表》交监理工程师检验。监理工程师收到检查申请后应在合同规定的时间（合同文本 17 条：隐蔽工程在隐蔽或者中间验收前 48 小时以书面形式通知工程师验收）内到现场检验，检验合格后（24 小时内）予以确认。

第三节　工程项目管理的方法

一、质量管理的目标

根据项目管理学中项目是一个过程的定义，那么工程项目质量控制的重点在于过程质量控制。工程项目的过程质量控制，是指为达到工程项目质量要求而采取相应的作业技术和活动，从而为工程建设增值（图 7-1）。

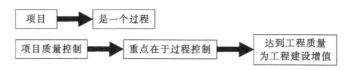

图 7-1　工程项目质量控制的重点及意义

建设单位的项目管理贯穿工程项目全生命周期的各个阶段，明确工程项目质量控制的目标是基础。工程项目质量目标系统应从建设地点和建筑形式、结构、功能及使用者满意程度等多方面进行系统定义。建设单位工程项目质量控制的目标如图 7-2 所示。

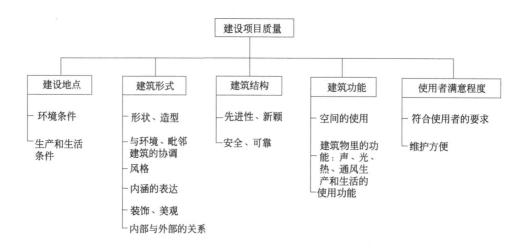

图 7-2　工程项目质量目标系统

二、质量管理的重点

一般建设工程项目的质量控制主要分为六个方面，如图 7-3 所示。

（1）工程项目前期决策阶段的质量控制　项目前期决策阶段质量控制的好坏直接影响到项目在后期实施运营阶段的工程质量。在工程项目的建设前期阶段，质量控制应该包括以下四个内容：
　　① 明确工程项目的质量目标；
　　② 做好工程项目质量管理的全局规划；
　　③ 建立工程项目质量控制的系统网络；
　　④ 制定工程项目质量控制的总体措施。
　　（2）工程项目勘察设计阶段的质量控制
　　① 工程项目勘察阶段的质量控制。工程勘察
是一项技术性、专业性较强的工作，工程勘察质量
控制的基本方法是按照质量控制的基本原理对工程
勘察的质量影响因素进行检查和过程控制。

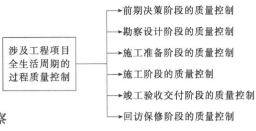

图 7-3　项目全生命周期的质量控制

　　勘察设计阶段质量控制的要点如图 7-4 所示。

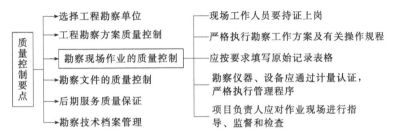

图 7-4　工程勘察质量控制的要点

　　② 工程项目设计阶段的质量控制。工程项目设计阶段的质量控制包括工程项目设计准备阶段、设计阶段的质量控制。通常，工程项目采用初步设计、技术设计和施工图设计的三阶段设计。因此，设计阶段的质量控制分三阶段的质量控制流程，包括初步设计阶段项目质量控制工作流程、技术设计阶段项目质量控制工作流程和施工图设计阶段项目质量控制工作流程。图 7-5～图 7-8 为普通工程项目常用的设计阶段质量控制工作流程。

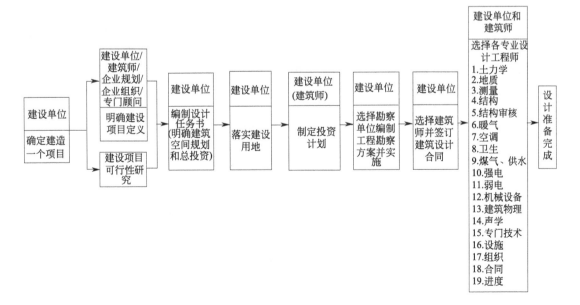

图 7-5　设计准备阶段质量控制流程

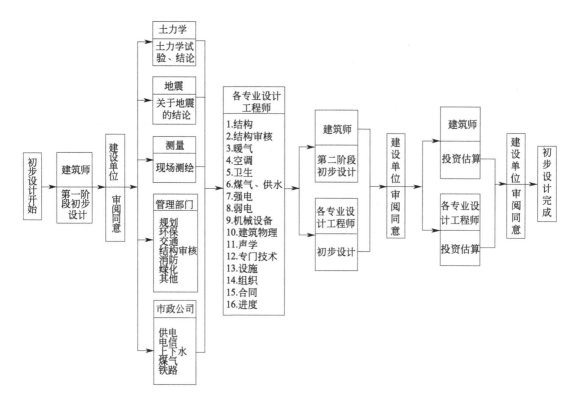

图 7-6　初步设计阶段质量控制流程

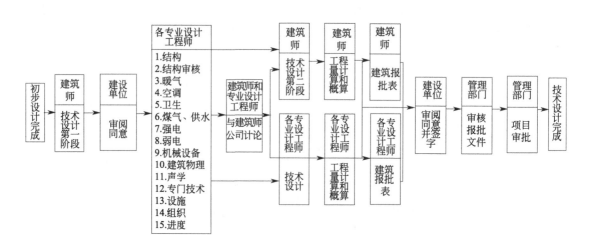

图 7-7　技术设计阶段质量控制流程

（3）工程项目施工准备阶段的质量控制　施工准备阶段的质量控制内容与措施，包括图纸学习与会审、编制施工组织设计、组织技术交底、控制物资采购、严格选择分包单位五个部分。

① 图纸学习与会审。图纸会审由建设单位或监理单位主持，设计单位、施工单位参加，并写出会审纪要。图纸审查必须抓住关键，特别注意构造和结构的审查，必须形成图纸审查

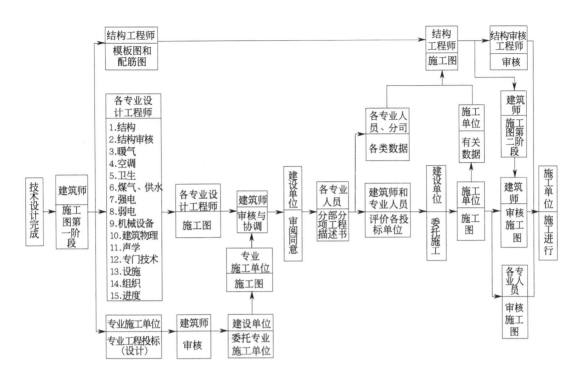

图 7-8　施工图设计阶段质量控制流程

与修改文件，并作为档案保存。

② 编制施工组织设计。施工组织设计中对质量控制起主要作用的是施工方案，主要包括施工程序的安排、施工段的划分、主要项目的施工方法、施工机械的选择，以及保证质量、安全施工、冬季和雨季施工、污染防治等方面的预控方法和针对性的技术组织措施。

③ 组织技术交底。技术交底是一项经常性的技术工作，可分级分阶段进行。技术交底应以设计图纸、施工组织设计、质量验收标准、施工验收规范、操作规程和工艺卡为依据，编制交底文件，必要时可用图表、实样、小样、现场示范操作等形式进行，并做好书面交底记录。

④ 控制物资采购。施工中所需的物资包括建筑材料、建筑构配件和设备等。如果生产、供应单位提供的物资不符合质量要求，施工企业在采购前和施工中又没有有效的质量控制手段，往往会埋下工程隐患，甚至酿成质量事故。因此，采购前应按先评价后选择的原则，由熟悉物资技术标准和管理要求的人员，对拟选择的供方进行技术、管理、质量检测、工序质量控制和售后服务等质量保证能力的调查，信誉以及产品质量的实际检验评价，各供方之间的综合比较，最后做出综合评价，再选择合格的供方建立供求关系。

⑤ 严格选择分包单位。工程总承包商或主承包商将总包的工程项目按专业性质或工程范围（区域）分包给若干个分包商来完成，是一种普遍采用的经营方式。为了确保分包工程的质量、工期和现场管理能满足总合同的要求，总承包商应由主管部门和人员对拟选择的分包商，包括建设单位指定的分包商，通过审查资格文件，考察已完工程和施工工程质量等方法，从技术及管理实务、特殊及主体工程人员资格、机械设备能力及施工经验，认真进行综合评价，决定是否可作为合作伙伴。

（4）工程项目施工阶段的质量控制　工程项目施工阶段的质量控制工作主要包括材料、

构件、制品和设备质量的检查，以及施工质量监督和中间验收等工作。

具体来说，施工阶段质量控制主要包括以下六个方面。

① 严格进行材料、构配件试验和施工试验。对进入现场的物料，包括甲方供应的物料以及施工过程中的半成品，必须按规范、标准和设计的要求，根据对质量的影响程度和使用部位的重要程度，在使用前对涉及结构安全的应由建设单位或监理单位现场见证取样，送有法定资格的单位检测，判断其质量的可靠性。

② 实施工序质量监控。工序质量监控的对象是影响工序质量的因素，特别是主导因素，其核心是管因素，管过程，而不单纯是管结果。工序质量监控重点内容包括：设置工序质量控制点，严格遵守工艺规程，控制工序活动条件的质量，及时查工序活动效果的质量。

③ 组织过程质量检验。过程质量检验主要指工序施工中或上道工序完工即将转入下道工序时所进行的质量检验，目的是通过判断工序施工内容是否合乎设计或标准要求以决定该工序是否继续进行（转交）或停止。具体形式有：质量自检和互检，专业质量监督，工序交接检查，隐蔽工程验收，工程预检（技术复核），基础、主体工程检查验收。

④ 重视设计变更管理。施工过程中往往会发生没有预料到的情况，如设计与施工的可行性发生矛盾；建设单位因工程使用目的、功能或质量要求发生变化，而导致设计变更。设计变更须经建设、设计、监理、施工单位各方同意，共同签署设计变更洽商记录，由设计单位负责修改，并向施工单位签发设计变更通知书。对建设规模、投资方案有较大影响的变更，须经原批准初步设计单位同意，方可进行修改。

⑤ 加强成品保护。在施工过程中，有些分项、分部工程已经完成，其他分项、分部工程尚在施工，对于成品，如不采取妥善的措施加以保护，就会造成损伤，影响质量，有些严重的损伤难以恢复到原样，成为永久性缺陷。产品保护工作主要有合理安排施工顺序和采取有效的防护措施两个主要环节。

⑥ 积累工程施工技术资料。工程施工技术资料是施工中的技术、质量和管理活动的记录，是实行质量追溯的主要依据。施工技术资料管理是确保工程质量和完善施工管理一项重要工作，施工企业必须按各专业质量检验评定标准的规定和各地的实施细则，全面、科学、准确、及时地记录施工及试（检）验资料，按规定积累、计算、整理、归档，手续必须完备，并不得有伪造、涂改、后补等现象。

（5）工程项目竣工验收交付阶段的质量控制

① 坚持竣工标准。由于建设工程项目门类很多，性能、条件和要求各异，因此土建工程、安装工程、人防工程、管道工程、桥梁工程、电气工程及铁路建筑安装工程等都有相应的竣工标准。凡达不到竣工标准的工程，一般不能算竣工，也不能报请竣工质量核定和竣工验收。

② 做好竣工预检。竣工预检是承包单位内部的自我检验，目的是为正式验收做好准备。竣工预检可根据工程重要程度和性质，按竣工验收标准，分层次进行。通常先由项目部组织自检，对缺漏或不符合要求的部位和项目，确定整改措施，指定专人负责整改。在项目部整改复查完毕后，报请企业上级单位进行复检，通过复检，解决全部遗留问题，由勘察、设计、施工、监理等单位分别签署质量合格文件，向建设单位发送竣工验收报告，出具工程保修书。

③ 整理工程竣工验收资料。工程竣工验收资料是使用、维修、扩建和改建的指导文件和重要依据，工程项目交接时，承包单位应将成套的工程技术资料分类整理、编目、建档后移交给建设单位。

（6）工程项目回访保修期的质量控制　工程项目在竣工验收交付使用后，施工单位应按照规定在保修期限和保修范围内（表7-2），主动对工程进行回访，听取建设单位或用户对工程质量的意见，对施工单位施工过程中的质量问题，负责维修，如属设计等原因造成的质量问题，在征得建设单位和设计单位认可后，协助修补。

▢ 表 7-2　工程项目回访保修质量控制要求

回访的方式	保修的期限	保修的实施
季节性回访 技术性回访 保修期满前回访	基础设施工程、房屋建筑的地基基础工程和主体结构工程，为设计文件规定的该工程的合理使用年限。 屋面防水工程、有防水要求的卫生间、房间和外墙面的防渗漏，为 5 年。 供热与供冷系统，为 2 个暖期、供冷期。 电气管线、给水排水管道、设备安装和装修工程，为 2 年	保修范围：由于施工的责任，对各类建筑工程及建筑工程的各个部位，都应实行保修。 检查和修理：在保修期内，对建筑产品出现的问题应及时检查并修理

三、质量管理的原则

（1）贯彻职业规范　各级质量管理人员，在处理质量问题过程中，应尊重客观事实，尊重科学、正直、公正、不持偏见；遵纪、守法，杜绝不正之风；既要坚持原则，严格要求，秉公办事，又要谦虚谨慎，实事求是，以理服人，热情帮助。

（2）质量第一　"百年大计，质量第一"，工程建设与国民经济的发展和人民生活的改善息息相关。质量的好坏，直接关系到人民生命财产的安全，关系到子孙幸福，所以必须树立强烈的"质量第一"的思想。

要明确质量第一的原则，必须弄清并且摆正质量和数量、质量和进度之间的关系。不符合质量要求的工程，数量和进度都失去意义，也没有任何使用价值。而且数量越多，进度越快，国家和人民遭受的损失也将越大，因此，好中求多，好中求快，好中求省，才是符合质量管理所要求的质量水平。

（3）预防为主　对于工程项目的质量，我们长期以来采取事后检验的方法，认为严格检查，就能保证质量，实际上这是远远不够的。应该从消极防守的事后检验变为积极预防的事先管理。因为好的项目是好的设计、好的施工所产生的，不是检查出来的。必须在项目管理的全过程中，事先采取各种措施，消灭种种不符合质量要求的因素，以保证建筑产品质量。如果各质量因素（人、机、料、法、环）预先得到保证，工程项目的质量就有了可靠的前提条件。

（4）为用户服务　建设工程项目，是为了满足用户的要求，尤其是满足用户对质量的要求。真正好的质量是用户完全满意的质量。进行质量控制，就是要以为用户服务的原则，作为工程项目管理的出发点，贯穿到各项工作中去。同时，要在项目内部树立"下道工序就是用户"的思想。各个部门、各种工作、各种人员都有个前、后的工作顺利，在自己这道工序的工作一定要保证质量，凡达不到质量要求不能交给下一道工序，一定要使"下一道工序"这个用户感到满意。

（5）用数据说话　质量控制必须建立在有效的数据基础上，必须依靠能够确切反映客观实际的数字和资料，否则就谈不上科学的管理。在很多情况下，我们评定工程质量，虽然也按规范标准进行检测计量，也有一些数据，但是这些数据往往不完整、不系统，没有按数理统计要求积累数据，抽样选点，所以难以汇总分析，有时只能统计加估计，抓不住质量问题，不能表达工程的内在质量状态，也不能有针对性地进行质量教育，提高企业素质。所以，必须树立起"用数据说话"的意识，从积累的大量数据中，找出控制质量的规律性，以保证工程项目的优质建设。

四、工程项目质量管理方法

如果想要客观地反映实际施工过程中的情况和问题，就必须进行细致的调查，然后得到相关的数据资料。数据是信息的载体，在对工程项目质量进行分析的过程中必须要以数据为基础进行综合判断，一切用数据来说话。在数据的处理过程中，可以使用直方图、排列图、控制图、散布图等图形来展示分析结果。在图上能更加直观地看出工程的质量问题，从而采取适当的措施。

1. 质量控制的直方图法

直方图又称质量分布图、矩形图、频数分布直方图。它是对从一个母体收集的一组数据用相等的组距分成若干组，画出以组距为宽度、以分组区内数据出现的频数为高度的一系列直方柱，按组界值（区间）的顺序把这些直方柱排列在直角坐标系里。这样得到的图形就是直方图。

直方图法是通过频数分布分析研究数据的集中程度和波动范围的统计方法。通过它可以了解工序是否正常、能力是否满足，并可推断母体的不合格率。同时，又可确切地算出数据的平均值和标准偏差。其优点是：计算、绘图方便、易掌握，而且能够直观、确切地反映出质量分布规律。其缺点是：不能反映时间变化及数据之间和数据群之间的变化。要求收集的数据较多，一般要 50 个以上，否则难以体现其规律。

常见的直方图有标准型、孤岛型、双峰型、陡壁型、锯齿型、缓坡型等（图 7-9）。

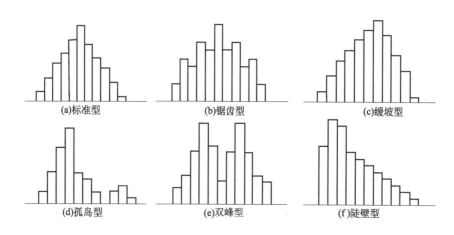

图 7-9　直方图的常见类型

2. 质量控制的排列图法

排列图法又称巴雷特图法，也叫主次因素分析图法。它是分析影响工程（产品）质量主要因素的一种有效方法。排列图是由一个横坐标，两个纵坐标，若干个矩形和一条曲线组成，图中左边纵坐标表示频数，即影响调查对象质量的因素重复发生或出现次数（或件数、个数、点数）；横坐标表示影响质量的各种因素，按出现的次数从多至少、从左到右排列；右边的纵坐标表示频率，即各因素的频数占总频数的百分比；矩形表示影响质量因素的项目或特性，其高度表示该因素频数的高低，曲线表示各因素依次的累计频率，也称为巴雷特曲线。

该方法认为 80% 的质量问题源于 20% 的起因，20% 的质量问题源于 80% 的起因，即所谓 80/20 法。因此我们要确定并解决那些导致大多数质量问题的关键的少数起因，而不是致力于解决那些导致少数问题的大多数起因（不重要的多数）。当已经解决了那些关键的少数起因，就可以把注意力集中放到解决剩余部分中的最重要的起因，不过它们的影响会是递减的。

（1）收集工序质量数据　例如将建设项目按专业类别分为土建、电气、工艺、焊接、防腐五个专业，分别由不同的专业工程师负责质量监控工作，总工程师负责全面的质量管理工作。专项工程师对于一般工序巡检到位、重点工序平检到位、关键工序旁站到位，发现工序质量问题，及时下发通知单，要求施工单位按期整改，符合要求后方可继续施工。总工程师定期收集工程师下发的通知单，把施工过程中出现的问题按专业类别分类汇总。

（2）绘制排列图　建立直角坐标系、横坐标平均划分为 5 个单位长度，每个单位长度代表 1 个专业的质量问题，左侧纵坐标为每个专业质量问题出现的频数，右侧纵坐标为从左到右各个专业质量问题出现的累计频数百分比，用矩形的长度表示各个专业质量问题出现的频数，在表示每个专业质量问题频数的矩形右边框位置标定累计频数坐标，连接各点坐标获得累计频数百分比曲线，如图 7-10 所示。

（3）质量数据分析　在建项目中，按照质量问题出现的频率将排列图划分为三个区域（图 7-10）：在 80％ 以下的那几个专业的质量问题为 A 类因素，是影响工程质量的主要因素；在 80％～90％ 的那几个专业的质量问题为 B 类因素，是影响工程质量的次要因素；在 90％～100％ 的那几个专业的质量问题为 C 类因素，是影响工程质量的一般因素。

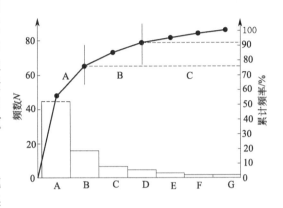

图 7-10　排列图法的示意图

3. 质量控制的因果分析法

因果分析图又叫特性要因图、鱼刺图或树枝图。因果分析图法就是把对质量（结果或特性）有影响的重要因素加以分类，并在同一个图上用箭线表示出来的方法（图 7-11）。通过整理、归纳、分析、查找原因，将因果关系搞清楚，然后采取措施解决问题，使质量控制工作系统化、条理化。它主要包括特性和要因两个方面。所谓特性，是指工程施工中经常出现的质量问题。所谓要因，是指在质量问题分析中对质量有影响的主要原因。

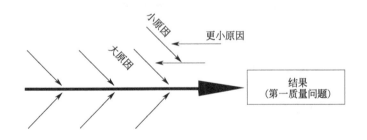

图 7-11　因果分析法的示意图

在工程实践中，任何一种质量问题的产生往往是多种原因造成的。这些原因有大有小，把这些原因依照大小次序分别用主干、大枝、中枝和小枝箭线图形表示出来，便可一目了然地、系统地观察出产生质量问题的原因。运用因果分析图可以帮助我们制订对策、措施，解决工程质量上存在的问题，从而达到控制质量的目的。

4. 案例分析：基于因果分析的 AHP 法在岩土工程质量管理中的应用

定量化因果分析法引用 AHP 的系统分析过程，为各种因果关系进行定量排序。定量化首先要将分析的问题建立层次分析结构模型，将所包含的各种因素分组，每一组作为一个层次，由高到低按目标层、约束层和方案层进行排列。防水工程是一项系统工程，主要影响因素有防水材料、防水工程设计、施工技术、使用与维护等。将各个因素生成判断矩阵，AHP的信息来源是人们对每一层各因素的相对重要性给出的判断，这些判断用数值表示，描写为矩阵的形式，称为判断矩阵。再对因素进行层次排序，层次排序就是根据判断矩阵计算对于上一层次某因素而言，本层次与之有联系的各因素的影响度的权值。

对于计算防水工程质量与缺陷判断矩阵：对于防水工程质量与缺陷，约束层有四个因素，在进行系统分析时，需要由有经验和代表性的质量管理部门、工程技术人员和施工人员组成评价小组，对各因素的影响度进行评价打分。利用层次分析法给出的各判断矩阵的特征向量，把每个影响因素的观测值描述在因果分析图上，形成一个全新的已定量化了的质量分析图。图7-12为防水工程质量定量化因果分析图。

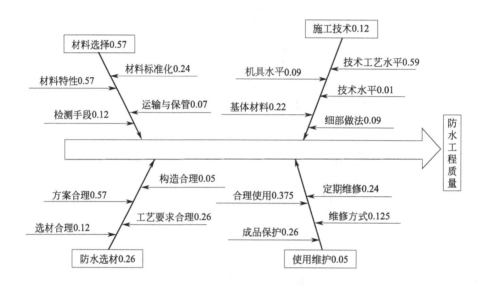

图 7-12　防水工程质量定量化因果分析图

第四节　施工组织设计管理

一、施工组织设计编制

1. 施工组织设计编制前的准备工作

（1）合同文件的分析　项目合同文件是承包工程项目的依据，也是编制施工组织设计的基本依据，分析合同文件重点要弄清以下几方面的内容：

① 工程地点、名称、业主、投资商、监理等合作方。

② 承包范围、合同条件：目的在于对承包项目有全面的了解，弄清各单项工程和单位工程名称、专业内容、工程结构、开竣工日期、质量标准、界面划分、特殊要求等。

③ 设计图纸：要明确图纸的日期和份数，图纸设计深度，图纸备案，设计变更的通知方法等。

④ 物资供应：明确各类材料、主要机械设备、安装设备等的供应分工和供应办法。由业主负责的，要弄清何时能供应、由哪方供应、供应批次等，以便制定需用量计划和仓储措施，安排好施工计划。

⑤ 合同指定的技术规范和质量标准：了解指定的技术规范和质量标准，以便为制定技术措施提供依据。

以上是着重了解的内容，当然对合同文件中的其他条款，也不容忽略，只有对它认真地研究，方能编制出全面、准确、合理的施工组织设计。

（2）施工现场、周边环境调查　要对施工现场、周边环境做深入细致的实际调查，调查的主要内容有以下几类。

① 现场勘查，明确建筑物的位置、工程的大概工程量，场地现状条件等。

② 收集施工地区的自然条件资料，如地形、地质、水文资料等设计文件。

③ 了解施工地区内的既有房屋、通信电力设备、给水排水管道、墓穴及其他建筑物情况，以便安排拆迁、改建计划。

④ 调查施工区域的周边环境，有无大型社区，交通条件，施工水源、电源，有无施工作业空间，是否要临时占用市政空间等。

⑤ 调查社会资源供应情况和施工条件，主要包括劳动力供应和来源，主要材料生产和供应，主要资源价格、质量、运输等。

（3）核算工程量　编制施工组织前和过程中，要结合业主提供的工程量清单或计价文件，对实施项目利用工程预算进行核算。目的是通过工程量核算，一是确保施工资源投入的合理性，包括劳动力和主要资源需要量的投入，同时结合施工部署中分层、分段流水作业的合理组织要求，量化人、材、机的投入数量和批次；二是通过工程量的计算，结合施工方法，编制施工辅助措施的投入计划，如土方工程的施工由利用挡土板改为放坡以后，土方工程量即会相应增加，而支撑锚钉材料就相应全部取消。

在编制施工组织设计前，结合施工部署方案的制定，对项目工程量进行详细核算，能够确保施工准备阶段措施量较为准确地测算，并在施工组织设计中得到详细体现，制定措施量投入计划，实现施工成本控制的预前控制。

2. 施工组织设计的编制原则

① 认真贯彻国家和地方有关基本建设的各项方针和政策，严格执行建设程序和施工程序，以及施工技术规范、规程、标准及管理规定。

② 满足图纸等设计文件与承包合同要求，充分考虑现场的特点和主客观条件，正确处理质量、进度、成本的关系，做好施工部署和施工方案的选定。

③ 坚持质量第一和安全生产的原则，推行全面质量管理和安全责任制，认真制定保证质量和安全的措施，以确保工程质量和安全生产。

④ 统筹全局，组织好施工协作，分期分批配套地组织施工，以缩短建设周期，尽早收到经济效益。

⑤ 科学合理安排施工顺序，充分利用空间和时间，组织流水作业。

⑥ 积极采用现代科学技术，不断提高机械化、工厂化、标准化施工水平，减轻劳动强度，促进职业健康和环境保护，提高劳动生产率。

⑦ 贯彻勤俭节约的方针，在革新、改造、挖潜的前提下，合理安排施工工艺，采取因地制宜、就地取材的措施，合理设置和使用机械设备，减少临时设施的规模，从各个环节上节约资金，降低工程成本。

⑧ 做好人力物力的综合平衡，做好冬、雨期施工安排，力争全年均衡生产。

⑨ 合理紧凑地规划施工总平面，优化暂设工程的配置和使用，充分利用永久性工程和附近已有设施，合理储存物资，节约施工用地，搞好文明施工。

⑩ 在计算技术经济指标的前提下，进行技术经济分析和多方案比较，积极采用新技术、新工艺、新材料、新产品，选择最优方案，在确保工程质量和安全施工的前提下，节约投

资、降低工程成本，提高经济效益。

3. 施工组织设计的编制要求

施工组织设计/施工方案的编写应符合《建筑施工组织设计规范》（GB/T 50502—2009）等的要求。此外还应符合地方相关规范的要求。报奖项目还应符合报奖相关文件的要求。

对于"高、大、精、尖、特、难"工程项目的施工组织设计，项目部难以或无力单独完成的，则由公司总工程师牵头，公司技术管理部门组织，公司总部与项目部共同完成。

工程施工组织设计应在工程签订施工合同后，在设计图纸和设计文件齐备、满足合同要求、细化分解企业各项指标的基础上，由项目经理主持编制，项目各部门共同参与完成。在编制前，项目经理应组织项目相关部门负责人召开策划会；施工组织设计/施工方案编制时，应对策划点进行有针对性的深化和细化。施工组织设计由项目经理组织项目部相关部门、人员，以及各类社会资源（专家、顾问、专业分包等）共同参与完成。

施工组织设计文稿要求文字用词规范，图表设计合理，语言表达准确，概念逻辑清晰，格式及内容全文统一。编制依据不得引用国家废止的文件和标准。严禁在施工组织设计中使用国家、省、市、地方明令淘汰和禁止的建筑材料和施工工艺。

4. 施工组织设计的主要内容

（1）施工组织总设计　以组织整个建设项目或群体建筑工程实施为目的，以设计、施工图及其他相关资料为依据，指导施工全过程中各项施工活动。群体工程、小区工程以及规模较大、技术复杂、工期较长的重点建设项目，均应编制施工组织总设计。

施工组织总设计的主要包括以下内容。

① 编制依据：主要包括合同（或协议）、施工图纸、主要规范规程、主要标准、主要法规、其他依据（如地质勘探报告、贯标等管理文件等）。

② 工程概况：包括工程总体简介、设计概况（建筑、结构专业）、工程典型平剖面图、工程特点与难点、施工概况。

③ 全场性施工部署：主要内容包括主要经济技术指标、施工组织、任务划分、施工部署原则及总体施工顺序、施工进度计划、组织协调、主要项目工程量与材料计划、主要劳动力计划及劳动力用工曲线等。

④ 全场性施工准备：通常包括现场准备和技术准备的要求。现场准备主要是对现场"三通一平"的准备，即水通、电通、道路通及场地平整，如遇问题则须与建设单位协商解决。

技术准备是在对工程熟悉的基础上，对分部工程施工方案等的编制准备要求和计划，同时对专业性较强的技术措施作出原则要求。一般应包括施工方案编制计划、计量与检测试验器具配置计划、试验工作计划、样板计划、新技术推广计划、高程引测与建筑物定位、季节性施工技术准备等。

⑤ 主要施工方法：确定各阶段主要分项工程的施工方案，确定施工顺序。

⑥ 主要施工管理措施（质量、进度、安全、消防、保卫、环保、降低成本等）。

⑦ 绿色施工管理措施。

⑧ 施工总平面布置。分基础、结构、装修三个阶段绘制，包括大型机械、临时设施、操作棚及材料和构件的堆放位置等，还包括临时道路、水电设施的安排等。

施工组织总设计的重点是做好施工的整体部署，包括机构设置、分包队伍选定和任务划分、总进度计划控制、施工总平面布置等。

（2）单位工程施工组织设计　针对单位工程编制的施工组织设计。群体工程及小区工程中的单位工程，应在已编制施工组织总设计的基础上，分别编制单位工程施工组织设计。

规模大、工艺复杂的工程及群体工程或分期出图工程，可以按照土方工程（含降水、人工地基、护坡、土方挖运）、基础工程、结构工程、装修工程编制分阶段施工组织设计，用以指导该部分工程的施工生产活动。

单位工程施工组织设计的主要内容包括：编制依据、工程概况及工程特点、施工部署、施工准备、主要施工方法、主要施工管理措施（质量、进度、安全、消防、保卫、环保、降低成本等）、主要经济技术指标、施工平面布置等。以上八个方面的内容与施工组织总设计相近，只是因编制的对象不同，从而各部分内容的着眼点和深度有所不同。例如，群体工程施工组织总设计中的施工部署主要是全场性的总体部署，在施工组织总设计下编制的单位工程施工组织设计则是对某单位工程的施工部署和安排。

二、施工组织设计的审批管理

1. 工程施工组织设计审批流程

建筑工程项目施工组织设计应由总承包单位技术负责人审批（总工设计在履行审批手续后，方可作为正式文件指导项目施工组织）。

为确保施工组织设计的可行性，在项目部报送总承包施工单位审批前，项目经理应组织项目部工程、技术、商务、物资、安全等主要部门及主要分包单位进行会审。根据项目部内部会审意见进行修改后形成正式施工组织设计文件。施工组织设计经项目技术负责人和项目经理签字后，方可作为正式施工组织设计报送总承包单位技术管理部门组织公司会审。

总承包单位技术管理部门应组织企业工程技术、质量、安全、机电、商务等主要部门进行会审。会审完成后，报送企业技术负责人审批。

施工组织设计审批流程见图 7-13。

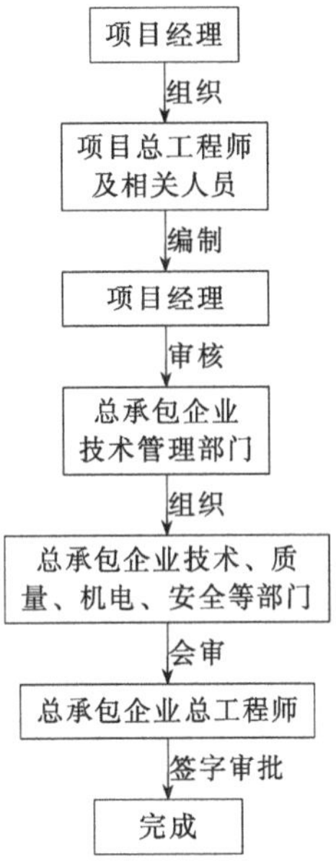

项目部应根据会签或审批意见在规定期限内对施工组织设计进行认真修改（补充）。如项目部不按意见修改或擅自进行大的原则性调整和修改，因方案的擅自修改和调整造成的严重质量隐患和事故、安全隐患和事故、严重的工期延误以及重大的经济损失，由项目部有关责任人承担相应责任。

图 7-13　施工组织设计审批流程图

2. 重新审批

在工程项目实施过程中，施工组织设计发生下列情况之一时，项目部应及时进行修改或补充。项目部应在修改或补充完善后上报企业技术管理部门重新进行审批。

① 工程设计有重大修改；
② 有关法律、法规、规范和标准实施、修订和废止；
③ 主要施工方法有重大调整；
④ 主要施工资源配置有重大调整；
⑤ 施工环境有重大改变。

第五节　工程项目施工方案管理

一、施工方案分类及审批要求

1. 施工方案概念及其分类

施工方案：以分部（分项）工程或专项工程为主要对象编制的施工技术与组织方案，用以具体指导其施工过程。

施工方案是对施工组织设计中的施工方法的深化和延续，是把施工组织设计宏观决策的内容转变成微观层面的内容。施工方案比施工组织设计的内容更为翔实、具体，而且具有针对性。施工方案中对施工要求、工艺做法的描述开始定量化，同时图纸内容更多地在方案中得到体现，即图纸的特殊性和规范的一般性的相互融合。比如在浇筑墙体混凝土时，规范要求在墙根部接浆，不能照抄照搬规范，应写为"浇筑与原混凝土内相同成分的减石子砂浆，浇筑厚度为5cm"，这是完整、具体、定量的描述，至于采取什么方法满足浇筑厚度5cm的要求，这是技术交底中要写的内容。

施工方案面向的对象是项目中层管理人员。施工方案原则上由项目技术负责人组织编制。施工方案主要是针对某一分部工程对施工组织设计的具体化，对特定分部工程的实施起指导作用。

施工方案分为以下三类。

Ⅰ类：超过一定规模的危险性较大工程专项安全施工方案，符合住房和城乡建设部关于《危险性较大的分部分项工程安全管理办法》（建质〔2009〕87号）附件二条件的安全专项施工方案。

Ⅱ类：危险性较大工程专项安全施工方案，符合住房和城乡建设部关于《危险性较大的分部分项工程安全管理办法》（建质〔2009〕87号）附件一条件的安全专项施工方案。

Ⅲ类：一般性专项安全施工方案和专项技术施工方案（含机电专业方案）。

2. 施工方案的编制要求

开工前，项目部应确定所需编制的专项技术施工方案、专项安全施工方案的范围，制定项目主要技术方案计划表，本计划应包含机电工程施工方案。

施工方案的编写要求：

① 施工方案在编制前，做到充分的讨论。主要分部分项工程在编制前，应由项目技术负责人组织项目技术、工程、质量、安全、商务、物资等相关部门以及分包相关人召开策划会。在策划会上策划流水段划分、劳动力安排、工程进度、施工方法的选择、质量控制、绿色施工措施等内容，并在会上达成一致意见。这样才能保证方案的编制不流于形式，且具有很好的实施性和指导性。

② 施工方法选择要合理。同时具有先进性、可行性、安全性、经济性才是最好的施工方法，因此需要对工程实际条件、技术实力和管控水平进行综合权衡。只要能满足施工目标要求、适应施工单位施工水平、经济能力能承受的方法就是合理的方法。

③ 施工工艺。施工方案中切忌照抄施工工艺标准，目前我们参考的施工工艺标准具有共性和普遍性，没有针对性。编制方案时应针对工程的实际特点，制定针对性的施工工艺，才能有效地指导施工。

④ 施工方案编写人要求。施工方案编写由项目技术负责人主持，项目技术部或有资格的责任工程师编制，项目部相关人员共同参与完成。

临电施工组织设计由项目部的电气专业责任工程师编制。

建筑工程实行施工总承包的，专项方案应当由施工总承包单位组织编制。其中，起重机械安装拆卸工程、深基坑工程、附着式升降脚手架等专业工程实行分包的，其专项方案可由专业承包单位组织编制。

⑤ 凡符合现行住房和城乡建设部关于《危险性较大的分部分项工程安全管理办法》规定的必须编制安全专项施工方案，符合论证条件的必须按要求进行专家论证。

3. 施工方案的编制内容

（1）编制依据　编制依据是施工方案编制时所依据的条件及准则，一般包括施工组织设计、现场施工条件、图纸、技术标准、政策文件等内容。

（2）工程概况　施工方案的工程概况不是介绍整个工程的概况，而是针对本分部（分项）工程内容进行介绍。分部分项工程施工方案的主要内容包括分部分项工程内容和主要参数、施工条件、目标、特点及重难点分析等。

（3）施工安排　施工安排主要明确组织机构及职责、施工部位及施工流水组织、工期安排和劳动力组织等内容。

组织机构及职责：根据施工组织设计确定的组织机构及分部分项工程所涉及的内容进一步细化分工和职责。组织机构应细化到分包管理层，并明确姓名及职责分工。

施工部位及施工流水组织：应明确分部分项工程中包含哪些施工部位。明确分包队伍的任务划分、施工区域的划分、流水段划分及施工顺序。

工期安排：明确该分部分项工程的起始时间，并将该部分工期在施工组织设计的总控计划下，结合施工流水段划分和资源配置进行细化。

劳动力组织：确定工程用工量并编制专业工种劳动力计划表。

（4）施工准备　主要包括现场准备、技术准备、机具准备、材料准备、试验检验和资金准备。

（5）主要施工方法　施工方法是施工方案的核心，合理的方法是确保分部分项工程顺利施工的关键。施工方法的选择要符合法律法规和技术规范的要求，做到科学、先进、可行、经济。应对施工工艺流程和施工要点进行描述。对施工难度大、技术含量高的工序应作重点描述，并对季节性施工提出具体要求。

（6）质量要求　明确质量标准和质量控制措施，并应包含成品保护措施。

（7）其他要求　明确安全、消防、绿色施工等施工措施。

4. 施工方案的审核、会审及审批要求

施工方案依据其重要程度分为总承包单位审批和项目部审批。Ⅰ、Ⅱ类施工方案需要总承包单位审批，审批流程见图 7-14。Ⅲ类施工方案项目部审批即可，（根据总承包单位的要求，也可由总承包单位技术负责人审批）审批流程见图 7-15。其中Ⅰ类方案为超过一定规模的分部分项安全专项施工方案，必须按照要求进行专家论证后方可实施。

对于起重机械安装拆卸工程、深基坑工程、附着式升降脚手架工程等由专业公司分包的专业工程，其施工方案由专业公司编制，由专业公司技术负责人审批。对于专业公司编制的安全专项方案，施工总承包单位技术管理部门应组织总部相关职能部门进行会审，企业技术负责人审定签字。对于专业公司编制的一般技术方案，由施工总承包方项目部技术负责人进行审批。

需要执行公司审批手续的常见方案主要有：基坑支护，降水工程，土方工程，模板工程及支撑体系，高大支模及满堂脚手架工程（超 5m 未超 8m），塔吊安拆及群塔作业，外用电梯安拆工程，脚手架工程，卸料平台及移动操作平台工程，吊篮工程，拆除、爆破工程，预应力工程，钢结构工程（制作、运输、安装、涂装），幕墙工程，人工挖孔桩工程，地下暗挖工程，其他危险性较大的分部分项工程。

二、安全专项施工方案

为加强对危险性较大的分部分项工程安全管理，明确安全专项施工方案编制内容，规范专家论证程序，确保安全专项施工方案实施，积极防范和遏制建筑施工生产安全事故的发生，住房和城乡建设部制定了《危险性较大的分部分项工程安全管理办法》。

1. 危险性较大的分部分项工程

危险性较大的分部分项工程是指建筑工程在施工过程中存在的、可能导致作业人员群死

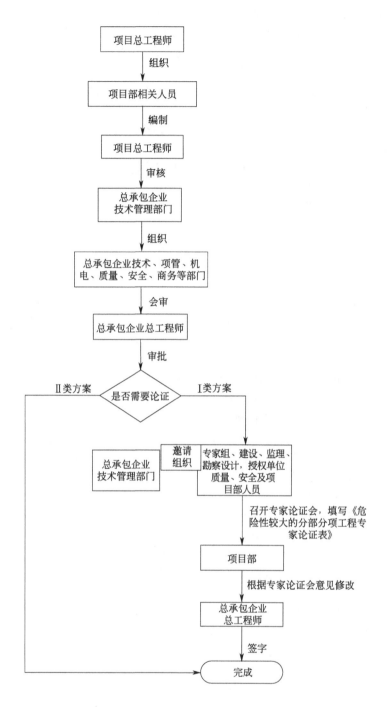

图 7-14 Ⅰ-Ⅱ类安全专项施工方案审批流程图

群伤或造成重大不良社会影响的分部分项工程。

施工总承包单位应当在危险性较大的分部分项工程施工前编制安全专项施工方案。

危险性较大的分部分项工程主要包括以下几类。

（1）基坑支护、降水工程 开挖深度超过3m（含3m）或虽未超过3m但地质条件和周边环境复杂的基坑（槽）支护、降水工程。

（2）土方开挖工程　开挖深度超过 3m（含 3m）的基坑（槽）的土方开挖工程。

（3）模板工程及支撑体系

① 各类工具式模板工程：包括大模板、滑模、爬模、飞模等工程。

② 混凝土模板支撑工程：搭设高度 5m 及以上；搭设跨度 10m 及以上；施工总荷载 $10kN/m^2$ 及以上；集中线荷载 $15kN/m^2$ 及以上；高度大于支撑水平投影宽度且相对独立无联系构件的混凝土模板支撑工程。

图 7-15　Ⅲ类施工方案审批流程图

③ 承重支撑体系：用于钢结构安装等满堂支撑体系。

（4）起重吊装及安装拆卸工程

① 采用非常规起重设备、方法，且单件起吊重量在 10kN 及以上的起重吊装工程。

② 采用起重机械进行安装的工程。

③ 起重机械设备自身的安装、拆卸。

（5）脚手架工程

① 搭设高度 24m 及以上的落地式钢管脚手架工程。

② 附着式整体和分片提升脚手架工程。

③ 悬挑式脚手架工程。

④ 吊篮脚手架工程。

⑤ 自制卸料平台、移动操作平台工程。

⑥ 新型及异型脚手架工程。

（6）拆除、爆破工程

① 建筑物、构筑物拆除工程。

② 采用爆破拆除的工程。

（7）其他

① 建筑幕墙安装工程。

② 钢结构、网架和索膜结构安装工程。

③ 人工挖扩孔桩工程。

④ 地下暗挖、顶管及水下作业工程。

⑤ 预应力工程。

⑥ 采用新技术、新工艺、新材料、新设备及尚无相关技术标准的危险性较大的分部分项工程。

2. 超过一定规模的危险性较大的分部分项工程

对于超过一定规模的危险性较大的分部分项工程，施工总承包单位应当组织专家对安全专项施工方案进行论证。

超过一定规模的危险性较大的分部分项工程主要包括以下几类。

（1）深基坑工程

① 开挖深度超过 5m（含 5m）的基坑（槽）的土方开挖、支护、降水工程。

② 开挖深度未超过 5m，但地质条件、周围环境和地下管线复杂，或影响毗邻建筑（构筑）物安全的基坑（槽）的土方开挖、支护、降水工程。

（2）模板工程及支撑体系

① 工具式模板工程：包括滑模、爬模、飞模工程。

② 混凝土模板支撑工程：搭设高度 8m 及以上，搭设跨度 18m 及以上；施工总荷载 15kN/m² 及以上；集中线荷载 20kN/m² 及以上。

③ 承重支撑体系：用于钢结构安装等满堂支撑体系，承受单点集中荷载 700kg 以上。

（3）起重吊装及安装拆卸工程

① 采用非常规起重设备、方法，且单件起吊重量在 100kN 及以上的起重吊装工程。

② 起重量 300kN 及以上的起重设备安装工程；高度 200m 及以上内爬起重设备的拆除工程。

（4）脚手架工程

① 搭设高度 50m 及以上落地式钢管脚手架工程。

② 提升高度 150m 及以上附着式整体和分片提升脚手架工程。

③ 架体高度 20m 及以上悬挑式脚手架工程。

（5）拆除、爆破工程

① 采用爆破拆除的工程。

② 码头、桥梁、高架、烟囱、水塔或拆除中容易引起有毒有害气（液）体或粉尘扩散、易燃易爆事故发生的特殊建、构筑物的拆除工程。

③ 可能影响行人、交通、电力设施、通信设施或其他建、构筑物安全的拆除工程。

④ 文物保护建筑、优秀历史建筑或历史文化风貌区控制范围的拆除工程。

（6）其他

① 施工高度 50m 及以上的建筑幕墙安装工程。

② 跨度 36m 及以上的钢结构安装工程；跨度 60m 及以上的网架和索膜结构安装工程。

③ 开挖深度超过 16m 的人工挖孔桩工程。

④ 地下暗挖工程、顶管工程、水下作业工程。

⑤ 采用新技术、新工艺、新材料、新设备及尚无相关技术标准的危险性较大的分部分项工程。

3. 安全专项施工方案主要内容

安全专项施工方案应当包括以下主要内容。

① 工程概况：危险性较大的分部分项工程概况、施工平面布置、施工要求和技术保证条件。

② 编制依据：相关法律、法规、规范性文件、标准、规范及图纸（国标图集）、施工组织设计等。

③ 施工计划：包括施工进度计划、材料与设备计划。

④ 施工工艺技术：技术参数、工艺流程、施工方法、检查验收等。

⑤ 施工安全保证措施：组织保障、技术措施、应急预案、监测监控等。

⑥ 劳动力计划：专职安全生产管理人员、特种作业人员等。

⑦ 计算书及相关图纸。

第六节　工程项目技术交底管理

技术交底是依据施工方案对施工操作的工艺措施交底。主要针对工序的操作和质量控制进行具体的安排，并将操作工艺、规范要求和质量标准具体化，是一线人员进行施工操作的依据。

技术交底面向的对象是班组工人，技术交底由项目责任工程师编写，是对施工方案的进一步细化，它主要是针对分部分项工程进行编写的，它是针对性最强的，也是使用寿命最短的一个，它仅仅能够指导完成一个分部分项工程。技术交底是从班组操作层的角度出发，反映的是操作的细节，突出可操作性。具体、详细内容是它的核心，它侧重操作。

技术交底是施工组织设计、施工方案的具体化。在技术交底中，必须突出可操作性，让一线的作业人员按此要求可具体去施工，不能生搬规范、标准原文条目，不能仍写成"符合规范要求"之类的话，而应根据分项工程的特点将操作工艺、质量标准具体化，把规范的具体要求写清楚。在内容方面施工技术交底的目的是使施工管理人员了解工程项目的概况、技术方针、质量目标、进度安排和采取的各种重大措施；使施工操作人员了解其施工项目的工程概况、内容和特点、施工目标，明确施工过程、施工部署、施工工艺、质量标准、安全措施、环保措施、节约措施和工期要求。以此来实现减少各种质量通病、提高施工质量、加快施工进度、降低施工成本的目的。

技术交底包括施工组织设计交底、专项施工方案技术交底、分项工程技术交底三级技术交底，此外还应包括设计变更交底和四新技术交底。施工组织设计交底、专项施工方案技术交底、设计变更交底和四新技术交底在相关章节中介绍，本章重点介绍分项工程技术交底。

一、分项工程技术交底的组织

分项工程或工序作业前，由专业工长根据施工图纸、变更洽商、已批准的专项施工方案和上级交底相关内容等资料拟定分部工程（工序）技术交底卡，并对班组施工人员进行交底。交底卡中的安全、质量要求应分别经项目部质量、安全负责人会签，生产经理对交底内容进行审核，再由总工负责签发。

技术交底应注重实效，具有针对性和指导性。要根据施工项目的特点、环境条件、季节变化等情况确定具体办法和方式。工期较长的施工项目除开工前交底外，当作业人员变动时应重新交底。重大危险项目施工时，在施工期内，应逐日交底。

二、分项工程技术交底的主要内容

交底内容主要是施工项目的内容和质量标准及保证质量的措施，一般包括：
① 作业时间安排；
② 材料、机械；
③ 操作工艺；
④ 质量标准及验收；
⑤ 安全生产及环保措施；
⑥ 成品保护；
⑦ 其他。

施工人员应按交底要求施工，不得擅自变更施工方法和质量标准。项目管理人员发现施工人员不按交底要求施工应立即劝止，劝止无效则有权停止其施工，必要时报上级处理。必须更改时，应先经交底人同意并签字后方可实施。

三、分部分项工程技术交底的管理规定

现场工程师对分项工程技术交底进行现场复核，并负责整改落实。原则上谁交底谁复核。交底人在技术复核过程中如发现交底内容不易实现或操作性不强的地方，应报方案编制

人进行修改，方案修改后应进行相应的审批，交底人再根据调整后的内容进行相应的技术交底。

施工中发生质量、设备或人身安全事故时，事故原因如属于交底错误者由交底人负责；属于违反交底要求者由施工人员负责；属于违反施工人员"应知应会"要求者由施工人员本人负责。

技术交底应分级统一存放，并对分部分项工程技术交底进行统计记录。

第七节　工程项目深化设计

一、深化设计概述

深化设计是指工程总承包单位在业主提供的施工图纸基础上，结合施工现场实际情况，对图纸进行细化、补充和完善。深化设计后的图纸满足业主或设计院的技术要求，符合相关地域的设计规范和施工规范，并通过审查，图形合一，能直接指导现场施工。

深化设计的目的主要在于对业主提供的施工图纸中无法达到施工要求的部分进行合理细化。通过深化设计，既可以细化图纸内容，又能够与采购、现场管理等部门进行深入交流，选择最合适的设备材料、现场管理方法。同时还可以结合企业自身技术实力，提出合理化建议，优化施工图纸。通过深化设计为项目实现工期、质量和成本目标提供技术支撑。

深化设计是项目施工技术准备阶段的重要工作，它在项目二次经营工作中起着重要作用，可以有效提高项目部成本和质量控制能力。

深化设计的原则：深化设计是在不改变一次设计（原设计）各个系统形式、系统参数和系统功能的条件下进行的细化设计。所有深化设计必须由原设计进行确认。

二、深化设计工作的管理

1. 深化设计的组织管理

深化设计按照"谁承包谁深化"的原则进行，项目部自行组织施工的安装工程及部分装饰装修工程必须进行深化设计。

项目深化设计组织机构形式应根据项目规模的大小，一次设计图纸的优劣，设计任务的多少进行确定。对于一般工程项目，由项目总工程师组织领导项目技术人员和责任工程师完成项目的深化设计工作，必要时可配备部分专业设计人员与项目人员共同完成项目深化设计工作。对于项目规模特别大并且深化设计工作量特别大的项目，可成立独立的深化设计部，设立设计经理负责项目深化设计总体管理工作，同时配备相应的各专业设计人员负责各个系统的综合深化设计。

工程设计是百年大计，关系到人民生命财产的安全，容不得半点马虎；而设计单位在设计计算能力方面明显优于施工单位，是经过各级政府机关审核批准的有资质的单位，而施工单位的优势仅在于施工操作经验上，所以工程的方案设计必须由设计单位负责，施工单位的深化设计也要遵循严格的审核、审批制度，在工程设计的原则性方面必须服从设计单位的要求，对设计方案进行原则性的更改时必须得到设计师的同意，所有的施工图应得到设计单位的审批，方可投入施工。项目深化设计组织机构详见图7-16。

2. 深化设计任务分配管理

项目技术负责人负责深化设计整体策划，确定深化设计的范围和部位，编制深化设计任

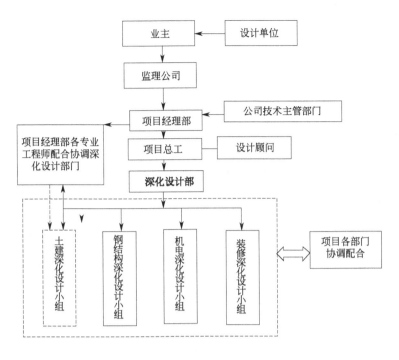

图 7-16　项目深化设计组织机构

务表。确定出图范围后，项目总工应根据施工总体控制计划，确定各个区域、系统的总体出图计划，并编制详细的深化设计出图计划表。出图计划应满足整体施工的需要，计划节奏安排合理均衡，避免短时间投入较大的资源，增加设计成本。出图计划应分专业编制，并考虑各个专业协调时间。

3. 深化设计图纸确认程序

为了确保深化设计图纸内容符合国家标准、规范，满足合同规定的使用要求，同时深化设计作为工程结算的重要依据，必须进行确认。项目总工根据设计确认的结论性意见和记录，采取相应的纠正措施或改进措施，跟踪执行并予以记录，以确保深化设计满足国家标准、规范及施工现场的预期需求。设计确认采用下列几种方式进行：

① 设计院对深化设计的审核；

② 业主主持的深化施工图会审；

③ 施工现场安装过程的审核。

三、深化设计内容

1. 深化设计工作内容分析比较

深化设计工作内容分析比较见表 7-3。

2. 深化设计的深化范围的确定

① 工程开工前，在设计图纸到达后，根据图纸的设计意图及设计质量，及以往的施工经验，进行设计策划，确定出图的部位、系统及区域。确定出图区域、部位的原则：

a. 管线密集、系统复杂、设备体积庞大、管线负荷大、施工难度较大的部位；

b. 建筑装修要求高，空间位置较小，系统布置不合理影响建筑效果的部位；

c. 设备层设备机房等部位系统布置不合理，影响设备运转、噪声超标的部位。

项目	结构工程	装修工程	机电工程
设计院提供的图纸状况	混凝土结构工程： 通常设计院提供的图纸能够满足结构施工需求，对梁柱节点、特殊的钢筋密集部位或劲性混凝土结构，存在未对结构配筋进行详细布置设计。 钢结构工程： 设计院仅提供根据结构计算分析确定的主要结构构件断面、重要节点连接构造等影响结构受力的关键性图纸。工程实施需进行大量的加工图设计，包括对原设计不合理处进行必要的调整	大多数的设计院只提供装修初步设计图，实施中常常根据业主的需求进行另行的设计完善细化，装修图纸的深化设计由装修专业分包商或总包商承担。 对于一些特别的公共建筑，设计院提供图纸详细程度可满足施工需求，对深化设计的需求不明显	通常国内设计院提供的机电图纸基本能满足机电各系统的施工需求，但和其他专业配合紧密的图纸，例如土建配合图、机电管线综合排布图、支吊架制作安装详图、吊顶末端器具排布图及机电与结构、幕墙等配合的大样图等均需要施工单位进行深化。 此外，有外资背景的业主提供的机电图纸通常仅为概念图，需要施工单位中标后完成机电系统的施工图设计和施工图深化设计及相关的图纸报审工作
深化设计内容	混凝土结构工程： ①梁柱节点、转换梁等配筋密集部位节点放样、细化； ②机电预留洞口布置； ③幕墙预埋件布置(由幕墙专业承包商提供) ④钢结构工程： 结构体系建模分析； 构件、节点优化归并； 加工图设计	①依据业主要求对原设计方案的调整； ②装修详图设计，主要包括大堂、电梯厅、卫生间、会议室的地面、墙面、顶棚分格详图设计，大多由装修专业承包商完成	国内一般机电工程： ①土建配合图； ②机电管线综合排布图； ③支吊架制作安装图； ④吊顶末端器具排布图； ⑤大样图等。 外资背景工程： ①完善机电系统的施工图设计； ②完成机电系统的施工图深化设计

② 民用建筑可参考以下范围确定出图范围：

a. 楼梯间、电梯前室、大堂、设备用房、屋面等公共部分的建筑深化设计（各类装饰材料的排版图设计）；

b. 各设备机房（如制冷机房、锅炉房、空调机房、泵房等）详图设计（包括建筑、设备、管道、电气、通风专业的详图设计以及各专业的综合机电管线图设计）；

c. 卫生间详图设计（建筑、给水排水专业）；

d. 各电气竖井布置详图（电气专业详图设计）；

e. 冷却水管吊架图（管道专业详图设计）；

f. 各管道竖井布置详图（管道专业详图设计、综合机电管线图设计）；

g. 各塔楼主要走廊内管线布置（综合机电管线图设计）；

h. 标准间吊顶内详图设计（建筑、综合机电管线图设计）；

i. 地下室各区域管线布置（综合机电管线图设计）；

j. 地下室各区域管道支吊架布置（各专业详图设计）；

k. 各标准层管道支吊架布置（各专业详图设计）；

l. 末端部件安装详图设计（包括风口、喷头位置等）。

第八节　图纸会审与设计变更洽商

一、施工图纸会审

1. 概述

图纸会审的目的是为了使项目部各部门及管理人员熟悉设计图纸，了解工程特点和设计意图，找出需要解决的技术难题，并制定解决方案；解决图纸中存在的问题，减少图纸的差错，将图纸中的质量隐患消灭在萌芽之中；找出图纸中的漏洞并结合不平衡报价单项以及项目潜在的亏损点，进行优化设计，提出变更意见，做好二次经营工作。

施工图纸会审前，项目总工必须组织图纸预审。图纸预审除找出图纸存在的问题以外，还应根据项目成本分析情况，着重针对潜亏点有针对性地进行策略制定。

图纸预审是在接到图纸后，先由项目总工程师牵头组织各专业人员（含分包）在一定的时间内进行专业自审，随后组织各专业人员进行图纸预审，针对各专业自审发现的问题及建议从优化经营、质量保障、技术攻关等方面进行讨论，并形成图纸预审记录，提前与设计人员沟通或待图纸会审时讨论解决。

2. 施工图纸会审的组织

图纸会审一般应在工程项目开工前并且图纸预审工作完成后进行，由建设单位组织。项目部总工程师应根据施工进度要求，敦促甲方尽快组织会审。特殊情况（如图纸不能及时供应时）也可边开工边组织会审。

3. 施工图纸会审的程序

项目部应主动要求建设单位组织施工图纸会审，并由建设单位分别通知设计、监理、勘察、独立分包单位参加，建设方分包由建设方通知。

图纸会审分"专业会审"和"综合会审"，解决专业自身和专业与专业之间存在的各种矛盾及施工配合问题。无论"专业"或"综合"会审，在会审之前，应先由设计单位交底，交代设计意图、重要及关键部位，采用的新技术、新结构、新工艺、新材料、新设备等的做法、要求、达到的质量标准，而后再由各单位提出问题。

图纸会审时，由项目总工程师提出建设方图纸预审时的统一意见，并由内业技术人员做好记录。图纸会审记录经项目总工程师审核无误，由各参加会审人员签字，并经相关单位盖章后生效。

根据实际情况，图纸也可分阶段会审，如地下室工程、主体工程、装修工程、水电暖等。当图纸问题较多较大时，施工中间可重新会审，以解决施工中发现的设计问题。对于"重、大、特、新"项目，项目部总工程师应通知公司技术管理部参加图纸预审和图纸会审。

4. 施工图纸会（预）审的内容

① 审查施工图设计是否符合国家有关技术、经济政策和有关规定。

② 审查施工图的基础工程设计与地基处理有无问题，是否符合现场实际地质情况。

③ 审查建设项目坐标、标高与总平面图中标注是否一致，与相关建设项目之间的几何尺寸关系以及轴线关系和方向等有无矛盾和差错。

④ 审查图纸及说明是否齐全和清楚明确，核对建筑、结构、上下水、暖卫、通风、电气、设备安装等图纸是否相符，相互间的关系尺寸、标高是否一致。

⑤ 审查建筑平、立、剖面图之间关系是否矛盾或标注是否遗漏，建筑图本身平面尺寸是否有差错，各种标高是否符合要求，与结构图的平面尺寸及标高是否一致。

⑥ 审查建设项目与地下构筑物、管线等之间有无矛盾。

⑦ 审查结构图本身是否有差错及矛盾，钢筋混凝土关于钢筋构造方面的要求在图中是否说明清楚，如钢筋锚固长度与抗震要求长度等。

⑧ 审查施工图中有哪些施工特别困难的部位，采用哪些特殊材料、构件与配件，货源如何组织。

⑨ 对设计采用的新技术、新结构、新材料、新工艺和新设备的可能性和应采用的必要措施进行商讨。

⑩ 设计中的新技术、新结构限于施工条件和施工机械设备能力以及安全施工等因

素，要求设计单位予以改变部分设计的，审查时必须提出，共同研讨，求得圆满的解决方案。

5. 施工图纸会审的相关要求

① 施工图纸会审记录内容。

a. 工程项目名称（分阶段会审时要标明分项工程阶段）。

b. 参加会审的单位（要全称）及其人员名字。

c. 会审地点（地点要具体保证追溯性），会审时间（年、月、日）。

d. 会审记录具体内容：建设单位和施工单位对设计图纸提出的存在的矛盾、问题及设计人员的答复（要注明图别、图号，必要时可以附图说明）；施工单位为便于施工，针对施工安全或建筑材料等问题要求设计单位修改部分设计的洽商结果与解决方法（要注明图别、图号，必要时可以附图说明）；会审中尚未得到解决或需要进一步商讨的问题；列出参加会审单位名称，并盖章后生效。

② 施工图纸会审记录的发送。盖章生效的图纸会审记录统一由资料员发送，且做好发放记录。会审记录发送单位包括：建设单位（业主）、设计单位（勘查）、监理单位、施工单位（项目部工程、技术、质量、安全、环境、商务等部门，专业技术人员、有关施工班组、预算员、资料员）。

③ 图纸持有人应将图纸会审内容标注在图纸上，注明修改人和修改日期。

④ 项目技术部应对图纸会审内容进行现场技术复核，发现问题及时纠正、整改。

二、设计变更洽商

1. 概述

设计变更是设计单位对施工图或其他设计文件所作的修改说明，通常以设计变更通知单的形式出现，有时为表达清楚也会附有图纸。

按变更内容分为以下三类。

（1）小型设计变更　不涉及变更设计原则，不影响工期、质量、安全和成本，不影响整洁美观，且不增减合同费用的变更事项。例如图纸尺寸差错更正、原材料等强换算代用、图纸细部增补详图、图纸间矛盾问题处理等。

（2）一般设计变更　工程内容有变化，有费用增减，但还不属于重大设计变更的项目。

（3）重大设计变更　变更设计原则，变更系统方案，变更主要结构、布置，修改主要尺寸和主要材料以及设备的代用等设计变更项目。

2. 设计变更的审批

（1）小型设计变更　由项目部总工程师提出工程洽商，经工程项目总监审核后，由设计、建设单位代表签字同意后生效。

（2）一般设计变更　由项目总工程师提出设计变更申请，并配合项目商务经理组织编制经济签证，送交建设单位审核。经设计单位同意后，由设计单位签发设计变更通知书并经建设（监理）单位会签后生效。

（3）重大设计变更　由项目总工程师组织相关人员研究、论证后，配合项目商务经理编制经济签证提交建设单位；建设单位组织设计、施工、监理单位进一步论证、审核，决定后由设计单位修改设计图纸并出具设计变更通知书，经建设、监理、施工单位会签后生效。超出建设单位和设计单位审批权限的设计变更，应先由建设单位报有关上级单位批准。

3. 设计变更的内部评审

涉及工程质量、工期、成本、施工范围、验收标准的变更（一般和重大设计变更），由项目总工程师及时通知商务经理组织各部门进行内部评审，并根据评审意见及时办理好签证索赔工作。

4. 设计变更管理的要求

设计变更通知单应发送各施工图使用单位，经济签证应分送有关成本核算及管理单位。其具体份数按合同规定或由相关单位商定。

设计变更及工程洽商应文字完整、清楚、格式统一；其发放范围与设计文件发放范围一致。设计变更及工程洽商应列为竣工资料移交。

项目技术部应对设计变更与工程洽商进行技术复核，每月定期检查设计变更与工程洽商内容的执行情况。

第九节 工程项目试验管理

一、工程试验管理概述

施工现场试验与检验主要包括材料检验试验、建筑工程施工检验试验和施工现场检测试验管理三部分。

材料检验试验主要包括进场材料复试项目、主要检测参数、取样依据及试件制备。

建筑工程施工检验试验内容主要包括：施工工艺参数确定，土工、地基与基础、基坑支护、结构工程、装饰装修、工程实体及使用功能检测。

施工现场检测试验管理包括试验职责、现场试验室管理、检测试验管理和试验技术资料管理。

二、工程试验管理职责

项目经理部试验管理由项目总工、技术员、专职试验员、各专业工长组成。工程试验管理组织架构见图 7-17。

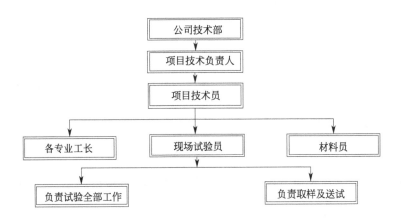

图 7-17　工程试验管理组织架构

1. 企业技术管理部门工程试验管理职责

① 贯彻执行国家、部、地方、行业的有关规定、技术标准和上级对试验工作的要求。

② 组织制定试验管理规定，掌握试验管理工作情况。

③ 组织培训试验人员学习法规、规范、技术标准、试验方法及试验业务管理知识，并负责检查考核试验人员资质水平、业务能力。

④ 定期检查现场的试验工作和业务指导。

⑤ 推广试验工作中的先进技术，统一试验项目操作标准，组织进行业务工作交流。

⑥ 参与工程试验有关的工程质量事故分析。

⑦ 对试验人员资质、试验环境、设备进行控制，按照试验标准进行验收。

⑧ 定期检查试验系统仪器设备的配备、管理和标定工作。

2. 项目技术负责人工程试验管理职责

① 项目部配备专职试验员，负责本项目的试验工作；试验工作实行项目总工程师负责制。

② 负责组建或协助分包单位筹建现场试验室，制定岗位责任制度、计量器具和试验设备管理制度、养护室的管理制度。

③ 抓好本项目试验工作的实施，做好对现场试验员的技术交底工作。

④ 负责现场试验、检验的组织与协调，定期、不定期地对现场试验资料和现场试验室进行检查。

⑤ 组织各专业人员对图纸所用材料进行梳理，并计算出所对应的工程量，组织编制试验计划方案。

3. 项目技术员工程试验管理职责

① 负责根据图纸、规范的要求，对试验材料给出试验、检验标准并协助现场试验员填写试验单。

② 编制试验计划方案。

4. 各专业工长工程试验管理职责

① 按照不同施工阶段、流水段等要求，对所用材料的现场试验、检验的相关信息，需提前1天交付给现场试验员，所提供的内容应包括：时间、部位、所用材料指标、数量等。

② 对于现场放置的混凝土养护试件等，负责看管。

5. 材料员工程试验管理职责

① 将新进原材料的名称、数量、种类及其所应用部位等原材料试验信息提供给现场试验员。

② 配合现场试验员进行原材料取样。

6. 现场试验员工程试验管理职责

① 认真贯彻执行国家有关试验的法规和规范，熟练掌握各项试验标准和操作要求。

② 在施工前，按照项目施工组织设计，会同技术人员编写项目试验计划，包括见证取样和实体检验计划，并按照计划开展工作，保证试验项目齐全，试验数据真实、准确，并认真填写《试验台账》。

③ 负责原材料取样、送样和砂浆、混凝土试块制作、养护及送试验室测定等工作；试件送试后，应及时取回试验报告，对不合格项目应及时通知项目总工程师并按有关规定处理。

④ 负责填写委托试验单。

⑤ 负责向试验室提供所试验原材料的验证资料，包括产品备案书、材料检验报告、使用说明书、合格证等。

⑥ 负责试验报表的统计上报，工程试验资料的领取、整理、汇总工作。

⑦ 负责混凝土坍落度、砂浆稠度的测定工作。

⑧ 负责冬期施工混凝土的测温，并做好测温记录。

⑨ 建立现场试验台账。包括（不限于）：

a. 水泥试验台账；

b. 砂石试验台账；

c. 钢筋（材）试验台账；

d. 砌墙砖（砌块）试验台账；

e. 防水材料试验台账；

f. 混凝土外加剂试验台账；

g. 混凝土试验台账；

h. 砌筑砂浆试验台账；

i. 钢筋（材）连接试验台账；

j. 回填土试验台账；

k. 标准养护室温湿度记录；

l. 砂石含水率测试记录；

m. 结构实体同条件试块记录表；

n. 大气温度测温记录表；

o. 混凝土坍落度测定记录；

p. 有见证试验汇总表。

三、现场试验管理要求

1. 标养室管理

① 标养室的试块必须放在架子上且彼此间隔≥10mm，不可将试块无序排放。

② 混凝土（砂浆）试块要和混合砂浆试块分别存放。温度控制在（20±2)℃，相对湿度为95％以上。水泥混合砂浆养护温度为（20±3)℃，相对湿度为60％～80％，若现场混合砂浆标养达不到此要求，应在混合砂浆成型后立即送试验室。

③ 标养室每天由专人负责进行两次温度和湿度的检查（上、下午各1次），并记录测定时间、测定值，由检测人签字。

④ 标养室应保持清洁卫生，不得放其他杂物。

⑤ 要经常检查标养室的仪表、设备、温湿度计、排水设施、电路等，以确保安全和正常使用。

2. 试件的制作、养护管理

① 用于检查结构质量的试件，应在浇筑（或砌筑）地点随机取样制作；每组试件所用的拌合物应从同一盘或同一车运送的混凝土中取出，对于预拌混凝土，还应在卸料过程中按卸料量的1/4～3/4取样。

② 试件制作完后，应立即用纸条进行逐一标识，防止因试件较多造成标识混乱。

③ 试件拆模后应立即将标识写在试件上，杜绝现场存在无标识试件。标养试件应及时放入现场标养室内进行标准养护（现场未设标养室的项目，应及时送试验室标养；制作不规范的或编号不符合要求的试件不能进入标养室）。

④ 同条件试件应放在结构内与结构同条件养护，不得放在标养室中养护。

3. 有见证取样管理

① 开工前会同监理单位选择具有见证资质的试验单位承担项目的有见证试验，每个单位工程只能选定一个有见证试验的检测机构。

② 现场试验人员在建设单位或监理人员的见证下，对工程中涉及结构安全的试块、试

件和材料进行现场取样，并填写《见证记录》。

③ 有见证取样项目和送检次数应符合国家和地方有关标准、法规的规定，重要工程或工程的重要部位可增加有见证取样和送检次数。

④ 见证取样和送检时，取样人员应在试样或其包装上作出标识、封志。标识和封志应标明样品名称和数量、工程名称、取样部位、取样日期，并有取样人和见证人的签字。

四、现场试验室

① 施工现场根据工程情况建立一定规模的试验室（标养室、试块制作间），并配备足够数量的试验设备，试验室分为内外间，内间为标养室，设置放置试块的架子；外间为操作间，设置振动台、烘箱、试模及拆模的器具等。标养室必须配备温湿度自控喷淋装置，喷嘴不得直对试件，避免直接冲淋试件。投入使用前需经公司技术管理部按照地方有关规定进行验收。

② 现场应按工程规模配备专职试验员，建筑面积 2 万平方米以下的项目设 1 名试验员，2.5 万平方米的项目设 2 名试验员，5 万平方米以上的项目设 3 名试验员。工期有特殊要求的项目，可增加相应数量的试验员。

③ 现场试验员必须持集团及以上试验员岗位证书，方可上岗工作。

五、试验方案及试验计划

现场试验方案及试验计划自收到正式施工图纸后，即开始组织编写。由于该方案的应用性贯穿全部施工过程，并且涉及工程所有需要检测的原材料的检验试验、工程施工过程中的试验检验标准和数量。一个好的试验方案，不仅有着很强的指导性，而且还能有效地避免多做、少做或漏做试验。

首先，这是一个需要各专业的人员同时参与编写的方案，各专业人员需要从施工图纸中找出所有需要试验检验的原材料，再根据图纸和规范的要求确定试验检验标准。其次，根据不同的施工流水段，确定不同时间点各段所需试验检验的数量、所用的原材料数量，如混凝土方量、直螺纹接头数量、防水材料数量等。最终，形成试验计划。

该方案的编写要求全面、细致，需要大量的时间来完成，所以尽量给该方案的编写留出时间。

试验方案的内容包括以下几方面（供参考）。

（1）工程概况

（2）设计要求　要体现工程试验涉及的各项指标，如材料名称、规格型号、应用部位等。

（3）预控计划　根据工程的工程量，依据图纸要求，依照标准，以及有关文件、法律、法规，原材试验、施工试验的规程、规范的要求，对现场试验作出一个预控计划，以便有条不紊地做好试验工作，真正做到把好原材及其制品的质量关，防止不合格的材料用于工程上，以确保工程质量。

（4）试验取样方法

（5）试验管理保证体系

（6）建立试验管理台账

（7）试验质量保证措施

（8）试验计划

第十节　工程项目质量管理案例

一、案例1

某工程项目，建设单位与施工总承包单位按《建设工程施工合同》（示范文本）签订了施工承包合同，并委托某监理公司承担施工阶段的监理任务。施工总承包单位将桩基工程分包给一家专业施工单位。

开工前：（1）总监理工程师组织监理人员熟悉设计文件时，发现部分图纸设计不当，即通过计算修改了该部分图纸，并直接签发给施工总承包单位；（2）在工程定位放线期间，总监理工程师又指派测量监理员复核施工总承包单位报送的原始基准点、基准线和测量控制点；（3）总监理工程师审查了分包单位直接报送的资格报审表等相关资料；（4）在合同约定开工日期的前5天，施工总承包单位书面提交了延期10天开工的申请，总监理工程师不予批准。

钢筋混凝土施工过程中监理人员发现：（1）按合同约定由建设单位负责采购的一批钢筋虽供货方提供了质量合格证，但在使用前的抽检试验中材料检验不合格；（2）在钢筋绑扎完毕后，施工总承包单位未通知监理人员检查就准备浇筑混凝土；（3）该部位施工完毕后，混凝土浇筑时留置的混凝土试块试验结果没有达到设计要求的强度。

竣工验收时：总承包单位完成了自查、自评工作，填写了工程竣工报验单，并将全部竣工资料报送项目监理机构，申请竣工验收。总监理工程师认为施工过程中均按要求进行了验收，即签署了竣工报验单，并向建设单位提交了质量评估报告。建设单位收到监理单位提交的质量评估报告后，即将该工程正式投入使用。

问题：

1. 对总监理工程师在开工前所处理的几项工作是否妥当进行评价，并说明理由。如果有不妥当之处写出正确做法。

2. 对施工过程中出现的问题，监理人员应分别如何处理？

3. 指出在工程竣工验收时总监理工程师在执行验收程序方面的不妥之处，写出正确做法。

4. 建设单位收到监理单位提交的质量评估报告，即将该工程正式投入使用的做法是否正确？说明理由。

【解析】　1. 开工前工作妥当与否的评价。

（1）总监理工程师修改该部分图纸及签发给施工总承包单位不妥。理由：无权修改图纸。对图纸中存在的问题通过建设单位向设计单位提出书面意见和建议。

（2）总监理工程师指派测量监理员进行复核不妥。理由：测量复核不属于测量监理员的工作职责，应指派专业监理工程师进行。

（3）总监理工程师审查分包单位直接报送的资格报审表等相关资料不妥。理由：总监理工程师应对施工总承包单位报送的分包单位资质情况进行审查、签认。

（4）总监理工程师不批准总承包单位的延期开工申请是正确的。理由：施工总承包单位应在开工前7日提出延期开工申请。

2. 施工过程中出现的问题，监理人员应按以下处理：

（1）指令承包单位停止使用该批钢筋。如该批钢筋可降级使用，应与建设、设计、总承包单位共同确定处理方案；如不能用于工程则指令退场。

（2）指令施工单位不得进行混凝土的浇筑，应要求施工单位报验，收到施工单位报验单后按验收标准检查验收。

（3）指令停止相关部位继续施工。请具有资质的法定检测单位进行该部分混凝土结构的检测。如能达到设计要求，予以验收，否则要求返修或加固处理。

3. 总监理工程师在执行验收程序方面的不妥之处：未组织竣工初验收（初验）。正确做法是：收到承包商竣工申请后，总监理工程师应组织专业监理工程师对竣工资料及各专业工程质量情况全面检查，对检查出的问题，应督促承包单位及时整改，对竣工资料和工程实体验收合格后，签署工程竣工报验单，并向建设单位提交质量评估报告。

4. 建设单位收到监理单位提交的质量评估报告，即将该工程正式投入使用不正确。

理由：建设单位在收到工程竣工验收报告后，应组织设计、施工、监理等单位进行工程验收，验收合格后方可使用。

二、案例 2

某大学投资兴建一综合实验楼，结构采用现浇框架—剪力墙结构体系，地上建筑为 15 层，地下为 2 层，通过公开招标，确定了某施工单位为中标单位，双方签订了施工承包合同。

该工程采用筏形基础，按流水施工方案组织施工，在第一段施工过程中，材料已送检，为了在雨期来临之前完成基础工程施工，施工单位负责人未经监理许可，在材料送检时，擅自施工，待筏基浇筑完毕后，发现水泥实验报告中某些检验项目质量不合格，如果返工重做，工期将拖延 15 天，经济损失达 1.32 万元。

某天凌晨两点左右，该综合实验楼发生一起 6 层悬臂式雨篷根部突然断裂的恶性质量事故，雨篷悬挂在墙面上。幸好未造成人员伤亡。经事故调查、原因分析，发现造成该质量事故的主要原因是施工队伍素质差，在施工时将受力钢筋位置放错，使悬臂结构受拉区无钢筋而产生脆性破坏。

问题：

1. 施工单位未经监理单位许可即进行混凝土浇筑，该做法是否正确？如果不正确，施工单位应如何做？

2. 为了保证该综合实验楼的工程质量达到设计和规范要求，施工单位对进场材料应如何进行质量控制？

3. 如果该工程施工过程中实施了工程监理，监理单位对该起质量事故是否应承担责任？原因是什么？

【解析】 1. 施工单位未经监理许可即进行筏基混凝土浇筑的做法是错误的。

正确做法：施工单位运进水泥前，应向项目监理机构提交《工程材料报审表》，同时附有水泥出厂合格证、技术说明书、按规定要求进行送检的检验报告，经监理工程师审查并确认其质量合格后，方准进场。

2. 材料质量控制方法主要是严格检查验收，正确合理地使用，建立管理台账，进行收、发、储、运等环节的技术管理，避免混料和将不合格的原材料使用到工程上。

3. 如果该工程施工过程中实施了工程监理，监理单位应对该起质量事故承担责任。原因是：监理单位接受了建设单位委托，并收取了监理费用，具备了承担责任的条件，而施工过程中，监理未能发现钢筋位置放错的质量问题，因此必须承担相应责任。

三、案例 3

某监理单位与业主签订了某工程材料质量的监理合同，在监理过程中发现一些问题。

1. 该工程的主要材料进场后直接运输到使用地。

2. 工程中所用的钢筋混凝土构件没有厂家的批号和出厂合格证。

3. 高压电缆、电压绝缘材料没有进行耐压试验。

4. 过期受潮的水泥、锈蚀的钢筋用于重要部位。

5. 水泥搅拌后，由于某些原因，未使用完，第二天继续使用。

以上各项问题监理工程师如何处理？

【解析】 监理工程师的处理办法如下。

（1）对用于工程的主要材料，进场时必须具有正式的出厂合格证和材质化验单，经验证后方可使用。

（2）工程中所有各种构件必须具有厂家批号和出厂合格证。钢筋混凝土构件均应按规定的方法进行抽样检验。

（3）高压电缆、电压绝缘材料要进行耐压实验。

（4）过期受潮的水泥、锈蚀的钢筋要降级使用，决不允许用于重要的工程或部位。

（5）指令不能使用非当天的水泥拌合物。

（6）环境状态的控制：

① 施工作业环境条件的控制。所谓作业环境条件，主要是指诸如水、电或动力供应、施工照明、安全防护设备、施工场地空间条件和通道以及交通运输和道路条件等。

监理工程师应事先检查承包单位对施工作业环境条件方面的有关准备工作是否已做好安排和准备妥当；当确认其准备可靠、有效后，方准许其进行施工。

② 施工质量管理环境的控制。监理工程师应检查施工承包单位的质量管理体系和质量控制自检系统是否处于良好的状态；系统的组织结构、管理制度、检测制度、检测标准、人员配备等方面是否完善和明确；质量责任制是否落实；监理工程师做好承包单位施工质量管理环境的检查，并督促其落实，是保证作业效果的重要前提。

③ 现场自然环境条件的控制。监理工程师应检查施工承包单位，对于未来的施工期间，自然环境条件可能出现对施工作业质量的不利影响时，是否事先已有充分的认识并已做好充足的准备和采取了有效措施与对策，以保证工程质量。

（7）进场施工机械设备性能及工作状态的控制。

保证施工现场作业机械设备性能及工作状态，对施工质量有重要的影响。因此监理工程师要做好现场控制工作，包括施工机械设备的进场检查、机械设备工作状态的检查、特殊设备安全运行的审核、大型临时设备的检查。

（8）施工测量及计量器具性能、精度的控制。

主要包括：工地试验室的设立应符合有关规定，监理工程师对工地试验室及工地测量仪器的检查。

（9）施工现场劳动组织及作业人员上岗资格的控制。

现场劳动组织的控制，劳动组织涉及从事作业活动的操作者及管理者，以及相应的各种管理制度，主要体现在以下几方面。

① 操作人员。

② 管理人员到位。作业活动的直接负责人（包括技术负责人），专职质检人员，安全员，与作业活动有关的测量人员、材料员、试验员必须在岗。

③ 相关制度要健全。对从事特殊作业的人员（如电焊工、电工、起重工、架子工、爆破工），必须持证上岗。对此监理工程师要进行检查与核实。

第八章

工程项目进度管理

工程项目进度管理是在保证工程建设要求和目标等相关条件的前提下，对工程项目通过组织、计划协调、控制等方式进行进度控制，实现预定的项目进度目标，并尽可能地缩短建设周期的一系列管理活动的统称。

工程项目管理有多种类型，不同利益方（业主方和项目参与各方）的项目管理都有进度控制的任务，但是，其控制的目标和时间范畴是不相同的。

工程项目是在动态条件下实施的，因此进度控制也就必须是一个动态的管理过程，它包括以下内容。

① 进度目标的分析和论证。其目的是论证进度目标是否合理，进度目标有无可能实现。如果经过科学的论证，目标不可能实现，则必须调整目标。

② 在收集资料和调查研究的基础上编制进度计划。

③ 进度计划的跟踪检查与调整。它包括定期跟踪检查所编制进度计划的执行情况，若其执行有偏差，则采取纠偏措施，并再次审视计划的合理性，视需要调整进度计划。

第一节　工程项目进度管理的目标及控制原理

一、控制目标

工程项目进度管理是通过一定管理方法，使工程的实际进度符合计划进度的规定，出现实际进度偏离了计划进度的情况，应当采取相应措施，保证按计划完成工程项目。工程项目工期拖延后，使工程不能按期受益，会造成重大损失，影响工程项目的效益。但是只为加快项目进度，同样会增加大量的额外成本。工程项目建设进度应统一调控，使之与投入资金、设备条件、原材料等方面保持一致，并符合项目所在地的各种自然规律。因此，工程项目进度管理对于工程项目的质量、安全及经济效益具有重要的意义。

工程项目是在动态条件下实施的，如只重视进度计划的编制，而不重视进度计划必要的调整，则进度无法得到控制。为了实现进度目标，进度控制的过程也就是随着项目的进展，进度计划不断调整的过程。根据进度动态管理的三个过程，得到以下进度管理的目的。

进度目标分析和论证的目的是论证进度目标是否合理，进度目标是否可能实现。如果经过科学的论证，目标不可能实现，则必须调整目标。

进度计划的跟踪检查与调整包括定期跟踪检查所编制的进度计划执行情况，以及若其执行有偏差，则采取纠偏措施，并视必要调整进度计划。

进度管理的目的是通过控制管理实现工程的进度目标。

二、工程项目进度控制的原理

1. 动态控制原理

项目进度控制是一个不断变化的动态控制，也是一个循环往复的过程。它是从项目的施工开始，实际进度就出现了运动的轨迹，也就是说计划进入到执行的动态。实际上进度在按照计划进度进行时，两者应相吻合；当实际进度与计划进度不一致时，便产生超前或滞后的偏差。分析偏差的原因，应采取相应的措施，调整原来计划，使两者在新的起点上吻合，并继续按其进行施工活动，做到尽量发挥组织管理的作用，使实际工作按计划进行。但是在新的干扰因素出现时，又会产生新的偏差。施工进度计划控制就是利用这种动态循环进行控制的方法。

2. 系统原理

（1）施工项目计划系统　为了能够对施工项目有效地进行进度计划控制，必须编制施工项目的各种进度计划，包括施工项目总进度计划、单位工程进度计划、分部分项工程进度计划以及季度和月（旬）进度计划，这些计划组成了一个施工项目的进度计划系统。进度计划的编制对象是由大到小，计划的内容是从粗到细。在编制时从总工期计划到局部计划，一层一层进行控制目标分解，以便保证计划控制目标落实。在执行计划时，从月（旬）进度计划开始实施，逐级按目标控制，这样就达到了对施工项目整体进度的目标控制。

（2）施工项目进度实施组织系统　施工项目实施全过程的各专业工种都应遵照计划规定的目标去努力完成规定任务。施工项目经理和有关劳动调配、材料设备、采购运输等各个职能部门都应按照施工进度规定的要求进行严格管理、落实和完成各自的任务。施工组织的各级负责人，即项目经理、施工队长、班组长及其所属全体成员组成了施工项目实施的一个完整组织系统。

（3）施工项目进度控制组织系统　对施工项目进度实施还有一个项目进度的检查控制系统。从公司经理、项目经理，一直到作业班组都应该设有专门职能部门或人员负责做汇报，统计整理实际施工当中的进度资料，并与计划进度比较分析和进行调整。不同层次人员负责不同的进度控制职责，分工协作，从而形成一个相互连接的施工项目控制组织系统。实际上有的领导可能既是计划的实施者又是计划的控制者。实施是计划控制的执行，控制是保证计划按时实施。

3. 信息反馈原理

项目信息反馈是施工项目进度控制的一个主要环节，施工的实际进度通过信息反馈到基层施工项目进度控制的管理人员，在分工的职责范围内，对信息进行加工，再将信息逐级向上反馈，直到主控制人。主控制人整理统计各方面的信息，经过比较分析做出决策，及时调整进度计划，仍使其符合预定工期目标。如果不应用信息反馈原理，不断地进行信息反馈，就无法实行工程项目进度计划的控制。施工项目进度控制的过程实际上就是信息反馈的过程。

4. 弹性原理

由于施工项目进度计划工期长、影响进度的原因比较多，其中有的已被管理人员所掌握，根据统计经验估计得到影响的程度以及出现的可能性，并在制定进度目标时，实施目标的风险分析。计划编制人员具备了这些知识和实践经验之后，在编制施工项目进度计划时就会留有余地，使施工进度计划具有一定的弹性。在进行施工项目进度控制时，就可以利用这些弹性，压缩有关工作的时间，或者改变它们之间的连接关系，通过缩短剩余计划工期的方法，依旧可以达到预期的计划目标。这便是施工项目进度控制中对弹性原理的应用。

5. 封闭循环原理

施工项目进度管理的全过程是计划、实施、检查、比较分析、确定调整措施、再计划。自编制项目施工进度计划开始，经过对实施过程中的跟踪检查，收集有关实际进度的信息，进行比较和分析实际进度与施工计划进度之间的偏差，查出产生的原因和解决的办法，确定调整措施，然后再修改原进度计划，形成一个封闭的循环系统。

6. 网络计划技术原理

在施工项目进度的控制中通过利用网络计划技术原理编制进度计划，根据收集的实际进度信息，比较和分析进度计划，然后又利用网络计划的工期优化，对工期与成本优化和资源优化的理论调整计划。网络计划技术原理是在施工项目进度控制中完整的计划管理和分析计算的理论基础。

第二节　工程项目进度管理的重点及措施

一、工程项目进度管理的重点

1. 任务承接阶段的进度管理

承接任务阶段的主要工作内容包括投标、中标、签订合同。在此阶段，承包方对进度的控制有相当的难度，通常只能响应标书对进度的要求，但也有一定的灵活性，可以在合同生效的条款上（例如在预付款支付的条款、保函开立的条款、现场交付的条款以及当地政府主管部门的大量协调工作的条款等方面）为承包方尽可能地争取工期。

2. 项目准备阶段的进度管理

签订合同后，承包商应全面展开项目的准备工作，收集项目的原始资料，了解项目的现场情况，调查项目当地的物资、技术、施工力量，研究和掌握项目的特点及项目实施的进度要求，摸清项目实施的客观条件，合理部署力量，从技术上、组织上、人力、物力等各方面为项目实施创造必要的条件。认真仔细地做好准备工作，对加快实施速度、保证项目质量与安全、合理使用材料、增加项目效益等方面起着重要的作用。

项目准备阶段往往周期长、衔接工作量很大、工作很杂，也常常在不知不觉中延误项目的实施进度，必须引起足够的重视。项目准备阶段要特别注意以下两点：

① 要在组织上尽快建立一个懂技术、会管理、团结和谐、精明强悍的管理团队，这往往是决定项目实施成败的最关键因素之一。特别是在进度控制上最好配备有计划管理经验、懂工程网络计划的计划人员。

② 要调查研究收集资料。收集研究与项目实施有关的资料，可使准备工作有的放矢、避免盲目性。主要收集地形、地貌、工程地质、水文地质及气象条件等自然条件的资料和现场供水、供电、道路交通能力。地方建筑材料的生产供应能力及建筑劳务市场的发育程度，当地民风民俗、生活供应保障能力等技术经济条件。所有这些基础资料对项目的实施方案、承发包方式、施工组织实际等有至关重要的影响。

3. 设计阶段的进度管理

设计工作对项目的进度控制起着决定性的作用。本来它既可以算作项目准备阶段的工作，也可以算作招投标阶段的工作，在此单独讲述，是因为在项目实施过程中能否加快进度，保证质量和节约成本，在很大程度上取决于设计工作的进度和设计质量的优劣。设计阶段的进度控制主要注意以下两个方面。

① 设计本身的进度控制　设计工作是一个漫长的、系统的、复杂的工作。涉及资料的收集、平面的布置、数据的计算、系统的设计、图纸的审批以及由初步设计到施工图设计的设计过程。设计本身也有一定的周期，但往往图纸的提交对项目的实施进度有决定性的影响，所以要重视设计工作的进度，从设计工作内部采取包括激励措施、与设计单位保持良好的关系、承包商全力配合设计院的工作来促进设计进度。从设计工作外部，可以改变某些方式，比如把仅仅需要提交业主批准的图纸单独出图，而把不需要提交批准的图纸按正常的方式进行设计。这样即使业主不批准而修改设计也可以减少大量的设计工作，从而节约设计时间。

② 设计对项目实施的进度控制　现代的工程项目都具有建设规模大、技术含量高、建设工期紧、实施难度大及承包风险大等特点。在工程项目的实施过程中，特别是在设计中大量地使用新技术、新设备和新工艺，可以达到有效地节约成本和缩短施工工期的效果。因此在设计中要鼓励设计单位（最好是在设计合同中设立一笔奖金）更多地使用新技术、新设备和新工艺，在设计中还要运用价值工程，进行多方案设计、多方案比选。从结构上、工艺上、系统上进行优化，同时综合平衡成本、进度、质量和安全的最佳结合点，可以为项目的实施创造最佳的进度控制途径。

4. 招标阶段的进度管理

招标工作是项目实施过程中重要的工作之一，在国内外都有相关的法律法规要求对项目进行招投标。目前在我国普遍采用经过评审的合理低价中标原则。其中特别强调是经过评审的合理低价，包括对投标单位的资质、信誉、业绩、技术力量、人员配置、机具设备状况和财务状况等多方面的评价，不仅仅考虑价格因素，还要综合考虑进度快速、质量优良、最好有过良好合作关系的单位中标，这样可以为项目顺利地、快捷地实施打下良好基础。况且，项目管理的理念是与项目建设参与方共赢，一味地压低价格或其他苛刻的合作条件会使参与方在质量上、进度上甚至在安全上打折扣，最终可能影响招标人的总体利益，非常不利于项目进度的控制。

5. 施工阶段的进度管理

项目的施工阶段，首先要做好施工组织，尤其要做好施工组织设计，对施工活动进行全面的计划安排。根据项目的特点，施工单位要首先编制施工组织总设计，然后根据批准后的施工组织总设计，编制单位工程施工组织设计。施工组织设计一般应明确施工方案、施工的技术组织措施，施工准备工作计划、施工平面布置、施工进度计划、施工生产要素供给计划、落实执行施工项目计划的责任人和组织方式。

有了施工组织设计，施工单位应按照施工组织设计精心施工，这一阶段是施工管理的重点，要针对具体的施工活动，为落实施工组织设计的统一安排而进行的协调、检查、监督、控制等指挥调度工作。一方面，应从施工现场的全局出发，加强各个单位、各部门的配合与协作，协调解决各方面问题，使施工活动顺利开展；另一方面，应加强技术、材料、质量、安全、进度等各项经济核算与管理工作，严格执行各项技术、质量检验制度。

在项目的施工过程中，要正确处理好合同分包，要对严重影响施工进度的分包商，采取合同手段保证进度，特别是要保留对严重滞后的关键工作回收的权利，以实现突击；对关键的单位工程要找专业的分包队伍，或许能节约成本加快进度。

6. 竣工验收阶段的进度控制

竣工验收阶段是项目实施的最后阶段，在竣工验收之前，施工单位要内部做好预验收，检查各分部、分项工程的施工质量，尽快全面地消除项目的缺陷，整理各项交工验收的技术经济资料，把自身的工作做扎实，努力缩短交工验收时间。

二、工程项目进度管理的措施

1. 工程项目进度控制的组织措施

① 组织是目标能否实现的决定性因素。为实现项目的进度目标，应充分重视健全项目管理的组织体系。

② 在项目组织结构中应有专门的工作部门和符合进度控制岗位资格的专人负责进度控制工作，在项目管理组织设计的任务分工表和管理职能分工表中应明示和落实进度控制人员的职责。

③ 应编制项目进度控制的工作流程。

④ 进度控制的主要工作环节包括进度目标的分析和论证、编制进度计划、定期跟踪进度计划的执行情况、采取纠偏措施，以及调整进度计划。

2. 工程项目进度控制的管理措施

① 工程项目进度控制的管理措施涉及管理的思想、管理的方法、管理的手段、承发包模式、合同管理和风险管理等。在理顺组织的前提下，科学和严谨的管理显得十分重要。

② 采用网络计划的方法编制进度计划必须很严谨地分析和考虑工作之间的逻辑关系，通过网络计算可发现关键工作和关键线路，也可知道非关键工作可使用的时差，网络计划的方法有利于实现进度控制的科学化。

③ 承发包模式的选择直接关系到项目实施的组织和协调。为了实现进度目标，应选择合理的合同结构，以免过多的合同交界面而影响工程的进展。工程物资的采购模式对进度也有直接的影响，对此应做比较分析。

④ 为实现进度目标，不但应进行进度控制，还应注意分析影响项目进度的风险，并在分析的基础上采取风险管理措施，以减少进度失控的风险量。

⑤ 重视信息技术（包括相应的软件、局域网、互联网以及数据处理设备）在进度控制中的应用。虽然信息技术对进度控制而言只是一种管理手段，但它的应用有利于提高进度信息处理的效率，有利于提高进度信息的透明度，有利于促进进度信息的交流和项目各参与方的协同工作。

3. 建设项目进度控制的经济措施

① 建设项目进度控制的经济措施涉及资金需求计划、资金供应的条件和经济激励措施等。

② 为确保进度目标的实现，应编制与进度计划相适应的资源需求计划（资源进度计划），包括资金需求计划和其他资源（人力和物力资源）需求计划，以反映工程实施的各时段所需要的资源。通过资源需求的分析，可发现所编制的进度计划实现的可能性。若资源条件不具备，则应调整进度计划。资金需求计划也是项目融资的重要依据。

③ 资金供应条件包括可能的资金总供应量、资金来源（自有资金和外来资金）以及资金供应的时间。

④ 在工程项目预算中应考虑加快项目进度所需要的资金，其中包括为实现进度目标将要采取的经济激励措施的费用。

4. 工程项目进度控制的技术措施

① 工程项目进度控制的技术措施涉及对实现进度目标有利的设计技术和施工技术的选用。

② 不同的设计理念、设计技术路线、设计方案会对工程进度产生不同的影响，在设计工作的前期，特别是在设计方案评审和选用时，应对设计技术与工程项目进度的关系作分析比较。在工程项目进度受阻时，应分析是否存在设计技术的影响因素，为实现进度目标是否有设计变更的可能性。

③ 施工方案对工程项目进度有直接的影响。在施工方案选用的决策过程中，不仅应分析技术的先进性和经济合理性，还应考虑其对进度的影响。在工程进度受阻时，应分析是否存在施工技术的影响因素，为实现进度目标是否有改变施工技术、施工方法和施工机械的可能性。

第三节　工程项目进度管理的程序

一、确定进度计划编制、审批管理流程

在工程项目全过程中，确定各项计划的编制、审批管理流程，有利于高效、稳步地实施各项计划，降低工程项目进度被延误的可能性。

图 8-1、图 8-2 为某基建设备处的投资计划编制、审定流程和采购计划的编制、审定流程，供读者在工程项目进度管理实际操作时参考。

二、使用进度计划编制软件

国外有很多用于进度计划编制的商品软件。自 20 世纪 70 年代末 80 年代初，我国也开始研制进度计划编制的软件，这些软件都是在网络计划原理的基础上编制的。应用这些软件可以实现计算机辅助工程项目进度计划的编制和调整，以确定网络计划的时间参数。计算机辅助工程项目网络计划编制的意义：

① 解决网络计划计算量大，而手工计算难以承担的困难；

② 确保网络计划计算的准确性；

③ 有利于网络计划及时调整；

④ 有利于编制资源需求计划等。

进度管理是一个动态编制和调整计划的过程，初始的进度计划和在项目实施过程中不断调整的计划，以及与进度管理有关的信息应尽可能对项目各参与方透明，以便各方为实现项目的进度目标协同工作。为使业主方各工作部门和项目各参与方便捷地获取进度信息，可利用项目专用网站作为基于网络的信息处理平台辅助进度控制。图 8-3 表示了从项目专用网站可获取的各种进度信息。

图 8-4 为某一工程项目进度管理软件的示意图，通过管控进度维护、进度填报、施工日记、施工签报和质量控制等，以实时在线的方式统一将各项目现场的进度数据保存到企业总部的服务器，方便管理人员准确了解项目进展，也能为后续的工程项目各流程提供依据。

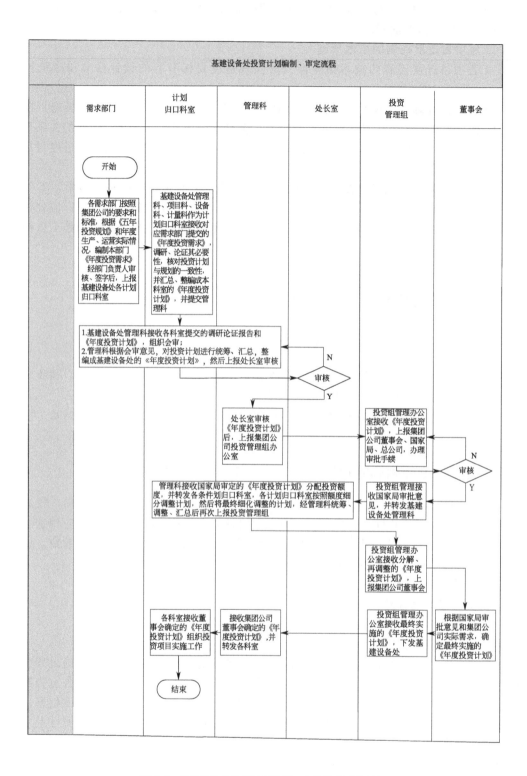

图 8-1 基建设备处投资计划编制、审批流程（范例）

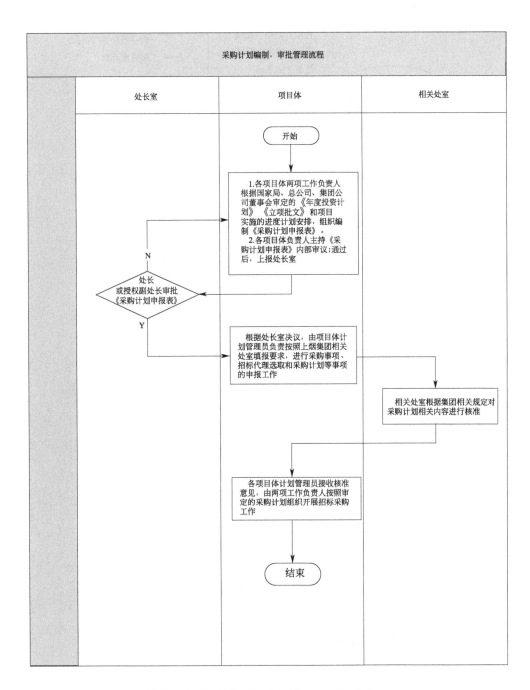

采购计划编制，审批管理流程

处长室	项目体	相关处室

开始

1.各项目体两项工作负责人根据国家局、总公司、集团公司董事会审定的《年度投资计划》《立项批文》和项目实施的进度计划安排，组织编制《采购计划申报表》。
2.各项目体负责人主持《采购计划申报表》内部审议；通过后，上报处长室

处长或授权副处长审批《采购计划申报表》

N

Y

根据处长室决议，由项目体计划管理员负责按照上烟集团相关处室填报要求，进行采购事项、招标代理选取和采购计划等事项的申报工作

相关处室根据集团相关规定对采购计划相关内容进行核准

各项目体计划管理员接收核准意见，由两项工作负责人按照审定的采购计划组织开展招标采购工作

结束

图 8-2　基建设备处采购计划编制、审批流程（范例）

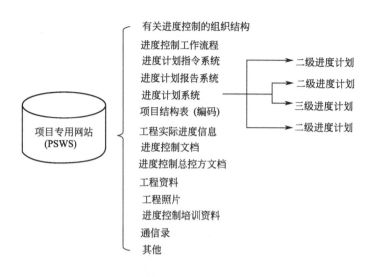

图 8-3　项目专用网站提供的进度信息

图 8-4　某进度管理软件界面

第四节　工程咨询项目进度管理实例

一、工程项目进度监理监督控制案例

【例 8-1】　某建设监理公司承担了一项工程建设项目的施工全过程的监理任务。施工过程中由于建设单位直接原因、施工单位直接原因以及不可抗力原因，致使施工网络计划（图8-5）中各项工作的持续时间受到影响（如表 8-1 所示，正负数分别表示工作天数延长和缩短），从而使网络计划工期由计划工期（合同工期）84 天变为实际工期 95 天。建设单位和施工单位由此发生了争议：施工单位要求建设单位顺延工期 22 天，建设单位只同意顺延工

期 11 天。为此，双方要求监理单位从中进行公正调解。

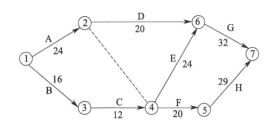

图 8-5 影响工作时间图

☐ 表 8-1 影响工作时间表   单位：天

工作代号	建设单位原因	施工单位原因	不可抗力原因
A	0	0	2
B	3	1	0
C	2	−1	0
D	2	2	0
E	0	−2	2
F	3	0	3
G	0	0	2
H	3	4	0
合计	13	4	9

问题：

1. 监理工程师处理工期顺延的原则是什么？应如何进行考虑，处理总工期顺延？

2. 监理工程师调解以后应给予施工单位顺延工期几天？

【解析】 ① 监理工程师应掌握这样的原则：由于非施工单位原因引起的工期延误，建设单位应给予顺延工期。

② 确定工期延误的天数应考虑受影响的工作是否影响网络计划的关键线路；

如果由于非施工单位造成的各项工作的延误并未改变原网络计划的关键线路，则监理工程师应认可的工期顺延时间，可按位于关键线路上属于非施工单位原因导致的工期延误之和求得。

③ 监理工程师调解以后应给予施工单位顺延工期为：

$$3(B)+2(C)+2(E)+2(G)=9（天）$$

【例 8-2】 某工程项目的原施工进度双代号网络计划如图 8-6 所示，该工程总工期为 18 个月。在上述网络计划中，工作 C，F，J 三项工作均为土方工程，土方工程量分别为 7000m³、10000m³、6000m³，共计 23000m³，土方单价为 17 元/m³。合同中规定，土方工程量增加超出原估算工程量 15％时，新的土方单价可从原来的 17 元/m³ 调整到 15 元/m³。在工程按计划进行 4 个月后（已完成 A、B 两项工作的施

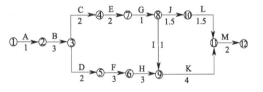

图 8-6 某项目网络计划图

工），业主提出增加一项新的土方工程 N，该项工作要求在工作 F 结束以后开始，并在 G 工作开始前完成，以保证 G 工作在 E 和 N 工作完成后开始施工，根据承包商提出并经监理工

程师审核批复，该项 N 工作的土方工程量约为 9000m³，施工时间需要 3 个月。

根据施工计划安排，C，F，J 工作和新增加的土方工程 N 使用同一台挖土机先后施工，现承包方提出由于增加土方工程 N 后，使租用的挖土机增加了闲置时间，要求补偿挖土机的闲置费用（每台闲置 1 天为 800 元）和延长工期 3 个月。

问题：

1. 增加后一项新的土方工程 N 后，土方工程的总费用应为多少？

2. 监理工程师是否应同意给予承包方施工机械闲置补偿？应补偿多少费用？

3. 监理工程师是否应同意给予承包方工期延长？应延长多长时间？

【解析】 1. 由于在计划中增加了工程 N，土方工程土方工程总费用计算如下：

① 增加 N 工作后，土方工程总量为：23000＋9000＝32000（m³）

② 超出原估算土方工程量：

$$\frac{32000-23000}{23000} \times 100\% \approx 39.13\% > 15\%$$

土方单价应进行调整

③ 超出 15% 的土方量为：

$$32000-23000 \times 115\% = 5550（m³）$$

④ 土方工程的总费用为：

$$23000 \times 115\% \times 17 + 5550 \times 15 = 53.29（万元）$$

2. 施工机械闲置补偿计算：

① 不增加 N 工作的原计划机械闲置时间：

在图 8-7 中，因 E，G 工作的时间为 3 个月，与 F 工作时间相等，所以安排挖土机按 C—F—J 顺序施工可使机械不闲置。

② 增加了土方工作 N 后机械的闲置时间：

在图 8-8 中，安排挖土机 C—F—N—J 按顺序施工，由于 N 工作完成后到 J 工作的开始中间还需施工 G 工作，所以造成机械闲置 1 个月。

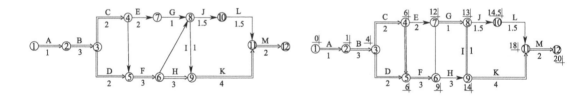

图 8-7　不增加 N 工作网络计划　　　　图 8-8　增加了土方工作 N 后的网络计划

③ 监理工程师应批准给予承包方施工机械闲置补偿费：300×800＝2.4 万元（不考虑机械调往其他处使用或退回租赁处）

3. 工期延长计算：

根据上图节点最早时间的计算，算出增加工作后工期由原来的 18 个月延长到 20 个月，所以监理工程师应批准给承包方顺延工期 2 个月。

【例 8-3】 某多层办公楼建设项目业主与承包商签订了工程施工承包合同，根据合同及其附件的有关条文，对索赔内容，有如下规定：

（1）因窝工发生的人工费以 25 元/工日计算，监理方提前一周通知承包方时不以窝工处理，以补偿费 4 元/工日支付。

（2）机械设备台班费。塔吊：300 元/台班。混凝土搅拌机：70 元/台班。砂浆搅拌机：

30 元/台班。因窝工而闲置时，只考虑折旧费，按台班费 70％计算。

（3）因临时停工一般不补偿管理费和利润。在施工过程中发生了以下情况：

① 于 6 月 8 日至 6 月 21 日，施工到第七层时因业主提供的模板未到而使一台塔吊、一台混凝土搅拌机和 35 名支模工停工（业主已于 5 月 30 日通知承包方）；

② 于 6 月 10 日至 6 月 21 日，因公用网停电停水使进行第四层砌砖工作的一台砂浆搅拌机和 30 名砌砖工停工；

③ 于 6 月 20 日至 6 月 23 日，因砂浆搅拌机故障而使在第二层抹灰的一台砂浆搅拌机和 35 名抹灰工停工。

问题：

承包商在有效期内提出索赔要求时，监理工程师认为合理的索赔金额应是多少？

【解析】 合理的索赔金额如下：

① 窝工机械闲置费：按合同机械闲置只计取折旧费

塔吊 1 台：$300 \times 70\% \times 14 = 2940$（元）；

混凝土搅拌 1 台：$70 \times 70\% \times 14 = 686$（元）；

砂浆搅拌机 1 台：$30 \times 70\% \times 12 = 252$（元）；

因砂浆搅拌机机械故障闲置 4 天不应给予补偿。

小计：$2940 + 686 + 252 = 3878$（元）

② 窝工人工费：因业主已于 1 周前通知承包商，故只以补偿费支付。

支模工：$4 \times 35 \times 14 = 1960$（元）；

砌砖工：$25 \times 30 \times 12 = 9000$（元）；

因砂浆搅拌机机械故障闲置 4 天不应给予补偿。

小计：$1960 + 9000 = 10960$（元）

③ 临时个别工序窝工一般不补偿管理费和利润，故合理的索赔金额应为：

$3878 + 10960 = 14838$（元）

二、某国外工程项目进度管理实例

【例 8-4】 某球场建设逾期案例。

依照起初与 ×× 足联达成的协议，×× 世界杯 12 座球场须在 ×× 年 12 月 31 日之前交付使用。但由于各种不同的原因，有 6 座球场未能按期竣工。×× 世界杯将分散在 12 座城市进行，当年 ××× 杯期间，6 座城市的比赛场馆均已完工并投入使用，而另外 6 座球场，按照 ×× 足联的要求，必须于当年 12 月 31 日前交付。但是截至当年 11 月底，××× 和 ×××× 的球场工程进度为 94％，××××× 球场进度为 92％，××× 为 90.5％，××× 为 89％，而 ×××× 仅为 82.7％。

造成工程延误的原因多种多样，但综合起来主要有三点：一是财政问题，包括资金不到位或拨付延迟；二是劳工问题，如缺乏劳力或工人罢工；三是接二连三地发生事故，致使工程停工和接受相关调查。

财政问题属于管理过程中的问题，几乎困扰着所有球场的建设。它们的资金来自联邦政府、地方政府与私人捐助，其中任何一方拨付延迟，都会导致工程难以为继。如 ×××× 球场主要依靠 ×× 银行的贷款，但这笔钱很晚才到位。另外，多数球场工程存在严重超预算问题。按照 ×× 法律，凡有政府投资的项目超出了预算，必须要接受联邦审计法院的审计，否则项目将不得追加投资。而这个审计过程就耗费了不少时间。

劳力的缺乏属于工程计划的失误。凡工期出现了延误的球场，都在日夜不停三班倒地施工。由于有些工人不愿意在夜晚工作，×××球场因此出现了缺少劳动力问题。同时，工人也在为工作条件与工资斗争，××球场就不时发生罢工。

最后，加班加点施工引发的事故则属于边界条件变化的失误。前一年 11 月，××××球场因起重机倒塌造成两名工人死亡。×××球场也分别在 3 月和 12 月，发生过两起伤亡事故。工程事故带来的停工调查，让施工停滞。

为了弥补拖延的工程进度，×××和××××的体育场馆负责人都公开表示由于工程期限问题不得不放弃原来的一些设计方案。××××决定放弃安装可伸缩的顶棚的设计方案；而×××则表示要放弃原来的可持续理念，因为无法按时安装太阳能发电系统。同时，××体育部表示，由于场馆建设花费的增加，且基础设施的改善项目没有募集到更多的投资，决定取消 14 项其他配套基础设施的改建项目，而其中有 12 项都是关于公共交通的，主要是机场的新建和改建项目。

通过案例可以看到面对已发生的进度拖延问题，解决措施主要是采取积极的措施赶工，抓紧依靠调整后期计划，修改网络计划等。其具体方法包括：

① 增加资源投入，如增加劳动力、材料、周转材料和设备的投入量等（例如××政府应当增加投资数额）；

② 重新分配资源（例如案例中取消基础设施改建的投资额用以完成体育馆的建设）；

③ 减少工作范围，包括减少工作量或删去一些工作包（例如放弃一些设计建造方案或者更改一些体育场的设计建造方案，减少工作量或者删除一些工作包或分包工程等）；

④ 改善工具器具以提高劳动效率；

⑤ 改善劳动生产率，主要通过辅助措施和合理的工作过程（如政府组织培训建筑工人，注意工人级别与工人技能的协调，增发奖金，改善工人的工作环境，注意项目小组时间上和空间上合理地组合和搭接等）；

⑥ 将部分任务分包委托给另外的单位，将原计划由自己生产的结构构件改为外购；

⑦ 改变网络计划中工程活动的逻辑关系（如体育馆工程采用流水施工等）；

⑧ 修改实施方案提高施工速度和降低成本等（例如案例中设计单位取消体育馆可伸缩顶棚的方案以及放弃原来的可持续理念等）。

三、某工程项目进度控制实例

【例 8-5】 某工程项目施工网络计划图中箭线下方数字为工作的持续活动时间，在实际施工过程中第五周结束时发现 D 工作拖后 4 周，C 工作拖后 3 周，B 工作拖后 3 周，如图 8-9 所示。

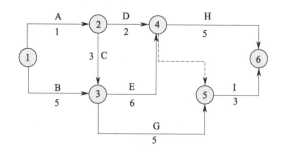

图 8-9 某工程项目施工网络计划图

问题：

1. 确定不考虑工期拖延的情况下的网络计划中的关键线路和计划工期。

2. 在双代号时标网络图上绘出实际进度的前锋线（早时标）并说明B、C、D工作拖延对总工期的影响。

【解析】（1）经计算可知关键线路为①→③→④→⑥，即B—E—H，计划工期为16周（图8-10、图8-11）。

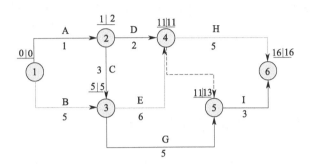

图8-10　某工程项目施工网络计划图

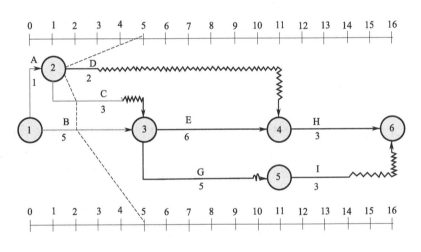

图8-11　某工程项目施工网络图

（2）D工作拖后4周，但其总时差为8周，故不影响总工期；其自由时差也为8周，故不影响后续工作。

（3）C工作拖后3周，由于其总时差仅有1周，且紧后工序为关键工序，C工序自由时差仅有1周，所以影响其紧后工作工期2周。

（4）B工作是关键工作总时差为零，自由时差为零，故B工序拖后3周，则影响其紧后工作拖后3周。

综合上述：B、C、D工作时间拖后则总工期拖延3周。

第九章
建筑工程项目合同管理工作

第一节　工程项目合同体系与内容确定

　　建设工程招投标属于建设工程合同的谈判和订立的阶段，招投标是合同管理的基础之一，是合同管理的首要步骤之一。招投标更强调竞争性条款的成果，招标人预想以最小的运作成本，建成质量符合规范的建设工程；投标人意图以最小的施工管理成本，按照相关规范要求，完成建设工程的施工任务。获取最大的利润。在这一阶段，全过程工程咨询单位根据投资人委托的管理和服务的内容，为达到招投标双方为达到最佳经济利益的博弈，负责招标采购阶段各个合同的协调与控制。

一、合同体系确定

1. 依据

　　（1）工程方面　工程项目的类型、总目标，工程项目的范围和分解结构（WBS），工程规模、特点，技术复杂程度，工程技术设计准确程度，工程质量要求和工程范围的确定性、计划程度，招标时间和工期的限制，项目的营利性，工程风险程度，工程资源（如资金、材料、设备等）供应及限制条件等。

　　（2）承包人方面　承包人的能力、资信、企业规模、管理风格和水平，在建设项目中的目标与动机，目前经营状况、过去同类工程经验、企业经营战略、长期动机，承包人承受和抵御风险的能力等。

　　（3）环境方面　工程所处的自然环境，建筑市场竞争激烈程度，物价的稳定性，地质、气候、自然、现场条件的确定性，资源供应的保证程度，获得额外资源的可能性，工程的市场方式（即流行的工程承发包模式和交易习惯），工程惯例等。

2. 内容

　　工程单位在合同策划中的管理工作主要是合同管理策划及合同结构策划。

　　（1）合同管理策划　合同管理策划的内容包括制定合同管理原则、组织结构和合同管理制度。

　　① 制定合同管理的原则：

　　a. 所有建设内容必须以合同为依据；

　　b. 所有合同都闭口；

　　c. 与组织结构相联系；

　　d. 与承包模式相联系；

e. 尽量减少合同界面；

f. 动态管理合同。

② 制定合同管理组织结构。合同管理任务必须由一定的组织机构和人员来完成。要提高合同管理水平，必须使合同管理工作专门化和专业化。全过程工程咨询单位应设立专门机构或人员负责合同管理工作。

对不同的企业组织和工程项目组织形式及合同管理组织的形式不一样，通常有如下几种情况。

a. 全过程工程咨询单位的合同管理部门（或科室），应派专人专门负责与该项目有关的合同管理工作。

b. 对于大型的工程项目，设立项目的合同管理小组，专门负责与该项目有关的合同管理工作，合同管理小组一般由设计经理、采购经理和施工的项目经理等组成，分别负责设计合同、采购合同和施工合同的履行、管理或控制，并指定其中一人为合同管理负责人。合同管理负责人在该系统中负责所承担项目的合同管理日常工作，向项目经理或合同其他执行人员提供合同管理信息，对合同履行提出意见和建议。

c. 对一般的项目，较小的工程，可设合同管理员。而对于全过程工程咨询单位指定分包的，且工作量不大、不复杂的工程，可不设专门的合同管理人员，而将合同管理任务分解下达给各职能人员。

③ 制定合同管理制度。主要包括制定合同体系、合同管理办法以及合同审批制度。使合同管理人员明确项目合同体系、合同管理要求、执行合同审批流程。

（2）合同结构策划 合同结构策划主要包括合同结构分解和合同界面协调。

① 合同结构分解。

a. 结构分解。工程项目的合同体系是由项目的结构分解决定的，将项目结构分解确定的项目活动，通过合同方式委托出去，形成项目的合同体系。一般建设项目中，全过程工程咨询单位首先应决定对项目结构分解中的活动如何进行组合，以形成一个个合同。如在某建设项目中，合同的部分结构分解如表9-1所示。

▢ 表9-1 某项目合同的部分结构分解表

合同类别	合同名称
勘察、设计类	（1）工程地质勘察合同；（2）建筑设计合同；（3）深基坑支护设计合同；（4）室内装饰装修设计合同；（5）总坪绿化景观设计合同；（6）弱电深化设计合同；（7）人防工程设计合同；（8）工艺及流程设计合同；（9）施工图审查合同
咨询类	（1）建设工程项目管理合同；（2）建设工程监理合同；（3）建设工程招标代理合同；（4）建设工程造价咨询合同；（5）工程及周边建、构筑物沉降观测合同；（6）环境影响评价合同；（7）土壤氡气浓度检测合同；（8）房产面积测绘合同；（9）二次供水给水产品检测合同；（10）室内环境检测合同
施工类	（1）临时用水施工合同；（2）临时用电施工合同；（3）临时围墙修建合同；（4）深基坑支护施工合同；（5）施工总承包施工合同；（6）专业承（分）包合同；（7）劳务分包合同；（8）电梯采购及安装施工合同；（9）弱电工程施工合同；（10）变配电工程施工合同；（11）室内装饰装修施工合同；（12）外墙装饰工程合同；（13）总坪绿化景观施工合同；（14）工艺设备采购及安装合同；（15）燃气工程施工合同；（16）正式用水施工合同
采购类	甲供设备、材料采购合同

注：此表应根据不同的项目结构分解进行调整。

b. 合同的结构分解的编码设置。全过程工程咨询单位在结构分解以后，为便于管理应建立相应的合同编码体系。合同的编码设计直接与WBS的结构有关，一般采用"父码＋子码"的方法编制。合同结构分解在第一级表示某一合同体系，为了表示合同特征以及与其他合同的区别，可用1～2位数字或字母表示，或英文缩写，或汉语拼音缩写，方便识别。第二级代表合同体系中的主要合同，同样可采用1～2位的数字或英文缩写，汉语拼音缩写等表示。以此类推，一般编到各个承包合同。根据合同分解结构从高层向低层对每个合同进行编码，要求每个合同有唯一的编码。如某项目合同编码体系如图9-1所示。

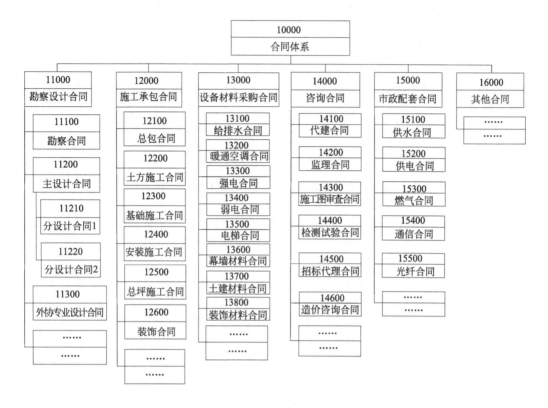

图 9-1　某项目建设工程合同编码体系

合同编码应具有以下特征。

Ⅰ. 统一性、包容性。在该建设工程项目的合同中，有许多合同，如勘察设计合同、施工合同、监理合同、保险合同、技术合同、材料合同等，为了方便管理，所有合同的编码必须统一，且编码适合于所有的合同文件。

Ⅱ. 编码的唯一性。在各种类型合同中存在着多种合同，比如技术合同中有咨询合同、质量检测合同等，为了区分这些合同，合同编码必须保持唯一性。

Ⅲ. 能区分合同的种类和特征。

Ⅳ. 编码的可扩充性。合同编码应反映该项目的对象系统．但该项目的组成十分复杂，在项目实施过程中可能会增加、减少或调整。因此．合同编码系统应当能适应这种变更需要。一旦对象系统发生变化，在保证其编码的规则和方法不变的情况下，能够适合描述变化了的对象系统。

Ⅴ. 便于查询、检索和汇总。编码体系应尽可能便于管理人员识别和记忆，从合同编码中能够"读出"对应的合同，同时适合计算机对其进行处理。

② 合同界面协调。合同界面按照合同技术、价格、时间、组织协调进行统一布置。

a. 技术上的协调。主要包括以下几个内容。

Ⅰ. 各合同之间设计标准的一致性，如土建、设备、材料、安装等应有统一的质量、技术标准和要求。

Ⅱ．分包合同必须依据总承包合同的条件订立，全面反映总分包合同相关内容，并使各个合同保持条款的一致，不能出现矛盾。

Ⅲ．各合同所定义的专业工程应有明确的界面和合理的搭接，明确这些工作相应的责任主体。

b. 价格上的协调。在工程项目合同总体策划时必须将项目的总投资分解到各个合同上，作为合同招标和实施控制的依据。

Ⅰ．对大的单位工程或专业分项工程（或供应）工程尽量采用招标方式，通过竞争降低价格。

Ⅱ．对全过程工程咨询单位来说，通过以前的合作及对合同进行的后评价，建立信誉良好的合作伙伴，可以有效减少管理过程的磨合和提高管理效率，也可以确定一些合作原则和价格水准，这样可以保证总包和分包价格的相对稳定性。

c. 时间上的协调。

Ⅰ．按照项目的总进度目标和实施计划确定各个合同的实施时间安排，在相应的招标文件上提出合同工期要求，并使每个合同相互吻合和制约，满足总工期要求。

Ⅱ．按照每个合同的实施计划（开工要求）安排该合同的招标工作。

Ⅲ．项目相关的配套工作的安排。例如某项目，存在甲供材料和生产设备的供应，现场的配合等工作，则必须系统地安排这些配套工作计划，使之不得影响后续施工。

Ⅳ．有些配套工作计划是通过其他合同安排的，对这些合同也必须做出相应的计划。

d. 组织上的协调。组织上的协调在合同签约阶段和在工程施工阶段都要重视，不仅是合同内容的协调，而且是合同管理过程的协调。

3. 程序

全过程工程咨询单位合同体系策划工作的程序如图 9-2 所示。

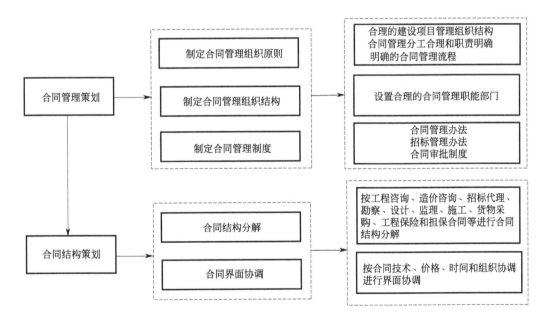

图 9-2 合同体系策划工作程序图

4. 注意事项

合同体系策划应注意以下问题。

① 合同体系策划要符合合同的基本原则，不仅要保证合法性、公正性，而且要促使各方面的互利合作，确保高效率地完成项目目标。

② 合同体系策划应保证项目实施过程的系统性和协调性。

③ 全过程工程咨询单位在合同体系策划时要追求工程项目最终总体的综合效率的内在动力，应该理性地决定工期、质量、价格的三者关系，追求三者的平衡，应公平地分配项目的风险。

④ 合同体系策划的可行性和有效性应在工程的实施中体现出来。

⑤ 合同体系策划时应进行合同的结构分解，并应遵循以下规则：

a. 保证合同的系统性和完整性；

b. 保证各分解单元间界限清晰、意义完整、内容大体上相当；

c. 易于理解和接受，便于应用，充分尊重人们已形成的概念、习惯，只有在根本违背施工合同原则的情况下才做出更改；

d. 便于按照项目的组织分工落实合同工作和合同责任；

e. 考虑不可预见因素。

5. 成果范例

合同界面划分表如表 9-2 所示。

▫ 表 9-2　合同界面划分表

序号	××合同(主合同)	相关合同	合同主要内容	与主合同的界面	备注
1	（合同主要工作内容）	××合同			
2		××合同			
3		××合同			
……					

二、合同内容确定

1. 依据

①《中华人民共和国民法典》；

② 各类合同的管理办法，如《建筑工程施工发包与承包计价管理办法》《建设工程价款结算暂行办法》等；

③ 勘察、设计类合同的示范文本，如《建设工程勘察合同（示范文本）》（GF—2016—0203）、《建设工程设计合同示范文本（房屋建筑工程）》（GF—2015—0209）等；

④ 施工类合同的示范文本，如《建设工程施工合同（示范文本）》（GF—2017—0201）、《建设工程施工专业分包合同（示范文本）》（GF—2003—0213）、《建设工程施工劳务分包合同（示范文本）》（GF—2003—0214）等；

⑤ 服务类合同的示范文本，如《建设工程招标代理合同（示范本文）》（GF—2005—0215）、《建设工程造价咨询合同（示范文本）》（GF—2015—0212）、《建设工程监理合同（示范文本）》（GF—2012—0202）等；

⑥ 项目的特征，包含项目的风险、项目的具体情况等；

⑦ 其他相关资料，如委托方的需求。

2. 内容

合同内容的策划主要包括合同的起草、重要合同条款的确定以及合同计价类型的选择。

（1）合同条件的起草　合同条件中应当包含以下条款。

① 合同当事人的名称（或姓名）和地址。合同中记载的当事人的姓名或者名称是确定

合同当事人的标志，而地址则对确定合同债务履行地、法院对案件的管辖等方面具有重要的法律意义。

② 标的。标的即合同法律关系的客体。合同中的标的条款应当标明标的的名称，以使其特定化，并能够确定权利义务的范围。合同的标的因合同类型的不同而变化，总体来说，合同标的包括有形财务、行为和智力成果。标的是合同的核心，是双方当事人权利和义务的焦点。没有标的或者标的不明确的，合同将无法履行。

③ 数量。合同标的的数量衡量合同当事人权利义务大小。它将标的定量化，以便计算价格和酬金。合同如果标的没有数量，就无法确定当事人双方权利和义务的大小。双方当事人在订立合同时，必须使用国家法定计量单位，做到计量标准化、规范化。

④ 质量。合同标的质量是指检验标的内在素质和外观形态优劣的标准，是不同标的物之间差异的具体特征，它是标的物价值和使用价值的集中体现。在确定标的的质量标准时，应当采用国家标准或者行业标准，或有地方标准的按地方标准签订。如果当事人对合同标的的质量有特别约定时，在不违反国家标准和行业标准的前提下，双方可约定标的的质量要求。

⑤ 价款和报酬。价款和报酬是指取得利益的一方当事人作为取得利益的代价而应向对方支付的金钱。价款通常是指当事人一方为取得对方转让的标的物，而支付给对方一定数额的货币。酬金通常是指当事人一方为对方提供劳务、服务而获得一定数额的货币报酬。根据市场定价机制确定合同价款，如招标竞价等。

⑥ 履行期限、地点和方式。履行的期限是指当事人交付标的和支付价款报酬的日期；履行地点是指当事人交付标的和支付价款报酬的地点；履行方式是合同当事人履行合同和接受履行的方式，即约定以何种具体方式转移标的物和结算价款和酬金。

⑦ 违约责任。违约责任是指合同当事人一方或双方不履行或不完全履行合同义务时，必须承担的法律责任。违约责任包括支付违约金、赔偿金、继续履行合同等方式。法律有规定责任范围的按规定处理，法律没有规定范围的按当事人双方协商约定办理。

⑧ 解决争议的方法。解决争议的方法是指合同当事人解决合同纠纷的手段、地点，即合同订立、履行中一旦产生争议，合同双方是通过协商、仲裁还是通过诉讼解决其争议。

（2）合同中重要条款的确定　重点需要在各个合同中明确各责任主体相关的责任和义务，保证各个合同条款的统一性和一致性，主要包括但不限于以下内容。

① 全过程工程咨询单位义务。

a. 全过程工程咨询单位根据投资人的要求，应在规定的时间内向施工单位移交现场，并向其提供施工场地内地下管线和地下设施等有关资料，保证资料的真实、准确和完整；

b. 全过程工程咨询单位应按合同的有关规定在开工前向承包人进行设计交底、制定相关管理制度，并负责全过程合同管理，支付工程价款的义务；

c. 按照有关规定及时协助办理工程质量、安全监督手续；

d. 其他的义务。

② 监理单位义务。

监理单位根据《建设工程监理规范》（GB/T 50319—2013）及监理合同的约定，可以对项目前期、设计、施工及质量保修期全过程监理，包括质量、进度、投资控制、组织协调、安全、文明施工等，如，发布开工令、暂停施工或复工令等；工期延误的签认和处理等；施工方案认可、设计变更、施工技术标准变更等，并配合全过程工程咨询单位进行工程结算和审计工作。

③ 总承包人的义务。

a. 除按一般通用合同条款的约定外，在专用合同条款中约定由投资人提供的材料和工程设备等除外，总承包人应负责提供为完成工作所需的材料、施工设备、工程设备和其他物品等，并按合同约定负责临时设施的统一设计、维护、管理和拆除等。

b. 总承包人应当对在施工场地或者附近实施与合同工程有关的其他工作的独立承包人履行管理、协调、配合、照管和服务义务，并在合同中约定清楚由此发生的费用是否包含在承包人的签约合同价中。

c. 总承包人还应按监理单位指示为独立承包人以外的他人在施工场地或者附近实施与合同工程有关的其他工作提供可能的条件，并在合同中约定清楚由此发生的费用是否包含在承包人的签约合同价中。

d. 其他义务。总承包人应遵从投资人关于工程技术、经济管理（含技术核定、经济签证、设计变更、材料核价、进度款支付、索赔及竣工结算等）、现场管理而制定的制度、流程、表格及程序等规定，并负责管理与项目有关的各分包商，统一协调进度要求、质量标准、工程款支付、安全文明施工等方面。

④ 分包商。除按一般通用合同条款的约定，还应在专用条款作如下约定。

a. 除在投标函附录中约定的分包内容外，经过投资人、全过程工程咨询单位和监理单位同意，承包人可以将其他非主体、非关键性工作分包给第三人，但分包人应当符合相关资质要求并事先经过投资人、全过程工程咨询单位和监理单位审批，投资人、全过程工程咨询单位和监理单位有权拒绝总承包人的分包请求和总承包人选择的分包商。

b. 在相关分包合同签订并报送有关行政主管部门备案后规定时间内，总承包人应将副本提交给监理单位，总承包人应保障分包工作不得再次分包。

c. 未经投资人、全过程工程咨询单位和监理单位审批同意的分包工程和分包商，投资人有权拒绝验收分包工程和支付相应款项，由此引起的总承包人费用增加和（或）延误的工期由总承包人承担。

⑤ 付款方式。

a. 一次性付款。此种付款方式简单、明确，受到的外力影响因素较少，手续相对单一。即投资人在约定的时间一次履行付款义务。该方式适用于造价低、工期短、内容简单的合同。

b. 分期付款。一般分为按期付款和按节点付款。在总承包施工合同实施中，如按月度付款、按季度付款。即当月、当季完成的产值乘以付款比例进行支付；按节点付款，如根据工程实施节点、主体、二次结构、竣工等，完成相应进度才给予支付对应的进度款。

c. 其他方式付款。主要依据合同约定付款形式，如设计单位先行付款方式。

d. 特殊的付款方式。如PPP项目中向使用者收费模式，比如建设桥梁，收取一定期限的过桥费等。

⑥ 合同价格调整。合同中应明确约定合同价格调整条件、范围、调整方法，特别是由于物价、汇率、法律、规税、关税等的变化对合同价格调整的规定。

⑦ 对承包人的激励措施。如：对提前竣工，提出新设计，使用新技术、新工艺使建设项目在工期、投资等方面受益，可以按合同约定进行奖励，奖励包括质量奖、进度奖、安全文明奖等。

（3）合同计价类型选择　按照计价方式可以分为单价合同、总价合同和成本加酬金合同。

① 单价合同。单价合同是最常见的合同种类，适用范围广。如实行工程量清单计价的工程，应采用单价合同，FIDIC施工合同条件也属这样的合同，在这种合同中，承包人

仅按合同规定承担报价的风险，即对报价（主要为单价）的正确性和适宜性承担责任，而工程量变化的风险由投资人承担。由于风险分配比较合理，能够适应大多数工程，能调动承包人和投资人双方的管理积极性。单价合同又可分为固定单价合同和可调单价合同两种形式。

a. 固定单价合同。签订合同双方在合同中约定综合单价包含的风险范围，在约定的风险范围内综合单价不再调整。风险范围以外的综合单价调整方法，在合同中约定。

b. 可调单价合同。一般在招标文件中规定合同单价是可调的，合同签订的单价根据合同约定的条款如在工程实施过程中物价发生变化等，可作调整。

② 总价合同。完成项目合同内容后，以合同总价款支付工程费用。合同总价款在合同签订时确定并固定，不随工程的实际变化而变化。总价合同以一次包死的总价格委托给承包人。在这类合同中承包人承担了工作量增加和价格上涨的风险，除非设计有重大变更，一般不允许调整合同价格。总价合同可分为固定总价合同和可调总价合同两种类型。

a. 固定总价合同。建设规模较小，技术难度较低，承包人的报价以审查完备详细的施工图设计图纸及计算为基础，并考虑到一些费用的上升因素，如施工图纸及工程要求不变动则总价固定，但施工中图纸或工程质量要求有变更或工期要求提前时，则总价也应随之改变。适用于工期较短（一般不超过1年），对工程项目要求十分明确的项目，由于承包人将为许多不可预见的因素付出代价，一般报价较高。

b. 可调总价合同。在报价及签订合同时，以招标文件的要求及当时的物价计算总价合同。但在合同条款中约定：如果在执行合同中由于市场变化引起工程成本增加达市场变化到某一限度时，合同总价应相应调整。这种合同由投资人承担市场变化这一不可预见的费用因素的风险，承包人承担其他风险。一般工期较长的项目，采用此种合同。

③ 成本加酬金合同。成本加酬金合同也称为成本补偿合同，是指工程施工的最终合同价格是按照工程的实际成本再加上一定的酬金计算的。在合同签订时，工程实际成本往往不能确定，只能确定酬金的取值比例或者计算原则。

在这类合同中，承包人不承担任何风险，而投资人承担了全部工程量和工程价格风险，所以在这种合同体系中，承包人在工程中没有成本控制的积极性，不仅不愿意降低成本，还有可能期望提高成本以提高工程经济效益。一般在以下情况下使用：投标阶段依据不准，无法准确估价，缺少工程的详细说明；工程特别复杂，工程技术、结构方案不能预先确定；时间特别紧急，如抢险、救灾以及施工技术特别复杂的建设工程，双方无法进行详细的计划和商讨。

3. 程序

全过程工程咨询单位合同内容策划的程序如图9-3所示。

4. 注意事项

① 应根据项目的特点选择合适的合同示范文本。

② 对在标前会议上和合同签订前的澄清会议上的说明、允诺、解释和一些合同外要求，都应以书面的形式确认，即在合同条款中加以体现。

③ 新确定的、经过修改或补充的合同条文与原来合同条款之间是否有矛盾或不一致，或是否存在漏洞和不确定性。

④ 应当确保合同的条款准确、无歧义，合同双方对合同条款的理解一致。招投标的方式只有公开招标和邀请招标两种。

公开招标，又称无限竞标，是由招标人以招标公告的方式邀请不特定的法人或其他组织投标。其优点是投标的承包人多、范围广、竞争激烈，投资人有较大的选择余地，有利于降

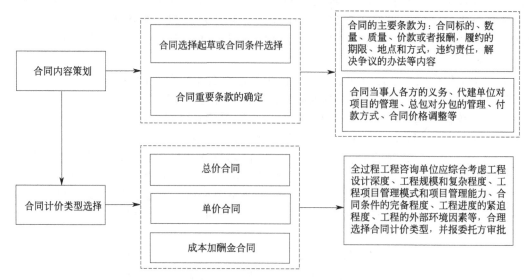

图 9-3　合同内容策划工作程序图

低工程造价，提高工程质量；缺点是组织工作复杂，投入资源较多，工作量大。

邀请招标，也称有限招标，是指由招标人以投标邀请书的方式邀请特定的法人或其他组织参与投标竞争的方式。其优点是目标集中，招标的组织工作较容易，工作量较小；但投资人的选择余地较小，有可能失去发现最合适该项目承包人的机会。

目前，工程项目招投标程序比较规范，按照招标人和投标人的参与程度，可将其划分为三个阶段：招标准备阶段、招标投标阶段和决标阶段。其中，招标准备阶段的主要工作是招标资格与备案、选择招标方式、编制招标文件、发布招标公告或投标邀请书；招投标阶段的主要工作是资格预审、发布招标文件、考察现场并答疑、送达与签收招标文件；决标阶段的主要工作是开标、评标、定标。最后招标人向中标人发出中标通知书，并向未中标人发出中标结果。招投标基本流程如图 9-4 所示。

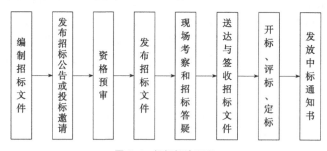

图 9-4　招投标流程图

第二节　工程项目合同全过程评审、谈判、签约

一、合同评审

合同评审是指在签订正式合同前对施工合同的审查，包括招投标阶段对招标文件中的合同文本进行审查以及合同正式签订前对形成合同草稿的审查。合同审查的一般内容包括对合同进行结构分析，检查合同内容的完整性及一致性，分析评价合同风险。

施工合同审查方法是结合施工合同示范文本，以及具体工程项目背景和实际情况，对比分析拟定施工合同条款，重点审查施工合同与示范文本之间的偏差，具体如下。

1. 工作内容

指承包人所承担的工作范围。如，施工承包人应完成的工作一般包括施工、材料和设备的供应、工程量的确定、质量要求等，应审查这些内容是否与招标投标文件内容一致，工作内容的范围是否清楚，责任是否明确，合同描述是否清晰。

2. 合同当事人的权利和义务

由于施工合同的复杂性，合同当事人应仔细、全面审查施工合同，重点分析各当事人及参与者的权利义务，为防止以后发生纠纷。

3. 价款

价款是施工合同双方关注的焦点，是合同的核心条款。合同价款包括单价、总价、工资、加班费和其他各项费用，以及付款方式和付款条件等。在审查价格时，主要分析计价方式及可能的风险、合同履行期间商品价格可能波动风险、价款支付风险等。

4. 工期

工期也是施工合同的关键条款。工期条款直接影响合同价格结算及违约罚款等。施工合同工期审查重点要坚持科学合理的态度，合理确定合同工期。审查时还应注意工期延误责任的划分，如投资人、承包人、不可抗力、其他原因等造成的工期延长。

5. 质量

工程质量标准直接影响价格、实施进度以及工程验收等，有关质量条款的审查重点是技术规范、质量标准、中间验收和竣工验收标准等。

6. 违约责任

违约责任是施工合同的必备条款。通过违约责任条款明确不履行合同的责任。如合同未能按期完工或工程质量不符合要求，不按期付款等的责任。

二、合同谈判与签约

1. 谈判的目的

从承包人的角度看，其谈判的目的是协商和确定施工合同的合理价格，调整完善施工合同条款，修改不合理的合同条款，以最大化收益。

投资人通过谈判分析投标者报价的构成，审核投标价格组成的合理性和价格风险，并进一步了解和审查投标者的施工技术措施是否合理，以及负责项目实施的班子力量是否足够雄厚，能否保证工程的质量和进度。通过谈判还可以更好地听取中标人的建议和要求，吸收其合理建议，最后保证项目的顺利完工。

通常需要谈判的内容非常多，而且双方均以维护自身利益为核心进行谈判，更增加了谈判的难度和复杂性。由于受项目的特点、不同的谈判的客观条件等因素影响，在谈判内容上通常是有所侧重，需谈判小组认真仔细地研究、具体谋划。

2. 施工合同的签订

在正式签订施工合同前，合同双方当事人应该制定规范的合同管理制度和审批流程，并严格按照制度流程办事。为了降低施工合同风险，在施工合同签订过程中应坚持以下原则：

① 未经审查的合同不签；

② 不合法的合同不签；

③ 低于成本价的合同不签；

④ 有失公平的合同不签；

⑤ 不符合招标程序或手续不全的合同不签；

⑥ 承包人资质不符合要求的合同不签。

第三节　工程项目合同履行阶段的合同管理

一、工程合同履行原则

1. 工程合同履行的含义

工程合同履行是指工程建设项目的投资人和承包人根据合同规定的时间、地点、方式、内容及标准等要求，各自完成合同义务的行为。根据当事人履行合同义务的程度，合同履行可分为全部履行、部分履行和不履行。

对于投资人来说，履行工程合同最主要的义务是按约定支付合同价款，而承包人最主要的义务是按约定交付工作成果。但是，当事人双方的义务都不是单一最后交付行为，而是一系列义务的总和。例如，对工程设计合同来说，投资人不仅要按约定支付设计报酬，还要及时提供设计所需要的地质勘探等工程资料，并根据约定给设计人员提供必要的工作条件等；而承包人除了按约定提供设计资料外，还要参加图纸会审、地基验槽等工作。对施工合同来说，投资人不仅要按时支付工程备料款、进度款，还要按约定按时提供现场施工条件，及时参加隐蔽工程验收等；而承包人义务的多样性表现为工程质量必须达到合同约定标准，施工进度不能超过合同工期等。

2. 合同分析的作用

（1）分析合同漏洞，解释争议内容　工程的合同状态是静止的，而工程施工的实际情况千变万化，一份再完备的合同也不可能将所有问题都考虑在内，难免会有漏洞。同时，有些工程的合同是由投资人起草的，条款较简单，诸多合同条款的内容规定得不够详细、合理。在这种情况下，通过分析这些合同漏洞，并将分析的结果作为合同的履行依据是非常必要的。

当合同中出现错误、矛盾和多义性解释，以及施工中出现合同未作出明确约定的情况，在合同实施过程中双方会有许多争执。要解决这些争执，首先必须作合同分析，按合同条款，分析它的意思，以判定争执的性质。其次，双方必须就合同条款的解释达成一致。特别是在索赔中，合同分析为索赔提供了理由和根据。

（2）分析合同风险，制定风险对策　工程承包是高风险的行业，存在诸多风险因素，这些风险有的可能在合同签订阶段已经经过合理分摊，但仍有相当的风险并未落实或分摊不合理。因此，在合同实施前有必要作进一步的全面分析，以落实风险责任，并对自己承担的风险制定和落实风险防范措施。

（3）分解合同工作，落实合同责任　合同事件和工程活动的具体要求（如工期、质量、技术、费用等）、合同双方的责任关系、事件和活动之间的逻辑关系极为复杂，要使工程按计划有条理地进行，必须在工程开始前将它们落实下来，这都需要进行合同分析，以落实合同责任。

（4）进行合同交底，简化合同管理工作　在实际工作中，由于许多工程小组、项目管理职能人员所涉及活动和问题并不涵盖整个合同文件，而仅涉及小部分合同内容，因此他们没有必要花费大量的时间和精力全面把握合同，而只需要了解自己所涉及的部分合同内容。为此，可采用由合同管理人员先作全面的合同分析，再向各职能人员和工程小组进行合同交底的方法。

另一方面，由于合同条款往往不直观明了，一些法律语言不容易理解，使得合同内容较难准确地把握。只有由合同管理人员通过合同分析，将合同约定用最简单易懂的语言和形式表达出来，使大家了解自己的合同责任，从而使日常合同管理工作简单、方便。

二、勘察设计合同管理

1. 依据

签订建设项目勘察设计合同管理主要遵循建设项目勘察设计相关的法律法规的约束和规范，主要如下：

① 《中华人民共和国民法典》；

② 《中华人民共和国建筑法》（主席令第 46 号）；

③ 《建设工程勘察设计管理条例》（国务院令第 662 号文）；

④ 《建设工程勘察设计资质管理规定》（建设部令第 160 号）；

⑤ 《中华人民共和国招标投标法》（主席令第 21 号）；

⑥ 《中华人民共和国招标投标法实施条例》（国务院令第 613 号）；

⑦ 本地区的地方性法规和建设工程勘察设计管理办法。

2. 内容

① 编制勘察设计招标文件；

② 组织并参与评选方案或评标；

③ 起草勘察设计合同条款及协议书；

④ 跟踪和监督勘察设计合同的履行情况；

⑤ 审查、批准勘察设计阶段的方案和结果；

⑥ 勘察设计合同变更管理。

3. 程序

① 建设工程勘察、设计任务通过招标或设计方案的竞投，确定勘察、设计单位后，应遵循工程项目建设程序，签订勘察、设计合同。

② 签订勘察合同：由投资人、设计单位或有关单位提出委托，经双方协商同意，即可签订。

③ 签订设计合同：除双方协商同意外，还必须具有上级机关批准的设计任务书。小型单项工程必须具有上级机关批准的设计文件。

4. 注意事项

① 全过程工程咨询单位应当设专门的合同管理机构对建设工程勘察设计合同的订立全面负责，实施控制。承包人在订立合同时，应当深入研究合同内容，明确合同双方当事人的权利义务，分析合同风险。

② 在合同的履行过程中，无论是合同签订、合同条款分析、合同的跟踪与监督、合同的变更与索赔等，都是以合同资料为依据的。因此，承包人应有专人负责，做好现场记录。保存记录是十分重要的，这有利于保护好自己的合同权益，及成功地索赔。设计中的主要合同资料包括：设计招投标文件；中标通知书；设计合同及附件；委托方的各种指令、变更申请和变更记录等；各种检测、试验和鉴定报告等；政府部门和上级机构的批文、文件等。

③ 合同的跟踪和监督就是对合同实施情况进行跟踪，将实际情况与合同资料进行对比，发现偏差。合同管理人员应当及时将合同的偏差信息及原因分析结果和建议提供给项目人

员，以便及早采取措施，调整偏差。同时，合同管理人员应当及时将投资人的变更指令传达到本方设计项目负责人或直接传达给各专业设计部门和人员。具体而言，合同跟踪和对象主要有勘察设计工作的质量、勘察设计任务的工作量的变化、勘察设计的进度情况、项目的概预算。

三、施工过程合同管理

1. 合同实施控制

工程项目的实施过程实质上是与项目相关的各个合同的履行过程。要确保项目正常、按计划、高效率地实施，必须正确地执行各个合同。为此在项目施工现场需全过程工程咨询单位负责各个合同的协调与控制。

（1）依据　在建设项目施工阶段，全过程工程咨询单位对合同控制的依据根据如下：

① 合同协议书；

② 中标通知书；

③ 投标书及附件；

④ 施工合同专用条款；

⑤ 施工合同通用条款；

⑥ 标准、规范及现有有关技术文件；

⑦ 图纸；

⑧ 工程量清单；

⑨ 招标文件及相关文件；

⑩ 施工项目合同管理制度；

⑪ 其他相关文件。

（2）内容　全过程工程咨询单位或其发包的造价部门应协助投资人采用适当的管理方式，建立健全的合同管理体系以实施全面合同管理，确保建设项目有序进行。全面合同管理应做到：

① 建立标准合同管理程序；

② 明确合同相关各方的工作职责、权限和工作流程；

③ 明确合同工期、造价、质量、安全等事项的管理流程与时限等。

合同实施控制主要包括合同交底、合同跟踪、合同实施诊断、合同调整以及补充协议的管理：

① 合同交底。在合同实施前，全过程工程咨询单位应进行合同交底。合同交底应包括合同的主要内容、合同实施的主要风险、合同签订过程中的特殊问题、合同实施计划和合同实施责任分配等内容。

② 合同跟踪。在工程项目实施过程中，由于实际情况千变万化，导致合同实施与预定目标（计划和设计）的偏离。如果不采取措施，这种偏差常常由小到大，逐渐积累，最终会导致合同无法按约定完成。这就需要对工程项目合同实施的情况进行跟踪，以便提早发现偏差，采取措施纠偏，主要包括以下内容。

a. 跟踪具体的合同事件。对照合同事件的具体内容，分析该事件实际完成情况。

b. 注意各工程标段或分包商的工程和工作。一个工程标段或分包商可能承担许多专业相同、工艺相近的分项工程或许多合同事件，所以必须对其实施的总情况进行检查分析。

c. 总承包人必须对各分包合同的实施进行有效的控制，这是总承包人合同管理的重要任务之一。全过程工程咨询单位应督促监理单位加强总包方对分包合同的督促，以达到如下目的。

Ⅰ. 控制分包商的工作，严格监督他们按分包合同完成工程责任。分包合同是总承包人履职的一部分，如果分包商完不成他的合同责任，则总包就不能顺利完成总包合同责任。

Ⅱ. 对分包商的工程和工作，总承包人负有协调和管理的责任，并承担由此造成的损失，所以分包商的工程和工作必须纳入总承包工程的计划和控制中，防止因对分包商工程管理失误而影响全局。

d. 为一切索赔和反索赔做准备。全过程工程咨询单位与总包、总包和分包之间利益是不一致的，双方之间常常会有尖锐的利益争执，在合同实施中，双方都在进行合同管理，都在寻找向对方索赔的机会，所以双方都有索赔和反索赔的任务。

e. 在合同跟踪过程中，全过程工程咨询单位的主要工作是对重点事件及关键工作进行监督和跟踪。如：

Ⅰ. 及时提醒委托方提供各种工程实施条件，如及时发布图纸，提供场地，及时下达指令、做出答复，及时支付工程款等，这常常是承包人推卸责任的托词，所以应特别重视；

Ⅱ. 要求设计部门按照合同规定的进度提交质量合格的设计资料，并应保护其知识产权，不得向第三人泄露、转让；

Ⅲ. 督促监理单位与施工单位必须正确、及时地履行合同责任，与监理单位和施工单位多沟通，尽量做到使监理单位和承包人积极主动地做好工作，如提前催要图纸、材料，对工作事先通知等；

Ⅳ. 出现问题时及时与委托方沟通；

Ⅴ. 及时收集各种工程资料，对各种活动、双方的交流做出记录；

Ⅵ. 对有恶意的承包人提前防范，并及时采取措施。

③ 合同实施诊断。合同实施诊断是在合同实施跟踪的基础上进行的，是指对合同实施偏差情况的分析。合同实施偏差的分析，主要是评价合同实施情况及其偏差，预测偏差的影响及发展的趋势，并分析偏差产生的原因，以便对该偏差采取调整措施。合同实施诊断的主要内容：

a. 合同执行差异的原因分析。通过对不同监督和跟踪对象的计划和实际的对比分析，不仅可以得到差异，而且可以探索引起这个差异的原因。原因分析可以采用鱼刺图，因果关系分析图（表），成本量差、价差分析等方法定性或定量地进行。

b. 合同差异责任分析。即这些原因由谁引起，该由谁承担责任，这常常是索赔的理由。一般只要原因分析详细，有根有据，则责任自然清楚。责任分析必须以合同为依据，按合同规定落实双方的责任。

c. 合同实施趋向预测。分别考虑不采取调控措施和采取调控措施以及采取不同的调控措施情况下，合同的最终执行结果。

Ⅰ. 最终的工程状况：包括总工期的延误，总成本的超支，质量标准，所能达到的生产能力（或功能要求）等；

Ⅱ. 承包人将承担什么样的后果，如被罚款，被清算，甚至被起诉，对承包人资信、企业形象、经营战略造成的影响等；

Ⅲ. 最终工程经济效益（利润）水平。

④ 采取调整措施。经过合同诊断之后，应当按照合同约定调整合同价款的因素主要有

以下几类：

  a. 法律法规变化；

  b. 工程变更；

  c. 项目特征不符；

  d. 工程量清单缺项；

  e. 工程量偏差；

  f. 计日工；

  g. 物价变化；

  h. 暂估价；

  i. 不可抗力；

  j. 提前竣工（赶工补偿）；

  k. 误期赔偿；

  l. 索赔；

  m. 现场签证；

  n. 暂列金额；

  o. 发承包双方约定的其他调整事项。

  通过合同诊断，根据合同实施偏差分析的结果，督促承包人应采取相应的调整措施。主要有以下几类：

  a. 组织措施，例如增加人员投入，重新计划或调整计划，派遣得力的管理人员；

  b. 技术措施，例如变更技术方案，采用新的更高效率的施工方案；

  c. 经济措施，例如增加投入，对工作人员进行经济激励等；

  d. 合同措施，例如进行合同变更，签订新的附加协议、备忘录，通过索赔解决费用超支问题等。

  ⑤ 补充协议的管理。项目建设期间拟与各单位签订的各种补充合同、协议的，应在合同、协议签订前，按照备案、审核程序，将拟签订合同、协议交监理公司，对其合法性和合理性以及与施工合同有关条款的一致性进行审核。

  在收集整理监理单位意见的基础上，出具审核意见上报委托方，委托方应及时进行审核，并将审核意见反馈至全过程工程咨询单位。全过程工程咨询单位在一定时间内将修改结果以书面形式向委托方报告。各种补充合同、协议经上述程序修改完后方可签署，签署完成的合同、协议应及时归档，并做好合同文件签发记录。

  （3）程序 通过合同跟踪、收集、整理能反映工程实施状况的各种资料和实际数据，如各种质量报告、实际进度报表、各种成本和费用开支报表及其分析报告。将其与项目目标进行对比分析可以发现差异。根据差异情况确定纠偏措施，制定下一阶段工作计划。合同控制流程如图 9-5 所示。

  合同控制方法如下。

  ① 建立合同支付台账，对合同进行跟踪管理。

  ② 主持合同争议的协调，配合合同争议的仲裁或诉讼。

  ③ 采用统一指挥，分散管理的方式。由全过程工程咨询单位负责并牵头，现场管理工程师、合同管理人员参与的管理模式。由全过程工程咨询单位组织制定合同管理制度；对于各类合同，现场管理工程师应跟踪合同执行情况，并及时向合同管理人员反映有关情况的变化，合同管理人员采集信息后应及时集成信息，最终向施工单位报告，以便做出是否按合同执行的判断，报委托方审批后做出是否继续执行合同或修改合同内容，签订补充协议的决定。

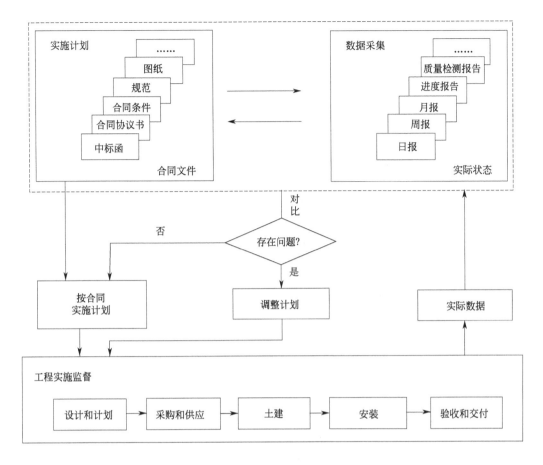

图 9-5　合同控制流程

④ 明确合同管理各种工作的流程，如图 9-6 所示。

⑤ 动态跟踪合同内容的执行。根据合同实施中各种反馈的信息形成总控信息，比较合同规定的质量要求与实际的工程质量、比较合同进度与工程实际进度、比较合同计划投资与实际支出等，并将有关偏差的信息反馈到全过程工程咨询单位，并向委托方汇报，及时调整和采取措施进行控制。

⑥ 根据合同和工程建设实际情况提供月度资金需求报告。

⑦ 报请委托方批准月支付进度，并根据进度表对费用支出进行控制。

⑧ 审查各项合同的预算、进度付款和结算，报委托方批准支付。

⑨ 确认由于变更引起的影响工程正常进度的承包人工程量的增减，并就其有效性向委托方提出建议。

⑩ 要求承包人必须提供风险转移措施，包括合同履约保证金、担保和保险等手段，保证能够消除不可抗力外的干扰因素对工程目标所产生的影响。

⑪ 合同实施完成后，需填写工程合同竣工确认流程表。

（4）注意事项

① 合同文本采用国家签订的合同示范文本，合同的专用条款必须是双方协商一致的，不应提出单方面的不合理要求；

② 合同价格实行闭口，严格按照承包人的投标价格执行，不任意压价或增加附带

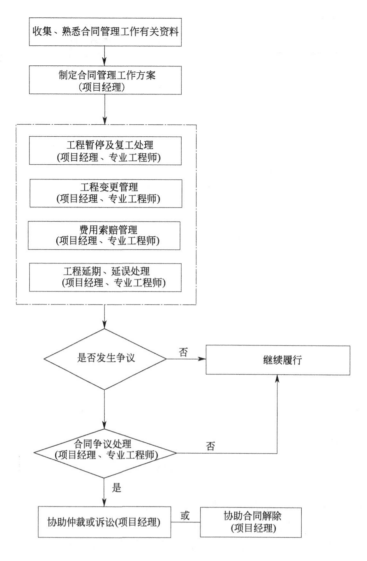

图 9-6 施工阶段合同管理的流程图

条件；

③ 不接受任何标后的优惠条件，严格按照承包人在投标文件中提出的竞争措施和优惠条件执行；

④ 必须明确所有的合同专用条款内容，所有合同内容同样实行闭口；

⑤ 明确所有工程范围内的设计变更（除设计内容增加外），避免承包人提出索赔（包括费用索赔和进度索赔）；

⑥ 为了确保合同管理有效性，由全过程工程咨询单位应负责管理合同事宜，并对各类合同指定专人管理。

（5）成果范例

① 合同文件签发记录如表 9-3 所示。

表 9-3 合同文件签发记录

项目名称：

序号	日期	合同名称	监理	咨询	合同缔约方	备注
1						
2						
……						

② 合同支付台账如表 9-4 所示。

表 9-4 合同支付台账

项目名称：×××合同支付台账

序号	合同名称	合同编号	合同金额	申请支付单位	支付约定	申请时间	期数	申请金额	支付金额（跟踪）	累计金额	备注
1											
2											
……											

③ 工程合同竣工确认流程表如表 9-5 所示。

表 9-5 工程合同竣工确认流程表

编号：

合同名称：　　　　　　　　　　　　合同金额：

合同编号：

施工单位：

	开工时间：		竣工时间：	
验收项目	验收情况			
工作情况	合格不合格			
1. 施工内容				
2. 施工质量				
3. 施工进度				
4. 文明施工				
5. 其他	项目部经理签字：			
资料归档情况说明	齐全　一般　差			
	对工程部提交的资料进行汇总填写此栏，从以下几方面控制：			
	1. 造价主管提供原存档合同，结算报告书，竣工结算申请书；			
	2. 项目资料员提供实体竣工的资料，如：竣工报告、质量保证资料、工程保修资料等；			
	3. 其他资料			
	项目经营管理部：			
合同总金额	一审结算总价：			
	一审结算说明：			
	造价主管签字：			
	二审结算总价：			
	二审结算说明：			
	审计部经理签字：			

全过程工程咨询单位意见：

　　　　　　　　　　　　　　　　　　　　　　　　　　　　年　月　日

委托方批复：

　　　　　　　　　　　　　　　　　　　　　　　　　　　　年　月　日

2. 对施工单位与材料供应商的合同管理

（1）依据　建设单位对各参与主体合同管理的依据除了国家和地方相关的法律法规、政策性文件，主要是双方在招投标以及合同履行过程中签署的文件，包括中标通知书、双方签订的合同协议书、专用条款、通用条款、补充协议、合同管理制度、总包管理制度等。

（2）内容

① 采购合同管理：

a. 协助配合投资人检验采购的材料、设备。全过程工程咨询单位应对材料、设备供应商提供的货物进行检验，保证提供符合合同规定的货物，以及商业发票或相等的电讯单证。

b. 保证供应进度满足施工进度要求。全过程工程咨询单位应对材料、设备供应商的供应时间进行监督，防止因材料、设备不到位导致的施工进度拖延、窝工等情况。

c. 甲供材料、设备采购合同管理。全过程工程咨询单位中应注意对甲供材料、设备供应合同的管理，在梳理合同结构时，首先需要明确甲供材料、设备范围，并根据总进度要求，及时完成甲供材料、设备的招标、供应工作，不能因甲供材料、设备供应的滞后影响施工进度。

② 施工合同管理。项目施工合同管理包括全过程工程咨询单位协助投资人对总承包人的管理以及总承包人对分包商的管理两层意义。全过程工程咨询单位对施工合同的管理主要指协助配合投资人对总承包人的管理；对分包商的管理一般是通过总承包人实施管理，总分包管理职责划分应在合同体系策划时就提前界定。分包商不仅指总承包人按合同约定自行选择的分包商，也指投资人（或委托方）通过招投标等方式选择的分包商。

③ 全过程工程咨询单位对一般分包合同的管理。项目中主要存在两类承包人，一类是总承包人，另一类是分包商，全过程工程咨询单位通过监理单位主要对总承包人的质量、进度、投资等进行管理，任何分包商的管理均应纳入总包管理中，包括进度的统一、质量的检查、投资的管理、安全文明施工管理、现场协调等方面，对此，应要求总包商完成相应的分包管理制度。

一般分包商是指与总承包人签订合同的施工单位。全过程工程咨询单位不是该分包合同的当事人，对分包合同权利义务如何约定也不参与意见，与分包商没有任何合同关系，但作为工程项目的管理方和施工合同的当事人，对分包合同的管理主要表现为对分包工程的批准。

（3）程序　建设单位对总包合同的管理主要体现在对总承包人和指定分包商的管理程序上。

① 明确总承包人的义务。投资人与全过程工程咨询单位应监督总承包人按照合同约定的承包人义务完成工作，并督促承包人在产生变更、索赔等事件时，及时、合格地完成施工工作。

② 监督承包人工作的履行情况。全过程工程咨询单位应对承包人施工情况进行监督，保证其按照合同约定的质量、工期、成本等要求完成工作内容，并及时对变更、索赔等事件进行审核和处理。

③ 总承包人对指定分包的管理。建设单位应协助配合投资人要求承包人需指定专人对分包商的施工进行监督、管理和协调，承担如同主合同履行过程中监督的职责。承包人的管理工作主要通过发布一系列指示来实现。接到监理就分包工程发布的指示后，应将其要求列入自己的管理工作内容，并及时以书面确认的形式转发给分包商令其遵守执行，也可以根据现场的实际情况自主地发布有关的协调、管理指令。

建设单位应要求分包商参加工地会议，加强分包商对工程情况的了解，提高其实施工程计划的主动性和自觉性。

（4）注意事项

① 分包合同对总承包合同有依附性，因此，总承包合同修改，分包合同也应做相应的修改。

② 分包合同保持了与总承包合同在内容上、程序上的相容性和一致性，分包合同在管理程序的时间定义上应比施工合同更为严格。

③ 分包商不仅应掌握分包合同，而且还应了解总承包合同中与分包合同工程范围相关的内容。

3. 合同争议处理

（1）依据

① 当事人双方认定的各相关专业工程设计图纸、设计变更、现场签证、技术联系单、图纸会审记录；

② 当事人双方签订的施工合同、各种补充协议；

③ 当事人双方认定的主要材料、设备采购发票、加工订货合同及甲供材料的清单；

④ 工程预（结）算书；

⑤ 招投标项目要提供中标通知书及有关的招投标文件；

⑥ 经委托方批准的施工组织设计、年度形象进度记录；

⑦ 当事人双方认定的其他有关资料；

⑧ 合同执行过程中的其他有效文件。

（2）内容　由于诸多不确定因素的影响，在合同执行过程中难免会出现合同争议问题。合同争议，又称合同纠纷，合同常见的纠纷及处理方法如表 9-6 所示。

▢ **表 9-6　合同常见纠纷及处理方法**

合同纠纷种类	合同纠纷的成因	相应的防范措施
合同主体纠纷	(1)投资人存在主体资格问题 (2)承包人无资质或资质不够 (3)因联合体承包导致的纠纷 (4)因"挂靠"问题产生的纠纷 (5)因无权(表见)代理导致的纠纷	(1)加强对投资人主体资格的审查 (2)加强对承包人资质和相关人员资格的审查 (3)联合体承包合法、规范、自愿 (4)避免"挂靠" (5)加强对授权委托书和合同专用章的管理
合同工程款纠纷	(1)建筑市场竞争过分激烈 (2)合同存在缺陷 (3)工程量计算不正确及工程量增减 (4)单价和总价不匹配 (5)因工程变更导致的纠纷 (6)因施工索赔导致的纠纷 (7)因价格调整导致的纠纷 (8)工程款恶意拖欠	(1)加强风险预防和管理能力 (2)签订权责利清晰的书面合同 (3)加强工程量的计算和审核,避免合同缺项 (4)避免总价和分项工程单价之和的不符 (5)加强工程变更管理 (6)科学规范地进行施工索赔 (7)正确约定调价原则,签订和处理调价条款 (8)利用法律手段保护自身合法利益
施工合同质量及保修纠纷	(1)违反建设程序进行项目建设 (2)不合理压价和缩短工期 (3)设计施工中提出违反质量和安全标准的不合理要求 (4)将工程肢解发包或发包给无资质单位 (5)施工图设计文件未经审查 (6)使用不合格的建筑材料、构配件和设备 (7)未按设计图纸、技术规范施工以及施工中偷工减料 (8)不履行质量保修责任 (9)监理制度不严格,监理不规范、不到位	(1)严格按照建设程序进行项目建设 (2)对造价和工期的要求应符合客观规律 (3)遵守法律、法规和工程质量、安全标准要求 (4)合理划分标段,不能随意肢解发包工程 (5)施工图设计文件必须按规定进行审查 (6)加强对建筑材料、构配件和设备的管理 (7)应当按设计图纸和技术规范等要求进行施工 (8)完善质量保修责任制度 (9)严格监理制度,加强质量监督管理

合同纠纷种类	合同纠纷的成因	相应的防范措施
合同工期纠纷	(1)合同工期约定不合理 (2)工程进度计划有缺陷 (3)施工现场不具备施工条件 (4)工程变更频繁和工程量增减 (5)不可抗力影响 (6)征地、拆迁遗留问题及周围相邻关系影响工期	(1)合同工期约定应符合客观规律 (2)加强进度计划管理 (3)施工现场应具备通水、电、气等施工条件 (4)加强工程变更管理 (5)避免、减少和控制不可抗力的不利影响 (6)加强外部关系的协调和处理
合同分包与转包纠纷	(1)因资质问题导致的纠纷 (2)因承包范围不清产生的纠纷 (3)因转包导致的纠纷 (4)因对分包管理不严产生的纠纷 (5)因配合和协调问题产生的纠纷 (6)因违约和罚款问题产生的纠纷	(1)加强对分包商资质的审查和管理 (2)明确分包范围和履约范围 (3)严格禁止转包 (4)加强对分包的管理 (5)加强有关各方的配合和协调 (6)避免违约和罚款
合同变更和解除纠纷	(1)合同存在缺陷 (2)工程本身存在不可预见性 (3)设计与施工存在脱节 (4)"三边工程"导致大量变更 (5)因口头变更导致纠纷 (6)单方解除合同	(1)避免合同缺陷 (2)做好工程的预见性和计划性 (3)避免设计和施工的脱节 (4)避免"三边工程" (5)规范变更管理,变口头为书面指令 (6)规范解除合同的约定
施工合同竣工验收纠纷	(1)因验收标准、范围和程序等问题导致的纠纷 (2)隐蔽工程验收产生的纠纷 (3)未经竣工验收而提前使用导致的纠纷	(1)明确验收标准、范围和程序 (2)严格按规范和合同约定对隐蔽工程进行验收,注意验收当事各方签字确认 (3)避免工程未经竣工验收而提前使用
施工合同审计和审价纠纷	(1)有关各方对审计监督权的认识偏差 (2)审计机关的独立性得不到保证 (3)因工程造价的技术性问题导致的纠纷 (4)因审计范围、时间、结果和责任承担而产生的纠纷	(1)正确认识审计监督权 (2)确保审计机关的独立性 (3)确保审计的科学和合理 (4)规范审计工作

（3）程序

① 造价或监理工程师对合同价款争议的暂定。

a. 若投资人和承包人之间就工程质量、进度、价款支付与扣除、工期延期、索赔、价款调整等发生任何法律上、经济上或技术上的争议,首先应根据已签约合同的规定,提交合同约定职责范围内的总监理工程师或造价工程师解决,并抄送另一方。总监理工程师或造价工程师在收到此提交件后14天内应将暂定结果通知投资人和承包人。发承包双方对暂定结果认可的,应以书面形式予以确认,暂定结果成为最终决定。

b. 发承包双方在收到总监理工程师或造价工程师的暂定结果通知之后的14天内,未对暂定结果予以确认也未提出不同意见的,视为发承包双方已认可该暂定结果。

c. 发承包双方或一方不同意暂定结果的,应以书面形式向总监理工程师或造价工程师提出,说明自己认为正确的结果,同时抄送另一方,此时该暂定结果成为争议。在暂定结果不实质影响发承包双方当事人履约的前提下,发承包双方应实施该结果,直到其按照发承包双方认可的争议解决办法被改变为止。

② 管理机构的解释或认定。

a. 合同价款争议发生后,发承包双方可就工程计价依据的争议以书面形式提请工程造价管理机构对争议以书面文件进行解释或认定。

b. 工程造价管理机构应在收到申请的 10 个工作日内就发承包双方提请的争议问题进行解释或认定。

c. 发承包双方或一方在收到工程造价管理机构书面解释或认定后仍可按照合同约定的争议解决方式提请仲裁或诉讼。除工程造价管理机构的上级管理部门作出了不同的解释或认定，或在仲裁裁决或法院判决中不予采信的外，b. 规定的工程造价管理机构作出的书面解释或认定是最终结果，对发承包双方均有约束力。

全过程工程咨询单位在处理建设工程施工合同争议时应进行下列工作：

Ⅰ. 了解合同争议情况；

Ⅱ. 及时与合同争议双方进行协商；

Ⅲ. 提出处理方案后，由总监理工程师进行协调；

Ⅳ. 当双方未能达成一致时，总监理工程师应独立、公平地提出处理合同争议的意见。

在建设工程施工合同争议处理过程中，对未达到建设工程施工合同约定的暂停履行合同条件的，项目监理机构应要求建设工程施工合同双方继续履行合同。

在建设工程施工合同争议的仲裁或诉讼过程中，项目监理机构应按仲裁机关或法院要求提供与争议有关的证据。

合同争议有四种解决途径：协议和解、调解、仲裁及诉讼。当合同争议产生以后，合同相关法律提倡当事人首先采用的和解或调解的方式，这种方式省时省力不伤和气，若和解和调解的方式都无法解决争议，则采用仲裁或诉讼的方式。争议处理的程序如图 9-7 所示。

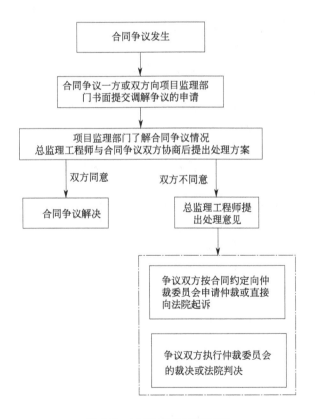

图 9-7　合同争议处理的程序图

a. 协商和解：

Ⅰ. 合同价款争议发生后，发承包双方任何时候都可以进行协商。协商达成一致的，双方应签订书面和解协议，和解协议对发承包双方均有约束力。

Ⅱ. 如果协商不能达成一致协议，投资人或承包人都可以按合同约定的其他方式解决争议。

b. 调解：

Ⅰ. 发承包双方应在合同中约定或在合同签订后共同约定争议调解人，负责双方在合同履行过程中发生争议的调解。

Ⅱ. 合同履行期间，发承包双方可以协议调换或终止任何调解人，但投资人或承包人都不能单独采取行动。除非双方另有协议，在最终结清支付证书生效后，调解人的任期即终止。

Ⅲ. 如果发承包双方发生了争议，任何一方可以将该争议以书面形式提交调解人，并将副本抄送另一方，委托调解人调解。

Ⅳ. 发承包双方应按照调解人提出的要求，给调解人提供所需要的资料、现场进入权及相应的设施。调解人应被视为不是在进行仲裁人的工作。

Ⅴ. 调解人应在收到调解委托后28天内，或由调解人建议并经发承包双方认可的其他期限内，提出调解书，发承包双方接受调解书的，经双方签字后作为合同的补充文件，对发承包双方具有约束力，双方都应立即遵照执行。

Ⅵ. 如果发承包任一方对调解人的调解书有异议，应在收到调解书后28天内，向另一方发出异议通知，并说明争议的事项和理由。但除非并直到调解书在协商和解或仲裁裁决、诉讼判决中作出修改，或合同已经解除，承包人应继续按照合同实施工程。

Ⅶ. 如果调解人已就争议事项向发承包双方提交了调解书，而任一方在收到调解书后28天内，均未发出表示异议的通知，则调解书对发承包双方均具有约束力。

c. 仲裁、诉讼：

Ⅰ. 如果发承包双方的协商和解或调解均未达成一致意见，其中的一方已就此争议事项根据合同约定的仲裁协议申请仲裁，应同时通知另一方。

Ⅱ. 仲裁可在竣工之前或之后进行，但投资人、承包人、调解人各自的义务不得因在工程实施期间进行仲裁而有所改变。如果仲裁是在仲裁机构要求停止施工的情况下进行，承包人应对合同工程采取保护措施，由此增加的费用由败诉方承担。

Ⅲ. 上述有关的暂定或和解协议或调解书已经有约束力的情况下，如果发承包中一方未能遵守暂定或和解协议或调解书，则另一方可在不损害他可能具有的任何其他权利的情况下，将未能遵守暂定或不执行和解协议或调解书达成的事项提交仲裁。

Ⅳ. 投资人、承包人在履行合同时发生争议，双方不愿和解、调解或者和解、调解不成，又没有达成仲裁协议的，可依法向人民法院提起诉讼。

（4）注意事项

① 合同争议产生后，合同双方当事人应当做到有利、有理、有节，尽量争取和解或调解；

② 通过仲裁、诉讼的方式解决工程合同争议的，应当特别注意有关仲裁时效与诉讼时效，及时主张权利；

③ 合同当事人应全面搜集证据，确保客观充分；

④ 合同当事人当遇到情况复杂、难以准确判断的争议时，应尽早聘请专业律师，尽早介入争议处理。

4. 合同解除处理

（1）依据

① 现行法律、法规；

② 达到合同解除的事实及证据；

③ 解除合同的法定条件、解除合同的法定要件、解除合同的法定情形。

（2）内容　因投资人原因导致施工合同解除时，全过程工程咨询单位或其发包的监理单位应按施工合同约定与投资人和施工单位按下列款项协商确定施工单位应得款项，并应签发工程款支付证书：

① 施工单位按施工合同约定已完成的工作应得款项；

② 施工单位按批准的采购计划订购工程材料、构配件、设备的款项；

③ 施工单位撤离施工设备至原基地或其他目的地的合理费用；

④ 施工单位人员的合理遣返费用；

⑤ 施工单位合理的利润补偿；

⑥ 施工合同约定的投资人应支付的违约金。

因施工单位原因导致施工合同解除时，项目监理单位应按施工合同约定，从下列款项中确定施工单位应得款项或偿还投资人的款项，并应与投资人和施工协商后，书面提交施工单位应得款项或偿还投资人款项的证明：

① 施工单位已按施工合同约定实际完成的工作应得款项和已给付的款项；

② 施工单位已提供的材料、构配件、设备和临时工程等的价值；

③ 对已完工程进行检查和验收、移交工程资料、修复已完工程质量缺陷等所需的费用；

④ 施工合同约定的施工单位应支付的违约金。

因非投资人、施工单位原因导致施工合同解除时，项目监理单位应按施工合同约定处理合同解除后的有关事宜。

5. 合同风险管理与防范

（1）依据

① 合同各方当事人签订的合同、补充协议等。

② 风险防范的管理制度及措施。

③ 以往实施的类似项目。

④ 风险分担的基本原则：由最有控制力的一方承担风险。

（2）内容

① 合同风险类型。建设项目的合同风险，按照来源可分为设计风险、施工风险、环境风险、经济风险、财务风险、自然风险、政策风险、合同风险、市场风险等，如图 9-8 所示。这些风险中，有的是因无法控制、无法回避的客观情况导致的，即客观性风险，包括自然风险、政策风险和环境风险等；有的则主要是由人的主观原因造成。建设项目合同风险，是建设项目各类合同从签订到履行过程中所面临的各种风险，其中既有客观原因带来的风险，也有人为因素造成的风险。

② 合同的风险型条款。无论何种合同形式，一般都有明确规定合同双方应承担的风险条款。常见的有：

a. 工程变更的补偿范围和补偿条件；

b. 合同价格的调整条件；

c. 对合同条件中赋予的投资人（或工程师）的认可权和检查权必须有一定的限制和条件；

d. 按照合同条款进行工期、费用索赔的机制；

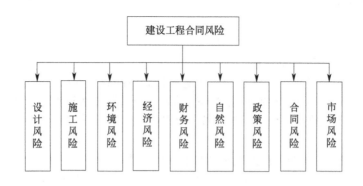

图 9-8　建设项目合同风险类型

e. 其他形式的风险条款。

（3）程序　建设项目合同风险管理是对建设项目合同存在的风险因素进行识别、度量和评价，并且制定、选择和实施风险处理方案，从而达到风险管理目的的过程。建设项目合同风险管理全过程分为两个主要阶段：风险分析阶段和风险控制阶段。风险分析阶段主要包括风险识别与风险评价两大内容，而风险控制阶段则是在风险分析的基础上，对风险因素制定控制计划，并对控制机制本身进行监督以确保其成功。风险分析阶段和风险控制阶段是一个连续不断的循环过程，贯穿于整个项目运行的全过程。其整个流程如图 9-9 所示。

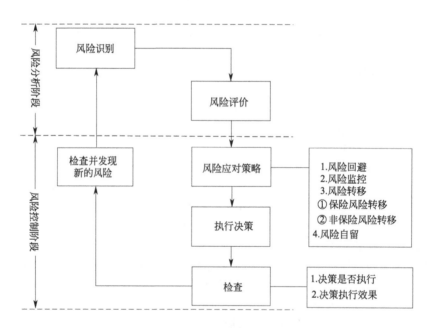

图 9-9　建设项目合同风险管理流程图

项目实施完成后，应当根据产生的风险和制定的相应措施，形成风险管理表。

（4）方法　建设项目合同风险基本防范对策主要有四种形式，即风险回避、风险控制、风险转移和风险自留。

① 风险回避对策　风险回避是指管理者预测到项目可能发生的风险，为避免风险带来

的损失，主动放弃项目或改变项目目标。风险回避的方法应在项目初期采用，否则到了项目施工阶段时再采用会给项目造成不可估量的损失。风险回避能使项目避免可能发生的风险，但项目也失去了从风险中获利的可能性。

② 风险监控对策　风险监控是在项目实施过程中对风险进行监测和实施控制措施的工作。风险监控工作有两方面内容：

a. 实施风险监控计划中预定规避措施对项目风险进行有效的控制，妥善处理风险事件造成的不利后果；

b. 监测项目变量的变化，及时做出反馈与调整。当项目变量发生的变化超出原先预计或出现未预料的风险事件，必须重新进行风险识别和风险评估，并制订规避措施。

采用此对策时，可以对项目建设全过程风险进行分析和识别，并制定相应控制措施，形成项目风险管理表。

③ 风险转移对策　风险转移是指将风险有意识地转给项目其他参与者或项目以外的第三方，这是风险管理中经常采用的方法。愿意接受风险的人或组织往往是有专业技术特长和专业经验，能降低风险发生的概率、减少风险造成的损失。风险转移主要有两种方式：保险风险转移和非保险风险转移。

保险风险转移是指通过购买保险的方法将风险转移给保险公司。非保险风险转移是指通过签订合作或分包协议的方式将风险转移出去。通过合同条款的约定，在投资人与承包人之间进行分配。一般投资人在风险分配中处于主宰地位。任何工程建设中都存在着不确定因素，因此会产生风险并影响造价，风险无论由谁承担，最终都会影响投资人的投资效益。合理的风险分配，可以充分发挥发包、承包双方的积极性，降低工程成本，提高投资效益，达到双赢的结果。

④ 风险自留对策　风险自留是一种财务性管理技术，由自己承担风险所造成的损失，对既不能转移又不能分散的工程风险，由风险承担人自留。采用这种风险处理方式，往往是因为风险是实施特定项目无法避免的。但特定项目所带来的收益远远大于风险所造成的损失；或处理风险的成本远远大于风险发生后给项目造成的损失。

（5）注意事项

① 工程开工前，应监督相应单位对项目风险和重大风险源进行评估，制定相应的防范措施和应急预案，并经审核。

② 在项目实施过程中，要不断收集和分析各种信息和动态，捕捉风险的前奏信号，以便更好地准备和采取有效的风险对策，以抵抗可能发生的风险，并且把相关的情况及时向保险人反映。

③ 在风险发生后，应尽力保证工程的顺利实施，迅速恢复生产，按原计划保证完成预定的目标，防止工程中断和成本超支。

④ 全过程工程咨询单位应定期以书面形式向委托方上报风险管理情况专项报告。

（6）成果文件　项目风险管理表如表9-7所示。

▫ 表9-7　项目风险管理表

阶段	风险识别	主要风险	风险程度			控制措施	风险管理记录	过程记录	责任人
			高	中	低				
项目前期	报建								
	设计								
	……								

阶段	风险识别	主要风险	风险程度			控制措施	风险管理记录	过程记录	责任人
			高	中	低				
项目实施	安全文明								
	质量								
	……								
……	……								
项目保修	……								

全过程工程咨询单位风险管理负责人：

第四节　工程项目合同管理实例

【例 9-1】 某施工单位根据领取的某 200m² 两层厂房工程项目招标文件和全套施工图纸，采用低报价策略编制了投标文件，并获得中标。该施工单位（乙方）于某年某月某日与建设单位（甲方）签订了该工程项目的固定价格施工合同。合同工期为 8 个月。甲方在乙方进入施工现场后，因资金紧缺，无法如期支付工程款，口头要求乙方暂停施工一个月。乙方亦口头答应。工程按合同规定期限验收时，甲方发现工程质量有问题，要求返工。两个月后，返工完毕。结算时，甲方认为乙方迟延交付工程，应按合同约定偿付逾期违约金。乙方认为临时停工是甲方要求的。乙方为抢工期，加快施工进度才出现了质量问题，因此迟延交付的责任不在乙方。甲方则认为临时停工和不顺延工期是当时乙方答应的。乙方应履行承诺，承担违约责任。

问题：1. 该工程采用固定价格合同是否合适？

2. 该施工合同的变更形式是否妥当？此合同争议依据合同法律规范应如何处理？

【解析】 本实例主要考核建设工程施工合同的类型及其适用性，解决合同争议的法律依据。建设工程施工合同以计价方式不同可分为：固定价格合同、可调价格合同和成本加酬金合同。根据各类合同的适用范围，分析该工程采用固定价格合同是否合适。

1. 该工程采用固定价格合同是否合适？

问题 1 解答：因为固定价格合同适用于工程量不大且能够较准确计算、工期较短、技术不太复杂、风险不大的项目。该工程基本符合这些条件，故采用固定价格合同是合适的。

2. 该施工合同的变更形式是否妥当？此合同争议依据合同法律规范应如何处理？

问题 2 解答：根据《中华人民共和国民法典》和《建设工程施工合同（示范文本）》的有关规定，建设工程合同应当采取书面形式，合同变更亦应当采取书面形式。若在应急情况下，可采取口头形式，但事后应予以书面形式确认。否则，在合同双方对合同变更内容有争议时，往往因口头形式协议很难举证，而不得不以书面协议约定的内容为准。本案例中甲方要求临时停工，乙方亦答应，是甲、乙双方的口头协议，且事后并未以书面的形式确认，所以该合同变更形式不妥。在竣工结算时双方发生了争议，对此只能以原书面合同规定为准。在施工期间，甲方因资金紧缺要求乙方停工一个月，此时乙方应享有索赔权。乙方虽然未按规定程序及时提出索赔，丧失了索赔权，但是根据《中华人民共和国民法通则》之规定，在民事权利的诉讼时效期内，仍享有通过诉讼要求甲方承担违约责任的权利。甲方未能及时支付工程款，应对停工承担责任，故应当赔偿乙方停工一个月的实际经济损失，工期顺延一个月。工程因质量问题返工，造成逾期交付，责任在乙方，故乙方应当支付逾期交工一个月的违约金，因质量问题引起的返工费用由乙方承担。

【例9-2】某工程合同价为500万元，合同约定采用调价公式进行动态结算，其中固定部分占比例0.20，调价要素分为A、B、C三类，分别占合同价的比例为0.15、0.35、0.3，结算时价格指数分别增长了20％、25％、15％，则该工程实际结算款额为多少万元？

【解析】 $P = P_0[A + (B_1 \times F_{t1}/F_{01} + B_2 \times F_{t2}/F_{02} + B_3 \times F_{t3}/F_{03})]$
$= 500 \times [0.20 + (0.15 \times 1.2 + 0.35 \times 1.25 + 0.3 \times 1.15)]$
$= 581.25(万元)$

【例9-3】甲建筑公司与乙房产公司在丙市签订了一份位于丁市的建设工程施工合同，约定甲建筑公司垫资20％，但没有约定垫资利息。后甲建筑公司向人民法院提起诉讼，请求乙房产公司支付垫资利息。

问题：

1. 若在合同履行时出现部分工程价款约定不明时，应按照哪个地区的市场价格履行？为什么？

2. 对甲建筑公司的请求，正确的做法是什么？为什么？

【解析】 1. 履行地点不明确时，给付货币的，在接受货币一方所在地履行；交付不动产的，在不动产所在地履行；其他标的，在履行义务一方所在地履行。由于建设工程履行地位于丁市，则应按丁市市场价格履行。

2. 由于未约定利息，甲建筑公司要求支付垫资利息，不予支持。

第十章
建筑工程项目安全检查及环境管理

第一节　工程项目安全管理的责任体系目标及原则

　　安全生产管理体制是在社会主义市场经济建设中不断总结经验的基础上发展起来的，国务院在《关于进一步加强安全生产工作的决定》中将其概括为"政府统一领导、部门依法监管、企业全面负责、群众参与监督、全社会广泛支持"，提出了构建全社会齐抓共管的安全生产工作格局的要求。

　　1. 工程项目参与各方的安全生产责任

　　《建设工程安全生产管理条例》（国务院令第 393 号）规定建设单位、勘察单位、设计单位、施工单位、工程监理单位及其他与建设工程安全生产有关的单位，必须遵守安全生产法律、法规的规定，保证建设工程安全生产。表 10-1 列举了部分各单位需依法承担的安全生产责任。

▫ **表 10-1　工程项目参与各方的安全生产责任**

建设单位	勘察、设计、工程监理及其他有关单位	施工单位
（1）应向施工单位提供施工现场及毗邻区域内建筑物、各类管线、气象和水文观测等资料，并保证资料真实、准确、完整。 （2）在编制工程概算时，应当确定建设工程安全作业环境及安全施工措施所需费用	（1）勘察单位应按照法律、法规和工程建设强制性标准的规定进行勘察，提供的勘察文件应真实、准确。 （2）设计单位应按照法律、法规和工程建设强制性标准的要求进行设计，防止因设计不合理导致生产安全事故的发生。 （3）工程监理单位和监理工程师应当按照法律、法规和工程建设强制性标准的要求实施监理，并对建设工程安全生产承担监理责任	（1）施工单位从事建设工程的新建、扩建、改建和拆除等活动，应当依法取得相应等级的资质证书，并在其资质等级许可的范围内承揽工程。 （2）施工单位主要负责人依法对单位的安全生产工作全面负责。 （3）对列入建设工程概算的安全作业环境及安全施工措施所需费用，应当用于施工安全防护用具及设施的采购和更新、安全措施的落实等方面，不得挪作他用。 （4）施工单位应当设立安全生产管理机构，配备专职安全生产管理人员。 （5）建设工程实行施工总承包的，由总承包单位对施工现场的安全生产负总责。 （6）建设工程施工前，施工单位负责项目管理的技术人员应当对有关安全施工的技术要求向施工作业组、作业人员作出详细说明，并由双方签字确认

建设单位	勘察、设计、工程监理及其他有关单位	施工单位
（3）不得明示或者暗示施工单位购买、租赁、使用不符合安全施工要求的安全防护用具、机械设备、施工机具及配体、消防设施和器材。 （4）在申请领取施工许可证时，应当提供建设工程有关安全施工措施的资料。 （5）应当将拆除工程发包给具有相应资质等级的施工单位	（4）为建设工程提供机械设备和配件的单位，应当按照安全施工的要求配备齐全有效的保险、限位等安全设施和装置。 （5）出租的机械设备和施工机具及配件应当具有生产许可证、产品合格证。 （6）在施工现场安装、拆卸施工起重机械和整体提升脚手架、模板等自升式假设设施，必须由具有相应资质的单位承担	（7）应将施工现场的办公、生活区与作业区分开设置，并保持安全距离。 （8）施工单位应当在施工现场建立消防安全责任制度，确定消防安全责任人。 （9）施工单位应当向作业人员提供安全防护用具和安全防护服装，并书面告知危险岗位的操作规程和违章操作的危害。 （10）施工单位采购、租赁的安全防护用具、机械设备、施工机具及配件，应当具有生产（制造）许可证、产品合格证，并在进入施工现场前进行查验。 （11）施工单位的主要负责人、项目负责人、专职安全生产管理人员应当经建设行政主管部门或者其他部门考核合格后方可任职。 （12）作业人员进入新的岗位或者新的施工现场前，应当接受安全生产教育培训。 （13）应当为施工现场从事危险作业的人员办理意外伤害保险

2. 安全管理组织框架

保证安全生产，领导是关键。建筑企业的经理是企业安全生产第一责任者，在任期内，应建立健全以经理为首、分级负责的安全管理保证体系，同时建立健全专管成线、群管成网的安全管理组织机构。如图 10-1 所示，公司、分公司（工程处）、区域公司等机构应根据经营规模、设备管理和生产需要足额配备相应数量的经过培训、持证上岗的专职安全管理人员；施工现场应组建安全生产领导小组，建立项目管理人员轮流安全生产值日制度，解决和处理生产中的安全问题和进行巡回安全监督检查；各生产班组要设兼职安全巡查员，对本班组的作业现场进行安全监督检查。

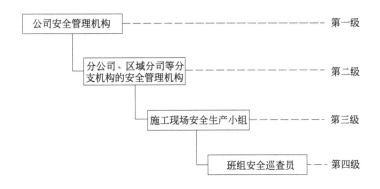

图 10-1　四级安全管理组织机构

3. 安全组织框架与分工范例

以某基建设备处编制的安全体系管理实施细则为例，说明安全管理过程中的组织框架和分工。

总体安全管理体系框架如图 10-2 所示。

安全管理组织框架如图 10-3 所示。

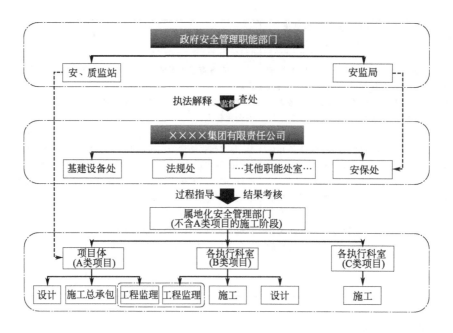

图 10-2 总体安全管理体系框架图

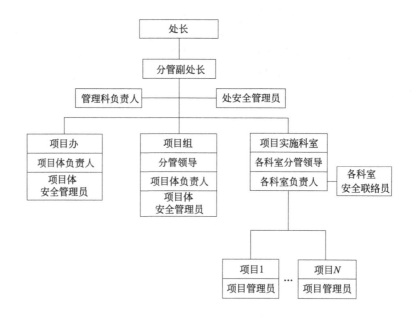

图 10-3 某公司基建设备处安全管理组织框架

安全管理分工如下。

（1）处长

① 总体负责基建设备处实施项目的安全管理工作，作为基建设备处安全管理第一责任人；

② 总体负责分项工作的决策、组织、协调和统筹安排。

（3）分管副处长

① 在处长的领导下，组织开展部门安全工作；

② 实施项目安全受控情况的收集与汇总负责人；

③ 实施项目安全和环境管理体系落实情况督察负责人；

④ 突发事件的基建设备处应急管理负责人；

⑤ 协助处长实施各项安全管理工作。

（3）处安全管理员

① 基建设备处安全管理专职人员；

② 负责基建设备处安全管理具体执行工作；

③ 负责检查业主方安全管理体系落实情况；

④ 协助集团公司安保处指导、监督各项目体安全管理工作；

⑤ 处长室交办的其他安全工作。

（4）管理科负责人

① 负责起草基建设备处安全管理相关制度文件；

② 协助处长、分管副处长安排安全管理工作；

③ 负责对口集团内部相关部门（安保处、审计处、法规处、纪委）的联系；

④ 处长室交办的其他安全工作。

（5）项目体分管副处长及负责人

① 总体负责所属项目的安全管理工作，作为所属项目安全管理第一责任人；

② 总体负责各所属项目分项工作的决策、组织、协调和统筹安排。

（6）项目实施科室分管副处长及负责人

① 总体负责分管科室实施项目的安全管理工作，作为分管科室实施项目安全管理主要责任人；

② 总体负责分管科室实施项目分项工作的决策、组织、协调和统筹安排。

（7）项目体安全管理员

① 具体负责现场组安全管理工作的执行、协调、组织和落实；

② 现场安全受控情况的收集与汇总执行人（同时负责现场情况的预警工作）；

③ 业主方人员自身安全管理人；

④ 业主方关于施工措施安全保障的主要代表；

⑤ 安全文明措施专项资金管理人；

⑥ 作为业主现场代表负责对外信息联系人。

（8）各科室安全联络员

① 各科室的安全联络专职人员或兼职人员；

② 作为科室安全管理代表对口联系处安全管理员，协助处安全管理员组织、落实集团公司安保处对各项目安全管理工作的指导及监督；

③ 协助科室负责人做好本科室所属项目安全管理工作的联络、协调和组织，协助科室负责人管理安全文明措施等专项资金；

④ 负责收集、汇总、统计本科室范围内实施项目现场安全受控情况的信息（同时负责现场安全管理情况的预警工作）。

（9）维护性项目管理员

① 协助属地化安全管理部门落实安全管理执行工作；

② 突发事件的第一应急管理联系人和授权处理人；

③ 项目现场安全信息收集人；

④ 协助属地化安全管理部门做好业主方人员自身安全管理工作。

一、安全管理的目标

目标是一切管理活动的中心和方向，它决定了组织最终目的执行时的行为导向、考核时的具体标准、纠正偏差时的依据，对日常的安全管理工作具有组织、激励、计划和控制作用。因此，在组织内部依据组织的具体情况设定目标是管理工作的重要方法和内容。

例如，对于某项目制定如下安全管理目标：

① 事故因工负伤年平均频率小于等于 0.5‰；

② 杜绝人身伤亡、火灾、设备、交通管线、食物中毒等重大事故；

③ 污水、粉尘、噪声、有害气体、固体废弃物排放受控，无相关方重大投诉事件；

④ 重大职业危害、环境事故为零；

⑤ 国家局、总公司、集团公司安保部门提出的其他目标。

二、安全管理的原则

安全管理的基本原则可以归纳为以下几点。

（1）法制原则　所有安全管理的措施、规章、制度必须符合国家的有关法律和地方政府制定的相关条例与法规。在履行这一原则时，常常是一票否决，即对重大的违规事件，严格执法，违规必究，不作妥协和让步，只有这样，才能实现对安全的严格管理与控制。

（2）预防原则　必须以人为本，预防为主。事故发生的主要原因是人的不安全行为和物的不安全状态。而这些原因又是由小变大，由影响事故的间接原因演变成导致事故发生的直接原因，这一演变的过程，为安全预防管理提供了可能。通过管理，消除引发事故的原因，杜绝隐患，将事故消灭在萌芽状态。

（3）全面原则　安全管理涉及生产活动的方方面面，涉及从开工到竣工的全部生产过程，涉及全部的生产时间，涉及一切变化着的生产因素。安全生产无小事、无盲区、无死角，因此，必须坚持全员、全过程、全方位、全天候的"四全"动态安全管理。

（4）监督原则　安全管理的重要手段是监督、检查日常的安全工作事项。实践表明，事故结局为轻微伤害和无伤害的事件是大量的，而导致这些事故的原因往往不被重视或习以为常。事实上，轻微伤害和无伤害事故的背后，隐藏着与造成严重事故相同的原因。因此，日常的检查工作显得非常重要，不能流于形式，要细致、警觉，甚至对一些不起眼的，尤其是容易引起忽视的小事"吹毛求疵"。只有这样，才能及时发现和消除小隐患，避免大事故。

（5）控制原则　安全管理的各项主要内容中，对生产因素状态的控制和安全管理的目的关系更直接、更突出。因此，对生产中人的不安全行为、物的不安全状态、管理上的缺陷和不良的环境条件的控制是动态安全管理的重点。

（6）教育原则　安全管理不仅仅是安全部门的责任，它是一项群力群防的工作，要求每一位员工都应有良好的安全意识、预防意识、危机意识，这样才有利于从根本上消除和降低人的不安全行为和物的不安全状态。因此，必须通过安全知识的教育、安全技能的培训、安全政策的宣传、安全信息的传播等各种手段，充分引起人们对安全问题的重视，明确安全生产操作规程，掌握安全生产的方法。

（7）发展原则　在管理中发展提高。安全管理是一种动态管理，必须不断发展和变化，以适应生产活动的变化，消除新的危险因素，摸索新的生产活动规律，总结管理的办法和经验，从而使安全管理发展、上升到新的水平和高度。

第二节 工程项目安全管理的重点及措施

一、安全管理的重点

1. 施工现场各阶段安全管理

施工现场安全管理是项目安全管理的重点，对施工现场的人、机、环境系统的可靠性，必须进行经常性的检查、分析和调整。施工现场安全管理的主要工作随着施工的推进不断变换，工程施工准备阶段、基础施工阶段、结构施工阶段和装修阶段安全管理的主要工作如图 10-4 所示。

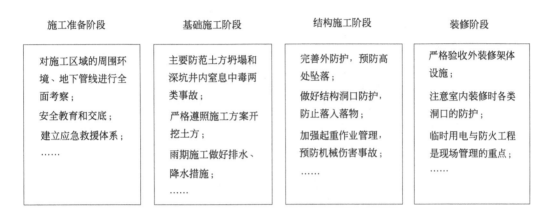

图 10-4 施工现场安全管理的主要工作

2. 冬季及雨期施工时安全管理

① 在大风大雪之后，尽快组织清扫作业面和脚手架。检查是否有安全隐患，防滑措施是否落实。

② 参加冬季施工的人员衣着要灵便。

③ 在冬季施工中现场蒸汽锅炉要选用安全装置齐全的合格锅炉。

④ 冬季室内取暖要防止煤气中毒。

⑤ 雨期到来之前，组织电气人员认真检查现场的所有电气设备。

⑥ 雨期来临之前，做好塔式起重机、外用电梯、钢管脚手架、钢管井字架、龙门架等高大设施的防雷保护。

⑦ 在雨期中，应尽可能避开开挖土方管沟等作业，尽可能在雨期施工之前做好地下工程施工和基础回填。

⑧ 雨期要认真做好现场的排水，发现基础下沉要及时加固。雨后要检查脚手架、井字架、塔式起重机等设备的基础，发现下沉要及时处理。

3. 制定施工现场安全生产事故应急救援预案

施工单位要根据建设工程施工的特点、范围，对施工现场各个施工阶段中易发生重大事故的部位、环节进行监控，制定施工现场生产安全事故应急救援预案，并根据应急救援预案建立应急救援组织或配备应急救援人员，配备必要的应急救援器材、设备，并定期组织演练、评估和完善事故应急救援。

二、安全管理的措施

工程项目的安全管理主要通过以下五种方式实施（图10-5）。

1. 安全管理的法律措施

为实现保障安全的职能，国家选择了作为强制力的法律法规手段，将法律法规视为实现安全职能的利器。

安全管理法律法规是指国家关于改善劳动条件，实现安全生产，为保护劳动者在生产过程中的安全与健康而制定的法律、法规、规章和规范性文件的总和，是生产实践中的经验总结和对自然规律的认识和运用，是以国家强制力保证实施的一种行为规范。

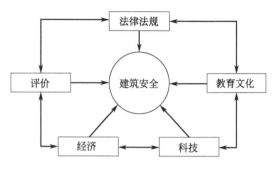

图10-5　建筑安全管理手段

建设工程安全管理法律法规体系，是指国家为改善劳动条件，实现建设工程安全生产，保护劳动者在施工生产过程中的安全和健康而制定的各种法律、法规、规章和规范性文件的总和，是必须执行的法律法规。

建设工程安全技术规范是强制性的标准，是建设工程安全生产法规体系组成部分。我国安全法律法规的立法体系如图10-6所示。

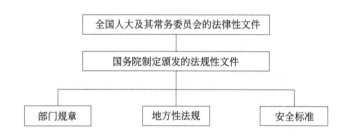

图10-6　我国安全法律法规的立法体系

建设工程法律是指由全国人民代表大会及其常务委员会通过的规范工程建设活动的法律规范，由国家主席签署主席令予以公布，如《中华人民共和国建筑法》《中华人民共和国安全生产法》《中华人民共和国劳动法》等。

建设工程行政法规是由国务院根据宪法和法律制定的规范工程建设活动的各项法规，由总理签署国务院令予以公布，如《建设工程安全生产管理条例》《建设工程质量管理条例》《安全生产许可证条例》等。

建设工程部门规章是指住房和城乡建设部按照国务院规定的职权范围，独立或与国务院有关部门联合根据法律和国务院的行政法规、决定、命令，制定的规范工程建设活动的各项规章，属于住房和城乡建设部制定并由部长签署建设部令予以公布，如《建筑安全生产监督管理规定》《建设工程施工现场管理规定》《建设施工企业安全生产许可证管理规定》《工程监理企业资质管理规定》等。

法律、法规规章的效力是：法律的效力高于行政法规，行政法规的效力高于部门规章。

法律法规规定了建设工程安全生产管理制度体系，如图10-7所示。

2. 安全管理的技术措施

建筑工程安全生产工作的开展离不开科学技术，并且必然得到科学技术的推动和引导。

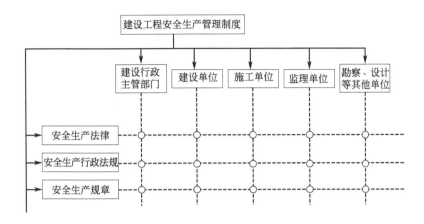

图 10-7　建设工程安全生产管理制度体系

加强建筑安全科技研究与应用是一项具有社会效益和经济效益的事情，是改善建筑安全生产管理的有效途径之一。

现代安全技术的含义已经远远超过了原来所界定的范围，不仅包括技术措施，还包括组织措施；不仅包括硬件技术，还包括软件；不仅包括安全，还包括卫生。现代建筑工程安全管理技术发挥科技手段的措施有以下几种。

（1）建立合理的安全科技体制　尽快建立适应社会主义市场经济体制要求的，面向社会、面向企业、面向安全生产的新型安全科技体制，逐步形成研究、开发、应用、推广紧密结合的工作机制。对现有的组织机构和专业机构实行优化组合。加快科研机构的改革步伐，实行企业化管理，建立责权明确的组织管理制度。从体制上解决机构重叠、专业分散、科技成果推广应用率低、人才使用不尽合理等弊端，逐步形成包括独立科研机构、重点高等院校、技术开发与技术服务机构、企业技术开发机构、民营科技企业等组成的安全科学技术结构体系。

（2）加大安全科研投入　安全科技要进步，必须有必要的资金支持。在国家不可能全额拨款的情况下，需要多方式、多渠道地筹集资金。除争取经常性费用的不断增加外，还应通过申报国家级重点科技项目，争取增加国家补助经费；有计划地组织国家贷款的科技开发项目；筹资建立安全科研基金；把科研成果推向市场，形成科研与开发的良性循环；坚持谁投资谁受益的原则，积极争取国内外的有识之士和有实力的单位对安全科研工作的资金投入；培育和推进安全科研技术市场化的发展，鼓励社会资金的投入；通过相关制度措施，确保企业的安全投入落实到位。

（3）培育高水平的科技研究队伍　提高安全科技水平的关键在于人才。目前，由于各方面的原因，安全科技人才流失较为严重。要改变这一状况，必须加快培养和引进人才，一方面要充分发挥现有科技人员的作用，加快中青年学术和技术带头人的培养，大胆使用中青年科技人员，让其在研究开发第一线担当重任；另一方面要从国内外引进安全科技人才，特别是引进有专长、年富力强的学术带头人，造就出一支专业化、年轻化、具有创新意识和奉献精神的有较高水平的安全科技研究队伍。

（4）提高安全成果的转化率　安全科研成果只有转化成现实的生产力，只有为企业提高安全管理水平服务，才能体现出其价值。而实际上科研人员更多追求的是学术地位与学术影响力，较少考虑科研成果能否被市场接受。为此，应努力开拓安全科研产品市场，发展劳动保护产业，使劳动保护产业为保护劳动者的安全与健康提供更多的优质产品和技术手段，同时为科技成果应用提供广阔的市场，解决安全生产领域科技研究与经济发展脱节的问题，促进安全科研成果的转化。

（5）建立与完善行业与企业安全文化　行业与企业文化是行业与企业的灵魂。越是科技含量高的技术设备，越是要求具有高度的安全可靠性。现代高科技对企业安全生产管理工作提出了更高的要求，尤其是对操作人员的安全意识提出了更高的要求。建立与完善建筑行业与建筑企业安全文化，提高全行业、全企业人员的安全意识，对于搞好安全管理无疑起着不可估量的作用。

3. 安全管理的教育措施

（1）现代建筑工程安全管理教育文化　安全文化是有关行业、组织和个人对安全的认识与态度的集合。

建筑工程安全管理教育文化是指建筑行业、建筑企业对建筑安全的认识与态度的集合。体现在以下几个方面：

① 强有力的领导和对高标准的建筑安全与健康的明显承诺；

② 全行业、全企业的安全意识；

③ 当安全事故发生后，整个企业、行业具有一种吸取经验的态度，从而使整体提高。

（2）现代建筑工程社会安全文化　安全生产方针是国家对全国安全生产工作的总要求，是指导全国安全生产工作的总思想。安全生产又是构建和谐社会的重要组成部分，没有安全就没有和谐。而要搞好安全生产，必须在法制的前提下，必须在全社会关注、参与的前提下。目前我国全社会的安全活动有全国安全生产月活动、全国安康杯竞赛活动等，社会安全文化的内容是丰富多彩的，其作用如下：

① 倡导以人为本的安全理念，宣传普及安全生产法律和安全知识，提高全民安全意识和安全文化素质；

② 坚持面向基层、面向群众的方针，促进安全文化的繁荣；

③ 可以扶持、引导和发展安全文化产业，推动安全文化建设的社会化和产业化；

④ 发挥大众传媒的作用，加强舆论阵地建设，造成全社会关爱生命、安全的舆论氛围。

（3）建筑行业安全文化　行业安全文化是指整个行业对于安全和健康的价值观、期望、行为模式和准则，形成整个行业的安全氛围。建筑行业安全文化的手段如下。

① 建设系统安全生产月活动。建设系统安全生产月活动是社会安全文化——全国安全生产月活动在建设领域的延伸，是社会安全文化在建设领域的体现。

② 全国建筑安全生产检查。

③ 创建安全生产文明工地活动。

（4）建筑企业安全文化　企业文化是指一个企业全体成员的企业目标及日常运作的共同信念。企业安全文化是企业文化的一个分支，是企业文化在安全方面的体现。建筑企业安全文化的途径有以下几种。

① 从企业员工心理出发，结合工作与环境建立组织文化（图10-8）。

② 广泛开展安全生产的宣传教育，使全体员工真正认识到安全生产的重要性和必要性，懂得安全生产和文明施工的科学知识，牢固树立安全第一的思想，自觉地遵守各项安全生产

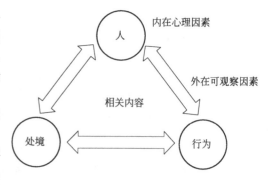

图 10-8　组织文化模型

法律法规和规章制度。

③ 把安全知识、安全技能、设备性能、操作规程、安全法规等作为安全教育的主要内容。

④ 建立经常性的安全教育考核制度，考核成绩要记入员工档案。

4. 安全管理的经济措施

经济措施就是各类责任主体通过各类保险为自己编制一个安全网，维护自身利益，同时运用经济杠杆使信誉好、建筑产品质量高的企业获得较高的经济效益，对违章行为进行惩罚。

经济措施有工伤保险、建筑意外伤害保险、经济惩罚制度、提取安全费用制度等。

（1）建筑职业意外伤害保险制度　我国建筑职业意外伤害保险制度体系是以工伤保险制度为基础，工伤保险和建筑意外伤害保险相结合的制度，同时积极探索意外伤害保险行业自保或企业自保模式，其基本框架如图10-9所示。

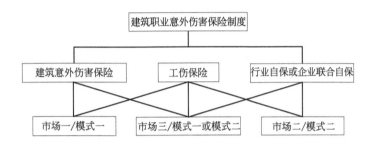

图 10-9　建筑职业意外伤害保险制度体系框架

在此框架下，建筑职业意外伤害保险市场将有三种类型。市场一是工伤保险制度与建筑意外伤害保险并存的市场，是目前我国建筑职业意外伤害保险制度所处的市场类型。市场二是工伤保险制度与行业自保或企业联合自保制度并存的市场。市场三是工伤保险制度、建筑意外伤害保险制度与行业自保或企业联合自保制度并存的市场。市场二、市场三目前处在试行阶段。

① 工伤保险制度。工伤保险制度是指国家和社会为生产、工作中遭受事故伤害和患职业性疾病的劳动者及亲属提供医疗救治、生活保障、经济补偿、医疗和职业康复等物质帮助的一种社会保障制度，具有强制性、社会性、互济性、保障性、福利性。其作用如下：保障职工的切身利益；工伤保险制度直接干预事故预防工作，工伤保险基金可以增加工伤事故预防的支出；费率机制刺激企业改善劳动条件；工伤保险机构对安全生产具有监察作用。

② 建筑意外伤害保险。建筑意外伤害保险制度是以被保险人因意外伤害而造成伤残、死亡、支出医疗费用、暂时丧失劳动能力作为赔付条件的人身保险业务。它是保护建筑业从业人员合法权益，转移企业事故风险，增强企业预防和控制事故的能力，是促进企业安全生产的重要措施。同时也是工伤保险之外，专门针对建筑施工现场人员的工作危险性而建立的补充保险形式。建筑意外伤害保险制度规定了建筑意外伤害保险的保险范围、保险期限、保险金额、保险费、投保人、安全服务等。其中投保人为施工企业，保险费列入建筑安装费用，由施工企业支付，不得向职工摊派。

③ 行业自保或企业联合自保制度。建筑意外伤害保险企业自保或企业联合自保制度是根据建筑行业高风险特点，在行业内部由企业自筹基金、进行事故预防、自行补偿事故损失、相互保险的非营利性保险制度。

行业自保或企业联合自保制度具有自愿性和非营利性，保险基金属于自保基金。行业自保或企业联合自保制度发展的三个阶段如图 10-10 所示。

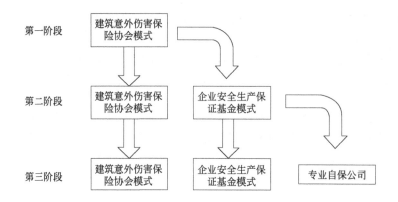

图 10-10 行业自保或企业联合自保制度发展的三个阶段

（2）经济惩罚制度 经济惩罚制度，严格来说是属于行政处的范畴，但经济惩罚的后果则是造成企业实际利益的损失，从这个意义上来说，这是一种惩罚性的经济措施。经济惩罚主要是通过法律法规的规定，对有关违章的行为进行处罚。针对处罚的行为对象，可以分为对潜在违章行为的处罚、对违章行为的处罚和对违章行为产生后果（即事故）的处罚。同时，经济惩罚制度还采取了连带制、复利制的方式，即惩罚连带相关人员，罚款额度随惩罚次数增加而增加等。作为一种具有行政处罚特征的经济措施，经济惩罚制度和一般的经济措施相比，虽然有一定的被动性，但其震慑力大，往往对建筑施工企业的声誉带来负面的影响。

（3）科学合理地确定安全投入 安全投入是指一国或一行业或一企业用于与安全生产有关的费用总和。安全总投入包括安全措施经费投入、劳动保护用品投入、职业病预付费用投入等方面。其中，安全措施经费投入又包括安全技术、工业卫生、辅助设施、宣传教育投入等。科学合理地确定安全投入是搞好安全管理的重要经济措施。

（4）提取安全费用制度 强制提取安全费用，保证安全生产所需资金，是弥补安全生产投入不足的措施之一。安全费用的提取，根据地区特点，由企业自行安排使用，专款专用。

（5）提高企业生产安全事故伤亡赔偿标准 企业生产安全事故赔偿是指企业发生生产安全责任事故后，事故受害者除应得到工伤社会保险赔偿外，事故单位还应按照伤亡者的伤亡程度给予受害者亡者家属的一次性补偿。提高企业生产安全事故伤亡赔偿标准，是强化安全生产工作的另一措施。

（6）安全生产风险抵押金制度 安全生产风险抵押金制度是预防企业发生生产安全事故预先提取的、用于企业发生重特大事故后的抢险救灾和善后处理的专项资金制度。安全生产风险抵押金由企业自行负担，在自有资金中支付，它的收缴、管理、使用和相关业务的开展由各级人民政府指定的机构负责。建筑工程安全管理经济手段的关系如图 10-11 所示。

5. 安全管理的评价措施

为加强施工企业安全生产的监督管理，科学地评价施工企业安全生产条件、安全生产业绩及相应的安全生产能力，实现施工企业安全生产评价工作的规范化和制度化，促进施工企业安全生产管理水平的提升，对施工企业进行安全生产评价。

安全评价有安全预评价、安全验收评价、安全现状评价和专项安全评价，覆盖了工

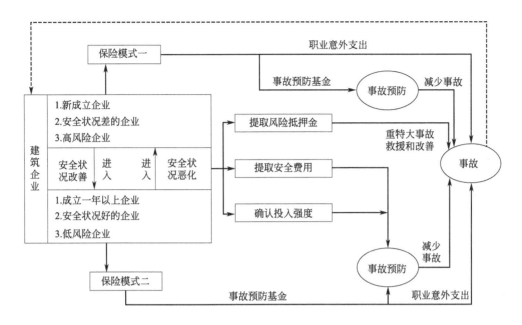

图 10-11　建筑工程安全管理经济手段之间的关系

程项目的生命期，已经取得了初步成效。实践证明，安全评价不仅能有效地提高企业和生产设备的安全程度，而且可以为各级安全生产监督部门的决策和监督检查提供强有力的技术支持。

第三节　工程项目安全管理的方法

一、划分项目安全管理阶段

项目安全管理阶段的划分能够有效明确各阶段的安全管理任务，保证安全管理质量。以××××集团有限责任公司基建设备处的固定资产投资项目为例，说明常规工程管理项目安全管理阶段的划分方式。安全管理根据固定资产投资项目建设规律，以及集团公司实际情况，将项目整体划分为五个安全管理阶段，具体如图 10-12～图 10-14 所示。

其中 A 类、B 类和 C 类的定义如下。

A 类项目：是指按照《中华人民共和国建筑法》规定，办理了报建手续，有工程监理单位，采用施工总承包管理模式的项目。

B 类项目：是指根据建筑法规定，办理了报建手续，有工程监理单位，没有采用施工总承包管理模式的项目；以及没有办理报建手续，有工程监理单位，没有采用施工总承包管理模式的项目。项目现场安全管理职责由原属地化安全管理部门移交给基建设备处。

C 类项目：是指没有办理报建手续，没有工程监理单位，没有采用施工总承包管理模式的项目。

（1）阶段 1　本阶段处于固定资产使用阶段，且即将进入实施阶段，其管理权限属于原属地化安全管理部门。技改项目原属地化管理部门为使用单位安全管理部门。

（2）阶段 2

① A 类项目、B 类项目。基建设备处成立项目体，签发项目体任务书（含安全责任委

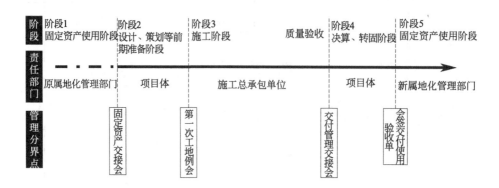

图 10-12　A 类项目安全管理阶段细分图

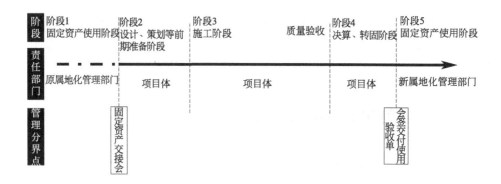

图 10-13　B 类项目安全管理阶段细分图

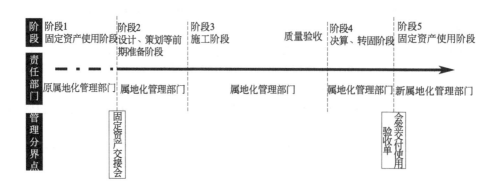

图 10-14　C 类项目安全管理阶段细分图

托书、廉政风险责任委托书），作为项目的安全管理具体实施团队和责任部门，开始办理配套手续、设计、招标、施工准备等工作。

原属地化管理部门通过与项目体办理固定资产交接手续（集团公司固定资产交接会或土地交接会），使固定资产进入项目实施阶段。

② C 类项目。基建设备处成立项目体或委派项目实施管理人员，开始办理配套手续、设计、招标、施工准备等工作。

原安全管理部门作为项目所在地的属地化安全管理部门，行使安全管理权限，承担安全管理责任。项目实施管理人员配合属地化管理部门开展安全工作。

（3）阶段 3

① A 类项目。施工总承包单位进场完成施工准备工作，在政府安全质量监管部门的见证下，在第一次工地例会上，项目体与施工总承包单位办理安全管理交接手续，此时施工总承包单位成为项目的安全管理责任单位，开始施工。工程监理单位成为项目的安全管理监督责任单位。

② B 类项目（属地已正式移交基建设备处）。基建设备处负责对项目体安全管理工作进行监督。项目体负责监管、协调项目安全生产，负责组织审批施工组织方案、动火审批表、特种作业动工单等，负责组织施工单位落实安全管理工作。施工现场安全由各施工单位分区域、分专业负责。

工程监理是项目的现场管理员的助手，协助现场管理员监管施工现场、施工安全管理工作。

③ C 类项目。属地化安全管理部门负责审批施工组织方案、动火审批表、特种作业动工单等，负责组织施工单位落实安全管理工作。项目实施人员配合属地化安全管理部门开展安全管理工作。施工现场安全由各施工单位分区域、分专业负责。

集团公司安保处负责统筹安排安全管理工作。

（4）阶段 4

① A 类项目。施工总承包单位完成施工任务、结算工作，通过质量验收后，与项目体办理管理权交付手续，将项目安全管理权限交还项目体，此时项目体再次成为项目的安全管理责任单位，开始办理集团公司内部的审价结算、转固、审计决算等手续。

② B 类项目。施工单位完成施工任务、结算工作，通过质量验收后，项目体作为项目的安全管理责任单位，在办理集团公司内部的审价结算、转固、审计决算等手续的同时，做好项目的安全管理工作。

③ C 类项目。施工单位完成施工任务、结算工作，通过质量验收后，项目实施管理人员负责办理集团公司内部相关手续，属地化安全管理部门做好安全管理工作。

（5）阶段 5　项目体与使用单位办理使用交付手续，会签交付使用验收单，将安全管理权限交予集团公司相关使用部门，固定资产属地化安全管理部门成为项目安全管理责任单位，负责固定资产使用阶段的安全管理工作。

同时，项目体办理审价结算、转固、竣工备案、审计决算等手续，组织总体竣工验收后，注销项目体，将项目任务交还基建设备处。

二、安全教育与培训

安全教育是提高全员安全素质，实现安全生产的基础。

安全工作是与生产活动紧密联系的，与经济建设、生产发展、企业深化改革、技术改造同步进行，只有加强安全教育工作，才能使安全工作适应不断变革的形势需要。

安全教育的内容包括安全生产思想教育、安全知识教育和安全技能教育。具体来看，包括三类人员安全教育培训：新工人三级安全教育、特种作业人员培训和经常性教育（表10-2）。三类人员必须通过建设行政主管部门或者其他有关部门考核合格取得安全生产考核合格方可担任相应职务；新工人（包括新招收的合同工、临时工、学徒工、民工及实习和代培人员）须经教育考试合格后才准许进入生产岗位；建筑施工特种作业人员应通过安全技术理论和安全操作技能培训，经建设主管部门对其考核合格或每两年复核合格取得有效的建筑施工特种作业人员操作资格证书，方可上岗从事相应作业。

▫ 表 10-2　安全教育的基本内容和形式

三类人员安全教育培训	新工人三级安全教育	特种作业人员培训	经常性教育
施工单位主要负责人 项目负责人 专职安全管理人员	公司 分公司(工程处) 班组	电工 架子工 起重司索信号工 起重机械司机 起重机械安装拆卸工 高处作业吊篮安装拆卸工 经省级以上人民政府建设主管部门认定的其他特种作业人员	经常性的普及教育贯穿于管理全过程,并根据接受教育对象的不同特点,采取多层次、多渠道和多种活动方法,可以取得良好的效果

安全教育培训可以采取各种有效方式开展活动，应突出讲究实效，要避免枯燥无味和流于形式，可采取各种生动活泼的形式，并坚持经常化、制度化。同时，应注意思想性、严肃性、及时性。进行事故教育时，要避免片面性、恐怖性，应正确指出造成事故的原因及防患于未然的措施。

三、实行安全督查

（1）督察内容　督察施工现场安全和环境管理体系的落实情况。

① 基建设备处不定期组织对各实施项目安全管理情况进行检查。

② 项目体负责督察施工单位日、周、月安全巡视和专项检查的记录。

③ 项目体负责督察施工单位安全管理方面的资源配置、人员活动、实物状态、环境条件、管理行为的落实情况。

④ 项目体负责督察施工单位安全教育、培训、从业人员上岗资料、分包管理、安全验收、安全文明费用投入等情况。

⑤ 项目体负责督察施工现场环境检查：现场围挡封闭、施工现场的硬化和防扬尘、强光照明、噪声、污水沉淀排放、土方渣土外运、防治污染处理。

⑥ 项目体负责督察工程监理单位安全管理监督执行情况。

⑦ 项目体负责督察施工现场安全和环境管理体系所述其他内容。

⑧ 各科室分管副处长、科长负责督察本科室所属项目安全管理实施情况。

⑨ 各科室安全管理人员积极配合属地化安全管理部门的检查工作。

（2）日安全督察　在每日的日施工管理过程中，由施工单位严格按照国家、行业、集团公司相关规定针对危险源办理审批手续（动火审批单、特种作业动工单等），施工单位落实专职安全员进行管理，安全监理负责检查危险源管理情况，项目体现场管理人员负责督察安全管理落实情况。

非报建项目，由属地化安全管理部门针对危险源办理动火审批单、特种作业动工单等审批手续。

（3）周安全督察　各项目每周定期召开"周安全例会"，专题讨论周安全管理工作情况，会后由工程监理牵头，组织施工现场安全检查，重点检查危险源，项目体督察。

（4）月、季度、节假日的安全督察　项目体人员依据风险控制措施要求，在施工单位自查，工程监理检查的基础上，每月第一周，会同工程监理，对施工现场进行一次安全督察。

每个季度，会同工程监理，组织一次安全大督察。

国家法定节假日期间，在施工单位自查，工程监理检查的基础上，不定期组织督察。

基建设备处、属地化安全管理部门将不定期对各实施项目进行安全大检查。

四、施工安全管理的检查及评价

（1）安全检查的组织形式　安全检查应根据施工（生产）特点，制定具体检查项目、标准。但概括起来，主要是查思想、查制度、查机械设备、查安全设施、查安全教育培训、查操作行为、查劳保用品使用、查伤亡事故的处理等。

检查的组织形式应根据检查目的、内容而定，参加检查的组成人员也不完全相同。

（2）施工安全检查标准　应用《建筑施工安全检查标准》（JGJ 59—2011）对建筑施工中易发生伤亡事故的主要环节、部位和工艺等做安全检查评价时，该标准将检查评定对象分为 19 个分项，每个分项又设立检查评定保证项目和一般项目。主要内容见表 10-3。

⊡ **表 10-3　《建筑施工安全检查标准》检查评定项目**

检查评定项目	检查内容
安全管理	对施工单位安全管理工作的评价
文明施工	对施工现场文明施工的评价
扣件式钢管脚手架	对项目使用扣件式钢管脚手架的安全评价
悬挑式脚手架	对项目使用的悬挑式脚手架的安全评价
门式钢管脚手架	对项目使用的门式钢管脚手架的安全评价
碗扣式钢管脚手架	对项目使用的碗扣式钢管脚手架的安全评价
附着式升降脚手架	对项目使用的附着式升降脚手架的安全评价
承插型盘扣式钢管支架	对项目使用的承插型盘扣式钢管支架的安全评价
高处作业吊篮	对项目使用的高处作业吊篮的评价
满堂式脚手架	对项目使用的满堂式脚手架的评价
基坑支护、土方作业	对施工现场基坑支护工程和土方作业工作的安全评价
模板支架	对施工现场施工过程中模板支架工作的安全评价
"三宝、四口"及临边防护	对安全帽、安全网、安全带、楼梯口、预留洞口、坑井口、通道口及阳台、楼板、屋面等临边使用及防护情况的评价
施工用电	对施工现场临时用电情况的评价
物料提升机	对龙门架、井字架等物料提升机的设计制作、搭设和使用情况的评价
施工升降机	对施工升降机使用情况的安全评价
塔式起重机	对塔式起重机使用情况的安全评价
起重吊装	对施工现场起重吊装作业和起重吊装机械的安全评价
施工机具	对施工中使用的平刨、圆盘锯、手持电动工具、钢筋机械、电焊机、搅拌机、气瓶、翻斗车、潜水泵、振捣器、桩工机械等施工机具安全状况的评价

每个分项的检查评定保证项目和一般项目的详细内容可查阅《建筑施工安全检查标准》（JGJ 59—2011）。

（3）安全生产情况检查评价方法

① 检查评分方法。安全生产情况的检查评价共列出 19 张分项检查表和 1 张汇总表，按

照分项检查评分、汇总分析评价的方式进行。分项检查表满分 100 分；汇总表由各分项加权平均后得出整体评价分，满分 100 分。评分采用扣减分值的方法，扣减分值总和不得超过该检查项目的应得分值，保证项目中有 1 项未得分或保证项目小计得分不足 40 分，此分项检查评分表不应得分。

② 安全生产情况评价。以汇总表的总得分及保证项目是否达标作为对施工现场安全生产情况评价的依据，评价结果分为优良、合格、不合格三个等级。

a. 优良。分项检查评分表无 0 分；汇总表得分在 80 分及以上。施工场内无重大事故隐患，各项工作达到行业平均先进水平。

b. 合格。分项检查评分表无 0 分；汇总表得分在 80 分以下，70 分及以上。达到施工现场安全保证的基本要求，或有 1 项工作存在隐患，其他工作都比较好。

c. 不合格。施工现场隐患多，出现重大伤亡事故的概率比较大。具体分为以下两种情况：汇总表得分不足 70 分和有 1 张分项检查评分表得 0 分。

第四节　安全管理的基本内容

一、主要内容

1. 建立安全生产制度

安全生产责任制，是根据"管生产必须管安全""安全工作、人人有责"的原则，以制度的形式，明确规定各级领导和各类人员在生产活动中应负的安全职责。它是施工企业岗位责任制的一个重要组成部分，是企业安全管理中最基本的制度，是所有安全规章制度的核心。

安全生产制度的制定，必须符合国家和地区的有关政策、法规、条例和规程，并结合施工项目的特点，明确各级各类人员安全生产责任制度，要求全体人员必须认真贯彻执行。

2. 贯彻安全技术管理

编制施工组织设计时，必须结合工程实际，编制切实可行的安全技术措施，要求全体人员必须认真贯彻执行。执行过程中发现问题，应及时采取妥善的安全防护措施。要不断积累安全技术措施在执行过程中的技术资料，进行研究分析，总结提高，以利于以后工程的借鉴。

3. 坚持安全教育和安全技术培训

组织全体人员认真学习国家、地方和本企业的安全生产责任制、安全技术规程、安全操作规程和劳动保护条例等。新工人进入岗位之前要进行安全纪律教育，特种专业作业人员要进行专业安全技术培训，考核合格后方能上岗。要使全体职工经常保持高度的安全生产意识，牢固树立"安全第一"的思想。

4. 组织安全检查

为了确保安全生产，必须严格安全督察，建立健全安全督察制度。安全检查员要经常查看现场，及时排除施工中的不安全因素，纠正违章作业，监督安全技术措施的执行，不断改善劳动条件，防止工伤事故的发生。

5. 进行事故处理

人身伤亡和各种安全事故发生后，应立即进行调查，了解事故产生的原因、过程和后果，提出鉴定意见。在总结经验教训的基础上，有针对性地制定事故再次发生时的可靠措施。

（1）施工伤亡事故的六种主要类别　建筑工程施工中，伤亡事故的类别主要分为六种，见表 10-4。

类别	具体内容
高处坠落	操作者在高度基准面 2m 以上作业时造成的坠落
物体打击	施工人员在操作过程中受到各种材料、机械零部件以及各种崩块、碎片、滚石和器具飞击,材具反弹,锤击等对人体造成的伤害,不包括因爆炸引起的物体打击。在一个垂直平面的上下交叉作业,最易发生打击事故
触电	施工现场触电事故主要是设备、机械、工具等漏电、电线老化破皮,违章使用电气用具,对在施工现场周围的外电线路不采取防护措施所造成
机械伤害	施工现场使用的木工机械和电平刨、圆盘锯等,钢筋加工机械如拉直机、弯曲机等,以及电焊机、搅拌机、各种气瓶及手持电动工具等在使用中,因缺少防护和保险装置,易对操作者造成伤害
坍塌	在土方开挖或深基础施工中,造成土石方坍塌;拆除工程、在建工程及临时设施等部分或整体坍塌
火灾爆炸	施工现场乱扔烟头、焊接与切割动火及用水用电、使用易燃易爆材料等不慎造成火灾、爆炸

（2）施工伤亡事故处理

① 突发性安全事故的应急措施。项目承包方应立即启动突发性安全事故应急救援预案,总包和分包单位应根据预案的组织分工立即投入工作中去。抢救伤员,排除险情,采取措施制止事故蔓延扩大;保护事故现场,建立警戒线,撤离无关人员;妥善保管物证,待事故结案后解除现场保护。

② 安全事故报告。事故发生后,现场有关人员应立即向本单位负责人及事故发生地负有安全生产监管职责的有关部门报告。事故报告应当及时、准确、完整,不得迟报、漏报、谎报或瞒报。事故报告应当包括下列内容:

a. 事故发生单位概况;

b. 事故发生的时间、地点以及现场情况;

c. 事故的简要经过;

d. 事故已经造成或者可能造成的伤亡人数（包括下落不明的人数）和初步估计的直接经济损失;

e. 已经采取的措施;

f. 其他应当报告的情况。

③ 事故调查。事故发生的项目部应积极配合事故调查组的调查、取证,为调查组提供一切便利。若发现有违规现象,除对责任者视其情节给予通报批评和罚款外,责任者还必须承担由此产生的一切后果。

④ 事故处理。事故责任项目部应根据事故调查报告中提出的事故纠正与预防措施建议,编制详细的纠正与预防措施,将事故详情、原因及责任人处理等编印成事故通报,组织全体职员学习,从中吸取教训,防止事故的再次发生。

处理施工伤亡事故应遵循"四不放过"原则,其具体内容是:

a. 原因不清不放过;

b. 责任人未受处理不放过;

c. 群众未受教育不放过;

d. 防患措施未落实不放过。

二、安全管理具体内容

1. 安全专项方案的审查与论证

① 施工单位应当在危大工程施工组织工程技术人员编制专项施工方案。实行施工总承包的,专项施工方案应当由施工总承包单位组织编制。危大工程实行分包的,专项施工方案

可以由相关专业分包单位组织编制。

② 专项施工方案应当由施工单位技术负责人审核签字、加盖单位公章，并由总监理工程师审查签字、加盖执业印章后方可实施。危大工程实行分包并由分包单位编制专项施工方案的，专项施工方案应当由总承包单位技术负责人及分包单位技术负责人共同审核签字并加盖单位公章。

③ 对于超过一定规模的危大工程，施工单位应当组织召开专家论证会对专项施工方案进行论证。实行施工总承包的，由施工总承包单位组织召开专家论证会。专家论证前，专项施工方案应当通过施工单位审核和总监理工程师审查。专家应当在专家库中选取符合专业要求的，且人数不得少于 5 名。

④ 专家论证会后，应当形成论证报告，对专项施工方案提出通过、修改后通过或者不通过的一致意见。专项施工方案经论证需修改后通过的，施工单位应当根据论证报告修改完善后，专家对论证报告负责并签字确认。

⑤ 危大工程专项施工方案的主要内容。

a. 工程概况：危大工程概况和特点、施工平面布置、施工要求和技术保证条件；

b. 编制依据：相关法律、法规、规范性文件、标准、规范及施工图设计文件、施工组织设计等；

c. 施工计划：包括施工进度计划、材料与设备计划；

d. 施工工艺技术：技术参数、工艺流程、施工方法、操作要求、检查要求等；

e. 施工安全保证措施：组织保障措施、技术措施、监测监控措施等；

f. 施工管理及作业人员配备和分工：施工管理人员、专职安全生产管理人员、特种作业人员、其他作业人员等；

g. 验收要求：验收标准、验收程序、验收内容、验收人员等；

h. 应急处置措施；

i. 计算书及相关施工图纸。

⑥ 超过一定规模的危大工程专项施工方案专家论证会的参会人员应当包括：

a. 专家；

b. 建设单位项目负责人；

c. 有关勘察、设计单位项目技术负责人及相关人员；

d. 总承包单位和分包单位技术负责人或授权委派的专业技术人员、项目负责人、项目技术负责人、专项施工方案编制人员、项目专职安全生产管理人员及相关人员；

e. 监理单位项目总监理工程师及专业监理工程师。

⑦ 超过一定规模的危大工程专项施工方案，专家论证的主要内容应当包括：

a. 专项施工方案内容是否完整、可行；

b. 专项施工方案计算书和验算依据、施工图是否符合有关标准规范；

c. 专项施工方案是否满足现场实际情况，并能够确保施工安全。

2. 现场安全隐患的检查

（1）安全管理方面检查　工程项目未办理安全监督登记手续；未按规定配备专职安全员；项目经理、安全员无安全生产知识考核合格证；未制定安全管理目标（伤亡控制指标和安全达标、文明施工目标）；专业性较强的项目未单独编制专项施工方案；专项方案（安全措施）针对性不强；专项方案（安全措施）未落实；无书面安全技术交底；安全技术交底针对性不强；安全技术交底未履行签字手续；无定期安全检查记录；检查出事故隐患未按规定整改；未按规定进行安全教育；班组安全活动无记录；特种作业人员无证上岗；无现场安全标志总平面图；未按现场安全标志总平面图设置安全标志；未建立工伤事故档案。

（2）脚手架方面检查　脚手架高度超过规范规定，无设计计算书；脚手架施工方案未经审核批准；脚手架施工方案不具体、不能指导施工；脚手架立杆少底座；脚手架无扫地杆；架体与建筑物少拉结；未按规定设置剪刀撑；脚手架未按规定设置密目式安全网；施工层未设1.2m高防护栏杆；施工层未设18cm高挡脚板；脚手架搭设未按规定办理验收手续；施工层脚手架内立杆与建筑物之间未进行封闭；架体未设上下通道；卸料平台未经设计计算；悬挑式钢平台安装不符合设计要求；落地式卸料平台支撑系统与脚手架连接；卸料平台无荷载限定标志；脚手架杆件搭设间距不符合要求。

（3）施工用电方面检查　无临时用电施工组织设计；临时用电施工组织设计针对性不强；未达到三级配电、两级保护；总电源处动力和照明供电未分开；无总漏电保护装置；电缆电线随地敷设；电缆电线未使用绝缘材料固定；与外电线路安全距离达不到，未按规定采取防护措施；临时用电由专用电力变压器电，未采用TN-S保护接零系统；工作零线和保护零线从总电源处未分开设置；未按规定选用安全电压；照明末端各单相回路中未设置漏电保护器；室内外照明线用花线、塑胶线；用电设备未设专用开关箱，无专用漏电保护器；箱体和箱内低压电器选用、安装不当；分配电箱中一把分闸接两台及两台以上用电设备；熔断器和熔丝安装、选用不当；电箱内未设置接零排。

（4）塔式起重机方面检查　塔式起重机未取得机械检测合格证；塔式起重机未按要求办理使用登记手续；吊钩无防脱棘爪保险装置；塔吊高度超过规定不安装附墙装置；附墙装置安装不符合说明书要求；未制定塔式起重机安装拆卸施工方案；安装单位无安装资质；安装单位的安装资质不符合要求；基础无隐蔽工程验收手续；塔式起重机与架空线路小于安全距离，无防护措施；两台以上塔式起重机作业无防碰撞措施；安装完毕后未按规定进行验收；安装拆卸塔式起重机未履行安全技术交底；验收中无量化验收内容；架体垂直度超过说明书要求；电气控制无漏电保护装置；在避雷保护范围外无避雷装置。

（5）施工电梯方面检查　施工电梯吊笼安全装置不灵敏；施工电梯门连锁装置不起作用；地面吊笼出入口无防护棚；每层卸料口无安全防护门；每层卸料口安全防护门不使用；司机无证上岗作业；超过规定载人、载物；未加配重载人；安装拆卸外用电梯无施工方案；安装、拆卸队伍无资格证书；安装拆卸外用电梯未履行安全技术交底；安装完毕后未按规定进行验收；验收中无量化验收内容；架体垂直度超过说明书要求；电气控制无漏电保护装置；在避雷保护范围外无避雷装置；外用电梯未经机械检测合格使用；未按规定要求办理使用登记手续。

（6）基坑支护方面检查　基础施工无支护方案；施工方案针对性差，不能指导施工；基坑深度超过5m无专项支护设计；支护设计方案未经审批；基坑深度超过5m设计方案未经专家论证；基坑施工无临边安全防护措施；支护的做法不符合方案要求；基坑施工未采取有效排水措施；机械设备与坑边距离不符合要求；人员上下基坑无专用安全通道；设置的安全通道不符合要求；未按规定对基坑变形进行监测；未按规定对周边建筑物进行沉降观测；垂直交叉作业无上下隔离防护措施。

（7）模板支撑方面检查　模板工程无施工方案；模板工程施工方案未按规定进行审批；未针对混凝土输送方法采取有针对性安全措施；模板支撑系统未按规定进行设计计算；模板支撑系统不符合设计要求；立柱间距不符合要求；立柱底部无垫板；未按规定设置横向支撑；模板上堆料超过设计要求；高处作业无安全防护措施；模板拆除未设置警戒线，无监护人；留有悬空的模板未拆除；模板工程无验收手续；支、拆模未进行安全技术交底；作业孔洞和临边无防护措施；垂直交叉作业无上下隔离防护措施。

（8）施工机具方面检查　中小型施工机械露天使用，无操作防护棚；中小型施工机械传动部位无防护罩；中小型施工机械使用倒顺开关；机械不使用时未切断电源；使用前未按规定进行验收；木工机械刀口部位无安全装置；机械上护管破损；随机机械安全装置损坏、不起作用；焊接机械外侧防护挡板不全；电焊机一、二次无防护罩；焊机一次侧未装漏电保护装置；焊机一次侧导线截面过小；原手持电动工具上电源线加长；手持电动工具外壳破裂；在危险场合使用1类手持电动工具；氧气、乙炔瓶使用时，间距小于5m；氧气、乙炔瓶使用时距离明火小于10m，无隔离措施；乙炔气瓶未直立使用；乙炔气瓶使用时无回火装置；露天高温时使用氧气、乙炔瓶无防晒措施；气瓶存放处不符合要求；潜水泵工作时未站立水中使用；潜水泵电缆5m内有接头；潜水泵电缆破损防护检查。

（9）三宝、四口、五临边方面检查　施工现场作业人员未佩戴安全帽进入施工现场；安全帽佩戴不符合要求；在建工程外侧未采用密目式安全网封闭；安全网规格、材质不符合要求；安全防护设施未形成定型化、工具化；楼梯口未设安全防护设施；电梯井口未设安全防护设施；电梯井内未按规定设置防护；预留洞口未设安全防护；通道口未搭设防护棚；防护棚搭设不符合要求；阳台临边无防护；屋边临边无防护。

3. 危大工程实施的检查

① 施工单位应当在施工现场显著位置公告危大工程名称、施工时间和具体责任人员，并在危险区域设置安全警示标志。

② 专项施工方案实施前，编制人员或者项目技术负责人应当向施工现场管理人员进行方案交底。施工现场管理人员应当向作业人员进行安全技术交底，并由双方和项目专职安全生产管理人员共同签字确认。

③ 施工单位应当严格按照专项施工方案组织施工，不得擅自修改专项施工方案。因规划调整、设计变更等原因确需调整的，修改后的专项施工方案应当按照《危险较大的分部分项工程安全管理规定》重新审核和论证。涉及资金或者工期调整的，建设单位应当按照约定予以调整。

④ 施工单位应当对危大工程施工作业人员进行登记，项目负责人应当在施工现场履职。项目专职安全生产管理人员应当对专项工方案实施情况进行现场监督，对未按照专项施工方案施工的，应当要求立即整改，并及时报告项目负责人，项目负责人应当及时组织限期整改。

⑤ 施工单位应当按照规定对危大工程进行施工监测和安全巡视，发现危及人身安全的紧急情况，应当立即组织作业人员撤离危险区域。

⑥ 监理单位应当结合危大工程专项施工方案编制监理实施细则，并对危大工程施工实施专项巡视检查。监理单位发现施工单位未按照专项施工方案施工的，应当要求其进行整改；情节严重的，应当要求其暂停施工，并及时报告建设单位。施工单位拒不整改或者不停止施工的，监理单位应当及时报告建设单位和工程所在地住房和城乡建设主管部门。

⑦ 对于按照规定需要进行第三方监测的危大工程，建设单位应当委托具有相应勘察资质的单位进行监测。监测单位应当编制监测方案。监测方案由监测单位技术负责人审核签字并加盖单位公章，报送监理单位后方可实施。

⑧ 监测单位应当按照监测方案开展监测，及时向建设单位报送监测成果，并对监测成果负责；发现异常时，及时向建设、设计、施工、监理单位报告，建设单位应当立即组织相关单位采取处置措施。

⑨ 对于按照规定需要验收的危大工程，施工单位、监理单位应当组织相关人员进行验收。验收合格的，经施工单位项目技术负责人及总监理工程师签字确认后，方可进入下一道工序。危大工程验收合格后，施工单位应当在施工现场明显位置设置验收标识牌，公示验收时间及责任人员。

⑩ 危大工程发生险情或者事故时，施工单位应当立即采取应急处置措施，并报告工程

所在地住房和城乡建设主管部门。建设、勘察、设计、监理等单位应当配合施工单位开展应急抢险工作。

⑪ 危大工程应急抢险结束后，建设单位应当组织勘察、设计、施工、监理等单位制定工程恢复方案，并对应急抢险工作进行后评估。

⑫ 施工、监理单位应当建立危大工程安全管理档案。

a. 施工单位应当将专项施工方案及审核、专家论证、交底、现场检查、验收及整改等相关资料纳入档案管理。

b. 监理单位应当将监理实施细则、专项施工方案审查、专项巡视检查、验收及整改等相关资料纳入档案管理。

⑬ 危大工程验收人员应当包括：

a. 总承包单位和分包单位技术负责人或授权委派的专业技术人员、项目负责人、项目技术负责人、专项施工方案编制人员、项目专职安全生产管理人员及相关人员；

b. 监理单位项目总监理工程师及专业监理工程师；

c. 有关勘察、设计和监测单位项目技术负责人。

4. 重大安全隐患签发暂停令

① 施工现场重大事故隐患是指房屋建筑和市政工程施工过程中，存在危险程度较大、可能导致群死群伤或造成重大经济损失等生产安全事故的危险源。包括：物的危险状态、人的不安全行为和管理上的缺陷等。

② 在发生下列情况之一时，总监理工程师可签发工程暂停令：

a. 建设单位要求暂停施工且工程需要暂停施工的；

b. 施工单位未经许可擅自施工，或拒绝项目监理机构管理的；

c. 施工单位未按审查通过的工程设计文件施工的；

d. 施工单位违反工程建设强制性标准的；

e. 施工存在重大质量、安全事故隐患或发生质量、安全事故的。

③ 施工现场安全隐患在建筑施工中易发生伤亡事故的主要环节、部位和工艺实施中事例很多，归纳起来主要有以下几个方面的问题：高处坠落；触电伤亡；物体打击；机械伤害；坍塌事故等。

④ 在工程施工中，应加强起重机械安装拆卸作业、起重机械使用、基坑工程、脚手架、模板支架等五项危险性较大的分部分项工程施工安全管理。

⑤ 工程施工中存在以下问题时，应考虑下发工程暂停令：

a. 未办理建筑工程施工许可证，经举报建设主管部门已下令停工整改，仍强行施工的。

b. 工程项目不具备基本的安全生产条件的；施工项目负责人长期脱岗、缺岗的；项目专职安全员配备与现场管理实际不相符或形同虚设、不按规定履行专职管理职责的；企业不按照规章制度开展有效的安全设施验收和安全检查的；现场违章指挥、违章作业、冒险蛮干现象严重且得不到有效制止的。

c. 施工现场文明施工差，围挡不全、随意出入、地面不硬化、三区不分隔、材料乱堆、垃圾遍地、污水横流、现场扬尘和工地消防无措施或无有效、针对性措施等的。

d. 深基坑支护超过预警值且不采取有效安全防范措施的。

e. 脚手架变形严重的；基础下沉或悬挑件薄弱、杆件不齐、连墙件缺少、剪刀撑不全、敞开处不按规范加固、超荷堆放等的；脚手架整体安全无保证的。

f. 高大模板支撑基础不牢固，缺少扫地杆和纵向、横向斜撑杆，严重违反规范和专项方案的。

g. 现场配电线路乱拉乱接、顺地拖、随便挂的；总（分）配电箱、开关箱不符合规范要求（即基本安全要求），随意设置（放置），电线老化有破皮漏电现象，没有专业电工维护的。

h. 塔式起重机、施工升降机等大型起重设备机械的基础设置、安全装置、防护设施、附墙及缆风绳固定、起重钢丝绳等不符合安全规范要求的；安装验收（包括后续加节验收）结果与现场严重不符，缺乏必要的日常检查维护的。

i. 高处作业吊篮悬挑机构不可靠，缺少有效安全装置，钢丝绳断丝、松股、锈蚀、硬弯等损坏现象严重，交叉作业无防护，不从地面上下吊篮，吊篮内作业超过2人的。

5. 现场文明施工的管理

① 文明施工检查评定应符合国家现行标准《建设工程施工现场消防安全技术规范》（GB 50720—2011）和《建设工程施工现场环境与卫生标准》（JGJ 146—2013）、《施工现场临时建筑物技术规范》（JGJ/T 188—2009）的规定。

② 文明施工检查评定保证项目应包括：现场围挡、封闭管理、施工场地、材料管理、现场办公与住宿、现场防火。一般项目应包括：综合治理、公示标牌、生活设施、社区服务。

③ 文明施工保证项目的检查评定应符合下列规定。

a. 现场围挡。市区主要路段的工地应设置高度不小于2.5m的封闭围挡；一般路段的工地应设置高度不小于1.8m的封闭围挡；围挡应坚固、稳定、整洁、美观。

b. 封闭管理。施工现场进出口应设置大门，并应设置门卫值班室；应建立门卫职守管理制度，并应配备门卫职守人员；施工人员进入施工现场应佩戴工作卡；施工现场出入口应标有企业名称或标识，并应设置车辆冲洗设施。

c. 施工场地。施工现场的主要道路及材料加工区地面应进行硬化处理；施工现场道路应畅通，路面应平整坚实；施工现场应有防止扬尘措施；施工现场应设置排水设施，且排水通畅无积水；施工现场应有防止泥浆、污水、废水污染环境的措施；施工现场应设置专门的吸烟处，严禁随意吸烟；温暖季节应有绿化布置。

d. 材料管理。建筑材料、构件、料具应按总平面布局进行码放；材料应码放整齐，并应标明名称、规格等；施工现场材料码放应采取防火、防锈蚀、防雨等措施；建筑物内施工垃圾的清运，应采用器具或管道运输，严禁随意抛掷；易燃易爆物品应分类储藏在专用库房内，并应制定防火措施。

e. 现场办公与住宿。施工作业、材料存放区与办公、生活区应划分清晰，并应采取相应的隔离措施；在施工程、伙房、库房不得兼作宿舍；宿舍、办公用房的防火等级应符合规范要求；宿舍应设置可开启式窗户，床铺不得超过2层，通道宽度不应小于0.9m；宿舍内住宿人员人均面积不应小于2.5m²，且不得超过16人；冬季宿舍内应有供暖和防一氧化碳中毒措施；夏季宿舍内应有防暑降温和防蚊蝇措施；生活用品应摆放整齐，环境卫生应良好。

f. 现场防火。施工现场应建立消防安全管理制度，制定消防措施；施工现场临时用房和作业场所的防火设计应符合规范要求；施工现场应设置消防通道、消防水源，并应符合规范要求；施工现场灭火器材应保证可靠有效，布局配置应符合规范要求；明火作业应履行动火审批手续，配备动火监护人员。

④ 文明施工一般项目的检查评定应符合下列规定。

a. 综合治理。生活区内应设置供作业人员学习和娱乐的场所；施工现场应建立治安保卫制度，责任分解落实到人；施工现场应制定治安防范措施。

b. 公示标牌。大门口处应设置公示标牌，主要内容应包括：工程概况牌、消防保卫牌、安全生产牌、文明施工牌、管理人员名单及监督电话牌、施工现场总平面图；标牌应规范、整齐、统一；施工现场应有安全标语；应有宣传栏、读报栏、黑板报。

c. 生活设施。应建立卫生责任制度并落实到人；食堂与厕所、垃圾站、有毒有害场所等污染源的距离应符合规范要求；食堂必须有卫生许可证，炊事人员必须持身体健康证上岗；食堂使用的燃气罐应单独设置存放间，存放间应通风良好，并严禁存放其他物品；食堂的卫生环境应良好，且应配备必要的排风、冷藏、消毒、防鼠、防蚊蝇等设施；厕所内的设施数量和布局应符合规范要求；厕所必须符合卫生要求；必须保证现场人员卫生饮水；应设置淋浴室，且能满足现场人员需求；生活垃圾应装入密闭式容器内，并应及时清理。

d. 社区服务。夜间施工前，必须经批准后方可进行施工；施工现场严禁焚烧各类废弃物；施工现场应制定防粉尘、防噪声、防光污染等措施；应制定施工不扰民措施。

6. 安全管理的检查与评定

① 安全管理检查评定应符合国家现行有关安全生产的法律、法规、标准的规定。

② 安全管理检查评定保证项目应包括：安全生产责任制、施工组织设计及专项施工方案、安全技术交底、安全检查、安全教育、应急救援。一般项目应包括：分包单位安全管理、持证上岗、生产安全事故处理、安全标志。

③ 安全管理保证项目的检查评定应符合下列规定。

a. 安全生产责任制。工程项目部应建立以项目经理为第一责任人的各级管理人员安全生产责任制；安全生产责任制应经责任人签字确认；工程项目部应有各工种安全技术操作规程；工程项目部应按规定配备专职安全员；对实行经济承包的工程项目，承包合同中应有安全生产考核指标；工程项目部应制定安全生产资金保障制度；按安全生产资金保障制度，应编制安全资金使用计划，并应按计划实施；工程项目部应制定以伤亡事故控制、现场安全达标、文明施工为主要内容的安全生产管理目标；按安全生产管理目标和项目管理人员的安全生产责任制，应进行安全生产责任目标分解；应建立对安全生产责任制和责任目标的考核制度；按考核制度，应对项目管理人员定期进行考核。

b. 施工组织设计及专项施工方案。工程项目部在施工前应编制施工组织设计，施工组织设计应针对工程特点、施工工艺制定安全技术措施；危险性较大的分部分项工程应按规定编制安全专项施工方案，专项施工方案应有针对性，并按有关规定进行设计计算；超过一定规模危险性较大的分部分项工程，施工单位应组织专家对专项施工方案进行论证；施工组织设计、安全专项施工方案，应由有关部门审核，施工单位技术负责人、监理单位项目总监批准；工程项目部应按施工组织设计、专项施工方案组织实施。

c. 安全技术交底。施工负责人在分派生产任务时，应对相关管理人员、施工作业人员进行书面安全技术交底；安全技术交底应按施工工序、施工部位、施工栋号分部分项进行；安全技术交底应结合施工作业场所状况、特点、工序，对危险因素、施工方案、规范标准、操作规程和应急措施进行交底；安全技术交底应由交底人、被交底人、专职安全员进行签字确认。

d. 安全检查。工程项目部应建立安全检查制度；安全检查应由项目负责人组织，专职安全员及相关专业人员参加，定期进行并填写检查记录；对检查中发现的事故隐患应下达隐患整改通知单，定人、定时间、定措施进行整改；重大事故隐患整改后，应由相关部门组织复查。

e. 安全教育。工程项目部应建立安全教育培训制度；当施工人员入场时，工程项目部应组织进行以国家安全法律法规、企业安全制度、施工现场安全管理规定及各工种安全技术操作规程为主要内容的三级安全教育培训和考核；当施工人员变换工种或采用新技术、新工艺、新设备、新材料施工时，应进行安全教育培训；施工管理人员、专职安全员每年度应进行安全教育培训和考核。

f. 应急救援。工程项目部应针对工程特点，进行重大危险源的辨识；应制定防触电、防坍塌、防高处坠落、防起重及机械伤害、防火灾、防物体打击等主要内容的专项应急救援预案，并对施工现场易发生重大安全事故的部位、环节进行监控；施工现场应建立应急救援组织，培训、配备应急救援人员，定期组织员工进行应急救援演练；按应急救援预案要求，应配备应急救援器材和设备。

④ 安全管理一般项目的检查评定应符合下列规定。

a. 分包单位安全管理。总包单位应对承揽分包工程的分包单位进行资质、安全生产许可证和相关人员安全生产资格的审查；当总包单位与分包单位签订分包合同时，应签订安全生产协议书，明确双方的安全责任；分包单位应按规定建立安全机构，配备专职安全员。

b. 持证上岗。从事建筑施工的项目经理、专职安全员和特种作业人员，必须经行业主管部门培训考核合格，取得相应资格证书，方可上岗作业；项目经理、专职安全员和特种作业人员应持证上岗。

c. 生产安全事故处理。当施工现场发生生产安全事故时，施工单位应按规定及时报告；施工单位应按规定对生产安全事故进行调查分析，制定防范措施；应依法为施工作业人员办理保险。

d. 安全标志。施工现场入口处及主要施工区域、危险部位应设置相应的安全警示标志牌；施工现场应绘制安全标志布置图；应根据工程部位和现场设施的变化，调整安全标志牌设置；施工现场应设置重大危险源公示牌。

第五节　项目环境管理

一、依据

① 《中华人民共和国环境保护法》（主席令第 22 号）；

② 中华人民共和国第十二届全国人民代表大会常务委员会第八次会议修订《中华人民共和国环境保护法》（主席令第 9 号）；

③ 《中华人民共和国环境影响评价法》（主席令第 77 号）；

④ 全国人民代表大会常务委员会第二十一次会议《关于修改〈中华人民共和国节约能源法〉等六部法律的决定》修正（主席令第 48 号）；

⑤ 《中华人民共和国固体废物污染环境防治法》（主席令第 31 号）；

⑥ 全国人民代表大会常务委员会第二十四次会议《关于修改〈中华人民共和国对外贸易法〉等十二部法律的决定》第三次修正（主席令第 57 号）；

⑦ 《规划环境影响评价条例》（国务院令第 559 号）；

⑧ 《建设项目环境保护管理条例》（国务院令第 253 号）；

⑨ 国务院关于修改《建设项目环境保护管理条例》的决定（国务院令第 682 号）；

⑩ 《建设工程施工现场环境与卫生标准》（JGJ 146—2013）；

⑪ 《环境管理体系要求及使用指南》（GB/T 24001—2016）；

⑫ 《城市建筑垃圾管理规定》（建设部令第 139 号）；

⑬ 《安全生产环境保护奖惩考核制度》。

二、内容

施工现场环境管理工作主要由全过程工程咨询单位配合投资人负责编制总体策划和部

署，建立项目环境管理组织机构，制定相应制度和措施，组织培训，使各级人员明确环境保护的意义和责任。内容包括如下几个方面：

① 检查施工单位是否按照施工总平面图、施工方案和施工进度计划的要求，认真实施施工现场施工平面图的规划、设计、布置、使用和管理；

② 全过程工程咨询单位应检查施工现场文明施工管理实施情况，监督施工单位进行现场文化建设，保持作业环境整洁卫生，监督施工单位减少对周边居民和环境的不利影响；

③ 全过程工程咨询单位应监督检查施工单位是否对施工现场的环境因素进行分析，对于可能产生的污水、废气、噪声、固定废弃物等污染源采取措施，进行控制；

④ 全过程工程咨询单位应检查施工现场节能、排污管理，督促施工单位施工现场用水、用电能耗、排污、垃圾、扬尘、废旧材料二次利用等环境管理控制办法的实施情况。

三、程序

① 确定项目环境管理目标。根据企业的环境方针和工程的具体情况，制定项目环境保护计划。

② 检查施工单位的项目环境管理体系运行情况，确保施工项目的环境管理目标按照分级管理思想能够落实。

③ 检查施工现场施工单位的环境管理执行情况，建立环境管理责任制。明确责任，建立相应的责任制。

④ 督促施工单位做好施工现场的环境保护工作，在审核和评价的基础上，找出薄弱环节，不断改进环境管理工作，保证施工现场的环境条件符合正常施工要求，实现施工现场的环境持续改进。

施工现场环境管理的程序如图 10-15 所示。

施工现场环境管理方法如下。

① 实行施工现场环境保护目标责任制。全过程工程咨询单位实施施工现场环境保护目标责任制是指全过程工程咨询单位将施工现场环境保护指标以责任书的形式，层层分解到全过程工程咨询单位的有关部门和个人，将其列入岗位责任制，从而形成施工现场环境保护监控体系。全过程工程咨询单位通过实行施工现场环境保护目标责任制，实现对施工现场的环境管理目标。

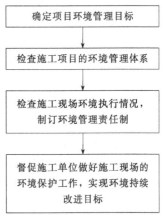

图 10-15　施工现场环境管理程序

② 加强检查和监控工作。全过程工程咨询单位对施工现场的环境管理工作需要通过不断的检查和监控才能完成，这就需要全过程工程咨询单位加强施工现场的环境检查和监控工作，以保证施工单位按照规定的环境实施要求施工。

③ 进行综合治理。全过程工程咨询单位一方面要求施工方采取措施控制施工现场的环境污染，另一方面也应与外部的有关单位和环保部门保持联系、加强沟通。要统筹考虑项目目标的实现与现场环境保护问题，使两者达到统一。

④ 采取有效的技术措施。

a. 防治大气污染的措施。

b. 防治噪声污染的措施。

c. 防治污水污染的措施。

d. 防治固体废弃物污染的措施。

四、注意事项

① 应按照分区化原则，搞好项目的环境管理，进行定期检查，加强协调，及时解决发现的问题，实施纠正和预防措施，保持良好的作业环境、卫生条件和工作秩序，做到预防污染的目的。

② 全过程工程咨询单位应要求施工方制定应急准备和相应措施，并保证信息通畅，预防可能出现的非预期的损害。在出现环境事故时，应及时消除污染，并应制定响应措施，防治环境二次污染。

五、施工现场环境整改措施

施工现场建立环境保护管理体系，责任落实到人，并保证有效运行。对施工现场防治扬尘、噪声、水污染及环境保护管理工作进行定期检查。对建设工程施工中的办公区和生活区应进行绿化和美化。

1. 施工现场环境保护具体措施

① 施工区域应用围墙与非施工区域隔开，防止施工污染施工区域以外的环境，施工围墙完整、连续、牢固。

② 施工现场整洁、运输车辆不带泥沙出场。细颗粒的散体材料装卸运输时，采取遮盖措施，并做到沿途不遗撒扬尘。施工垃圾应及时清运到指定消纳场所，严禁乱倒乱卸，现场设有洒水措施。

③ 施工现场外不允许堆放材料，必须存放时报有关部门批准，办理临时占地手续。

④ 搅拌站（或露天保温材料堆放点）的四周，不允许有废弃的砂浆、混凝土（保温材料）等固体废弃物。

⑤ 工地办公室、职工宿舍和更衣室要整齐有序，保持卫生，无污染物、污水。生活垃圾集中堆放并及时清理，严禁随地大小便。

2. 环境卫生管理措施

① 施工现场暂设用房整齐美观。

② 现场内各种材料按照施工平面图统一布置，分类码放整齐，材料标识要清晰准确。材料的存放场地应平整夯实，有排水措施。水泥库内外散落灰要及时清理，搅拌机四周、搅拌处及现场内无废砂浆和混凝土。

③ 施工现场要天天打扫，操持整洁卫生，场地平整，各类物品堆放整齐，道路平坦畅通，无堆放物、无散落物、无积水、无黑臭、无垃圾、有排水措施。施工垃圾要分别定点存放，严禁混放，并及时清运。

④ 施工现场严禁大小便。

⑤ 施工零散材料和垃圾，要及时清理，垃圾临时堆放最长时间不得超过 3 天。

⑥ 办公室做到天天打扫，保持清洁卫生，做到窗明地净，文具摆放整齐。

⑦ 楼内清出的垃圾，要用容器或小推车盛放，用塔吊或提升机设备运下，严禁高空抛撒。

⑧ 施工现场应设水冲式厕所，做到有顶、门窗齐全并有纱窗，坚持天天打扫。

⑨ 为了广大职工身体健康，施工现场必须设置保温桶（冬季）和开水，公用杯子要经常消毒，茶水桶必须加盖加锁。

3. 生活区卫生管理

① 宿舍内应有必备的生活设施及保证必要的生活空间，室内通风应符合标准。

② 职工宿舍要有卫生管理制度，实行室长负责制，规定一周内每天卫生值日名单并张贴到墙上，做到天天有人打扫，保持窗明地净，通风良好。

③ 宿舍内放置各类生活用品的桌柜或吊架等设施，摆放有序。各类生活用品整齐摆放，整齐美观。

④ 宿舍内保持清洁卫生，清扫出的垃圾定点堆放，并与宿舍有一定的距离、及时清理，夏天每天清运两次。

⑤ 生活废水要有污水池，二楼以上也要有水源和水池，做到卫生区内无污水、无污物、废水不得乱倒乱流。

⑥ 冬季有取暖设施，设施须齐全、有效，建立验收合格证制度，经验收合格后使用。

⑦ 未经许可，一律禁止使用电炉及其他电加热器具。

⑧ 职工要搞好个人卫生，做到勤洗澡、勤理发、勤换衣、勤晒被褥衣物，不随地吐痰，不随地大小便。

⑨ 每个职工都要爱护生活区的绿化植物，要有专人负责浇灌和修剪，使绿化花草生长旺盛，四季常青。

4. 食堂卫生管理

① 根据《中华人民共和国食品安全法》的规定，施工现场设置的临时食堂必须具备临时食堂卫生许可证、炊事人员身体健康证、卫生知识培训证。建立食堂卫生管理制度，严格执行食品卫生相关法律和有关管理规定。

② 施工现场的食堂和操作间相对固定封闭，并且具备清洗消毒的条件和杜绝传染疾病的措施。依食堂规模的大小，入伙人数的多少，配备相应的食品原料处理、加工、储存等场所，必要的上下水等卫生设施。做到防蝇、防尘。与污染源（污水沟、厕所、垃圾箱）保持30m以上的距离。食堂做到每天清洗打扫，保持室内外的整洁。

③ 炊事人员必须到卫生防疫部门体检合格并取得健康证后才能上岗。工作时要穿工作服、戴工作帽，保持个人卫生。

④ 食堂和存放粮食的仓库要保持清洁卫生，做到无积水、无蝇、无鼠、无蛛网，加工和保管的生熟食要分开。

⑤ 食堂周围不随意泼污水、扔污物，生活垃圾分类定点存放，并及时清理，保持清洁。

5. 厕所卫生管理

① 施工现场和生活区按规定设置厕所，厕所离食堂30m以上，屋顶墙壁要严密，门窗齐全有效，厕所有专人管理，应有化粪池，严禁将粪便直接排入下水道或河流沟渠中，露天粪池必须加盖。

② 厕所定期清扫制度：厕所设专人天天冲洗打扫，做到无积垢、垃圾及明显臭味，并有洗手水源，市区工地厕所要有水冲设施，保持厕所清洁卫生。

③ 厕所灭蝇蛆措施：厕所按规定设冲水或加盖措施，定期打药或撒白灰粉，消灭蝇蛆。

6. 施工现场生活垃圾处置方案

为了保证施工工地环境卫生，为全体员工创造一个清洁、优美的工作生活环境，现将施工现场生活垃圾处理方案公布如下。

① 为方便生活垃圾的集中存放，可回收和不可回收垃圾应该分开设置，工地办公区和生活区应设密闭式垃圾箱、桶。

② 各施工队应严格要求分类倾倒生活垃圾，不得随意丢弃或乱扔乱放，除生活垃圾外，其他施工垃圾严禁倒入生活垃圾桶内。

③ 现场管理人员食堂门口适当位置应摆放用于倾倒剩菜剩饭的专用生活垃圾桶，其他生活垃圾直接倒入生活垃圾池内。

④ 严禁乱丢垃圾，负责人要教育员工不在场区道路上乱丢纸屑，生活垃圾和烟头。

⑤ 生活垃圾根据季节可每周集中清运一次，如高温季节为防止出现苍蝇或者其他蚊虫，可喷洒药物或每隔两天便外运到指定的生活垃圾场，也可委托环卫部门及时清运生活垃圾。

⑥ 生活垃圾严禁焚烧，禁止随地大小便。

⑦ 对施工队伍做好宣传教育工作，让大家认识到：保护环境，人人有责。

⑧ 项目部明确各施工队生活环境责任区，要求各责任人搞好各自的责任区卫生，每天按时清理打扫。

六、成果范例

关于施工现场环境管理的成果性文件表格如表 10-5 所示。

▢ 表 10-5　施工现场环境管理体系运行表格

工程名称：　　　　　　　　　　　　　　　　　　　　　　　　编号：

施工单位					
检查日期		检查人		陪同人	
检查项目		检查情况			备注

第十一章

建筑工程项目风险防范管理工作

第一节 项目风险防范的目标及程序

一、项目风险的目标

项目风险是指工程项目在决策、设计、施工和竣工验收等阶段中可能产生的，与工程各参与单位目标相背离的，会造成人身伤亡、财产损失或其他经济损失后果的不确定性。面对项目风险的不确定性，需要一个标准且有序的流程，通过对项目风险进行系统的识别、评估和应对，使风险保持在可接受的控制范围以内。

实施项目风险管理并且提高项目风险管理效率和效果，对于保证项目目标的顺利实现具有重要意义。

二、项目风险防范的内容

项目风险管理就是通过风险识别，采用合理的经济和技术手段对风险因素进行估计、评价，并以此为基础进行决策，合理地使用回避、转移、缓和或自留等方法有效应对各类风险，并对其实施监控，妥善处理风险事件发生后引起的不利后果，以保证预期目标顺利实现的管理过程。

项目风险管理作为减少或降低风险的有效手段，应从规划、可行性研究、勘察设计、施工直至竣工及交付使用的全过程实施风险管理，对各类建设风险尽早、及时地进行辨识、分析与应对，对各阶段建设风险实施跟踪记录和管理。

每个阶段完成后应形成风险评估报告或风险管理记录文件，记录风险管理对象、内容、方法及控制措施，并作为下阶段风险管理的实施和管理的基本依据。

三、项目风险防范的程序

工程项目风险管理过程如图 11-1 所示。

1. 风险识别

进行风险调查，收集企业风险管理的历史资料、同类项目、同地区项目、邻近建筑物、本项目的用地范围、建设方案、地质水文资料、地下工程等相关资料。识别项目风险的来源、确定风险的发生条件、描述风险特征及风险影响的过程，填写项目风险辨识表。

风险识别的方法主要有：检查表法和专家调查法。

2. 风险估计

风险估计是建立在有效识别工程风险的基础上，根据工程风险的特点，对已确认的风险，通过定性和定量分析方法估计其发生的可能性和破坏程度的大小。风险估计的方法主要有：统计法、分析法和推断法。

3. 风险评价

风险评价是指在风险识别、风险分析的基础上，对工程风险进行综合分析，并根据风险对工程目标的影响程度对风险等级进行排序。风险评估的目的就是为了分清风险的轻重缓急，以便为将来如何分配资源提供依据。工程风险评价的主要内容是确定风险的等级，提出预付、减少、转移或消除风险损失的初步方法。对于不同等级的风险应给予不同程度的重视。

4. 风险应对

在全面分析评估风险因素的基础上，制定翔实、全面、有效的项目风险控制方案。针对重大风险开展专项风险论证并编制风险监控方案与应急预案。

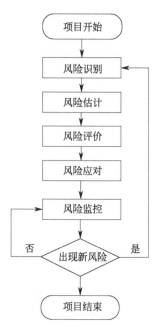

图 11-1　工程项目风险管理过程

主要风险应对措施如下。

（1）风险回避　当项目风险发生的可能性太大，或一旦风险事件发生造成的损失太大时，主动放弃该项目或改变项目目标。

（2）风险转移　通过项目担保、工程保险，在风险事件发生时将损失的一部分或全部转移到项目以外的第三方身上。

（3）风险减轻　通过主动、系统地对项目风险进行全过程识别、评估及监控，按照风险合理分担的原则，充分发挥工程建设各方的优势，调动其积极性，以达到降低风险发生的概率、减少风险发生的损失。

（4）风险接受　当处理风险的成本大于承担风险所付出的代价时可以选择风险接受。准备应对风险事件，包括积极地制定应急计划，或者消极地接受风险的后果。

5. 风险监控

识别、分析和预测新风险，保持对已识别的风险的跟踪记录，监测不可预见事件的引发条件，监测残留风险，评审风险应对策略的实施效果，对项目风险实施动态循环管理。

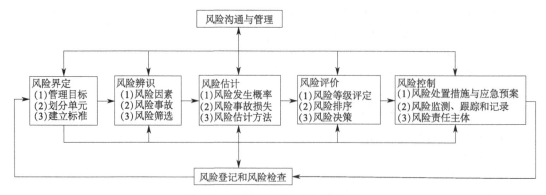

图 11-2　工程项目风险沟通与管理过程

6. 风险管理后评价

对工程项目风险管理决策实施后进行总结评价，判断项目风险管理预期目标的实现程度，总结经验教训，提高未来项目风险管理水平，如图 11-2 所示。

项目后评价包括：影响评价法、效益评价法、过程评价法和系统评价法。

第二节　工程项目主要风险及控制措施

一、全过程工程咨询项目各阶段的主要风险

1. 项目决策阶段的主要风险

（1）市场风险　由于对宏观经济形势（包括国民经济发展状况，经济政策及经济状况）的分析和对市场供需情况（包括主要产品的市场供需状况，价格走势及对竞争力的判断）和预测与实际情况不符；市场调研报告（包括市场调查、预测、市场竞争策略、营销策略等内容）及其论证或者评估不正确或不可靠所引起的风险。

（2）技术风险

① 工艺技术选用，在先进适用性，安全可靠性，经济合理性，耐久性等方面，存在问题所引起的风险。

② 由于对产品品种、建设规模、建设方案和建设地址的选择报告（包括建设条件、资源状况、材料来源与供应、总平面布置、环保、安全、技术经济分析等内容）。可行性研究及其论证或评估不正确或不可靠引起的风险。

（3）筹、融资风险　由于投资估算和资金筹措渠道与筹措方式不合理或不可靠引起的风险。

（4）环境风险　由于建设地区的社会、法律、经济、文化、自然地理、基础设施、社会服务等环境因素对项目目标产生不利影响所引起的风险。

2. 项目招、投标阶段的主要风险

项目成立后到承包合同签订之前，招、投标阶段主要有以下几类风险。

① 招标风险：风险承担人是项目主办人（单位）。

② 投标（报价）风险：风险承担人是承包商。

③ 合同风险：风险承担人为双方，但主要是承包商。

3. 项目实施阶段的主要风险

承包合同签订后，项目实施阶段主要有以下几类风险。

① 勘察设计风险。

② 设计风险。

③ 采购风险。

④ 项目管理风险（质量、安全、费用、进度等风险）。

4. 项目收尾阶段的主要风险

① 合同收尾风险。

② 管理收尾风险。

此阶段的风险承担人主要是项目业主。

二、全过程工程咨询项目风险管理的目的

全过程工程咨询企业在项目合同签订后，立即组建项目部，对项目的策划、勘察、设

计、采购、施工、试运行进行全过程的管理。

项目实施阶段的风险管理，即是在项目实施过程中，通过风险识别与风险分析（定性与定量分析），采取合理的管理方法与技术手段，对项目活动涉及的风险进行有效的控制，以合理的成本、保证安全、可靠地实施合同项目的目标与任务。

三、全过程工程咨询项目风险管理制度

（1）全过程工程咨询项目风险管理风险管理计划　对项目风险管理目标、范围、内容、方法、步骤等作出安排和说明。它是整个项目计划的组成部分。根据项目需要，它可以正式的、详细的，也可以非正式的、框架式的。

（2）全过程工程咨询项目风险管理应对计划　在风险管理计划中预先计划好的，一旦已识别的风险事件发生，应当采取的应对措施计划。

（3）全过程工程咨询项目风险管理替代方案　在风险应对计划中预先拟定好的，在必要时通过改变原计划以阻止或避免风险事件发生的方案。

（4）权变措施　对于不利风险事件的未经计划的应对措施。它与应对计划的区别是在不利风险事件发生前未对其编制出应对措施计划。需根据风险管理人员的应变能力和经验，采取权变措施。

（5）后备措施　有些风险需要事先制定后备措施，一旦项目进展情况与计划不同，就动用后备措施以减轻风险，其中"费用后备"即在估算中设置一笔为可预见费或"储备金"。

"时间后备"即在进度计划中设置一段"应急时间"。

四、全过程工程咨询项目风险管理岗位职责

① 项目实施阶段风险管理工作的主要责任人是项目经理。

② 风险管理工程师协助项目经理对项目风险管理工作进行组织与协调。项目部各方管理人员是其职责范围内的风险管理责任人。

③ 策划经理负责项目前期策划风险管理。

④ 造价经理负责项目造价风险管理。

⑤ 设计经理负责项目设计（包括工艺设计和工程设计）的风险管理。

⑥ 采购经理负责项目采购风险管理。

⑦ 控制经理负责项目控制（QHSE、进度、费用等）风险管理。

⑧ 财务经理负责项目财务风险管理。

五、全过程工程咨询项目风险管理程序

① 在项目初始阶段，项目经理负责组织编制"项目管理计划"时，应将项目风险管理目标、范围、组织、内容、要求等纳入项目管理计划中。

② 在项目开工会议上，项目经理宣布项目风险管理的目标、范围、组织、内容、要求组织分工，并明确其职责。

③ 风险管理工程师负责组织"项目风险管理计划"的编制。风险管理工程师提出"项目风险管理计划编制大纲"，风险管理工程师组织项目内各方的风险管理管理负责人，在风险管理计划编制会议上对"项目风险管理计划编制大纲"进行讨论、研究。会议由项目经理主持。风险管理工程师汇总上述各方意见，编制"项目风险管理计划"。

④ 项目风险管理计划，经风险管理主管部门审核，项目经理批准后，由风险管理工程

师具体组织实施。

⑤ 在项目进展情况会议上，组织审查项目风险管理计划的实施情况。由风险管理工程师提出项目风险管理计划的阶段执行情况报告，必要时提出修改或调整意见。

项目经理组织讨论、作出决定（修改或者调整项目风险计划，制定目标、措施等）。

⑥ 风险管理工程师随时监控项目风险，根据项目实际情况，向各方风险管理工程师提出风险控制建议（必要时启动应急预案），经项目经理批准后实施。

⑦ 当实际发生的风险事件是风险应对计划中预定的时，风险管理工程师负责组织对项目风险重新进行分析，制定新的风险应对计划，按上述的程序审查，批准后实施。

风险管理基本工作程序框图如图 11-3 所示。

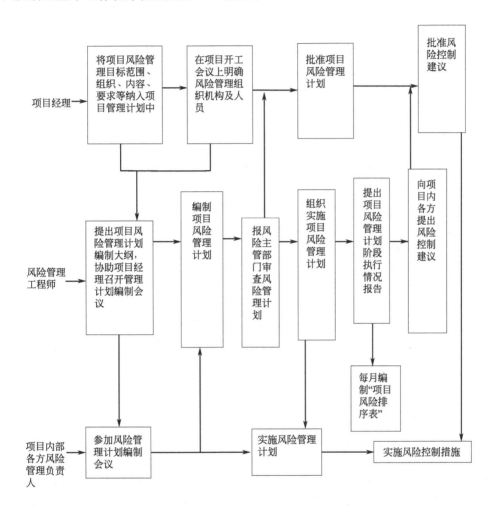

图 11-3 风险管理基本工作程序框图

六、全过程工程咨询项目风险控制措施

1. 风险应对措施

（1）强制性措施　在工程项目中，不可避免会有多种风险，对于其中一些，无论是业主还是承包商都认为必须首先给予应对的风险投保强制性保险。

强制性保险一般是指法定必须投保的险种，由当时的相关法规确定。但对于合同约定或者某些行业，因其行业特点与需要，对某些险种也作为强制性规定应予以投保。

（2）非强制性措施　对于其他风险，在考虑采用非强制性措施时，可按下列程序选择。

① 首先是分析风险事件可否回避，并且又不损害根本利益（即不会把机会也回避掉），则可选择风险回避。

② 风险减轻、风险隔离。采取风险减轻、风险隔离均会产生费用。要考虑效果与费用。效果好，费用又不高，则也可选择之。

③ 风险分散。如果认定采用分散风险的办法，较之集中由自己一家承担更为有利的话（因为分散了风险，也就分散了机会）则应选择风险分散。

④ 风险转移。多数风险不可能靠分散的办法解决。因为分散只能解除一部分风险，承包商还要承担相当一部分的风险。这时，可以考虑风险转移。风险转移包括"非保险转移"和"保险转移"两种。非保险转移，是通过各种契约，将本应由自己承担的风险转移给别人。例如：技术转移、设备租赁，等等。保险转移则是通过买保险，从而通过保险公司获得可能的损失补偿。风险转移同样要付出代价。风险转移的结果可能有以下两种：

a. 风险事件并未发生，但却付出了风险转移的费用。比如因买保险，付出了保险费。技术转让使自己失去了某些盈利机会。

b. 风险事件发生了，由于已经转移风险，虽然付出了转移风险的费用，但却避免了巨大损失。

⑤ 如果选择风险减轻、风险隔离所花的费用与采用风险分散或者风险转移所花的费用差不多，则也可以选择后者。

⑥ 风险自留。采用风险自留，首先是这些风险造成的后果可以承受，不能承受的风险不能自留；其次是，如果应对风险所付出的代价，大于风险本身造成的损失，不如选择自留；当然对自己有利的自留。

2. 风险的控制方法

（1）风险控制的依据

① 风险管理计划。

② 风险登记册，为了定期对项目风险水平的可接受程度作出评估，项目干系人之间的沟通是必要的。通常用于风险监督和控制的报告包括：问题日志，问题-措施清单，危险警示或事态升级通知。

③ 绩效报告或工作绩效信息。

（2）风险控制的工具和方法

① 风险再评估。

a. 审查回避、转移、缓解等风险应对措施的有效性。

b. 审查风险承担人的有效性。

② 风险审核。审核当风险值和优先次序发生变化时所进行的新的、额外的定性和定量分析。审核一般在项目进行到一定阶段时，以会议形式进行。此会议应属于所有项目会议的会议议程的一项。

挣值（赢得值）是衡量项目绩效的一种方法。通过对比计划工作量和实际完成工作量，确定费用和进度是否按计划执行。

挣值管理技术（赢得值管理技术）：一种综合了范围、进度、资源和项目绩效测量的方法。它对计划完成的工作、实际挣得的收益、实际花费的费用进行比较，以确定费用与进度完成量是否按计划进行。

将项目实际执行中技术工作方面取得的进展与项目计划中相应的进度计划进行比较。比较中反映的偏差，例如在某一里程碑未按计划证明其绩效，可能暗示对实现项目范围存在某种风险。

如果出现了一种风险，而风险应对计划中又没有预计到这种风险，或者该风险对目标的影响比预期的大，为了控制风险，有必要召开状态审查会进行审查。内容包括：风险监督与控制输出（结果）、风险登记册（更新）、推荐的纠偏措施、变更申请、推荐的预防措施（更新）、项目管理计划、工程项目风险管理挣值分析的应用、工程项目风险的监视、风险监视排序。

根据风险分析的结果，从项目的所有风险中挑选出前几个，比如前 10 个最严重的风险，列入监视范围，将之列成一张重要的风险排序表。表中列出当月前 10 名优先考虑的风险，将每一个风险都标出当月的优先顺序、上个月此风险的优先顺序号以及风险类别、应对措施。通过风险优先顺序的变动，可以了解风险变化情况，以便相应采取措施。

3. 风险的利用

① 分析风险利用的可能性和其价值。比如，在考虑利用汇率风险时，首先要了解市场的汇率机制。包括当地政府对外汇管理的法规，自由市场汇率与官方汇率之差，是否有通过条件的可能等等。有些国家允许换汇，有些国家虽然允许换汇，但市场价和官价差别不大，有些国家则不允许换汇。因此首先必须调查清楚才能考虑利用。

② 计算利用风险的代价，并评估自己的承受能力。利用风险就要冒险，而冒任何风险都是要付出代价，计算代价时不仅要计算直接损失，还要计算间接损失和隐蔽损失，然后客观地检查和评估自己的承受能力。

比如，在投标竞标时的降价，就要慎重考虑自己是否能承受并想好降价后补偿措施。

③ 制定策略和实施步骤。比如，某承包商因竞争激烈，为了占领该地市场，以低价中标，于是寄盈利希望于索赔。自合同签订之日起就制定了加强项目管理和利用、扩大索赔途径效益的策略和步骤，组织专门班子，随时收集材料，为了日后的谈判和清理账目和证据做了充分准备。

④ 在项目实施过程中，密切关注各种风险因素的变化，及时因势利导，并不断扩大战果以获得更多的利益。

第三节　项目风险成果交付内容及质量标准

一、项目风险成果交付的内容

1. 项目风险管理体系策划书
① 概述。
② 编制依据。
③ 组织管理架构。
④ 岗位职责。
⑤ 各阶段风险控制要点。

2. 规划阶段风险评估报告
① 概述。
② 编制依据。
③ 风险评估流程与评估方法。
④ 各规划方案的风险评估。
⑤ 规划方案综合对比风险评估。

⑥ 推荐方案重大风险因素分析。

⑦ 结论与建议。

3. 可行性研究阶段风险评估报告

① 概述。

② 编制依据。

③ 工程总体风险评估。

④ 土建结构施工风险评估。

⑤ 机电安装施工风险评估。

⑥ 人员安全及职业健康安全评估。

⑦ 工程施工环境影响风险评估。

⑧ 工程运营期风险评估。

⑨ 风险控制措施建议。

⑩ 结论与建议。

4. 勘察设计阶段风险评估报告

① 概述。

② 编制依据。

③ 风险评估流程与评估方法。

④ 各单项风险评估。

⑤ 关键节点风险评估。

⑥ 专项风险控制措施。

⑦ 结论与建议。

5. 招标、采购阶段风险评估报告

① 概述。

② 编制依据。

③ 风险识别。

④ 风险估计。

⑤ 风险分担原则。

⑥ 风险控制措施建议。

6. 施工阶段风险评估报告

① 概述。

② 编制依据。

③ 风险识别。

④ 风险估计。

⑤ 风险等级及排序。

⑥ 风险处置措施。

⑦ 风险监测方案。

⑧ 风险事故应急预案。

⑨ 结论与建议。

7. 项目风险管理后评价报告

① 概述。

② 评价的程序和方法。

③ 项目风险管理目标完成情况及分析。

④ 经验教训总结。

⑤ 结论与建议。

二、成果质量标准

《风险管理原则与实施指南》（GB/T 24353—2009）、《城市轨道交通地下工程建设风险管理规范》（GB 50652—2011）以及其他现行规范要求，如表 11-1～表 11-14 所示。

▣ 表 11-1　风险发生可能性等级标准

等级	1	2	3	4	5
可能性	频繁的	可能的	偶尔的	罕见的	不可能的
概率或频率值	＞0.1	0.01～0.1	0.001～0.01	0.0001～0.001	＜0.0001

▣ 表 11-2　风险损失等级标准

等级	A	B	C	D	E
严重程度	灾难性的	非常严重的	严重的	需考虑的	可忽略的

▣ 表 11-3　工程建设人员及第三方人员伤亡等级标准

等级	A	B	C	D	E
建设人员	死亡（含失踪）10 人以上	死亡（含失踪）3～9 人或重伤 10 人以上	死亡（含失踪）1～2 人或重伤 2～9 人	重伤 1 人或轻伤 2～10 人	轻伤 1 人
第三方人员	死亡（含失踪）1 人以上	重伤 2～9 人	重伤 1 人	轻伤 2～10 人	轻伤 1 人

▣ 表 11-4　环境影响等级标准

等级	A	B	C	D	E
影响范围及程度	涉及范围非常大，周边生态环境发生严重污染或破坏	涉及范围很大，周边生态环境发生较重污染或破坏	涉及范围大，区域内生态环境发生污染或破坏	涉及范围较小，邻近区生态环境发生轻度污染或破坏	涉及范围很小，施工区生态环境发生少量污染或破坏

▣ 表 11-5　工程本身和第三方直接经济损失等级标准

等级	A	B	C	D	E
工程本身	1000 万元以上	500 万元～1000 万元	100 万元～500 万元	50 万元～100 万元	50 万元以下
第三方	200 万元以上	100 万元～200 万元	50 万元～100 万元	10 万元～50 万元	10 万元以下

▣ 表 11-6　工期延误等级标准

等级	A	B	C	D	E
长期工程	延误大于 9 个月	延误 6～9 个月	延误 3～6 个月	延误 1～3 个月	延误少于 1 个月
短期工程	延误大于 90 天	延误 60～90 天	延误 30～60 天	延误 10～30 天	延误少于 10 天

▣ 表 11-7　社会影响等级标准

等级	A	B	C	D	E
影响程度	恶劣的或需紧急转移安置 1000 人以上	严重的或需紧急转移安置 500～1000 人	较严重的或需紧急转移安置 100～500 人	需考虑的或需紧急转移安置 50～100 人	可忽略的或需紧急转移安置小于 50 人

等级	A/灾难性的	B/非常严重的	C/严重的	D/需考虑的	E/可忽略的
1/频繁的	Ⅰ级	Ⅰ级	Ⅰ级	Ⅱ级	Ⅲ级
2/可能的	Ⅰ级	Ⅰ级	Ⅱ级	Ⅲ级	Ⅲ级
3/偶尔的	Ⅰ级	Ⅱ级	Ⅲ级	Ⅲ级	Ⅳ级
4/罕见的	Ⅱ级	Ⅲ级	Ⅲ级	Ⅳ级	Ⅳ级
5/不可能的	Ⅲ级	Ⅲ级	Ⅳ级	Ⅳ级	Ⅳ级

□ 表 11-9　风险接受准则

等级	接受准则	处置原则	控制方案
Ⅰ级	不可接受	必须采取风险控制措施降低风险,至少应将风险降低至可接受或不愿接受的水平	应编制风险预警与应急处置方案,或进行方案修正或调整等
Ⅱ级	不愿接受	应实施风险管理降低风险,且风险降低的所需成本不应高于风险发生的损失	应实施风险防范与监测,制定风险处置措施
Ⅲ级	可接受	宜实施风险管理,可采取风险处理措施	宜加强日常管理与监测
Ⅳ级	可忽略	可实施风险管理	可开展日常审视检查

□ 表 11-10　项目进展阶段风险记录表

工程项目					工程标段	
进展阶段	□规划阶段　　□可行性研究阶段　　□勘察设计阶段 □招投、采购阶段　　□施工阶段					
参与单位	1. 投资人:　　　　　　2. 施工单位: 3. 设计单位:　　　　　4. 监理单位: 5. 勘察单位:　　　　　6. 第三方检测单位: 7. 其他单位:					
填写人			填写日期			

编号	风险名称	发生位置	风险因素(可能成因)	风险损失(不利影响/危害后果)	等级 概率	等级 损失人	风险等级	处置负责单位 建设单位	处置负责单位 设计单位	处置负责单位 勘察单位	处置负责单位 施工单位	处置负责单位 监理单位	处置负责单位 监测单位	备注
1														
2														
3														
填表说明														

□ 表 11-11　项目风险清单

工程项目				工程标段	
进展阶段	□规划阶段　　□可行性研究阶段　　□勘察设计阶段 □招投、采购阶段　　□施工阶段				
参见单位	1. 投资人:　　　　　　2. 施工单位: 3. 设计部门:　　　　　4. 监理单位: 5. 勘察部门:　　　　　6. 第三方检测单位: 7. 其他单位:				
风险类别	分部工程	风险名称	编码	风险等级	风险因素	备注

风险类别	分部工程	风险名称	编码	风险等级	风险因素	备注

编制人		编制说明	
审核人		审核说明	
批准人		批准说明	
填表说明			

▣ 表 11-12　风险分析方法表

分类	名称	适用范围
定性分析方法	检查表法	基于经验的方法,由分析人员列出一些项目,识别与一般工艺设备和操作有关的已知类型的有害或危险因素、设计缺陷以及事故隐患。安全检查表,可用于对物质、设备或操作规程的分析
	专家调查法(包括德尔菲法)	难以借助精确的分析技术,但可依靠集体的经验判断,进行风险分析,问题庞大复杂,专家代表不同的专业并没有交流的历史,受时间和经费限制,或因专家之间存在分歧、隔阂,不易当面交换意见
	"如果……怎么办"法	该方法既适用于一个系统,又适用于系统中某一环节,适用范围较广,但不适用于庞大系统分析
	失效模式和后果分析法	可用在整个系统的任何一级,常用于分析某些复杂的关键设备
定量分析方法	层次分析法	应用领域比较广阔,可以分析社会、经济以及科学管理领域中的问题,适用于任何领域的任何环节,但不适应于层次复杂的系统
	蒙特卡罗法	比较适合在大中型项目中应用。优点是可以解决许多复杂的概率运算问题,以及适用于不允许进行真实试验的场合。对于那些费用高的项目或费时长的试验,具有很好的优越性。一般只在进行较精细的系统分析时才使用,适用于问题比较复杂、要求精度较高的场合,特别是对少数可行方案进行精选比较时更有效
	可靠度分析法	分析结构在规定的时间内、规定的条件下具备预定功能的安全概率,计算结构的可靠度指标,并可对已建成结构进行可靠度校核。该方法适用于对地下结构设计进行安全风险分析
	数值模拟法	采用数值计算软件对结构进行建模模拟,分析结构设计的受力与变形,并对结构进行风险评估,该方法适用于复杂结构计算,判定结构设计与施工风险信息
	模糊数学综合评判法	模糊数学综合评判法适用于任何系统的任何环节,其适应性比较广
	等风险图法	该方法适用于对结果精度要求不高,只需要进行粗略分析的项目,同时,如果只进行一个项目一个方案分析,该方法相对繁琐,所以该方法适用于多个类似项目同时分析或一个项目的多个方案比较分析时使用
	控制区间记忆模型	该模型适用于结果精度要求不高的项目,且只适用于变量间相互独立或相关性可以忽略的项目
	神经网络方法	适用于预测问题、原因和结果的关系模糊的场合或模式识别及包含模糊信息的场合。不一定非要得到最优解,主要是快速求得与之相近的次优解的场合;组合数量非常多,实际求解几乎不可能的场合;对非线性很高的系统进行控制的场合
	主成分分析法	该方法可适用于各个领域,但其结果只有在比较相对大小时才有意义

分类	名称	适用范围
综合分析方法	专家信心指数法	同专家调查法
	模糊层次综合评估法	同模糊数学综合评判法
	工程类比分析法	利用周边区域的类似工程建设经验或风险事故资料对待评估工程进行分析,该方法适用于对地下工程进行综合分析
	事故树法	该方法应用比较广,非常适用于重复性较大的系统。在工程设计阶段对事故查询时,都可以使用该方法对它们的安全性作出评价。该方法经常运用于直接经验较少的风险辨识
	事件树法	该方法可用来分析系统故障、设备失效、工艺异常、人的失误等,应用比较广泛
	影响图方法	影响图方法与事故树法适用性类似,由于影响图方法比事故树法有更多的优点,因此,也可以与较大的系统分析
	风险评价矩阵法	该方法可根据使用需求对风险等级划分进行修改,使其适用不同的分析系统,但要有一定的工程经验和数据资料作为依据。其既适用于整个系统,又适用于系统中某一环节
	模糊事故树分析法	适用范围与事故树法相同,与事故树法相比,更适用于那些缺乏基本统计数据的项目

▫ 表 11-13　风险记录表

工程项目					工程标段				
进展阶段	□规划阶段　　　□可行性研究阶段　　□勘察设计阶段 □招投、采购阶段　　□施工阶段								
参见单位	1.投资人:　　　　　　　　　2.设计部门: 3.勘察部门:　　　　　　　　4.施工单位: 5.监理单位:　　　　　　　　6.第三方检测单位: 7.其他单位:								
填写人				填写日期					
序号	风险名称	位置或范围	风险描述	风险等级	风险处置措施	负责单位	实施时间	处置后风险等级	备注
填表说明									

▫ 表 11-14　重大风险(Ⅰ级和Ⅱ级风险)处置记录表

工程项目		工程标段	
风险名称及编号		发生位置	
风险等级		风险描述	
填写人		填写日期	
处置单位	1.投资人:　　　　　　　2.设计部门: 3.勘察部门:　　　　　　4.施工单位: 5.监理单位:　　　　　　6.第三方检测单位: 7.其他单位:		

1.风险处置措施

2.现场监测与预警

签字(盖章)

年　月　日

施工单位审核意见：	
	签字（盖章） 年　月　日
投资人审核意见：	
	签字（盖章） 年　月　日
设计部门审核意见：	
	签字（盖章） 年　月　日
其他参与单位参阅意见：	
	签字（盖章） 年　月　日
填表说明	施工单位填写后报送投资人与设计等单位，审核中各单位应填写意见

第四节　工程项目风险管理实例

一、项目风险识别

1. 专业风险

【例 11-1】 工业项目设计服务——人力资源不足

某工程咨询公司以固定总价承担了合同额为 90 万欧元的某工业项目机电工程设计工作。项目启动后，原来提议的机电工程师中有一半人都在别的项目上无法脱身，导致合同规定的设计工作发生严重延误，最后不得不将部分工作分包给另一个公司。由于项目延误，业主拒绝支付最后一笔款约 10 万欧元；另外，由于发生计划外分包，成本超支约 14 万欧元。最终，本咨询项目的利润率降低约 25%。

【例 11-2】 化工项目设计服务——专业能力欠缺

某工程公司承担了某化工装置的工程设计任务，但是该公司并不拥有类似项目经验，也没有可以完成该项设计的专业人员，并且没有完善的质量管理程序。最后不但工程设计交付延误，同时客户的技术人员还发现设计中存在多达几十处错误，其中一处严重的错误导致客户采购了一批错误的原材料。客户随即发起索赔，咨询公司遭受严重的经济损失，同时信誉受到严重损害。

2. 项目技术风险

工程项目技术风险是指客户项目和工程咨询工作在技术上的复杂性和不确定性引起的风险。有的客户项目采用成熟的技术，则风险较小。有的客户项目涉及新工艺、新材料、新结构，则技术风险较大。例如，为以下客户项目提供的工程咨询项目的技术风险可能较大：

① 涉及复杂的、大型的、新型的工程结构的土木工程项目。

② 复杂地质条件下的大跨、深埋的地下工程项目。

③ 涉及高温、高压、危险品、复杂工艺过程的工业项目。

④ 涉及复杂数据和模型的市场预测、分析、评估项目。

⑤ 复杂环境下多约束条件、多相关方、高要求、大规模的开发建设项目。

【例11-3】 东南亚新建铁路项目初步设计服务技术风险

位于某东南亚国家的某新建铁路项目在建成后需要联入既有铁路网络中。但是新建铁路和既有铁路的通信信号和供电系统采用不同的技术标准，给新建铁路和既有铁路之间的互联互通性（interoperability）带来严峻的技术挑战和重大的技术风险。参与该新建铁路项目初步设计投标的工程设计咨询公司需要在建议书阶段考虑解决这一问题的技术方案、技术措施和费用，以及采取措施后咨询公司需要承担的残余风险。

【例11-4】 城市片区总体规划服务——分包合同未能及时签订

某国有设计院为某大型国有企业提供城市片区总体规划服务，该设计院将其中一部分工作分包给某工程咨询公司。该设计院以项目工期紧迫、来不及签订合同为由，要求工程咨询公司基于设计院签发的"委托函"开始工作。但是委托函中没有详细的服务范围描述，也没有服务费金额。该工程咨询公司一边提供服务，一边催促设计院签订分包合同。但是由于种种原因，直到服务完成也没有完成分包合同的签署。后来终端客户的项目取消，该设计院以未能收到任何终端客户服务费为由拒付任何分包费。由于没有及时签订分包合同，该咨询公司损失咨询费收入近300万元。

【例11-5】 能源项目市场顾问服务工期谈判

某中国客户邀请某工程咨询公司为其收购欧洲某能源资产公司提交市场顾问服务建议书，双方随后进行商务谈判。根据双方协定的工作范围，本项服务需要6周的工作时间。但是由于项目紧迫，客户要求将工期压缩到3周。咨询公司认为服务在3周时间内无法按质量要求完成市场需求模型构建、模拟计算并撰写咨询报告，因而未同意接受客户的要求。双方通过进一步深入沟通，最后协定，通过咨询人员加班将工期缩短为5周，同时采用分步交付成果的方式，既保证了合理的工期，又满足了客户的需求。

3. 项目沟通风险

【例11-6】 大型基础设施项目的沟通风险

某工程咨询公司作为设计咨询顾问参与了中国中部地区某大型基础设施项目。该项目的业主为国有基础设施投资平台公司，参与方众多，包括设计团队（由3家中外公司组成的联合体）、设计咨询顾问（由4家中外公司组成）、商业策划顾问、机电顾问、BIM顾问、交通顾问、市政工程顾问、项目管理顾问等。在项目实施的初期，由于未能及时建立统一的沟通机制和信息共享平台，项目相关文件主要以微信等非正式的方式传递，导致某些重要的信息未能及时送达，并且文件的收发不便追溯，容易造成保密信息的泄露，影响了项目的顺利实施。

二、工程项目风险分析

1. 定性分析

【例11-7】 房地产开发项目规划设计服务风险清单

某公司（以下简称"业主"）拟委托一家工程咨询公司，为一片约20公顷地块的开发提供总体规划和建筑概念设计服务，合同金额为350万元，服务期限为3个月。某工程咨询公司（以下简称"咨询公司"）经过投标，被业主确定为中标单位。业主向咨询公司发送了"委托函"，要求咨询公司立即启动工作。咨询公司在开始项目实施前，组织公司相关管理人员和技术专家组成项目风险评估专家小组,对项目的风险进行了识别和定性评估。

专家小组识别出如下主要风险。

① 业主风险。咨询公司对业主不熟悉;业主可能不能顺利推进项目;客户可能不能履约等。

② 合同风险。业主要求在签订正式合同前开展工作,可能在启动工程咨询工作后无法就合同内容达成一致,或因其他原因不能及时签订合同。

③ 范围风险。业主可能要求完成双方协定工作范围以外的任务。

④ 质量风险。团队对项目环境不了解,提交的成果可能存在质量缺陷。

⑤ 财务风险。业主要求大部分服务费款项在相关成果获得政府审批之后支付;可能因为咨询公司难以控制的原因不能及时收到服务费。

⑥ 专业能力风险。投标书中提议的项目经理目前同时负责 4 个重要项目。可能因为时间冲突而不能按合同要求投入本项目的工作,或不能出席本项目的重要会议。

在此基础上,专家小组对各项风险的发生概率和后果进行了定性评估(按照低、中、高三级),对各小组成员的评估结果进行汇总、平均后得出的风险清单如表 11-15 所示。

▫ 表 11-15 工程咨询项目风险清单

风险名称	风险事件	发生概率	风险后果	风险评级
客户风险	业主不能顺利推进项目;业主不能履约	中	中	中
合同风险	没有签署合同就开始工作;双方不能按时签订合同	中	高	高
范围风险	业主要求完成双方协定工作范围以外的任务	高	中	高
质量风险	出现质量缺陷	低	高	中
财务风险	业主要求大部分款项在获得政府审批之后支付	低	高	中
专业能力风险	项目经理不能按合同要求投入工作	低	中	低

由表 11-15 可见,在本项目中,合同风险和范围风险是最严重的风险,应该密切关注并采取有效的应对措施。

2. 定量分析

【例 11-8】 房地产开发项目规划设计服务风险定量分析——预期损失法

采用预期损失法对本案例中的各项风险进行定量评估。通过专家评审、历史资料类比等方法,估计出各项风险的发生概率和风险后果,然后将两者相乘得出预期损失。各项风险的预期损失累加之和,即为整个项目风险的预期损失,如表 11-16 所示。

▫ 表 11-16 风险预期损失示例

风险名称	风险事件	发生概率	风险后果/万元	预期损失/万元
客户风险	业主不能顺利推进项目;业主不能履约	20%	30	6
合同风险	没有签署合同就开始工作;双方不能按时签订合同	20%	50	10
范围风险	业主要求完成双方协定工作范围以外的任务	30%	20	6
质量风险	出现质量缺陷	10%	40	4
财务风险	业主要求大部分款项在获得政府审批之后支付	10%	50	5
专业能力风险	项目经理不能按合同要求投入工作	15%	20	3
合计				34

由表 11-16 可见,本项目各主要风险的预计损失之和为 34 万元。在编制项目预算时,可以以此为依据在预算中包括一定金额的"风险预备费"或"不可预见费"。在本例中,可

以考虑 40 万元的风险预备费。

3. 风险应对

【例 11-9】 某项目工程服务专业能力风险的应对

某工程被授予某大型工业建设项目的技术顾问和项目管理服务合同。该客户项目总投资约 150 亿元，建设周期长约 5 年。客户项目规模大、综合性强，对咨询公司提供多专业整合服务的能力提出了极高的要求。从投标阶段开始，咨询公司采取一系列措施应对专业能力风险：

① 获得本公司最高领导层在资源调配方面的支持和承诺。

② 确定清晰的项目团队组织架构、角色和职责。

③ 组建来自亚洲地区 5 个办公室、涵盖 10 个专业、包括 60 位咨询专家的跨地域、跨业务线的综合技术顾问团队。

④ 由各专业最资深的专家组成"专家咨询委员会"。

⑤ 充分利用公司数据库、项目库等丰富的技术资源。

⑥ 项目团队建立统一的工作机制，保证充分的内部协调、沟通。

通过有效的资源整合提升了项目团队支付这一综合性、高难度项目的履约能力，降低了专业能力风险。

第十二章
建筑工程项目结算管理工作

第一节　工程结算简述

工程结算是指承包方按照合同约定的条款和结算方式，向业主结清双方往来款项。工程结算在项目施工中通常需要发生多次，一直到整个项目全部竣工验收，还需要进行最终建筑产品的工程竣工结算，从而完成最终建筑产品的工程造价的确定和控制。在此主要按照施工的不同阶段，阐述工程结算的编制程序与方法，进行工程备料款、工程价款和完工后的结算（工程竣工结算）的编制。

一、工程结算的编制

① 工程结算按工程的施工内容或完成阶段，可分为竣工结算、分阶段结算、合同终止结算和专业分包结算等形式，在编制工程结算时可根据合同条款的具体约定进行编制。

② 当合同范围涉及整个建设项目时，应按建设项目组成，将各单位工程汇总为单项工程，再将单项工程汇总为建设项目，编制相应的建设项目工程结算成果文件。

③ 实行分阶段结算的建设项目，应按合同要求进行分阶段结算，出具各阶段结算成果文件。在竣工结算时再将各阶段结算成果文件汇总，编制相应的建设项目工程结算成果文件。

④ 进行合同中止结算时，应按已完合格工程的实际工程量和施工合同的有关条款约定编制合同中止结算。实行专业分包结算的工程项目，应按专业分包合同要求分别编制专业分包工程结算。总承包人应按合同要求将各专业分包工程结算汇总在相应的单位工程或单项工程结算内，进行工程总承包结算。

⑤ 工程结算的编制还应区分施工合同类型及工程结算的计价模式采用合适的工程结算编制方法。工程项目采用总价合同模式的，应在原合同价的基础上对设计变更、工程商洽以及工程索赔等合同约定可以调整的内容进行调整；工程项目采用单价合同模式的，工程结算的工程量应按照经发承包双方在施工合同约定应予计量且实际已完成的工程量确定，并根据合同约定对可以调整的内容进行调整；工程项目采用成本加酬金合同模式的，应依据合同约定的方法计算各分部分项工程及设计变更、工程洽商、施工措施等内容的工程成本，并计算酬金及有关税费。

⑥ 工程竣工结算审查期限。单项工程竣工后，承包人应在提交竣工验收报告的同时，向发包人递交竣工结算报告及完整的结算资料，发包人应按以下规定时限进行核对（审查）并提出审查意见。

工程竣工结算报告金额审查时间：

a. 500 万元以下，从接到竣工结算报告和完整的竣工结算资料之日起 20 天。

b. 500 万元~2000 万元，从接到竣工结算报告和完整的竣工结算资料之日起 30 天。

c. 2000 万元~5000 万元，从接到竣工结算报告和完整的竣工结算资料之日起 45 天。

d. 5000 万元以上，从接到竣工结算报告和完整的竣工结算资料之日起 60 天。

建设项目竣工总结算在最后一个单项工程竣工结算审查确认后 15 天内汇总，送发包人后 30 天内审查完成。

二、工程结算编制阶段

工程结算编制过程一般分为准备、编制和定稿三个阶段，实行编制人、审核人和审定人分别署名、盖章确认的编审签署制度，共同对工程结算成果文件的质量负责。以下也从这三个阶段对工程结算的内容进行阐述。

1. 工程结算编制准备阶段的工作内容

① 收集与工程结算相关的编制依据，主要有国家法律、法规和行业规程、规范等。

② 熟悉招标文件、投标文件、施工合同、施工图纸等相关资料。

③ 掌握工程项目发承包方式，现场施工条件，应采用的计价标准，定额、费用标准、材料价格、人工工资、机械台班价格变化等情况。

④ 对工程结算编制依据进行分类、归纳和整理。

⑤ 召集工程结算编制人员对工程结算涉及的内容进行核对、补充和完善。

2. 工程结算编制阶段的工作内容

① 根据施工图或竣工图以及施工组织设计进行现场踏勘，并做好书面或影像记录。

② 按招标文件施工合同约定的方式和相应的工程量计算规则计算分部分项工程项目、措施项目或其他项目的工程量。

③ 按招标文件、施工合同约定的计价原则和计价办法对分部分项工程项目、措施项目或其他项目进行计价。

④ 对工程量清单缺项以及采用的新材料、新设备、新工艺、新技术，应根据施工过程中的合理消耗和市场价格以及施工合同有关条款，编制综合单价或单位估价分析表。

⑤ 工程索赔应按合同约定的索赔处理原则、程序和计算方法，算出索赔费用。针对索赔，做如下说明。

a. 合同一方向另一方提出索赔时，应有正当的索赔理由和有效证据，并应符合合同的相关约定。

b. 根据合同约定，承包人认为非承包人原因发生的事件造成了承包人的损失，应按以下程序向发包人提出索赔。

Ⅰ. 承包人应在知道或应当知道索赔事件发生后 28 天内，向发包人提交索赔意向通知书，说明发生索赔事件的事由。承包人逾期未发出索赔意向通知书的，丧失索赔的权利。

Ⅱ. 承包人应在发出索赔意向通知书后 28 天内，向发包人正式提交索赔通知书。索赔通知书应详细说明索赔理由和要求，并附必要的记录和证明材料。

Ⅲ. 索赔事件具有连续影响的，承包人应继续提交延续索赔通知，说明连续影响的实际情况和记录。

Ⅳ. 在索赔事件影响结束后的 28 天内，承包人应向发包人提交最终索赔通知书，说明最终索赔要求，并附必要的记录和证明材料。

c. 承包人索赔应按下列程序处理：

Ⅰ. 发包人收到承包人的索赔通知书后，应及时查验承包人的记录和证明材料；

Ⅱ. 发包人应在收到索赔通知书或有关索赔的进一步证明材料后 28 天内，将索赔处理结果答复承包人，如果发包人逾期未做出答复，视为承包人索赔要求已被发包人认可，在进度款中进行支付；承包人不接受索赔处理结果的，按合同约定的争议解决方式办理。

d. 承包人要求赔偿时，可以选择以下一项或几项方式获得赔偿：

Ⅰ. 延长工期；

Ⅱ. 要求发包人支付实际发生的额外费用；

Ⅲ. 要求发包人支付合理的预期利润；

Ⅳ. 要求发包人按合同的约定支付违约金。

e. 若承包人的费用索赔与工期索赔要求相关联时，发包人在做出费用索赔的批准决定时，应结合工程延期，综合做出费用赔偿和工程延期的决定。

f. 发、承包双方在按合同约定办理了竣工结算后，应被认为承包人已无权再提出竣工结算前所发生的任何索赔。承包人在提交的最终结清申请中，只限于提出竣工结算后的索赔，提出索赔的期限自发承包双方最终结清时终止。

g. 根据合同约定，发包人认为由于承包人的原因造成发包人的损失，应参照承包人索赔的程序进行索赔。

h. 发包人要求赔偿时，可以选择以下一项或几项方式获得赔偿：

Ⅰ. 延长质量缺陷修复期限；

Ⅱ. 要求承包人支付实际发生的额外费用；

Ⅲ. 要求承包人按合同的约定支付违约金。

i. 承包人应付给发包人的索赔金额可从拟支付给承包人的合同价款中扣除，或由承包人以其他方式支付给发包人。

j. 发、承包人未能按合同约定履行自己的各项义务或发生错误，给另一方造成经济损失的，由受损方按合同约定提出索赔，索赔金额按合同约定支付。

⑥ 汇总计算工程费用，包括编制分部分项工程费、措施项目费、其他项目费、规费和税金，初步确定工程结算价格。

3. 工程结算编制定稿阶段的工作内容

① 工程结算审核人员对初步成果文件进行审核，并对发现的问题和意见进行处理。

② 工程结算审定人员对审核后的初步成果文件进行审定，并对发现的问题和意见进行处理。

③ 工程结算编制人员、审核人员、审定人员分别在工程结算成果文件上署名，并加盖造价工程师或造价人员执业或从业印章。

④ 工程结算文件经编制、审核、审定后，工程造价咨询企业的法定代表人或其授权人在成果文件上签字或盖章。

⑤ 最后经工程造价咨询企业在工程结算文件上签署工程造价咨询企业执业印章，工程结算文件正式完成。

在上述三个阶段中需要尽量规避信息不对称现象。

4. 工程竣工结算编制的程序

（1）熟悉、理解合同文件 合同文件贯穿整个工程始终，是结算编制的重要依据，一定要重视熟悉、理解合同文件及相关合同条款，尤其要注意弄清楚合同条款中工程变更的范围及计量的方法、工程变价的约定、材料价差是否能够调整及调整方式、相关措施费的调整方式等。熟悉和了解合同条款，减少和避免计量失误，提高结算编制质量。

（2）计量资料的搜集和整理 一份完整而丰富的竣工资料不仅可以保证结算编制内容的

完整性和准确性，而且可以避免审核时产生过多的疑问，保证结算审核工作的顺利进行。这些资料主要包括：工程承发包合同、图纸及图纸会审记录、投标报价、变更通知单、施工组织设计、有关定额、费用调整的文件规定等。资料的积累和收集必须注重其时效性和完整性，尤其是各方联合签证，有无承发包双方的签字与意见，而且要审查签字、意见的真实性。

计算工程量时必须熟练掌握工程量计算规则，仔细查看施工图纸、设计变更资料。同时注意工作联系单等牵扯到工程量签证的确认依据必须合理有效，避免出现不必要的审减。因此，及时办理工程签证和工程变更有利于工程最后竣工结算的顺利进行。

① 竣工图是工程交付使用时的实样图，对于工程变化不大的，可在施工图上变更处分别标明，不用重新绘制；对于工程变化较大的，一定要重新绘制竣工图。竣工图绘制后需要建设单位、监理人员在图签栏内签字，并加盖竣工图章。

② 设计变更通知必须是由原设计单位下达，必须要有设计人员的签名和设计单位的印章。由建设单位现场监理人员发出的不影响结构和造型美观的局部小变动也属于变更之列，必须要有建设单位工地负责人的签字，还要征得设计人员的认可及签字方可生效。

③ 各种签证资料、合同签证。它们决定着工程的承包形式与承包价格、方式、工期及质量奖罚。现场签证即施工签证，包括设计变更联系单及实际施工确认签证、主体工程中的隐蔽工程签证；按实际工程量结算的项目工程量签证以及一些预算外的用工、用料或因建设单位原因引起的返工费等。其中"主体工程中的隐蔽工程"及时签证尤为重要，这种工程事后根本无法核对其工程量，必须是在施工的同时，画好隐蔽图，检查隐蔽验收记录，设计单位、监理单位、建设单位等有关人员到现场验收签字，手续完整，工程量与竣工图一致，方可列入结算。

④ 主要建筑材料规格、质量与价格签证。因为设计图纸对一些材料只指定规格与品种，不能指定生产厂家，目前市场上同一种合格或优质产品，不同的厂家和型号，价格差异比较大，或者变更工程项目材料无单价。这就需要建设单位、监理单位、造价单位等各方对主要建筑材料进行联合考察，共同会签材料单价，作为结算套价的依据。

（3）审核工程量　结算文件编制工作完成后，校审很有必要，能有效避免多算、漏算、重算等现象，提高结算的准确性，加快工作进展。审核的重点应放在工程量计算是否准确、变更单价套用是否正确、各项取费标准是否符合现行规定上。

工程量计算是否准确是关系到结算准确性的重要环节，在这一环节应着重注意以下几点：

① 审核工程项目的划分是否合理；

② 审核工程量的计算规则是否与定额保持一致；

③ 审核工程量的计算单位是否与套用定额单位保持一致；

④ 审核签证凭据，核准工程量。

（4）严格套价取费　结算单价应按合同约定或招投标规定的计价定额与计价原则执行。没有定额单价的项目应按类似定额进行分析换算，或提出人工、机械、材料计价依据，编制补充单价，不得高套、拆算，不得随意毛估或重复计算。实行工程量清单计价的，合同中的综合单价因工程数量增减需要调整时，除合同另有约定外，由于工程量清单的工程数量有误或设计变更引起工程量增减，属合同约定幅度以内的，应执行原有的综合单价；属合同约定幅度以外的，其增加部分的工程量或减少后剩余部分的工程量的综合单价由承包人提出，经发包人确认后，作为结算的依据。

（5）重视索赔工作　索赔工作是竣工结算中的重要内容。在工程承包中，通常提到的索赔是指施工单位的索赔，即在施工过程中，由于业主或其他方面的因素导致承包方付出额外的费用或造成损失，承包方通过合法途径和程序，如谈判、诉讼或仲裁，对其在施工过程中受到的损失向业主提出赔偿的要求。索赔工作是建设单位比较注意规避的内容，为了避免出现索赔现象，各方通常会协商采取各种方式来弥补施工单位的损失。这就要求施工单位加强与各方协调、商谈，以最合理方式达到各方的利益诉求。

三、提交竣工结算要求

合同工程完工后，承包人应在经发承包双方确认的合同工程期中价款结算的基础上汇总编制完成竣工结算文件，并在提交竣工验收申请的同时向发包人提交竣工结算文件。

承包人未在合同约定的时间内提交竣工结算文件，经发包人催告后14天内仍未提交或没有明确答复的，发包人有权根据已有资料编制竣工结算文件，并将其作为办理竣工结算和支付结算款的依据，承包人应予以认可。

发包人应在收到承包人提交的竣工结算文件后28天内核对。发包人经核实，认为承包人还应进一步补充资料和修改结算文件，应在上述时限内向承包人提出核实意见，承包人在收到核实意见后28天内按照发包人提出的合理要求补充资料，修改竣工结算文件，并再次提交给发包人复核后批准。

发包人应在收到承包人再次提交的竣工结算文件后28天内予以复核，并将复核结果通知承包人。

① 发包人、承包人对复核结果无异议的，应在7天内在竣工结算文件上签字确认，竣工结算办理完毕。

② 发包人或承包人对复核结果认为有误的，无异议部分按照规定办理不完全竣工结算；有异议部分由发承包双方协商解决，协商不成的，按照合同约定的争议解决方式处理。

发包人在收到承包人竣工结算文件后28天内，不核对竣工结算或未提出核对意见的，视为承包人提交的竣工结算文件已被发包人认可，竣工结算办理完毕。

承包人在收到发包人提出的核实意见后28天内，不确认也未提出异议的，视为发包人提出的核实意见已被承包人认可，竣工结算办理完毕。

发包人委托工程造价咨询人核对竣工结算的，工程造价咨询人应在28天内核对完毕，核对结论与承包人竣工结算文件不一致的，应提交给承包人复核，承包人应在14天内将同意核对结论或不同意见的说明提交工程造价咨询人。工程造价咨询人收到承包人提出的异议后，应再次复核，复核无异议的，或复核后仍有异议的，按相应规定办理。

承包人逾期未提出书面异议，视为工程造价咨询人核对的竣工结算文件已经被承包人认可。

对发包人或发包人委托的工程造价咨询人指派的专业人员与承包人指派的专业人员经核对后无异议并签名确认的竣工结算文件，除非发承包人能提出具体、详细的不同意见，发承包人都应在竣工结算文件上签名确认，如其中一方拒不签认的，按以下规定办理。

① 若发包人拒不签认的，承包人可不提供竣工验收备案资料，并有权拒绝与发包人或其上级部门委托的工程造价咨询人重新核对竣工结算文件。

② 若承包人拒不签认的，发包人要求办理竣工验收备案的，承包人不得拒绝提供竣工验收资料，否则，由此造成的损失，承包人承担连带责任。

合同工程竣工结算核对完成，发承包双方签字确认后，禁止发包人再要求承包人与另一个或多个工程造价咨询人重复核对竣工结算。

发包人以对工程质量有异议，拒绝办理工程竣工结算的，已竣工验收或已竣工未验收但实际投入使用的工程，其质量争议按该工程保修合同执行，竣工结算按合同约定办理；已竣工未验收且未实际投入使用的工程以及停工、停建工程的质量争议，双方应就有争议的部分委托有资质的检测鉴定机构进行检测，根据检测结果确定解决方案，或按工程质量监督机构的处理决定执行后办理竣工结算，无争议部分的竣工结算按合同约定办理。

四、工程项目结算款支付

承包人应根据办理的竣工结算文件，向发包人提交竣工结算款支付申请。该申请应包括下列内容：

① 竣工结算合同价款总额；

② 累计已实际支付的合同价款；

③ 应扣留的质量保证金；

④ 实际应支付的竣工结算款金额。

发包人应在收到承包人提交竣工结算款支付申请后 7 天内予以核实，向承包人签发竣工结算支付证书。

发包人签发竣工结算支付证书后 14 天内，按照竣工结算支付证书列明的金额向承包人支付结算款。

工程进度款的支付步骤为：工程量测量与统计→提交已完工程量报告→工程师审核并确认→建设单位认可并审批→交付工程进度款。通常规定如下。

① 发承包双方应按照合同约定的时间、程序和方法，根据工程计量结果，办理期中价款结算，支付进度款。

② 进度款支付周期，应与合同约定的工程计量周期一致。

③ 已标价工程量清单中的单价项目，承包人应按工程计量确认的工程量与综合单价计算，如综合单价发生调整的，以发承包双方确认调整的综合单价计算进度款。

④ 已标价工程量清单中的总价项目，承包人应按合同中约定的进度款支付分解，分别列入进度款支付申请中的安全文明施工费和本周期应支付的总价项目的金额中。

⑤ 发包人提供的甲供材料金额，应按照发包人签约提供的单价和数量从进度款支付中扣除，列入本周期应扣减的金额中。

⑥ 承包人现场签证和得到发包人确认的索赔金额列入本周期应增加的金额中。

⑦ 进度款的支付比例按照合同约定，按期中结算价款总额计算，不低于 60%，不高于 90%。

⑧ 承包人应在每个计量周期到期后 7 天内向发包人提交已完工程进度款支付申请，一式四份，详细说明此周期认为有权得到的款额，包括分包人已完工程的价款。支付申请包括以下内容。

a. 累计已完成的合同价款。

b. 累计已实际支付的合同价款。

c. 本周期合计完成的合同价款：

Ⅰ. 本周期已完成单价项目的金额；

Ⅱ. 本周期应支付的总价项目的金额；

Ⅲ. 本周期已完成的计日工价款；

Ⅳ. 本周期应支付的安全文明施工费；

Ⅴ. 本周期应增加的金额。

d. 本周期合计应扣减的金额：

Ⅰ. 本周期应扣回的预付款；

Ⅱ．本周期应扣减的金额。

e．本周期实际应支付的合同价款。

⑨ 发包人应在收到承包人进度款支付申请后 14 天内根据计量结果和合同约定对申请内容予以核实，确认后向承包人出具进度款支付证书。若发、承包双方对有的清单项目的计量结果出现争议，发包人应对无争议部分的工程计量结果向承包人出具进度款支付证书。

⑩ 发包人应在签发进度款支付证书后 14 天内，按照支付证书列明的金额向承包人支付进度款。

⑪ 若发包人逾期未签发进度款支付证书，则视为承包人提交的进度款支付申请已被发包人认可，承包人可向发包人发出催告付款的通知。发包人应在收到通知后 14 天内，按照承包人支付申请的金额向承包人支付进度款。

⑫ 发包人未按照规范规定支付进度款的，承包人可催告发包人支付，并有权获得延迟支付的利息；发包人在付款期满后 7 天内仍未支付的，承包人可在付款期满后第 8 天起暂停施工。发包人应承担由此增加的费用和（或）延误的工期，向承包人支付合理利润，并承担违约责任。

⑬ 发现已签发的任何支付证书有错、漏或重复的数额，发包人有权予以修正，承包人也有权提出修正申请。经发承包双方复核同意修正的，应在本次到期的进度款中支付或扣除。

⑭ 发包人在收到承包人提交的竣工结算款支付申请后 7 天内不予核实，不向承包人签发竣工结算支付证书的，视为承包人的竣工结算款支付申请已被发包人认可；发包人应在收到承包人提交的竣工结算款支付申请 7 天后的 14 天内，按照承包人提交的竣工结算款支付申请列明的金额向承包人支付结算款。

⑮ 发包人未按照③、④的规定支付竣工结算款的，承包人可催告发包人支付，并有权获得延迟支付的利息。

五、质量保证金

① 发包人应按照合同约定的质量保证金比例从结算款中扣留质量保证金。

② 承包人未按照合同约定履行属于自身责任的工程缺陷修复义务的，发包人有权从质量保证金中扣留用于缺陷修复的各项支出。若经查验，工程缺陷属于发包人原因造成的，应由发包人承担查验和缺陷修复的费用。

③ 在合同约定的缺陷责任期终止后 14 天内，发包人应将剩余的质量保证金返还给承包人。剩余质量保证金的返还，并不能免除承包人按照合同约定应承担的质量保修责任和应履行的质量保修义务。

发包人收到承包人递交的竣工结算报告及完整的结算资料后，应按规定的期限（合同约定有期限的，从其约定）进行核实，给予确认或者提出修改意见。发包人根据确认的竣工结算报告向承包人支付工程竣工结算价款，保留 3％左右的质量保证（保修）金，待工程交付使用一年质保期到期后清算（合同另有约定的，从其约定）。质保期内如有返修，发生的费用应在质量保证（保修）金内扣除。

六、最终结清

① 缺陷责任期终止后，承包人应按照合同约定向发包人提交最终结清支付申请。发包人对最终结清支付申请有异议的，有权要求承包人进行修正和提供补充资料。承包人修正后，应再次向发包人提交修正后的最终结清支付申请。

② 发包人应在收到最终结清支付申请后 14 天内予以核实，向承包人签发最终结清支付证书。

③ 发包人应在签发最终结清支付证书后 14 天内，按照最终结清支付证书列明的金额向承包人支付最终结清款。

④ 若发包人未在约定的时间内核实，又未提出具体意见的，视为承包人提交的最终结清支付申请已被发包人认可。

⑤ 发包人未按期最终结清支付的，承包人可催告发包人支付，并有权获得延迟支付的利息。

⑥ 最终结清时，如果承包人被扣留的质量保证金不足以抵减发包人工程缺陷修复费用的，承包人应承担不足部分的补偿责任。

⑦ 承包人对发包人支付的最终结清款有异议的，按照合同约定的争议解决方式处理。

⑧ 合同以外零星项目工程价款结算。发包人要求承包人完成合同以外零星项目，承包人应在接受发包人要求的 7 天内就用工数量和单价、机械台班数量和单价、使用材料和金额等向发包人提出施工签证，发包人签证后施工，如发包人未签证，承包人施工后发生争议的，责任由承包人自负。

⑨ 发包人和承包人要加强施工现场的造价控制，及时对工程合同外的事项如实记录并履行书面手续。凡由发承包双方授权的现场代表签字的现场签证以及发、承包双方协商确定的索赔等费用，应在工程竣工结算中如实办理，不得因发承包双方现场代表的中途变更改变其有效性。

⑩ 发包人收到竣工结算报告及完整的结算资料后，在相关规定或合同约定期限内，对结算报告及资料没有提出意见的，则视同认可。

承包人如未在规定时间内提供完整的工程竣工结算资料，经发包人催促后 14 天内仍未提供或没有明确答复，发包人有权根据已有资料进行审查，责任由承包人自负。

根据确认的竣工结算报告，承包人向发包人申请支付工程竣工结算款。发包人应在收到申请后 15 天内支付结算款，到期没有支付的应承担违约责任。承包人可以催告发包人支付结算价款，如达成延期支付协议，承包人应按同期银行贷款利率支付拖欠工程价款的利息。如未达成延期支付协议，承包人可以与发包人协商将该工程折价，或申请人民法院将该工程依法拍卖，承包人就该工程折价或者拍卖的价款优先受偿。

⑪ 工程竣工结算以合同工期为准，实际施工工期比合同工期提前或延后，发、承包双方应按合同约定的奖惩办法执行。

七、结算审核

工程结算审核是对施工单位在工程竣工或年度终了时，与建设单位所办理的工程价款结算的审计。其主要内容有：

① 中间结算（含跨年），检查工程形象进度的工程量、施工产值和预算成本是否正确、真实，本期应结工程价款净值是否与本期实际完成的施工产值或结算价值经扣除预收工程款、抵扣备料款、甲方材料款以及其他应扣款后的余额相符；

② 竣工结算，应审查竣工质量验收、竣工决算的合规性，未完部分尾工预提费用的合理性以及双方经济往来是否清楚，有无违反结算纪律行为。

1. 审核竣工结算编制依据

编制依据主要包括：工程竣工报告、竣工图及竣工验收单；工程施工合同或施工协议书；施工图预算或招标投标工程的合同标价；设计交底及图纸会审记录资料；设计变更通知单及现场施工变更记录；经建设单位签证认可的施工技术组织措施；预算外各种施工签证或施工记录；合同中规定的定额，材料预算价格，构件、成品价格；国家或地区新颁发的有关规定。审计时要审核编制依据是否符合国家有关规定，资料是否齐全，手续是否完备，对遗留问题处理是否合规。

2. 审核工程量

① 工程量是决定工程造价的主要因素，核定施工工程量是工程竣工结算审计的关键。审计的方法可以根据施工单位编制的竣工结算中的工程量计算表，对照图纸尺寸进行计算来审核，也可以依据图纸重新编制工程量计算表进行审计。一是要重点审核投资比例较大的分项工程，如基础工程、混凝土及钢筋混凝土工程、钢结构等。二是要重点审核容易混淆或出漏洞的项目。如土石方分部中的基础土方，清单计价中按基础详图的界面面积乘以对应长度计算，不考虑放坡、工作面。三是要重点审核容易重复列项的项目。四是重点审核容易重复计算的项目。对于无图纸的项目要深入现场核实，必要时可采用现场丈量实测的方法。

② 审核材料用量及价差。材料用量审核，主要是审核钢材、水泥等主要材料的消耗数量是否准确，列入直接费的材料是否符合预算价格。材料代用和变更是否有签证，材料总价是否符合价差的规定，数量、实际价格、差价计算是否准确，并应在审核工程项目材料用量的基础上，依据预算定额统一基价的取费价格，对照材料耗用时的实际市场价格，审核退补价差金额的真实性。

③ 审查隐蔽验收记录。验收的主要内容是否符合设计及质量要求，其中设计要求中包含了工程造价的成分达到或符合设计要求，也就达到或符合设计要求的造价。因此，做好隐蔽工程验收记录是进行工程结算的前提。目前，在很多建设项目中隐蔽工程没有验收记录，到竣工结算时，施工企业才找有关人员后补记录，然后列入结算。有的甚至没有发生也列入结算，这种事后补办的隐蔽工程验收记录，不仅存在严重质量隐患，而且使工程造价提高，并且存在严重徇私舞弊腐败现象，因此，在审查隐蔽工程的价款时，一定要严格审查验收记录手续的完整性、合法性。验收记录上除了监理工程师及有关人员确认外，还要加盖建设单位公章并注明记录日期，防止事后补办记录或虚假记录的发生，为竣工结算减少纠纷扫平道路，有效地控制工程造价。

④ 审查设计变更签证。设计变更应由原设计单位出具设计变更通知单和修改图纸，设计、校审人员签字并加盖公章，并经建设单位、监理工程师审查同意。重大的设计变更应经原审批部门审批，否则不应列入结算。在审查设计变更时，除了有完整的变更手续外，还要注意工程量的计算，对计算有误的工程量进行调整，对不符合变更手续要求的不能列入结算。

⑤ 审查工程定额的套用。主要审查工程所套用定额是否与工程应执行的定额标准相符，工程预算所列各分项工程预算定额与设计文件是否相符，工程名称、规格、计算单位是否一致。正确把握预算定额套用，避免高套、错套和提高工程项目定额直接费等问题。

⑥ 审核工程类别。对施工单位的资质和工程类别进行审核，是保证工程取费合理的前提，确定工程类别，应按照国家规定的规范认真核对。

⑦ 审查各项费用的计取。建筑安装工程取费标准，应按合同要求或项目建设期间与计价定额配套使用的建安工程费用定额及有关规定。在审查时，应审查各项费率、价格指数或换算系数是否正确，价差调整计算是否符合要求，并在核实费用计算程序时要注意以下几点：

a. 各项费用计取基数，如安装工程间接费等是以人工费为基数，这个人工费是定额人工费与人工费调整部分之和。

b. 取费标准的确定与地区分类工程类别是否相符。

c. 取费定额是否与采用的预算定额相配套。

d. 按规定有些签证应放在独立费用中，是否放在定额直接费中计算。

e. 有无不该计取的费用。

f. 结算中是否按照国家和地方有关调整结算文件规定计取费用。

g. 费用计列是否有漏项。

h. 材料正负差调整是否全面、准确。

i. 施工企业资质等级取费项目有无挂靠高套现象。

j. 有无随意调整人工费单价。

⑧ 审查附属工程。在审核竣工结算时，对列入建安主体的水、电、暖与室外配套的附属工程，应分别审核，防止施工费用的混淆、重复计算。

⑨ 防止各种计算误差。工程竣工结算是一项非常细致的工作，由于结算的子项目多，工作量大，内容繁杂，不可避免地存在着这样或那样的计算误差，但很多误差都是多算。因此，必须对结算中的每一项进行认真核算，做到计算横平竖直。防止因计算误差导致工程价款多计或少计。搞好竣工结算审查工作，控制工程造价，不仅需要审查人员具有较高的业务素质和丰富的审查经验，还需要具有良好的职业道德和较高思想觉悟，同时也需要建设单位、监理工程师及施工单位等方面人员的积极配合。出具的资料要真实可靠，只有这样，才能使工程竣工结算工作得以顺利进行，减少双方纠纷，才能全面真实地反映建设项目合理的工程造价，维护建设单位和施工单位各自的经济利益，使目前我国的建筑市场更加规范有序地运行。

3. 审核施工企业资质

严格审核施工企业的资质，对挂靠、无资质等级及无取费证书的施工企业，应降低综合单价或审计确定综合单价及造价。

4. 审核工程合同

工程合同审计是投资审计的一项重要内容，必须仔细查阅相关文件资料是否齐全、合法合规。

当双方对合同文件有异议时，国内合同按国内合同文件顺序解释，国际工程按照 FIDIC 合同文件顺序解释，特别是按 FIDIC 条款订合同，索赔费用应重点审计。

5. 结算审核实例

某工程项目审核

（1）工程概况

① 工程建设单位：×××自治区管理局建设项目管理中心。

② 工程供货单位：×××实业有限公司。

③ 该工程的招标方式为公开招投标。

④ 本工程为×××机场航站区改扩建工程——新建航站楼专用柜台、旅客座椅及服务设施采购项目。本工程主要内容包括：旅客服务柜台 1 套，公安执勤服务台 1 套，大巴车售票、酒店旅游服务台 2 套，酒店服务柜台 1 套，小件行李寄存柜台 1 套，行李查询柜台 1 套，公安办证柜台 2 套，中转柜台 3 套，登机柜台 20 套，贵宾到达服务台 1 套，安检验证柜台 23 套，开包台 4 套，手续柜台 1 套，值机柜台 38 套，无障碍值机柜台 4 套，开包处柜台 4 套，无障碍安检验证柜台 1 套，旅客服务中心服务台 1 套，问询服务台 2 套，打包台、行李付费服务台 2 套，值机岛服务柜台 4 套，大件行李柜台 2 套，旅检通道开包台 21 套，员工通道安检柜台 6 套，员工通道安检开包台 6 套，前台 1 套，沙发 123 套，茶几 43 套，条案 1 套，水吧台 1 套，餐吧台 2 套，边几 28 套，上网吧台 1 套，成套整体橱柜 1 组，飞

行员休息沙发 20 套，飞行员休息茶几 5 套，旅客座椅 269 套，行李手推车 400 辆，操作台（含垃圾桶、婴儿护理台）15 套，贵宾储物柜 1 套，贵宾区按摩椅储物柜 1 套，配套座椅 246 套，出发大厅安检区插线板 33 套等设施。

⑤ 本工程签约合同价为 7287569.00 元。

（2）审查范围　×××改扩建工程——新建航站楼专用柜台、旅客座椅及服务设施采购项目的竣工图及送审资料所包括的全部内容。

① 结算资料递交手续、程序的合法性，资料的完整性、真实性和相符性。

② 建设工程发承包合同的合法性和有效性，合同范围以外调整的工程价款。

③ 分部分项、措施项目、其他项目工程量及单价。

④ 工程变更费用。

⑤ 取费、税金、政策性调整。

⑥ 实际施工工期与合同工期发生差异的原因和责任，以及对工程造价的影响程度。

⑦ 其他涉及工程造价的内容。

（3）审查原则　竣工结算从以下几个方面进行审查。

① 结算范围：是否与合同中的施工范围一致。

② 资料齐全：竣工图纸、施工现场工程洽商记录、设计变更、工程联系单及现场签证单、竣工验收报告等资料是否齐全，签字是否齐全。

③ 税金：计取基数和费率是否正确。

④ 审核是否发生合同范围外的变更洽商。

⑤ 其他：是否执行合同中约定的其他原则。

（4）审查方法　审核是否发生合同范围外的变更洽商，对合同范围外的变更洽商进行全面审查。

（5）审查依据

① ×××改扩建工程——新建航站楼专用柜台、旅客座椅及服务设施采购及安装合同。

② 工程洽商记录、设计变更、工作联系单及会议纪要等资料。

③ 承包人报审资料。

④ 招标文件、投标文件及其他相关资料。

（6）需要说明的事项　根据工作联系单内容，新增茶几（600mm×400mm×450mm）15 套，操作台（含垃圾桶、婴儿护理台）15 套，贵宾储物柜 1 套，贵宾区按摩椅储物柜 1 套，出发大厅安检区插线板 33 套，合计 241482.15 元。

（7）审查结果　本工程合同金额为 7287569.00 元，结算送审金额 7670874.00 元，审核金额为 7529051.15 元（大写：柒佰伍拾贰万玖仟零伍拾壹元壹角伍分），较送审金额的审减金额为 141822.85 元，净审减率为 1.85%，批复概算金额为 753.71 万元，结算未超概算。

第二节　工程造价固定价结算

工程实务中，工程造价（工程款）结算问题是一个复杂而敏感的话题。目前，对工程造价的结算问题法律层面没有予以明确规定，工程实务中造价结算纠纷迭起，"结算难、难结算"成为建筑业的一大难题。建设单位、施工单位、造价咨询（鉴定）单位、造价管理单位等对造价结算问题各执己见，认识的不统一导致造价结算结果不统一。特别是作为现行造价结算方式之一的固定价结算方式，更是出现了诸多法律上的纠纷和认识上的分歧。

一、现行工程造价结算

现行的工程造价结算方式主要是通过国家建设行政主管部门的规章政策和工程行业的实务规则予以确立的。

①《建设工程施工发包与承包价格管理暂行规定》第七条规定，工程价格的分类如下。

a. 固定价格：工程价格在实施期间不因价格变化而调整，在工程价格中应考虑价格风险因素并在合同中明确固定价格包括的范围。

b. 可调价格：工程价格在实施期间可随价格变化而调整，调整的范围和方法应在合同条款中约定。

c. 工程成本加酬金确定的价格。工程成本按现行计价依据以合同约定的办法计算，酬金按工程成本乘以通过竞争确定的费率计算，从而确定工程竣工结算价。

②《建筑工程施工发包与承包计价管理办法》第十三条规定，合同价可以采用以下方式。

a. 发承包双方在确定合同价款时，应当考虑市场环境和生产要素价格变化对合同价款的影响。

b. 实行工程量清单计价的建筑工程，鼓励发承包双方采用单价方式确定合同价款。

c. 建设规模较小、技术难度较低、工期较短的建筑工程，发承包双方可以采用总价方式确定合同价款。

d. 紧急抢险、救灾以及施工技术特别复杂的建筑工程，发承包双方可以采用成本加酬金方式确定合同价款。

③《建设工程价款结算暂行办法》中规定，发、承包人在签订合同时对于工程价款的约定，可选用下列任一种约定方式。

a. 固定总价：合同工期较短且工程合同总价较低的工程，可以采用固定总价合同方式。

b. 固定单价：双方在合同中约定综合单价包含的风险范围和风险费用的计算方法，在约定的风险范围内综合单价不再调整。风险范围以外的综合单价调整方法，应当在合同中约定。

c. 可调价格：可调价格包括可调综合单价和措施费等。双方应在合同中约定综合单价和措施费的调整方法，调整因素包括：

Ⅰ. 法律、行政法规和国家有关政策变化影响合同价款；

Ⅱ. 工程造价管理机构的价格调整；

Ⅲ. 经批准的设计变更；

Ⅳ. 发包人更改经审定批准的施工组织设计（修正错误除外）造成费用增加；

Ⅴ. 双方约定的其他因素。

④《建设工程施工合同（示范文本）》专用条款中对"合同价款与支付"也确立了单价合同、总价合同、其他价格形式三种工程造价结算方式供发、承包双方选择使用，更进一步约定了三种工程造价结算方式的细节。约定为：合同价款在协议书内约定后，任何一方不得擅自改变。下列三种确定合同价款的方式，双方可在专用条款内约定采用其中一种：

a. 单价合同是指合同当事人约定以工程量清单及其综合单价进行合同价格计算、调整和确认的建设工程施工合同，在约定的范围内合同单价不作调整。合同当事人应在专用合同条款中约定综合单价包含的风险范围和风险费用的计算方法，并约定风险范围以外的合同价格的调整方法，其中因市场价格波动引起的调整按市场价格波动引起的调整约定执行。

b. 总价合同是指合同当事人约定以施工图、已标价工程量清单或预算书及有关条件进行合同价格计算、调整和确认的建设工程施工合同，在约定的范围内合同总价不作调整。合同当事人应在专用合同条款中约定总价包含的风险范围和风险费用的计算方法，并约定风险范围以外的合同价格的调整方法，其中因市场价格波动引起的调整按市场价格波动引起的调整、因法律变化引起的调整按法律变化引起的调整约定执行。

c. 其他价格形式。合同当事人可在专用合同条款中约定其他合同价格形式。

⑤《建设工程施工专业分包合同（示范文本）》条款的"合同价款与支付"与通用条款也针对单价合同、总价合同、其他价格形式三种工程造价结算方式做出了与前述《建设工程施工合同（示范文本）》基本相同的约定。

通过上述国家政策和工程行业惯例，可以看出目前我国工程造价的结算方式主要有单价合同、总价合同、其他价格形式结算三种模式。

二、固定价款结算实务

在工程实务中，固定价结算方式的纠纷最多，分歧最大。"工程款"这一术语在不同的领域有不同的含义，建筑劳务分包企业计取的不是工程款，而只是工程款组价项目中直接费部分的人工费和一定的管理费，所以，劳务分包企业的所得和施工企业（总承包、专业承包）的所得在法律术语上有一定的区别，前者称为"劳务报酬"，后者称为"工程款""分包款"。因此，对于劳务分包企业的劳务报酬是否属于法律意义上的"工程造价"，能否直接适用《最高人民法院关于审理建设工程施工合同纠纷案件适用法律问题的解释》（以下简称《司法解释》）中关于固定价结算的规定和能否进行司法鉴定等问题在法律界尚且存疑。在此，我们主要探讨工程造价（工程款）方面的固定价结算方式，针对劳务分包情况下的固定劳务报酬结算问题，目前实务界有不同看法，但皆认为可以参照工程造价固定结算方式进行。

1. 固定价的种类

固定价在工程实务中又叫作"包死价""包定价""一口价""闭口价"等。按照上述法律性规定的划分，固定价分为固定总价和固定单价两种，而固定单价又分为综合单价和工料单价。

（1）固定总价　固定总价是指发、承包双方在合同中约定一个固定的、总的价格（如合同总价 500 万元），在施工过程中合同约定的风险范围内约定总价不再调整的价格方式。根据工程行业的习惯，这种价格方式一般适用于工程规模较小、工期较短的情况。

（2）固定单价　固定单价是指发、承包双方在合同中约定一个固定的单价（如 350 元/m³），在施工过程中合同约定的风险范围内约定的单价不再调整的价格方式。《建设工程施工发包与承包价格管理暂行规定》第十一条规定，招标工程的标底价、投标报价和施工图预算的计价方法可分为以下两种。

a. 工料单价单位估价法。单位工程分部分项工程量的单价为直接成本单价，按现行计价定额的人工、材料、机械的消耗量及其预算价格确定。其他直接成本、间接成本、利润（酬金）、税金等按现行计算方法计算。

b. 综合单价单位估价法。单位工程分部分项工程量的单价是全部费用单价，既包括按计价定额和预算价格计算的直接成本，也包括间接成本、利润（酬金）、税金等一切费用。

对于招标工程采用哪种计价方法应在招标文件中明确。

《建设工程工程量清单计价规范》中规定，全部使用国有资金投资或国有资金投资为主的工程建设项目必须采用工程量清单计价，非国有资金投资的工程建设项目，可采用工程量清单计价，规定分部分项工程量清单应采用综合单价计价。因此，在国有资金投资的工程项目招投标时，必须采用清单报价的方式，而非国有资金投资工程项目虽然没有强制性要求采用清单报价，但是根据工程实务和发展的趋势来看，清单报价必是主要形式。而在清单报价时，应当采用综合单价的形式，否则，在招投标过程中会被认定为废标。因此，可以说，现行的固定单价方式主要是指固定的综合单价。固定单价的合同主要适用于工程规模（量、项）较大、工期较长的情况。

2. 固定价的法律理解

《司法解释》规定，当事人约定按照固定价结算工程价款，一方当事人请求对建设工程造价进行鉴定的，不予支持。这条司法解释确立了一个重要原则——固定价合同按约结算，不鉴定。但是实务中对这一条司法解释的理解也有相当大的分歧。有的观点认为，如果合同约定了固定价，就应严格按合同约定进行结算，不应在合同约定价外再做调整；有的观点认为，虽然合同约定了固定价，但是由于工程施工中情况万变，不应机械理解本条《司法解释》，而应该综合合同约定情况和工程实际情况对固定价合同正确结算，固定价结算并非不可以调整。目前第二种观点被普遍赞同，理由如下。

① 固定总价的"固定"是建立在风险范围内确定工程量（项）基础上的。没有确定的工程量（项）就谈不上固定总价的问题。因此，在签订固定总价合同时，确定的工程量（项）就是合同约定的工程量（项），如果是清单报价的工程则是清单内的工程量（项）。所以"固定"的价格是约定范围（清单）内的工程量（项）的价格。就是说，固定总价合同中，固定的是量（项），而不是绝对固定价。在固定总价模式下（风险范围内），量（项）变化，总价变化。

其次，固定单价中"固定"的是价而不是量（项）。在固定单价模式下，量（项）变化，单价不变化，总价变化。

② 工程造价的风险应由发、承包双方共同分摊，这是工程行业的惯例。一般来说，发包人承担量（项）的风险，承包人承担价的风险，从而在工程建设的量、项、价三者之间构建平衡，达到公平分摊风险的法律精神。《建设工程工程量清单计价规范》中规定，采用工程量清单计价的工程，应在招标文件或合同中明确风险内容及其范围（幅度），不得采用无限风险、所有风险或类似语句规定风险内容及其范围（幅度）。

③ 影响固定价结算的还有合同约定的因素和工程自身的实际情况（最普遍的情况为设计变更）。

所以，不宜机械地把固定价结算的法律含义理解为就是绝对不做价格调整，而应根据合同约定情况、工程实际情况等多种因素予以判断是否调整价格。

3. 固定价的调整

固定价合同在结算时能否要求调整？调整的理由是什么？这是工程实务中一个争议很大而又普遍存在的问题，《建设工程工程量清单计价规范》专门对工程价款的调整做了规定。各地造价管理机构也都有当地的一些调价文件予以规定。但在司法层面上，关于这个问题的争论是很大的。根据实务情况，可简单总结固定价合同的法律调整情形如下，以供参考。

（1）约定风险范围（幅度）外，固定价应予调整　不论是固定总价还是固定单价，在签订合同时，发、承包双方都应该明确约定风险范围（幅度）。而什么是"风险范围"、风险范围的区间、风险费用的数额，我国法律没有明确规定。工程实务中，发、承包双方应该根据自己的经验、行业的惯例、政策的指导和工程的实际情况来约定。例如，可以参考工程所在地造价管理机构发布的造价文件进行约定。一般来说，主材的风险范围（幅度）为3%～5%（钢筋、水泥、混凝土等主材为3%，一般主材为5%）；机械费的风险范围一般为10%，具体以合同约定为准。超过合同约定的风险范围（幅度），则固定价合同在结算时可以调整。

（2）工程量（项）不确定的固定总价应予调整

①"三边工程"固定总价应予调整。对于工程实务中边勘测、边设计、边施工的"三边工程"，如果双方约定固定总价包死，则该约定因违反工程建设的基本程序规定而无效，这在实务中称为"包而不死"。这种情况在结算时应该按实结算或者进行工程造价鉴定，不适用《司法解释》规定的固定价按约结算、不鉴定的原则。

②方案（扩初）固定总价应予调整。工程实务中，有些当事人在合同中约定以方案或扩初对总价包死。这种约定也是无效的，这在实务中叫作"约而不定"，结算时应对"固定总价"予以调整，按实结算或进行造价鉴定。因为在方案和扩初阶段，施工图并未经过审定，工程的量、项无法确定，工程造价只停留在估算和概算的层面，而固定总价必须是在确定的量、项基础上，方可以成立。

（3）施工图预算包干范围外的价款应予调整　经审定的施工图是确立工程造价预算的依据。工程实务中，发、承包双方一般会约定以施工图预算包干的方式对工程造价包死。但对于超出施工图预算的价款在结算时应以竣工图为依据进行结算，对超出施工图预算部分的价款予以调整。

（4）工程变更情况下，固定总价应予调整　这种情形主要包括设计变更、工程量变更、质量标准变更。《司法解释》第十六条第二款规定，因设计变更导致建设工程的工程量或者质量标准发生变化，当事人对该部分工程价款不能协商一致的，可以参照签订建设工程施工合同时当地建设行政主管部门发布的计价方法或者计价标准结算工程价款。

（5）其他情况下，固定总价应予调整　主要包括当事人在合同中约定了调整的因素，比如工程施工中，当地政府部门的规定造成成本费用的增加，在固定总价外的签证款、索赔款、补充协议、会谈纪要、工程洽商等其他情况下的总价增加等。

工程实务中的固定价结算方式情况复杂，需要根据不同情况做出不同的处理，既不能一概地说固定价合同不可以调整，也不能想当然地认为必须调整。能否调整、怎样调整，必须结合法律的规定、行业的规则、合同的约定以及工程的具体情况来综合判断。特别需要提示的是，发、承包双方应当使用《建设工程施工合同（示范文本）》公平订约。同时，承包方要特别研究合同的专用条款，在专用条款中对固定价结算方式的调整因素或风险范围做出科学约定。

第三节　工程项目预付款计算

一、工程预付款计算

我国目前工程承发包中，大部分工程实行包工包料，就是说承包商必须有一定数量的备料周转金。通常在工程承包合同中，会明确规定发包方（甲方）在开工前拨付给承包方（乙方）一定数额的工程预付款。该预付款作为承包商为工程项目储备主要材料、构件所需要的流动资金。

《中华人民共和国标准施工招标文件》中明确规定，工程预付款仅用于乙方支付施工开始时与本工程有关的动员费用。如乙方滥用此款，甲方有权立即收回。在乙方向甲方提交金额等于预付款数额（甲方认可的银行开出）的银行保函后，甲方按规定的金额在规定的时间内向乙方支付预付款，在甲方全部扣回预付款之前，该银行保函将一直有效。当预付款被甲方扣回时，银行保函金额相应递减。

工程预付款是建设工程施工合同订立后由发包人按照合同约定，在正式开工前预先支付给承包人的工程款。它是施工准备和所需要材料、结构件等流动资金的主要来源，国内习惯上称为预付备料款。工程预付款的具体事宜由发、承包双方根据建设行政主管部门的规定，结合工程款、建设工期和包工包料具体情况在合同中约定。在《建设工程施工合同（示范文本）》中，对有关工程预付款做了如下约定：预付款的支付按照专用合同条款约定执行，但最迟应在开工通知载明的开工日期 7 天前支付。预付款应当用于材料、工程设备、施工设备的采购及修建临时工程、组织施工队伍进场等。

除专用合同条款另有约定外，预付款在进度付款中同比例扣回。在颁发工程接收证书前，提前解除合同的，尚未扣完的预付款应与合同价款一并结算。

发包人逾期支付预付款超过 7 天的，承包人有权向发包人发出要求预付的催告通知，发包人收到通知后 7 天内仍未支付的，承包人有权暂停施工，并按（发包人违约的情形）条款执行。

工程预付款额度，各地区、各部门的规定不完全相同，主要是保证施工所需材料和构件的正常储备。一般是根据施工工期、建安工作量、主要材料和构件费用占建安工作量的比例以及材料储备周期等因素经测算来确定。发包人根据工程的特点、工期长短、市场行情、供求规律等因素，招标时在合同条件中约定工程预付款的百分比。

1. 预付款限额

预付备料款的限额可由以下主要因素决定：主要材料（包括外购构件）占工程造价的比重、材料储备期、施工工期。

对于施工企业常年应备的备料款限额，可以按照下面的公式计算：

$$备料款限额 = 年度承包工程总值 × 主要材料所占比重 × \frac{材料储备天数}{年度施工日历天数}$$

一般情况下，建筑工程的预付备料款不得超过当年建筑工作量（包括水、电、暖）的 30%；安装工程的备料款不应超过年安装工程量的 10%；材料所占比重较大的安装工程按年计划产值的 15% 左右拨付。

实际工程中，备料款的数额，亦可根据各工程类型、合同工期、承包方式以及供应体制等不同条件来确定。如工业项目中钢结构和管道安装所占比重较大的工程，其主要材料所占比重比一般安装工程高，故备料款的数额亦相应提高。

施工单位向建设单位预收备料款的数额取决于主要材料（包括外购构件）占合同造价的比重、材料储备期和施工工期等因素。

施工企业对工程备料款只有使用权，没有所有权。它是建设单位（业主）为保证施工生产顺利进行而预交给施工单位的一部分垫款。当施工到一定程度后，材料和构配件的储备量将减少，需要的工程备料款也随之减少，此后办理工程价款结算时，应开始扣还工程备料款。扣还的工程备料款，以冲减工程结算价款的方法逐次抵扣，工程竣工时备料款全部扣完。

工程备料款的起扣点是指工程备料款开始扣还时的工程进度状态。

确定工程备料款起扣点的原则：未完工程所需主要材料和构件的费用，等于工程备料款的数额。

工程备料款的起扣点有以下两种表示方法。

① 累计工作量起扣点：用累计方法完成建筑安装工作量的数额表示。

② 工作量百分比起扣点：用累计完成建筑安装工作量与承包工程价款总额的百分比表示。

按累计工作量确定起扣点时，应以未完工程所需主材及结构构件的价值刚好和备料款相等为原则。工程备料款的起扣点可按下面公式计算：

$$T = P - \frac{M}{N}$$

式中　T——起扣点，即预付备料款开始扣回时的累计完成工作量金额；

　　　P——承包工程价款总额；

　　　M——预付备料款限额；

　　　N——主要材料所占比重。

在实际经济活动中，情况比较复杂，有些工程工期较短，就无需分期扣回。有些工程工期较长，如跨年度施工，在上一年预付备料款可以不扣或少扣，并于次年按应付备料款调整，多退少补。

【例 12-1】　某工程合同价款为 1850 万元，主要材料比重为 65%，合同规定预付备料款为合同价的 25%，试确定工程备料款数额。

【解】预付备料款＝1850×25%＝462.50（万元），相当于合同价款的 25%（462.5/1850）。

起扣点即起扣时累计完成工程价值为 1138.46（1850－462.5/65%）万元，相当于工程完成 61.5%（1138.46/1850）时开始起扣。

未完工程价值为 711.54（1850－1138.46）万元。

未完工程所需材料价值为 462.50（711.54×65%）万元，恰好等于备料款。

2. 备料款扣回

由于发包方拨付给承包方的备料款属于预支性质，那么在工程进行中，随着工程所需主要材料储备的逐步减少，应以抵充工程价款的方式扣回。其扣款方式有以下两种：

① 可从未施工工程尚需要的主要材料以及构件的价值相当于备料款数额时起扣，从每次结算工程价款中，按材料比重扣抵工程价款，在竣工前全部扣清。

②《中华人民共和国标准施工招标文件》中明确规定，在乙方完成金额累计达到合同总价的 10% 后，由乙方开始向甲方还款，甲方从每次应给付的金额中，扣回工程预付款。甲方至少在合同规定的完工期前三个月将工程预付款的总计金额按逐次分摊的方法扣回，当甲方一次付给乙方的余额少于规定扣回的金额时，其差额应转入下一次支付中作为债务结转。甲方不按规定支付工程预付款的，乙方按《建设工程施工合同（示范文本）》第 12.2.1 条享有权利。

出包建筑安装工程时，建设单位与施工单位签订出包合同，并按照约定由建设单位在工程开工前从投资中拨付给施工单位一定限额的资金，作为承包工程项目储备主要材料、结构件所需的流动资金，此即备料款，它是属于预付性质的款项。通常，建设单位按年度工作量的一定比例向施工单位预付备料资金，预付数额的多少以保证施工单位所需材料和结构件的正常储备为原则。

a. 预付备料款的限额与拨付。建设单位向施工企业预付备料款的限额，一般取决于工程项目中主要材料和结构件费用占年度建筑安装工作量的比例（简称材料比例）、主要材料储备期、施工工期以及年度建筑安装工作量，计算公式为：

$$预付备料款 = \frac{年度施工合同价值 \times 主要材料所占比重 \times 主要材料储备天数}{年度施工天数}$$

对于只包定额工日，不包材料定额，材料供应由建设单位负责的工程，没有预付备料款，只有按进度拨付的进度款。在实际工作中，为了简化备料款的计算，会确定一个系数即备料款额度，它是指施工单位预收工程备料款数额占年度建筑安装工作量的百分比，其公式为：

预付备料款数额＝出包工程年度建筑安装工作量×预付备料款额度

通常，预付备料款额度在建筑工程中一般不超过当年建筑（包括水、电、暖、卫等）工程工作量的 30％，大量采购预制结构件以及工期在 6 个月以内的工程可以适当增加；预付备料款额度在安装工程中不得超过当年安装工程量的 10％，安装材料用量比较大的工程可以适当增加。预付备料款的具体额度，由各地区有关部门和银行根据工程的不同性质和工期长短，在调查测算的基础上分类确定。预付备料款应在施工合同签订后由建设单位拨付，且不得超过规定的额度。凡是实行全包料的建设单位在合同签订后的一个月内，应通过银行将预付备料款一次全部拨给施工单位；凡是实行半包料或包部分材料的，应按施工单位的包料比重，相应地减少预付备料款的数额；包工不包料的，则不应拨付备料款。对跨年度的工程，应按下年度出包工程的建筑安装工程量和规定的预付备料款额度，重新计算应预付的备料款数额并进行调整。

b. 预付备料款的扣回。预付备料款的性质是"预支"，因此施工企业对工程备料款只有使用权，没有所有权。随着工程进度的推进，拨付的工程进度款数额不断增加，工程所需的主要材料和结构件的用量逐渐减少，因此在办理工程价款结算时，可以逐渐扣还备料款。备料款的扣还是随着工程价款的结算，以冲减工程价款的方法逐渐抵扣的，待到工程竣工时，全部备料款抵扣完毕。

国家规定对预付备料款的扣回，实行在结算工程价款中扣收的办法，预付备料款的扣回应考虑未完工程的价值、主要材料与未完工程的比重，以及预付备料款的数额等因素。根据实践经验，当未施工工程所需的主要材料和结构件的价值，恰好等于工程预付备料款数额时开始起扣。从每月结算的工程价款中，按材料比重抵扣，至竣工前全部扣清。因此，确定起扣点是预付备料款起扣的关键。由未完工程材料费需要量＝未完工程价值×材料费比重＝预付备料款，推导得：

未完工程价值＝预付备料款/材料费比重

上述公式成立时，建设单位就开始扣回预付备料款。开始扣回预付备料款的起点称为起扣点，一般用已完工价值表示，即：

起扣点（预付备料款起扣时已完工价值）＝年度出包工程总值－未完工程价值＝年度出包工程总值－预付备料款/材料费比重

在预付备料款起扣点之后，建设单位在每次支付工程价款时，应按材料费所占的比重陆续扣回相应的预付备料款，到工程竣工时全部扣清。

按上述扣还工程备料款的原则，应自起扣点开始，在每次工程价款结算中抵扣工程备料款。抵扣的数量，应该等于本次工程价款中的材料和结构件费的数额，即本次工程价款数额与材料比例的乘积。但是一般情况下，工程备料款的起扣点与工程价款结算间隔点不一定重合。因此，第一次扣还工程备料款数额计算公式与其后各次略有区别，具体为：

$$第一次应扣预付备料款＝\left(累计已完工程价值－开始扣回预付备料款时的已完工工程价值\right)×材料费比重$$

以后各次应扣预付备料款＝每次已完工程价值×材料费比重在扣还工程备料时，假如截至当年 8 月底，累计已完工程价值已达 660 万元，9 月份完成工程价值为 300 万元，10 月份完成工程价值为 120 万元。由于起扣点为 666.67 万元，截至 8 月底累计已完工程价值为 660 万元，小于起扣点 666.67 万元，所以 8 月份不用扣回预付备料款。9 月份完成工程价值为 300 万元，因此截至 9 月底，累计已完工程价值为 960（660＋300）万元，超过起扣点

666.67 万元，可以扣回预付备料款，计算得 9 月份应扣回的备料款数额为 220〔（960－666.67）×75%〕万元，10 月份应扣回的备料款数额为 90（120×75%）万元。

二、工程进度款的支付

建安企业在工程施工中，按照每月形象进度或者控制界面等完成的工程数量计算各项费用，向建设单位（业主）办理工程进度款的支付（即中间结算）。

以按月结算为例，现行的中间结算办法是：施工企业在旬末或月中向建设单位提出预支工程款账单，预支一个月或半个月的工程款，月终再提出工程款结算账单和已完工程月报表，收取当月工程价款，并通过银行结算，按月进行结算，同时对现场已完工程进行盘点，有关资料要提交监理工程师和建设单位审查签证。多数情况下是以施工企业提出的统计进度月报表为支取工程款的凭证，即工程进度款。

1. 工程量的确认

工程量的确认应做到以下三点。

① 乙方应按约定的时间，向工程师提交已完工程量的报告。工程师接到报告后 7 天内按设计图纸核实已完工程量（以下称计量），并在计量前 24 小时通知乙方，乙方为计量提供便利条件并派人参加。乙方不参加计量，甲方自行进行，计量结果有效，作为工程价款支付的依据。

② 工程师收到乙方报告后 7 天内未进行计算，从第 8 天起，乙方报告中开列的工程量即视为已被确认，作为工程价款支付的依据。工程师不按约定时间通知乙方，使乙方不能参加计量，计量结果无效。

③ 工程师对乙方超出设计图纸范围或因自身原因造成返工的工程量，不予计量。

2. 工程量清单的编制

工程量清单计价是一些发达国家和地区以及世界银行、亚洲银行等金融机构国内贷款项目在招标投标中普遍采用的计价方法。随着我国加入 WTO，对工程造价管理而言，所受到的最大冲击将是工程价格的形成体系。从国内各地区差异性很大的状态，一下子纳入了全球统一的大市场，这一变化使过去的工程价格形成机制面临严峻挑战，迫使我们不得不引进并遵循工程造价管理的国际惯例，即由原来的投标单位根据图纸自编工程量清单进行报价改由招标单位提供工程量清单（工程实物量）给投标单位报价，这既顺应了国际通用的竞争性招投标方式，又较好地解决了"政府管理与激励市场竞争机制"二者的矛盾。

（1）工程量清单的概念及组成　工程量清单是发包人将准备实施的全部工程项目和内容，依据统一的工程量计算规则，按照工程部位、性质，将实物工程量和技术措施以统一的计量单位列出的数量清单。它是招标文件重要的组成部分。

工程量清单的组成：分部分项工程项目、措施项目、其他项目、规费项目、税金项目。

（2）使用工程量清单计价的意义　工程量清单计价是国际上工程建设招、投标活动的通行做法，反映的是工程的个别成本，而不是按定额的社会平均成本计价。工程量清单将实体消耗量费用和措施费分离，使施工企业在投标中技术水平的竞争能够分别表现出来，可以充分发挥施工企业自主定价的能力，从而改变现有定额中有关束缚企业自主报价的限制。

工程量清单计价本质上是单价合同的计价模式。首先，它反映"量价分离"的特点。在工程量没有很大变化的情况下，单位工程量的单价都不会发生变化。其次，有利于实现工程风险的合理分担。建设工程一般都比较复杂，建设周期长，工程变更多，因而建设的风险比较大，采用工程量清单计价，投标人只对自己所报单价负责，而工程量变更的风险由业主承担，这种格局符合风险合理分担与责权利关系对等的一般原则。再次，有利于标底的管理与控制。采用工程量清单招标，工程量是公开的，是招标文件的一部分，标底只起到控制中标价不能突破工程概算的作用，而在评标过程中并不像现行的招、投标那样重要，甚至有时不编制标底，这样从根本上消除了标底的准确性和标底泄露所带来的负面影响。

（3）编制工程量清单　工程量清单的编制要依据招标文件的发包范围、所选用的合同条件、施工图设计文件和施工现场实际情况。

工作内容总说明要明确拟建工程概况、工程招标范围。

工作内容总说明要明确质量、材料、施工顺序、施工方法的特殊要求，招标人自行采购材料、设备的名称、规格型号、数量。

工作内容总说明要明确采取统一的工程量计算规则、统一的计量单位。

工程量计算一般规则：

① 工程量计算规则是指对清单项目工程量的标准计算方法。

② 工程量计算的依据：招标文件、设计图纸、技术规范、产品样本、合同条款、经审定的施工组织设计或技术措施方案、行业主管部门颁发的工程量计算规则。

③ 计量单位采用下列基本单位：

a. 以重量计算的项目——吨或千克（t 或 kg）；

b. 以体积计算的项目——立方米（m^3）；

c. 以面积计算的项目——平方米（m^2）；

d. 以长度计算的项目——米（m）；

e. 设备安装的项目——台或套；

f. 以自然计量计算的项目——件（个、块、樘、组）；

g. 没有具体数量的项目——项或宗；

h. 专业特殊计量单位，按行业部门规定使用。

工程量计算，一般按设计图纸以工程实体的净值考虑，不包括在施工中必须增加的工作量和各种损耗。

工作内容总说明中要明确单价的组成。一般情况下，依据单价所涵盖的范围不同，清单大致可分为以下三种形式：完全费用单价法；综合单价法；工料单价法。清单中大都采用完全单价形式。完全单价也称为全费用单价，一般由以下内容组成：

① 人工及一切有关费用；

② 材料、货物及一切有关费用（如运输、交付、卸货、贮存、退还包装材料、管理、升降等）；

③ 材料及货物的装配就位；

④ 设备及工具的使用；

⑤ 机械使用费；

⑥ 所有削切及耗损；

⑦ 筹办免经营费及利润、工程保险费、风险金、税金，包括进口关税；

⑧ 工料机涨价预备费；

⑨ 征收费及一切政府部门规定的有关费用。

（4）开办费项目　开办费项目（也称措施项目）的目的是让投标人对拟建工程的实物工程量以外的项目有一个大致了解。招标人应在招标文件内提供开办费的组成因素，并对各项因素所涵盖内容加以阐述，避免日后引起索赔事件。如工料价格的浮动，分包商使用总承包商的脚手架，提供包工程的用水、用电及临时厕所等。投标人对这些因素应尽可能考虑周全，报价金额应把影响因素、杂项开支、监督、风险及其他费用计算在内，避免投标失误。

另外，合同总价内的开办项目费用和施工措施费为包干使用，不会因工程修改做出调整；投标人对招标人所列开办费项目可以选择报价，对于不足部分可以补充。

（5）分部分项工程量清单表

① 项目编码规则：国际通用土木建筑工程项目编码按二级用五位阿拉伯数字表示，第一、二位表示第一级分部工程编码，第三、四、五位表示第二级清单项目顺序编码。项目名称原则上以形成工程实体而命名。项目名称如有缺项，招标人可按相应的原则进行补充，并报当地工程造价管理部门备案。

② 项目划分按部位、功能、材料、工艺系统等因素划分。

③ 项目以主要项目带次要项目、以大项目带小项目组合取定。

④ 项目特征应予以详细描述，并列出子项目。

工程量清单中的数量是按设计图纸所示尺寸，按净尺寸计算，不包括任何工程量和材料的损耗。任何有关材料（包括编配件）的损耗费用，投标单位须在编报单价中统一考虑。

工程量清单中的项目特征说明是工程量清单的核心内容，招标人及投标人都应该予以重视。招标人在编制清单时，应明确对清单项目的质量、材料、施工顺序、施工方法的特殊要求，招标人自行采购材料、设备的名称、规格型号、数量等项目特征。投标人在报价时，对以上信息要做到充分理解，作为一个有经验的承包商应当充分考虑清单项目包括的单价范围，防止报价失误。项目特征的明确同样有利于工程结算，避免结算时对项目划分的争议。

分部分项工程费采用综合单价计算。综合单价是指完成清单项目中的工程内容所发生的一切费用。综合单价包括人工费、材料费、机械费、管理费、税金、利润，还应考虑如保险、风险预测、各类损耗、附加项目、工程净值以外按施工规范和施工组织设计规定必须增加的工程量，符合国家规定的各种收费等因素。

（6）不可预见费、暂定金额和指定金额 当"不可预见费""暂定金额""指定金额"出现在工程项目清单时，该等项目的报价金额将全部从承包金额中扣除。根据该等项目进行的全部工程将按照下列条款执行，并将加进承包金额内。

① 业主代表应对已在设计要求或合同总价内包括的"指定金额""暂定金额"的有关使用发出指示。

② 由业主代表要求，或后续以书面批准的一切变更及总承包商为设计要求或合同总价已包括暂定金额所完成的一切工作应由工料测量师计量和估价。当进行该计量工作时，工料测量师应给予总承包商在场及做可能所需笔记和计量工作的机会。除另有协议外，对变更指示及工程量清单已包括暂定金额所完成工作的估价应符合下列规定。

a. 施工条件及性质与工程项目清单中的工作项目类似的工作应以工程项目清单内的价格为准。

b. 当工作不属前述的类似性质或在类似条件施工时，则上述价格应尽可能在合理范围内成为该项工作的价格基础。

c. 当工作不能正确地计量和估价时，总承包商应被允许采用计日工单价，单价应用顺序如下：

Ⅰ. 以总承包商在工程量清单内填写的单价计算。

Ⅱ. 当没有填写该单价时，则以合同中日工价格中的工人薪金和机械租用价格，并加15％作为一般管理费用和利润及税金而估价。

Ⅲ. 当估价中有特制材料时，该材料须按成本加包装、运输、交付的费用，并加15％作为一般管理费用和利润及税金而估价。

Ⅳ. 业主代表发出指示有关工程的成本价为分包商或供货商发票价目，而此工程的价格应为此成本价外加15％作为总承包商的一般管理费和利润及税金。

Ⅴ. 必须在任何情况下，在于工作施工后的一周内将注明每日工作用时间（如业主代表要求，还包括工人名单）和所用材料的单据送交业主代表和监理核准。

Ⅵ. 减省项目的估价应以工程量清单内价格为准，只有当该项减省在实质上改变了任何余下工作项目进行的条件时，则该项目的价格必须根据规定估价。

（7）汇总表　汇总表是投标人关于本工程各项费用报价总和的投标报价汇总表。本表应包括以下内容：

① 开办费用；

② 分部分项工程量清单费用；

③ 不可预见费、指定金额和暂定金额；

④ 投标总价；

⑤ 投标人签署、法人代表签字、公司盖章。

（8）计日工价格　给出在工程实施过程中可能发生的临时性或新增的工程计价方法，一般包括劳务和机械设备台班两种表。

① 当劳务按计日工作计量时，应根据由投标人填写的计日工作表中的单价计算，即以每八小时作为一工作天计算。劳务的执行工作少于八小时的时间，将会根据每小时按照比例计算。

日工价格是指进行计日工作时，实际支付雇员的薪金；实际支付雇员的红利、奖金和其他津贴；规定的经常性开支和利润。

"经常性开支"的定义包括：

a. 总办公室开支；

b. 工地的监管和员工开支；

c. 中华人民共和国政府和法定机构征收的所有税项；

d. 因恶劣天气所造成的停工损失；

e. 运输的时间和支出；

f. 生活津贴；

g. 安全、康乐和福利设施；

h. 第三者责任保险和雇主责任险；

i. 假期和诊疗的支出；

j. 工具津贴；

k. 使用、修理和磨尖细小的工具的支出；

l. 全部非机械操作的机器、竖立棚架、脚手架和架柱、人工照明、保护覆盖、储存设施和在工地常用的一般相类似项的支出；

m. 全部其他义务和责任。

② 当机械设备需按计日工作计量时，应根据由投标人填写的计日工作表中的单价法，即以每八小时为一工作天计算。当机械在执行工作和可有效地使用时，少于八小时的时间，将会根据每小时按照比例计算。

机械的单价包括施工机械的折旧费、大修理费、经常修理费、安拆费及场外运输费、燃料动力费、驾驶者工资和操作费用、养路费及车船使用费、利润及税金、保险费用等。

（9）工程量清单编制原则

① 编制工程量清单应遵循客观、公正、科学、合理的原则。编制人员要有良好的职业道德，要站在客观公正的立场上兼顾建设单位和施工单位双方的利益，严格依据设计图纸和资料、现行的定额和有关文件，以及国家制定的建筑工程技术规程和规范进行编制，避免人为地提高或压低工程量，以保证清单的客观公正性。

由于编制实物量是一项技术性和专业性都很强的工作，它要求编制人员基本功扎实，知识面广，不但要有较强的预算业务知识，而且应当具备一定的工程设计知识、施工经验，以及建筑材料与设备、建筑机械、施工技术等综合性建筑科学知识，这样才能对工程有一个全面的了解，形成整体概念，从而做到工程量计算不重不漏。

在编制过程中有时由于设计图纸深度不够或其他原因，对工程要求用材标准及设备定型等内容交代不够清楚，应及时向设计单位反映，综合运用建筑科学知识向设计单位提出建议，补足现行定额没有的相应项目，确保清单内容全面，符合实际，科学合理。

② 认真细致逐项计算工程量，保证实物量的准确性。计算工程量的工作是一项枯燥烦琐且花费时间长的工作，需要计算人员耐心细致、一丝不苟，努力将误差减小到最低限度。计算人员在计算时首先应熟悉和读懂设计图纸及说明，以工程所在地进行的定额项目划分及其工程量计算规则为依据，根据工程现场情况，考虑合理的施工方法和施工机械，分步分项地逐项计算工程量，必须明确确定定额子目。对于工程内容及工序符合定额，按定额项目名称；对于大部分工程内容及工序符合定额，只是局部材料不同，而定额允许换算者，应加以注明，如运距、强度等级、厚度断面等。对于定额缺项须补充增加的子目，应根据图纸内容做补充，补充的子目应力求表达清楚，以免影响报价。

③ 认真进行全面复核，确保清单内容符合实际、科学合理。清单准确与否，关系到工程投资的控制。此清单编制完成后必须认真进行全面复核。可采用如下方法。

a. 技术经济指标复核法。将编制好的清单进行套定额计价，从工程造价指标、主要材料消耗量指标、主要工程量指标等方面与同类建筑工程进行比较分析。在复核时，或要选择与此工程具有相同或相似结构类型、建筑形式、装修标准、层数等的以往工程，将上述几种技术经济指标逐一比较，如果出入不大，可判定清单基本正确，如果出入较大则其中必有问题，就要按图纸在各分部中查找原因。用技术经济指标可从宏观上判断清单是否大致准确。

b. 利用相关工程量之间的关系复核。如：

外墙装饰面积＝外墙面积－外墙门窗面积

内墙装饰面积＝外墙面积＋内墙面积×2－（外门窗＋内门窗面积×2）

地面面积＋楼地面面积＝天棚面积

平屋面面积＝建筑面积偶数

c. 仔细阅读建筑说明、结构说明及各节点详图，从中可以发现一些疏忽和遗漏的项目，及时补足。核对清单定额子目名称是否与设计相同，表达是否明确清楚，有无错漏项。

3. 合同收入的组成

财政部制定的《企业会计准则第 15 号——建造合同》中对合同收入的组成内容进行了解释。合同收入包括以下两部分内容。

① 合同中规定的初始收入，即建造承包商与客户在双方签订的合同中最初商定的合同总金额，它构成合同收入的基本内容。

② 因合同变更、索赔、奖励等构成的收入，这部分收入并不构成合同双方在签订合同时已在合同中商定的合同总金额，而是在执行合同过程中由于合同变更、索赔、奖励等原因而形成的追加收入。

（1）工程进度款支付　我国工商行政管理总局、住房城乡和建设部颁布的《建设工程施工合同（示范文本）》中对工程进度款支付做了如下规定：除专用合同条款另有约定外，发包人应在进度款支付证书或临时进度款支付证书签发后 14 天内完成支付，发包人逾期支付进度款的，应按照中国人民银行发布的同期同类贷款基准利率支付违约金。

（2）工程合同收入确认原则　如果工程施工合同的结果能够可靠地估计，应当根据完工百分比法在资产负债表日确认工程合同收入和工程合同费用。如果工程施工合同结果不能可靠地估计，应当区别情况处理：若合同成本能够收回的，工程合同收入根据能够收回的实际合同成本加以确认，合同成本在其发生的当期确认为工程合同费用；若合同成本不能收回的，不能收回的金额应当在发生时立即作为工程合同费用，不确认收入。

项目预算人员月末应根据实际完成的工作量编制分部分项工程结算书（向建设单位收取工程款的结算书），并按项目承包测算口径编制项目预算成本分析表。在此过程中应注意：

a. 已完工程结算工作量必须是能够向建设单位收取的工程价款。

b. 已完工程结算书应有人工、各种材料定额耗用分析。

c. 工程合同收入、工程实际合同成本同时确认，并同时确认合同毛利。

d. 不能够可靠地估计工程施工合同结果的核算：

Ⅰ. 根据已完工程结算书确认应收工程价款。

Ⅱ. 根据实际成本耗用单、工程结算书，确认合同收入、合同费用及合同毛利。

e. 能够可靠估计工程施工合同结果的核算：

Ⅰ. 前期能够精确估计工程实际成本（预算成本），发生的实际成本能够按预算成本实现。

Ⅱ. 工程合同收入按实际成本占预计成本百分比确定合同收入。

Ⅲ. 当期合同收入、实际成本、毛利均以累计进度完成金额减去前期已报进度差额完成金额确定。

【例 12-2】 某业主与承包人签订了某建筑安装工程项目总包施工合同。承包范围包括土建工程和水、电、通风建筑设备安装工程，合同总价为 4800 万元。工期为 2 年，第 1 年已完成 2600 万元，第 2 年应完成 2200 万元。承包合同规定：

（1）业主应向承包人支付当年合同价 25% 的工程预付款。

（2）工程预付款应从未施工工程中所需的主要材料及构配件价值相当于工程预付款时起扣，每月以抵充工程款的方式陆续扣留，竣工前全部扣清；主要材料及设备费比重按 62.5% 考虑。

（3）工程质量保证金为承包合同总价的 3%，经双方协商，业主从每月承包商的工程款中按 3% 的比例扣留。在缺陷责任期满后，工程质量保证金及其利息扣除已支出费用后的剩余部分退还给承包商。

（4）业主按实际完成建安工作量每月向承包人支付工程款，但当承包人每月实际完成的建安工作量少于计划完成建安工作量的 10% 及以上时，业主可按 5% 的比例扣留工程款，在工程竣工结算时将扣留工程款退还给承包人。

（5）除设计变更和其他不可抗力因素外，合同价格不作调整。

（6）由业主直接提供的材料和设备在发生当月的工程款中扣回其费用。经监理人签认的承包人在第 2 年各月计划和实际完成的建安工作量以及业主直接提供的材料、设备价值见表 12-1。

▫ 表 12-1 工程结算数据表　　　　　　　　　　　　　　　　　　　　　　　　单位：万元

月份	1~6	7	8	9	10	11	12
计划完成建安工作量	1100	200	200	200	190	190	120
实际完成建安工作量	1110	180	210	205	195	180	120
业主直供材料设备的价值	90.56	35.5	24.4	10.5	21	10.5	5.5

问题：1. 工程预付款是多少？

2. 工程预付款从几月份开始起扣？

3. 1~6 月以及其他各月业主应支付给承包人的工程款是多少？

4. 竣工结算时，业主应支付给承包人的工程结算款是多少？

【解析】 1. 工程预付款金额：2200×25％＝550（万元）

2. 工程预付款的起扣点：2200－550/62.5％＝1320（万元）

开始起扣工程预付款的时间为8月份，因为8月份累计实际完成的建安工作量：1110＋180＋210＝1500(万元)＞1320万元

3.(1) 1~6月份：

业主应支付给承包人的工程款：

1110×(1－3％)－90.56＝986.14(万元)

(2) 7月份：

该月份建安工作量实际值与计划值比较，未达到计划值，相差(200－180)/200＝10％

应扣留的工程款：180×5％＝9(万元)

业主应支付给承包人的工程款：180×(1－3％)－9－35.5＝130.1(万元)

4. 竣工结算时，业主应支付给承包人的工程结算款：180×5％＝9（万元）

三、工程保修金（尾留款）的预留

按规定，工程项目总造价中须预留一定比例的尾款作为质量保修金，到工程项目保修期结束时最后拨付。对于尾款的扣除，通常采取以下两种方法。

① 当工程进度款拨付累计额达到该建筑安装工程造价的一定比例（一般为97％）时，停止支付，预留造价部分作为尾留款。

② 根据《中华人民共和国标准施工招标文件》中规定，保修金（尾留款）的扣除，可以从甲方向乙方第一次支付的工程进度款开始，在每次乙方应得的工程款中扣留投标书附录中规定的金额作为保留金，直至保留金总额达到投标书附录中规定的限额为止。

【例 12-3】 某项工程项目，业主与承包人签订了工程施工承包合同。合同中估算工程量为 2600m³，单价为 160 元，合同工期为 6 个月。有关付款条款如下：

(1) 开工前业主应向承包商支付估算合同总价20％的工程预付款。

(2) 业主自第一个月起，从承包商的工程款中，按3％的比例扣留保修金。

(3) 当累计实际完成工程量超过（或低于）估算工程量的10％时，可进行调价，调价系数为 0.97（或 1.1）。

(4) 每月签发付款最低金额为 10 万元。

(5) 工程预付款从承包人获得累计工程款超过估算合同价的30％以后的下一个月起，至第5个月均匀扣除。

承包人每月实际完成并经签证确认的工程量如表 12-2 所示。

◻ 表 12-2 承包人每月实际完成工程量　　　　　　　　　　　　　　　　　　单位：m³

月份	1	2	3	4	5	6
实际完成工程量	400	500	600	600	600	250

1. 工程预付款为多少？工程预付款从哪个月起扣留？每月应扣工程预付款为多少？

2. 每月工程量价款为多少？应签证的工程款为多少？应签发的付款凭证金额为多少？

【解】 1. 估算合同总价为：2600×160＝41.60（万元）。

工程预付款金额为：41.6×20％＝8.32（万元）。

工程预付款应从第2个月起扣留，因为第2个月累计工程款为：

900×160＝14.40(万元)＞41.60×30％＝12.48(万元)。

所以，每月应扣工程预付款为：8.32÷4＝2.08(万元)。

2. 每月进度款支付

① 第 1 个月：

工程量价款为：$400 \times 160 = 6.40$（万元）。

应签证的工程款为：$6.40 \times 0.97 = 6.208$（万元）< 10（万元），第 1 个月不予付款。

② 第 2 个月：

工程量价款为：$500 \times 160 = 8.00$（万元）。

应签证的工程款为：$8.00 \times 0.97 = 7.76$（万元）。

应扣工程预付款为 2.08 万元，应签发的付款凭证金额为：$6.208 + 7.76 - 2.08 = 11.888$（万元）。

③ 第 3 个月：

工程量价款为：$600 \times 160 = 9.60$（万元）。

应签证的工程款为：$9.60 \times 0.97 = 9.312$（万元）。

应扣工程预付款为 2.08 万元，$9.312 - 2.08 = 7.232$（万元）< 10（万元），第 3 个月不予签发付款凭证。

④ 第 4 个月：

工程量价款为：$600 \times 160 = 9.60$（万元）。

应签证的工程款为：$9.60 \times 0.97 = 9.312$（万元）。

应扣工程预付款为 2.08 万元，应签发的付款凭证金额为：$7.232 + 9.312 - 2.08 = 14.464$（万元）。

⑤ 第 5 个月：

累计完成工程量为 2700m^3，比原估算工程量超出 100m^3，但未超出估算工程量的 10%，所以仍按原单价结算。

第 5 个月工程量价款为：$600 \times 160 = 9.60$（万元）。

应签证的工程款为：$9.60 \times 0.97 = 9.312$（万元）。

应扣工程预付款为 2.08 万元，$9.312 - 2.08 = 7.232$（万元）< 10（万元），第 5 个月不予签发付款凭证。

⑥ 第 6 个月：

累计完成工程量为 2950m^3，比原估算工程量超出 350m^3，已超出估算工程量的 10%，对超出的部分应调整单价。

按调整后的单价结算的工程量为：$2950 - 2600 \times (1 + 10\%) = 90$（$m^3$）。

第 6 个月工程量价款为：$90 \times 160 \times 0.9 + (250 - 90) \times 160 = 3.856$（万元）。

应签证的工程款为：$3.856 \times 0.97 \approx 3.7403$（万元）。

应签发的付款凭证金额为：$7.232 + 3.7403 = 10.9723$（万元）。

四、国内设备、工器具和材料支付

1. 国内设备、工器具价款支付

按照我国现行规定，银行、单位和个人办理结算都必须遵循以下结算原则：守信用、付款及时；谁的钱进谁的账，由谁支配；银行不垫款。

业主对订购的设备、工器具通常不预付定金，只对制造期在半年以上的专用设备和船舶的价款，按照合同规定分期付款。比如上海市对大型机械设备结算进度规定为：当设备开始制造时，收取 20% 的货款；设备制造进行 60% 时，收取 40% 的货款；设备制造完毕托运时，再收取 40% 的货款。一些合同规定，设备购置方扣留 3% 的质量保证金，待设备运至现场验收合格或质量保证期到来时再返还质量保证金。

业主收到设备、工器具后，要按合同规定及时结算付款，不得无故拖欠。若因资金不足延期付款者，要支付一定的赔偿金。

2. 国内材料支付

建安工程承发包方的材料往来，可按如下方式结算。

① 由承包单位自行采购建筑材料的，发包方可以在双方签订工程承包合同后按年度工作量的一定比例向承包方预付备料款，并应在一个月内付清。备料款的预付额度，建筑工程一般不应超过当年建筑（包括水、电、暖、卫等）工作量的30%，大量采用预制构件以及工期在6个月以内的工程，可适当增加；安装工程一般不应超过当年安装工程量的10%，安装材料用量较大的工程，可适当增加。

预付的备料款，可从竣工前未完工程所需材料价值相当于预付备料款额度时起，在工程价款结算时按材料款占结算价款的比重陆续抵扣，也可按照有关文件规定办理。

② "甲供材料"，简单来说就是由甲方提供的材料。这是在甲方与承包方签订合同时事先约定的。凡是"甲供材料"，进场时由施工方和甲方代表共同取样验收，合格后方能用于工程上。"甲供材料"一般为大宗材料，比如钢筋、钢板、管材以及水泥等，施工合同里对于甲供材料有详细的清单。特点如下。

对于施工方而言，优点就是可以减少材料的资金投入和资金垫付压力，避免材料价格上涨带来的风险。对于甲方而言，甲供材料可以更好地控制主要材料的进货来源，保证工程质量。

从材料质量上讲，其质量与施工单位无太大的关系，但施工单位有对其进行检查的义务，如果因施工单位未检查而致材料不合格就应用到工程上，施工单位要承担相应的责任。

从工程计价角度来讲，预算时甲供材料必须进入综合单价；工程结算时，一般是扣甲供材料费的99%，有1%作为甲供材料保管费。

从以上特点看可以澄清两个问题：

一是投标时甲供材料要不要计入投标价格中？

答：预算时甲供材料必须计入综合单价。

二是工程结算时甲供材料如何操作？

答：工程结算时，一般是扣甲供材料费的99%，有1%作为甲供材料保管费。

这两个问题这样回答有些笼统，下面引申解释：从字面意思上看，甲供材料没有什么难以理解的含义，但甲供材料在实际工程结算中却频繁出现：

a. 甲供材料不同于暂估价材料：一般说，甲供材料建设方已明确了材料的品牌、规格、型号、单价，而暂估价材料从招标文件中看不出建设方已明确的意向。

b. 甲供材料很容易转化成暂估价材料：因为在工程实施过程中，由于各种原因，导致建设方放弃原甲供材料的品牌、规格、型号的因素很多，这时，甲供材料的操作可能就会成暂估价材料的操作模式。

c. 甲供材料很容易转化成甲指乙供材料：建设方在工程实施过程中，由于管理能力不足，有可能将甲供材料变成甲指乙供材料，这时的操作同暂估价材料的操作模式。

d. 甲供材料的最难点：甲供材料在投标和施工过程中的问题可能不是很多，但在结算或阶段性结算（报量）时出现的问题很多，需要从下面几点来解决这些问题。

程序上：很多问题如甲供材料计不计税、费，如何在结算中扣除等，这些都是程序上的模糊认识。可以下列公式计算操作：

工程最终结算金额－应扣甲供材料金额×0.99（或协商费率）

式中项目说明如下：

工程最终结算金额，是指甲乙双方确认的工程税前的应收款金额（包括甲供材料款）。

"×0.99"应理解为"工程结算时，一般是扣甲供材料费的99%，有1%作为甲供材料保管费"。施工方给自己留下了1%的材料保管费。

应扣甲供材料金额。甲供材料真正的难点都是围绕这一名词展开的，说清这个问题就要从头说起，也就是从招标阶段开始说起。

第一种形式：甲供材料执行××定额含量。这种模式在国企和政府标中常用，这一条款操作不好会导致施工方亏损。现行的定额含量大都是经验积累，工艺并不适用，但投标时必须被迫执行定额，材料含量与实际相差很多，如墙、地面铺砖，安装费不过100元左右，砖材料单价为100元/m²左右，定额含量一般为2%~4%。现在铺砖的实际损耗超过20%，铺砖利润就算有20%，与砖损耗相抵，铺砖这项工作实际没有挣到钱。甲供材料不同于暂估价材料和甲指乙供材料，后者都是施工方可以在施工中化解损耗的成本，而甲供材料损耗的矛盾在施工中化解不了。针对这一条操作，只有在投标阶段通过计取风险费来化解将来的损失。

第二种形式：招标文件中确定甲供材料的数量和单价后，由投标方确定损耗率（这种方式开发商运用得比较多）。投标方计取损耗率后，只加权汇总成一个损耗金额，这一金额计入投标总价，有经验的预算员可能有体会，房地产工程0.1%的总价可能决定"生死"，这一损耗金额可能就占总价的0.1%。有人会问：反正这一金额不计入合同金额，多少与合同价无关。这一金额确实不计入合同总价，但到了结算时，有关、无关立竿见影。例如洁具安装，安装一套洁具几十元，一套洁具上千元，一栋楼丢几个龙头、损坏一个马桶可能会赔上5000元，回头再看一栋楼的洁具安装又没挣到钱。

第三种形式：甲方向施工方付款，施工方统一向甲方开具工程发票，供应方向施工方提供发票后从施工方拿钱，这样做可能会把最终的施工方推上绝路。有些工程中甲方付的甲供材料款除了税金就是1%~2%的保管费了，还不够上交分包管理费；有些工程甲供材料占造价的40%以上，分包方不事先向总包单位打好招呼，恐怕只能是成本价施工。

前面阐述了招标形式，再回来说结算形式：甲供材料扣款金额＝施工方领用数量×甲供材料单价，这个公式很简单，那么税金退不退也是一个需要考虑的因素。在报量时，施工方开具的发票里包含甲供材料金额，也就是说那时施工方已经交税了，退甲供材料时当然不退还税金。

这时引申出一个问题：甲供材料单价。甲供材料单价在招标文件或合同文件中一定会体现出来，问题就出现在甲供材料单价调整上。有一种说法为结算时甲供材料单价调高好，持这种见解的人要是能理解甲供材料的三种形式就不会有这种说法了。甲供材料单价调整和普通材料单价调整的程序是一样的，多一个程序就是结算时要将扣回的材料金额也要加权汇总算一遍差额，只不过差额不再乘以0.99。

最后衍生出两个问题：

一是甲供材料复试费。只要合同中没明确，这项费用一定向甲方索取，甲供材料操作中施工方唯一获得的利益就是不用垫资可以取得材料和不用对甲供材料质量负责，其他的全是风险，所以，不能让甲方再剥夺施工方的这两点利益了。

二是定额含量。涉及甲供材料的定额子目，预算人员千万不能掉以轻心，一定要把所有项目的定额计算规则研究透彻。因为甲供材料在单价、定额含量上都没有操作的空间，唯一能做的就是将该算的工程量算回来，洽商变更部分的甲供材料不要忘记计算，否则结算后倒赔甲方N%的材料费，项目经理、预算员都会背上项目亏损的"包袱"。

③工程承包合同规定，由承包方包工包料的，承包方负责购货付款，并按照规定向发包方收取备料款。

④工程承包合同规定，由发包方供应材料的，其材料可按照材料预算价格转给承包方。材料价款在结算工程款时陆续抵扣，这部分材料，承包方不应收取备料款。

五、进口设备、工器具和材料价款的支付与结算

进口设备分为标准机械设备和专制设备两类。标准机械设备是指通用性广泛、供应商（厂）有现货、可以立即提交的设备。专制设备是指根据业主提交的定制设备图纸专门为该业主制造的设备。

1. 标准机械设备的结算

标准机械设备的结算，大都使用国际贸易广泛使用的不可撤销的信用证。这种信用证在合同生效之后一定日期由买方委托银行开出，经买方认可的卖方所在地银行为议付银行。以卖方为收款人的不可撤销的信用证，其金额与合同总额相等。

（1）标准机械设备首次合同付款　当采购货物已装船，卖方提交下列文件和单证后，买方即可支付合同总价的 90%。

① 由卖方所在国的有关当局颁发的允许卖方出口合同货物的出口许可证，或不需要出口许可证的证明文件。

② 由卖方委托买方认可的银行出具的以买方为受益人的不可撤销保函。担保金额与首次支付金额相等。

③ 装船的海运提单。

④ 商业发票副本。

⑤ 由制造厂（商）出具的质量证书副本。

⑥ 详细的装箱单副本。

⑦ 向买方信用证的出证银行开出以买方为受益人的即期汇票。

⑧ 相当于合同总价形式的发票。

（2）最终合同付款　机械设备在保证期截止时，卖方提交下列单证的，买方支付合同总价的尾款，一般为合同总价的 10%。

① 说明所有货物无损、无遗留问题、完全符合技术规范要求的证明书。

② 向出证行开出以买方为受益人的即期汇票。

③ 商业发票副本。

（3）支付货币与时间

① 合同付款货币：买方以卖方在投标书标价中说明的一种或几种货币，和卖方在投标书中说明在执行合同中所需的一种或几种货币比例进行支付。

② 付款时间：每次付款在卖方所提供的单证符合规定之后，买方须从卖方提出日期的一定期限内（一般为 45 天内），将相应的货款付给卖方。

2. 专制机械设备的结算

专制机械设备的结算一般分为三个阶段，即预付款、阶段付款和最终付款。

（1）预付款　一般专制机械设备的采购，在合同签订后开始制造前，由买方向卖方提供合同总价 10%～20% 的预付款。预付款一般在提出下列文件和单证后进行支付：

① 由卖方委托银行出具以买方为受益人的不可撤销的保函，担保金额与预付款货币金额相等；

② 相当于合同总价形式的发票；

③ 商业发票；

④ 由卖方委托的银行向买方的指定银行开具的由买方承兑的即期汇票。

（2）阶段付款　按照合同条款，当机械制造开始加工到一定阶段，可按设备合同价一定的百分比进行付款。阶段的划分是当机械设备加工制造到关键部位时进行一次付款，到货物装船买方收货验收后再付一次款。每次付款都应在合同条款中做较详细的规定。

阶段付款的一般条件如下：

① 当制造工序达到合同规定的阶段时，制造厂应以电传或信件通知业主；

② 开具经双方确认完成工作量的证明书；

③ 提交以买方为受益人的所完成部分的保险发票；

④ 提交商业发票副本。

机械设备装运付款，包括成批订货分批装运的付款，应由卖方提供下列文件和单证：

① 有关运输部门的收据；

② 交运合同货物相应金额的商业发票副本；

③ 详细的装箱单副本；

④ 由制造厂（商）出具的质量和数量证书副本；

⑤ 原产国证书副本；

⑥ 货物到达买方验收合格后，当事双方签发的合同货物验收合格证书副本。

（3）最终付款　最终付款是指在保证期结束时的付款，付款时应提交：

① 商业发票副本；

② 全部设备完好无损，所有待修缺陷及待办的问题，均已按技术规范说明解决后的合格证副本。

3. 利用出口信贷方式支付进口设备、工器具和材料价款

对进口设备、工器具和材料价款的支付，我国还经常利用出口信贷的形式。出口信贷根据借款的对象分为卖方信贷和买方信贷。

① 卖方信贷是卖方将产品赊销给买方，规定买方在一定时期内延期或分期付款。卖方通过向本国银行申请出口信贷，来填补占用的资金。

采用卖方信贷进行设备材料结算时，一般是在签订合同后先预付10％的定金，最后一批货物装船后再付10％，在货物运抵目的地，验收后付7％，待质量保证期届满时再付3％，剩余的70％货款应在全部交货后规定的若干年内一次或分期付清。

② 买方信贷有两种形式：一种形式是由产品出口国银行把出口信贷直接贷给买方，买卖双方以即期现汇成交。

另一种形式是由出口国银行把出口信贷贷给进口国银行，再由进口国银行转贷给买方，买方用现汇支付借款，进口国银行分期向出口国银行偿还借款本息。

4. 进口设备原价的构成及计算

进口设备原价是指进口设备的抵岸价，即抵达买方边境港口或边境车站，且交完关税等税费后形成的价格。其计算公式为：

进口设备抵岸价＝货价＋国际运费＋运输保险费＋银行财务费＋外贸手续费＋
关税＋增值税＋消费税＋海关监管手续费＋车辆购置附加费

该公式中尤其要重点掌握前8项内容，弄清楚每一项的计算依据。

5. 进口设备的交货类别

（1）内陆交货类　内陆交货类即卖方在出口国内陆的某个地点交货，特点是买方承担的风险较大。

（2）目的地交货类　目的地交货类即卖方在进口国的港口或内地交货，包括目的港船上交货价、目的港船边交货价（FOS）和目的港码头交货价（关税已付）及完税后交货价（进口国的指定地点）等几种交货价，特点是卖方承担的风险较大。

（3）装运港交货类　装运港交货类即卖方在出口国装运港交货的交货价，包括离岸价，即装运港船上交货价（FOB）；到岸价，即包括国际运费、运费保险费在内的装运港船上交货价（CIF），特点是买卖双方风险基本相当。

【例 12-4】 某项目进口一批工艺设备，其银行财务费为 6.25 万元，外贸手续费为 21.8 万元，关税税率为 20％，增值税税率为 13％，抵岸价为 2285.28 万元。该批设备无消费税、海关监管手续费，计算该批进口设备的到岸价格（CIF）。

【解】 增值税＝（CIF＋关税＋消费税）×增值税税率

关税＝CIF×进口关税税率

消费税＝0

从上面的公式可以得出：

增值税＝（CIF＋CIF×进口关税税率）×增值税税率

抵岸价＝CIF＋银行财务费＋外贸手续费＋关税＋增值税

2285.28＝CIF＋6.25＋21.8＋CIF×20％＋（CIF＋CIF×20％）×13％

CIF＝1664.62（万元）

六、设备、工器具和材料价款的动态结算

设备、工器具和材料价款的动态结算主要是依据国际上流行的货物及设备价格调值公式来计算。

对于有多种主要材料和成分构成的成套设备合同，则可采用更为详细的公式进行逐项计算调整。

七、工程结算内容

无论是哪一阶段的结算工作，工程结算的编制内容皆可分为以下几方面。

1. 工程量增减调整

这是编制工程竣工结算的主要部分。所谓量差，就是说所完成的实际工程量与施工图预算工程量之间的差额。量差主要表现为：

① 设计变更和漏项，指因实际图纸修改和漏项等而产生的工程量增减，该部分可依据设计变更通知书进行调整；

② 现场工程更改，实际工程中施工方法出现不符、基础超深等均可根据双方签证的现场记录，按照合同或协议的规定进行调整；

③ 施工图预算错误，在编制竣工结算前，应结合工程的验收和实际完成工程量情况，对施工图预算中存在的错误予以纠正。

2. 价差调整

工程竣工结算可按照地方预算定额或基价表的单价编制，因当地造价部门文件调整发生的人工、计价材料和机械费用的价差均可以在竣工结算时加以调整。未计价材料则可根据合同或协议的规定，按实调整价差。

3. 费用调整

属于工程数量的增减变化，需要相应调整安装工程费的计算。属于价差的因素，通常不调整安装工程费，但要计入计费程序中，换言之，该费用应反映在总造价中。属于其他费用的，如停、窝工费用，大型机械进出场费用等，应根据各地区定额和文件规定，一次结清，分摊到工程项目中去。

八、合同解除价款结算与支付

① 发承包双方协商一致解除合同的，按照达成的协议办理结算和支付合同价款。

② 由于不可抗力解除合同的，发包人应向承包人支付合同解除之日前已完成工程但尚未支付的合同价款。此外，发包人还应支付下列金额：

a. 按照如下规定应由发包人承担的费用：

Ⅰ. 招标人应当依据相关工程的工期定额合理计算工期，压缩的工期天数不得超过定额工期的 20%，超过者，应在招标文件中明示增加赶工费用。

Ⅱ. 发包人要求合同工程提前竣工，应征得承包人同意后与承包人商定采取加快工程进度的措施，并修订合同工程进度计划。发包人应承担承包人由此增加的提前竣工（赶工补偿）的费用。

Ⅲ. 发承包双方应在合同中约定提前竣工每日历天应补偿额度，此项费用作为增加合同价款，列入竣工结算文件中，与结算款一并支付。

b. 已实施或部分实施的措施项目应付价款。

c. 承包人为合同工程合理订购且已交付的材料和工程设备货款。发包人一经支付此项货款，该材料和工程设备即成为发包人的财产。

d. 承包人撤离现场所需的合理费用，包括员工遣送费和临时工程拆除、施工设备运离现场的费用。

e. 承包人为完成合同工程而预期开支的任何合理费用，且该项费用未包括在本款其他各项支付之内的，应由发包人承担。

发承包双方办理结算合同价款时，应扣除合同解除之日前发包人应向承包人收回的价款。当发包人应扣除的金额超过了应支付的金额，则承包人应在合同解除后的 56 天内将其差额退还给发包人。

③ 因承包人违约解除合同的，发包人应暂停向承包人支付任何价款。发包人应在合同解除后 28 天内核实合同解除时承包人已完成的全部合同价款以及按施工进度计划已运至现场的材料和工程设备货款，按合同约定核算承包人应支付的违约金以及造成损失的索赔金额，并将结果通知承包人。发承包双方应在 28 天内予以确认或提出意见，并办理结算合同价款。如果发包人应扣除的金额超过了应支付的金额，则承包人应在合同解除后的 56 天内将其差额退还给发包人。发承包双方不能就解除合同后的结算达成一致的，按照合同约定的争议解决方式处理。

④ 因发包人违约解除合同的，发包人除应按照第②条规定向承包人支付各项价款外，按合同约定核算发包人应支付的违约金以及给承包人造成损失或损害的索赔金额费用。该笔费用由承包人提出，发包人核实后与承包人协商确定后的 7 天内向承包人签发支付证书。协商不能达成一致的，按照合同约定的争议解决方式处理。

【例 12-5】 某工程进入安装调试阶段后，由于雷电引发了一场火灾。在火灾结束后 24 小时内施工单位向项目监理机构通报了火灾损失情况：工程本身损失 150 万元；总价值 100 万元的待安装设备彻底报废；施工单位人员所需医疗费预计 15 万元；租赁的施工机械损坏赔偿 10 万元；其他单位临时停放在现场的一辆价值 25 万元的汽车被烧毁。另外，大火扑灭后施工单位停工 5 天，造成其他施工机械闲置损失 2 万元，以及必要的管理保卫人员费用支出 1 万元，并预计工程所需清理、修复费用 200 万元。损失情况经项目监理机构审核属实。

问题： 此项损失属于什么造成，责任如何分担？

【解析】 属于不可抗力。

工程本身损失 150 万元由建设单位承担；100 万元待安装设备的损失由建设单位承担；施工单位人员医疗费 15 万元由施工单位承担；租赁的施工机械损坏 10 万元由施工单位承担；其他单位临时停放的车辆损失由建设单位承担；施工单位停工 5 天应相应顺延工期；施工机械闲置损失 2 万元由施工单位承担；必要的管理人员费用支出 1 万元由建设单位承担；工程所需清理、修复 200 万元由建设单位承担。

第十三章
建筑工程项目竣工管理工作

第一节　工程项目竣工验收简述

一、竣工验收收尾计划的实施

① 全过程工程咨询单位应建立项目收尾管理制度及编制竣工验收计划，工程收尾及竣工验收包括：工程竣工验收准备、工程竣工验收、工程竣工结算、工程档案移交、工程竣工决算、工程责任期管理。项目管理机构应明确项目收尾管理及竣工验收的职责和工作程序。

② 依据项目竣工收尾计划检查工程按计划实施情况，可分成两条线检查。一是检查项目现场施工预验收、专项验收、分户验收等的实施进度情况，主要为落实工程实体的收尾工作；二是检查项目参建单位竣工资料整理，进行工程资料档案预验收的进度情况。

③ 工程竣工验收工作按计划完成后，承包人应自行检查，根据规定在监理机构组织下进行预验收，合格后向发包人提交竣工验收申请。工程竣工验收的条件、要求、组织、程序、标准、文档的整理和移交，必须符合国家有关标准和规定。

④ 住宅工程质量分户验收，是指建设单位组织施工、监理等单位，在住宅工程各检验批、分项、分部工程验收合格的基础上，在住宅工程竣工验收前，依据国家有关工程质量验收标准，对每户住宅及相关公共部位的观感质量和使用功能等进行检查验收，并出具验收合格证明的活动。

⑤ 工程竣工验收前应完成的专项验收内容。

a. 人防工程竣工验收。

b. 建设工程消防验收。

c. 建设工程规划验收。

d. 室内环境质量验收。

e. 环境保护设施验收。

f. 建筑节能专项验收。

g. 电梯安装监督检验。

h. 防雷装置竣工验收。

i. 幕墙工程专项验收。

j. 建设工程档案专项验收。

⑥ 工程竣工验收前应完成的配套工程验收内容。

a. 市政道路：路口与小区路口衔接施工。

b. 雨污水工程：小区排污管道接入市政管道。

c. 给水工程：小区给水点接入及水表安装。

d. 供配电工程：小区供电接入及电表安装。

e. 燃气工程：天然气管道接入及天然气表安装。

f. 通信网络工程：小区通信光纤接入。

g. 有线电视工程：有线电视接入。

h. 室外园林绿化工程。

⑦ 项目竣工收尾工作应包括项目竣工总目标要求和项目竣工分目标要求。

a. 项目竣工总目标要求包括：全部收尾项目完成，工程符合竣工验收条件；工程质量经过检验合格，且质量验收记录完整；设备安装经过试车、调试，具备试运行条件；建筑物四周规定距离以内的工地达到工完、料净、场清；工程技术经济文件收集、整理齐全等。

b. 项目竣工分目标要求包括：建筑收尾落实到位；安装调试检验到位；工程质量验收到位；文件收集整理到位等。

⑧ 发包人接到工程承包人提交的工程竣工验收申请后，组织工程竣工验收，验收合格后编写竣工验收报告书。

⑨ 工程竣工验收后，承包人应在合同约定的期限内进行工程移交。

二、竣工验收工作原则和要求

① 建设工程项目的质量验收，主要是指工程施工质量的验收。建筑工程的施工质量验收应按照《建筑工程施工质量验收统一标准》（GB 50300—2013）进行。该标准是建筑工程各专业工程施工质量验收规范编制的统一准则，各专业工程施工质量验收规范应与该标准配合使用。正确地进行工程项目质量的检查评定和验收，是施工质量控制的重要环节。

② 施工质量验收包括施工过程的质量验收及工程项目竣工质量验收两个部分。

a. 工程项目竣工质量验收，应将项目划分为单位工程、分部工程、分项工程和检验批进行验收；

b. 施工过程质量验收，主要是指检验批和分项、分部工程的质量验收。

③ 检验批和分项工程是质量验收的基本单元，分部工程是在所含全部分项工程验收的基础上进行验收的，在施工过程中随完工随验收，并留下完整的质量验收记录和资料。单位工程作为具有独立使用功能的完整的建筑产品，进行竣工质量验收。

④ 检验批质量验收合格应符合下列规定：

a. 主控项目的质量经抽样检验均应合格。

b. 一般项目的质量经抽样检验合格。

c. 具有完整的施工操作依据、质量验收记录。

⑤ 分项工程质量验收合格应符合下列规定：

a. 所含检验批的质量均应验收合格。

b. 所含检验批的质量验收记录应完整。

⑥ 分部工程质量验收合格应符合下列规定：

a. 所含分项工程的质量均应验收合格。

b. 质量控制资料应完整。

c. 有关安全、节能、环境保护和主要使用功能的抽样检验结果应符合相应规定。

d. 观感质量应符合要求。

⑦ 工程符合下列条件方可进行竣工验收：

a. 完成工程设计和合同约定的各项内容。

b. 施工单位在工程完工后对工程质量进行了检查，确认工程质量符合有关法律、法规和工程建设强制性标准，符合设计文件及合同要求，并提出工程竣工报告，工程竣工报告应经项目经理和施工单位有关负责人审核签字。

c. 对于委托监理的工程项目，监理单位对工程进行了质量评估，具有完整的监理资料，并提出工程质量评估报告，工程质量评估报告应经总监理工程师和监理单位有关负责人审核签字。

d. 勘察、设计单位对勘察、设计文件及施工过程中由设计单位签署的设计变更通知书进行了检查，并提出质量检查报告，质量检查报告应经该项目勘察、设计负责人和勘察、设计单位有关负责人审核签字。

e. 有完整的技术档案和施工管理资料。

f. 有工程使用的主要建筑材料、建筑构配件和设备的进场试验报告，以及工程质量检测和功能性试验资料。

g. 建设单位已按合同约定支付工程款。

h. 有施工单位签署的工程质量保修书。

i. 对于住宅工程，进行分户验收并验收合格，建设单位按户出具《住宅工程质量分户验收表》。

j. 住房和城乡建设主管部门及工程质量监督机构责令整改的问题全部整改完毕。

k. 法律、法规规定的其他条件。

⑧ 规模较小且比较简单的项目，可进行一次性项目竣工验收。规模较大且比较复杂的项目，可以分阶段验收。

⑨ 项目竣工验收应依据有关法规，必须符合国家规定的竣工条件和竣工验收要求。

⑩ 项目文件的归档整理应符合国家有关标准、法规的规定，移交工程档案应符合有关规定。

三、工程竣工验收工作职责分工

① 施工承包人应组织进行项目竣工收尾工作，组织编制项目竣工计划，报全过程工程咨询单位批准后按期完成。

② 项目完工后，施工承包人应自行组织有关人员进行检查评定，合格后向全过程工程咨询单位提交工程竣工报告。

③ 全过程工程咨询单位应组织工程竣工验收。

④ 项目竣工验收后，承包人应在约定的期限内向发包人递交项目竣工结算报告及完整的结算资料，经双方确认并按规定进行竣工结算。

⑤ 项目竣工结算应由承包人编制，全过程工程咨询服务机构审查，报建设方最终确定。

⑥ 全过程工程咨询单位应协助建设方进行项目竣工决算。

⑦ 承包人应按照项目竣工验收程序办理项目竣工结算并在合同约定的期限内进行项目移交。

⑧ 全过程工程咨询单位应督促承包人根据保修合同文件、保修责任期、质量要求、回访安排和有关规定编制保修工作计划。工程质量保修书应确定质量保修范围、期限、责任和费用的承担等内容。

⑨ 在全过程工程咨询服务管理收尾阶段，全过程工程咨询单位应进行项目总结，编写项目总结报告，纳入项目档案。

⑩ 有创优要求的项目，施工单位应根据具体特点做好创优准备工作，并应根据工程创优、评比等需要，在开工前期（或项目管理策划时）对工程声像资料进行策划，并按照策划做好重点部位、隐蔽工程、重要活动等声像资料的制作、收集和保管工作。

四、工程竣工验收及验收程序

（1）工程竣工验收的程序 施工单位完成施工合同内容并经监理单位组织的预验收合格，完成各专项验收，完成住宅工程的分户验收，向建设单位提交竣工验收申请。建设单位在提交验收申请28日内组织建设、勘察、设计、监理、施工单位进行竣工验收，工程质量监督部门参加工程竣工验收。竣工验收合格后14天内由建设单位出具竣工验收报告，验收不合格，责令施工单位整改，再次重复验收程序。

（2）工程竣工验收必备条件

① 完成工程设计和合同约定的各项内容。

②《建设工程竣工验收报告》。

③《工程质量评估报告》。

④ 勘察单位和设计单位质量检查报告。

⑤ 有完整的技术档案和施工管理资料。

⑥ 有工程使用的主要建筑材料、建筑构配件和设备的进场试验报告。

⑦ 建设单位已按合同约定支付工程款。

⑧ 有施工单位签署的工程质量保修书。

⑨ 市政基础设施的有关质量检测和功能性试验资料。

⑩ 有规划部门出具的规划验收合格证。

⑪ 有公安消防出具的消防验收意见书。

⑫ 有环保部门出具的环保验收合格证。

⑬ 有监督站出具的电梯验收准用证。

⑭ 燃气工程验收证明。

⑮ 住房和城乡建设行政主管部门及其委托的监督站等部门责令整改的问题已全部整改完成。

⑯ 已按政府有关规定缴交工程质量安全监督费。

⑰ 单位工程施工安全评价书。

（3）工程竣工验收会议内容 验收会议上，工程施工、监理、设计、勘察等各方的工程档案资料摆好备查，并设置验收人员登记表，做好登记手续。

① 由建设单位组织工程竣工验收并主持验收会议，建设单位应作会前简短发言、工程竣工验收程序介绍及会议结束总结发言。

② 工程勘察、设计、施工、监理单位分别汇报工程合同履约情况及在工程建设各环节执行法律、法规和工程建设强制性标准情况。

③ 验收组审阅建设、勘察、设计、施工、监理单位的工程档案资料。

④ 验收组和专业组，由建设单位组织勘察、设计、施工、监理单位、监督站和其他有关专家组成，实地查验工程质量。

⑤ 专业组、验收组发表意见，分别对工程勘察、设计、施工、设备安装质量和各管理环节等方面作出全面评价；验收组形成工程竣工验收意见，填写《建设工程竣工验收报告》并签名（盖公章）。参与工程竣工验收的各方不能形成一致意见时，应当协商提出解决的方法，待意见一致后，重新组织工程竣工验收。

第二节　单位工程竣工质量初验

一、单位工程竣工初验程序

① 单位工程质量经施工单位预验自检合格后，填写《工程竣工报验单》上报项目监理部，申请工程竣工初验收。

② 总监理工程师组织对工程资料及现场进行检查验收，并就存在的问题提出书面意见，签发《监理工程师通知书》（注：需要时填写），要求承包商限期整改。

③ 承包商整改完毕合格后，总监理工程师签署单位工程竣工预验收报验表及《建设工程竣工验收报告》，提交建设单位。

④ 勘察、设计单位检查并符合勘察、设计文件的要求后，勘察单位填写《勘察文件质量检查报告》，设计单位填写《设计文件质量检查报告》。

⑤ 单位工程有分包单位施工时，分包单位对所承包的工程项目应按规定的程序检查评定，总包单位应派人参加。分包工程完成后，应将工程有关资料交总包单位。

二、单位工程竣工初验要求

① 单位工程初验由监理单位组织，施工、设计和业主等单位参加。

② 对于商品住宅，由建设单位组织专家验收组成员进行商品住宅分户竣工质量验收核查。

③ 工程项目竣工质量验收的依据有：

a. 国家相关法律法规及住房和城乡建设主管部门颁布的管理条例和办法；

b. 工程施工质量验收统一标准；

c. 专业工程施工质量验收规范；

d. 批准的设计文件、施工图纸及说明书；

e. 工程施工承包合同；

f. 其他相关文件。

④ 单位工程是工程项目竣工质量验收的基本对象，竣工初验应以单位工程完工、经施工企业预验合格、工程基本达到竣工验收条件为前提，并应符合下列规定：

a. 所含分部工程的质量均应验收合格；

b. 工程质量控制资料应完整；

c. 所含分部工程有关安全、节能、环境保护和主要使用功能的检验资料应完整；

d. 主要使用功能的抽查结果应符合相关专业质量验收规范的规定；

e. 观感质量应符合要求。

第三节　单位工程竣工质量验收

一、单位工程竣工验收申请

① 工程完工预验收合格后，施工单位向建设单位提交工程竣工报告，申请工程竣工验收。实行监理的工程，工程竣工报告须经总监理工程师签署意见。

② 建设单位收到工程竣工报告后，对符合竣工验收要求的工程，组织勘察、设计、施

工、监理等单位组成验收组，制定验收方案。对于重大工程和技术复杂工程，根据需要可邀请有关专家参加验收组。

③ 建设单位应当在工程竣工验收 7 个工作日前将验收的时间、地点及验收组名单书面通知负责监督该工程的工程质量监督机构。

④ 申请工程竣工验收应具备的条件：

a. 完成工程设计和合同约定的各项内容；

b. 有完整的技术档案和施工管理资料；

c. 有工程使用的主要建材、构配件和设备的进场试验报告；

d. 有勘察、设计、施工、监理等单位签署的质量合格文件；

e. 有施工单位签署的工程保修书；

f. 有重要分部（子分部）中间验收证书；

g. 有结构安全和使用功能的检查和检测报告；

h. 初验时建设各方责任主体提出的责令整改内容已全部整改完毕；

i. 各专项验收及有关专业系统验收全部通过；

j. 建设单位已按合同约定支付工程款；

k. 有施工单位签署的工程质量保修书；

l. 市政基础设施的有关质量检测和功能性试验资料；

m. 有规划部门出具的规划验收合格证；

n. 有公安消防出具的消防验收意见书；

o. 有环保部门出具的环保验收合格证；

p. 有技术监督局出具的电梯验收准用证；

q. 有燃气工程验收证明；

r. 建设行政主管部门及其委托的监督站等部门责令整改的问题已全部整改完成；

s. 已按政府有关规定缴交工程质量安全监督费；

t. 有单位工程施工安全评价书。

二、验收的组织及验收程序

① 建设工程竣工验收由建设单位负责组织实施。

② 竣工验收参加单位及人员组成。

a. 建设单位项目负责人任验收小组组长，施工单位的企业技术负责人、项目经理、技术负责人、质量员，监理单位的总监理工程师、专业监理工程师，设计单位的项目负责人、专业设计人员，勘察单位的项目负责人、工程师，业主单位的各专业工程师。

b. 建设、勘察、设计、监理及施工单位验收人员分别参加各专业验收小组。

Ⅰ. 土建专业组：负责土建项目的检查。

Ⅱ. 水电专业组：负责水电项目的检查。

Ⅲ. 资料核查组：负责竣工资料的核查。

Ⅳ. 综合验收组：按项目需要而设，由参会领导组成，监督检查各专业验收组的工作。

Ⅴ. 专家验收组：重要、重大和特殊工程项目，可邀请有关专家参与工程竣工验收，提出专家组意见。

Ⅵ. 住户代表组：职工住宅楼工程可选定住户代表参与并监督工程竣工验收活动。

c. 质量监督站的监督员参与各专业组检查验收工作，监督工程竣工验收及监督验收程序的合法性。

③ 工程竣工验收组织程序。

a. 建设、勘察、设计、施工、监理单位分别汇报工程合同履约情况和在工程建设各个环节执行法律、法规和工程建设强制性标准的情况；

b. 审阅建设、勘察、设计、施工、监理单位的工程档案资料；

c. 实地查验工程质量；

d. 对工程勘察、设计、施工、设备安装质量和各管理环节等方面作出全面评价，形成经验收组人员签署的工程竣工验收意见。

④ 工程符合下列要求方可进行竣工验收：

a. 完成工程设计和合同约定的各项内容。

b. 施工单位在工程完工后对工程质量进行了检查，确认工程质量符合有关法律、法规和工程建设强制性标准，符合设计文件及合同要求，并提出工程竣工报告。工程竣工报告应经项目经理和施工单位有关负责人审核签字。

c. 对于委托监理的工程项目，监理单位对工程进行了质量评估，具有完整的监理资料，并提出工程质量评估报告。工程质量评估报告应经总监理工程师和监理单位有关负责人审核签字。

d. 勘察、设计单位对勘察、设计文件及施工过程中由设计单位签署的设计变更通知书进行了检查，并提出质量检查报告。质量检查报告应经该项目勘察、设计负责人和勘察、设计单位有关负责人审核签字。

e. 有完整的技术档案和施工管理资料。

f. 有工程使用的主要建筑材料、建筑构配件和设备的进场试验报告，以及工程质量检测和功能性试验资料。

g. 建设单位已按合同约定支付工程款。

h. 有施工单位签署的工程质量保修书。

i. 对于住宅工程，进行分户验收并验收合格，建设单位按户出具《住宅工程质量分户验收表》。

j. 建设主管部门及工程质量监督机构责令整改的问题全部整改完毕。

k. 法律、法规规定的其他条件。

三、单位工程竣工正式验收

① 单位工程完成竣工初验、商品住宅分套竣工验收以及通过专项验收后，施工单位向建设单位提交《竣工验收申请表》及《竣工验收报告》，提交工程技术资料。

② 建设单位收到工程竣工报告后，对竣工验收条件、初验情况及竣工验收资料进行核查。经核查符合竣工验收要求后，制定验收方案，组织勘察、设计、施工、监理等单位和其他有关方面的专家组成验收组，组织竣工验收。

③ 组建专家验收组必须包括下列人员。

a. 建设单位：项目负责人及相关管理人员。

b. 监理单位：项目总监及相关专业监理人员。

c. 设计单位：项目设计负责人及相关专业设计人员。

d. 施工（含分包）单位：项目经理及相关专业施工技术人员。

e. 其他有关单位（如检测鉴定单位）：项目负责人及相关技术人员。

④ 参加竣工验收人员必须具备相应资格并备齐委托手续：

a. 项目经理及项目总监应与施工许可证信息相符；

b. 设计单位项目技术负责人应与设计文件信息相符；

c. 建设单位及其他有关单位法定代表人或主要负责人证明书、法人授权委托书及项目负责人任命书。

⑤ 建设单位邀请如下单位一起参加工程竣工验收：环保局、技术监督局、建设局规划处、供电局、消防大队、市政工程管理局、卫生防疫站、城建档案馆、燃气办、防雷办、建委、质监站、排水办、供水集团、电信公司等。

⑥ 建设工程竣工验收前，施工单位要向当地住房和城乡建设局提供安监站出具的《建设工程施工安全评价书》。

⑦ 建设单位应当在工程竣工验收 7 个工作日前将验收的时间、地点及验收组名单书面通知负责监督该工程的工程质量监督机构。另附《工程质量验收计划书》和对照《建设工程竣工验收条件审核表》。

⑧ 竣工验收申请时需向质量监督站提供如下竣工验收资料供监督站审查：

a. 已完成工程设计和合同约定的各项内容；

b. 工程竣工验收申请表；

c. 工程质量评估报告；

d. 勘察、设计文件质量检查报告；

e. 完整的技术档案和施工管理资料（包括设备资料）；

f. 工程使用的主要建筑材料、建筑构配件和设备的进场试验报告；

g. 地基与基础、主体混凝土结构及重要部位检验报告；

h. 施工单位签署的《工程质量保修书》。

⑨ 监督站在收到工程竣工验收的书面通知及工程验收资料后，对该工程竣工验收资料进行评价，符合要求后同意参加竣工验收，并对工程竣工验收组织形式、验收程序、执行验收标准等情况进行现场监督，出具《建设工程质量验收意见书》。

⑩ 验收组组织单位工程竣工验收会议。验收会议上，工程施工、监理、设计、勘察等各方的工程档案资料摆好备查，并设置验收人员登记表，做好登记手续。会议程序及内容如下。

a. 由建设单位组织五方责任主体，业主、监理、勘察、设计及施工单位进行工程竣工验收，验收会议由建设单位主持。建设单位应做会前简短发言、工程竣工验收程序介绍及会议结束总结发言。

b. 施工、监理、勘察、设计及建设单位分别书面汇报，工程项目建设质量状况、合同履约及执行国家法律、法规和工程建设强制性标准情况。

c. 验收组审阅建设、勘察、设计、施工、监理单位的工程档案资料。

d. 验收组和专业组，由建设单位组织勘察、设计、施工、监理、监督站和其他有关单位专家组成，实地查验工程质量。

e. 专业组、验收组发表意见，分别对工程勘察、设计、施工、设备安装质量和各管理环节等方面做出全面评价。

f. 验收组形成工程竣工验收意见，填写《建设工程竣工验收报告》并签名（盖公章）。

⑪ 竣工验收应重点检查资料完整性的内容如下：

a. 单位工程预检记录。

b. 单位（子单位）工程质量控制资料核查记录、单位（子单位）工程安全和功能检验资料核查及主要功能抽查记录、单位（子单位）工程观感质量检查记录。

c. 单位（子单位）工程质量竣工验收记录。

d. 涉及安全和功能的试验、检测资料。

e. 建设工程竣工档案预验收意见。

f. 单位工程室内环境检测报告。

g. 规划验收认可文件。

h. 建筑工程消防验收意见书。

i. 勘察、设计、监理、建设单位出具的对工程的评价或验收文件。

j. 法规、规章规定必须提供的其他文件。

⑫ 竣工验收的其他必备资料内容如下：

a. 单位工程质量综合评（核）定表；

b. 质量保证资料核查表；

c. 单位工程质量分部汇总表；

d. 地基与基础质量评（核）定表；

e. 主体工程质量评（核）定表；

f. 屋面工程质量评（核）定表；

g. 工程结构质量抽样检测报告；

h. 公共建筑使用、维护说明书，建筑工程保修书；

i. 无使用功能质量通病住宅工程评定表，住宅质量保证书，住宅使用说明书；

j. 工程竣工报告；

k. 工程主体结构质量自评报告。

⑬ 验收记录由施工单位填写，验收结论由监理单位填写。综合验收结论由参加验收各方共同商定，建设单位填写，应对工程质量是否符合设计和规范要求及总体质量水平做出评价。

⑭ 工程竣工验收合格后，建设单位应当及时提出工程竣工验收报告。工程竣工验收报告主要包括工程概况，建设单位执行基本建设程序情况，对工程勘察、设计、施工、监理等方面的评价，工程竣工验收时间、程序、内容和组织形式，工程竣工验收意见等内容。

⑮ 工程竣工验收报告还应附有下列文件：

a. 施工许可证；

b. 施工图设计文件审查意见；

c. 施工单位工程竣工报告；

d. 监理单位工程质量评估报告；

e. 勘察、设计单位质量检查报告；

f. 有施工单位签署的工程质量保修书；

g. 验收组人员签署的工程竣工验收意见；

h. 法规、规章规定的其他有关文件。

⑯ 建设单位应当自工程竣工验收合格之日起 15 日内，依照《房屋建筑和市政基础设施工程竣工验收备案管理办法》（中华人民共和国住房和城乡建设部令第 2 号）的规定，向工程所在地的县级以上地方人民政府住房和城乡建设主管部门备案。

四、施工单位工程质量保修书

① 承包人在质量保修期内，按照有关法律、法规、规章的管理规定和双方约定，承担工程质量保修责任。

② 质量保修范围包括地基基础工程，主体结构工程，屋面防水工程，有防水要求的卫生间、房间和外墙面的防渗漏，供热与供冷系统，电气管线，给水排水管道、设备安装和装修工程，以及双方约定的其他项目。

③ 在正常使用下，房屋建筑工程的最低保修期限为：

a. 地基基础工程和主体结构工程，为设计文件规定的该工程的合理使用年限；

b. 屋面防水工程，有防水要求的卫生间、房间和外墙面的防渗漏，为 5 年；

c. 供热与供冷系统，为 2 个采暖期、供冷期；

d. 电气管线、给水排水管道、设备安装为 2 年；

e. 装修工程为 2 年。

质量保修期自工程竣工验收合格之日起计算。其他项目的保修期限由建设单位和施工单位约定。

④ 施工单位质量保修责任。

a. 属于保修范围、内容的项目，承包人应当在接到保修通知之日起 7 天内派人保修。承包人不在约定期限内派人保修的，发包人可以委托他人修理。

b. 发生紧急抢修事故的，承包人在接到事故通知后，应当立即到达事故现场抢修。

c. 对于涉及结构安全的质量问题，应当按照《房屋建筑工程质量保修办法》的规定，立即向当地住房和城乡建设行政主管部门报告，采取安全防范措施；由原设计单位或者具有相应资质等级的设计单位提出保修方案，承包人实施保修。

d. 质量保修完成后，由发包人组织验收。

⑤ 房屋建筑工程在保修期限内出现质量缺陷，建设单位或者房屋建筑所有人应当向施工单位发出保修通知。施工单位接到保修通知后，应当到现场核查情况，在保修书约定的时间内予以保修。

⑥ 建设工程在保修范围和保修期限内发生质量问题的，施工单位应当履行保修义务，并对造成的损失承担赔偿责任。

五、办理工程竣工验收备案

① 建设单位已按规定的程序和条件组织工程竣工验收，且验收合格。工程已取得规划、消防、环保、民防等部门的验收合格意见或准许使用文件，取得城建档案验收合格证明文件，建设单位可向住房和城乡建设行政主管部门（以下简称备案机关）申请备案。

② 建设单位应当自工程竣工验收合格之日起 15 日内，依照《房屋建筑和市政基础设施工程竣工验收备案管理办法》的规定，向工程所在地的县级以上地方人民政府住房和城乡建设主管部门（以下简称备案机关）备案。

③ 建设单位办理工程竣工验收备案应当提交下列文件：

a. 工程竣工验收备案表。

b. 工程竣工验收报告。竣工验收报告应当包括工程报建日期，施工许可证号，施工图设计文件审查意见，勘察、设计、施工、工程监理等单位分别签署的质量合格文件及验收人员签署的竣工验收原始文件，市政基础设施的有关质量检测和功能性试验资料以及备案机关认为需要提供的有关资料。

c. 法律、行政法规规定应当由规划、环保等部门出具的认可文件或者准许使用文件。

d. 法律规定应当由公安消防部门出具的对大型的人员密集场所和其他特殊建设工程验收合格的证明文件。

e. 施工单位签署的工程质量保修书。

f. 法规、规章规定必须提供的其他文件。

住宅工程还应当提交《住宅质量保证书》和《住宅使用说明书》。

④ 备案机关收到建设单位报送的竣工验收备案文件，验证文件齐全后，应当在工程竣工验收备案表上签署文件收讫。

参考文献

[1]　陈惠玲．建设工程招标投标指南［M］．南京：江苏科学技术出版社，2000．

[2]　刘亚臣，朱昊．新编建设法规［M］．2版．北京：机械工业出版社，2009．

[3]　江怒．建设工程招投标与合同管理［M］．2版．大连：大连理工大学出版社，2018．

[4]　常英．国家司法考试复习指南［M］．北京：中国物价出版社，2001．

[5]　财政部注册会计师考试委员会办公室编．经济法［M］．北京：中同财政经济出版社，1998．

[6]　赵涛．项目范围管理［M］．北京：中国纺织出版社，2004．

[7]　刘明皓．地理信息系统导论［M］．重庆：重庆大学出版社，2009．

[8]　苗阳．我国城市建筑更新的相关因素分析［J］．同济大学学报（社会科学版），2000（S1）：37-40．

[9]　何伯森．国际上工程项目的管理模式及其风险分析［J］．工程建设项目管理与总承包，2006，15（2）：20-31．

[10]　刘涛瑞．房地产项目设计管理模式探析［D］．北京：北京交通大学，2009．

[11]　全国二级建造师执业资格考试用书编写委员会．建设工程施工管理［M］．北京：中国建筑工业出版社，2004．

[12]　刘雪可．基于BIM的既有建筑改造管理研究［D］．徐州：中国矿业大学，2019．

[13]　丁士昭．工程项目管理［M］．北京：中国建筑工业出版，2006．

[14]　全国建筑业企业项目经理培训教材编写委员会．工程招投标与合同管理［M］．修订版．北京：中国建筑工业出版社，2001．

[15]　陆惠民，苏振民，王延树．工程项目管理［M］．南京：东南大学出版社，2002．

[16]　李安福，曾祥祥，吴晓明．浅析国内倾斜摄影技术的发展［J］．测绘与空间地理信息，2014，37（9）：57-59，62．

[17]　黄志华，丁晓宦．建设工程招投标与合同管理实务课程思政教学探析［J］．山西建筑，2020，46（6）：164-165．

[18]　史逸．旧建筑物适应性再利用研究与策略［D］．北京：清华大学，2002．

[19]　张极井．项目融资［M］．2版．北京：中信出版社，2013．

[20]　戴大双．项目融资［M］．2版．北京：机械工业出版社，2017．

[21]　周啸东．"一带一路"大实践——中国工程企业"走出去"经验与教训［M］．北京：机械工业出版社，2016．

[22]　全国一级建造师编写委员会．建设工程项目管理［M］．北京：中国建筑工业出版社，2017．

[23]　张步诚．建筑工程项目设计管理模式创新探索——设计总承包管理概述及应用实践［J］．中国勘察设计，2015（2）：84-89．

[24]　韩立立．挣得值法下建筑施工项目的成本控制研究——基于CZ建筑公司案例研究［D］．济南：山东大学，2014．

[25]　周子炯．建筑工程项目设计管理手册［M］．北京：中国建筑工业出版社，2012．

[26]　王兆红，邱菀华，詹伟．设施管理研究的进展［J］．建筑管理现代化，2006（3）：5-8．

[27]　李元庆．工程总承包管理价值研究［D］．大连：大连理工大学，2016．

[28]　徐苏云，等．PPP项目引进产业基金投融资模式探讨——以某市轨道项目为例［J］．建筑经济，2015，36（11）：41-44．

[29]　马星明，张翠萍．浅谈电子招投标的发展及建议［J］．建筑市场与招标投标，2013（1）：29-32．

[30]　全国注册咨询工程师（投资）资格考试教材编写委员会．工程咨询概论（2017年版）［M］．北京：中国计划出版社，2017．

[31]　杨晓毅，刘梅，王晓光．怎样当好项目总工程师［M］．北京：中国建筑工业出版社，2009．

[32]　建筑施工手册编写组．建筑施工手册［M］．5版．北京：中国建筑工业出版社，2003．